# 다시
# 만들어진
# 신

**REINVENTING THE SACRED**
**A New View of Science, Reason, and Religion**
**by Stuart A. Kauffman**

# 다시 만들어진 신

카우프만, 신성의 재발명을 제안하다

스튜어트 카우프만
김명남 옮김

우리가 나눠야 할 대화를 위해

서문

# 우리는 신(神)을 다시 만들어야 한다

이 책의 목적은 책의 제목, 즉 "다시 만들어진 신: 카우프만, 신성의 재발명(Reinventing the Sacred)을 제안하다"가 다 말해 주고 있다. 나는 새로운 과학적 세계관에 기초해, 전적으로 자연적인 신과 신성의 개념을 새로이 제안할 것이다. 이 새로운 세계관은 비단 과학의 영역에만 영향을 미치는 게 아니다. 그것을 넘어서서 신과 신성과 인간에 대한 새로운 관점을 빚어낼 것이며, 궁극적으로 우리의 과학, 예술, 윤리, 정치, 영성까지 포함할 것이다. 나의 전공인 복잡성 이론(complexity theory)은 좋은 삶을 훌륭하게 살아 내는 것이야말로 최고의 가치라고 믿었던 고대 그리스의 이상을 현대의 과학과 재통합시키는 작업에 앞장서고 있다. 나는 무미건조한 사실들에 대한 억지스러운 해석을 근거로 이런 주장을 펼치는 것이 아니다. 이것은 과학 그 자체로부터 필연적으로 도출되는 생각이다.

지금까지의 과학은 우리에게 이런 전망을 보여 주지 못했다. 갈릴레오 갈릴레이(Galileo Galilei, 1564~1642년)와 아이작 뉴턴(Isaac Newton, 1642~1727년), 그리고 그 추종자들이 빚어낸 현재의 과학적 세계관은 근대적인 세속 사회의 기틀이 되었고, 세속 사회 그 자체는 계몽주의의 소산이었다. 오늘날 우리의 관점은 기본적으로 환원주의적이다. 환원주의는 모든 현상을 결국에는 기본 입자들의 상호 작용으로 설명할 수 있다고 믿는다. 환원주의를 가장 간결하게 표현한 말은 19세기 초에 피에르 시몽 마르키스 드 라플라스(Pierre Simon Marquis de Laplace, 1749~1827년)가 했던 말일 것이다. 라플라스는, 우리가 우주 속 모든 입자들의 위치와 속도를 알고 우리에게 충분한 지능이 있다면, 우주의 미래와 과거를 전부 다 계산할 수 있을 것이라고 했다. 노벨 물리학상을 받은 스티븐 와인버그(Steven Weinberg, 1933년~)는 다음과 같은 유명한 말을 했다. "설명의 화살표들은 모두 아래를 가리킨다. 사회에서 사람으로, 기관으로, 세포로, 생화학으로, 화학으로, 결국에는 물리학으로." 와인버그는 이런 말도 했다. "우리가 우주를 더 많이 알면 알수록, 우주는 더 무의미해 보인다."

환원주의는 매우 강력한 과학을 낳았다. 20세기 물리학의 양대 산맥인 아인슈타인의 일반 상대성 이론과 입자 물리학의 표준 모형을 떠올려 보라. 분자 생물학도 환원주의의 생성물이고, 인간 유전체 프로젝트도 마찬가지이다.

하지만 라플라스의 움직이는 입자들은 오직 **사건**(happening)만을 허용한다. 여기에는 의미도, 가치도, 행위도 없다. 환원주의적 세계관에 직면한 20세기 중반의 실존주의자들은 이 부조리하고 무의미한 우주에서 가치를 찾으려 애썼고, 결국 그것이 인간의 선택에 있을 것이라고 생각했다. 하지만 환원주의자가 볼 때, 실존주의자들의 이런 주장은 입자들이 움직이는 우주 공간만큼이나 텅 빈 것으로 느껴진다. 왜냐하면 인간 행위자(agent)가 수행하는 인간적 선택도 언젠가 과학이 완전해지는 날에는 그저 또 하나의 사건에 지나지 않는다고 해석될 것이기 때문이다. 그것 역시 결국에는 물리학으로 설명될 것이다.

이 책에서 나는 환원주의의 부적절성을 입증할 것이다. 오늘날은 유명 물리학자들마저 환원주의가 완벽하게 타당하지는 않을지도 모른다고 의심하고 있다. 나는 생물학과 생물의 진화가 물리학으로만 환원되지는 않는다는 것, 그것들은 그 자체로 독립적으로 존재한다는 것을 보여 주고 싶다. 생명은 이 우주에 자연적으로 존재하게 되었다. 생명과 더불어 행위 주체성(agency)이 등장했고, 행위 주체성에 더불어 가치와 의미와 행동이 등장했다. 이것들은 움직이는 입자만큼이나 실재적인 존재들이다. 여기에서 '실재적'이라는 단어에는 특수한 뜻이 있다. 우리가 어느 특정 생물의 생명, 행위 주체성, 가치, 행동을 물리적으로 설명할 수 있더라도, **그런 속성들이 진화를 통해 등장한 현상 자체는 물리학에서만 비롯된 것이 아니고 물리학으로만 환원될 수도 없다**는 뜻이다. 생명, 행위 주체성, 가치, 행동은 이런 의미에서 우주의 실재들이다. 이것이 창발성 이론의 입장이다. 와인버그의 말과는 달리, 우주에는 아래를 가리키지 않는 설명의 화살표들도 존재한다. 센 강의 강둑을 거니는 연인은 실재적인 사실로서 센 강둑을 거니는 연인이지, 그저 움직이는 입자들이라고만은 할 수 없다. 게다가 이런 것들은 굳이 창조주로서의 신을 끌어들이지 않고도 존재할 수 있다.

따라서 창발성(emergence)은 우리의 새로운 과학적 세계관에서 아주 중요하다. 창발성 덕분에 생물권(biosphere)의 모든 생명들, 생물권의 진화, 인류의 역사성, 현실의 일상 세계도 모두 실재가 되고, 물리학으로 죄다 환원되지는 않는 것이 되거나 물리학으로 죄다 설명할 수 없는 것이 되며, 우리 삶에서 핵심적인 것이 된다. 어떤 물리 법칙도 위배하지 않는 상태에서 말이다. 그런데 이미 논쟁적이고 혁신적인 개념으로 떠오른 이 창발성은 내가 앞으로 이야기할 새로운 과학적 세계관의 그저 한 부분일 뿐이다.

새로운 과학적 세계관에서 환원주의에 대한 창발성의 도전보다 더 중대한 요소는 갈릴레오의 주문(呪文)을 깨뜨리는 것이다. 갈릴레오는 경사로에서 공을 굴리는 실험을 하여 공의 이동 거리는 걸린 시간의 제곱에 비례한다는 것을 알아냈고, 그것으로부터 보편 운동 법칙을 끌어냈다. 뉴턴이 『프린키피아(*Principia*)』로 그 뒤를 따랐고, 근대 과학의 무대를 닦았다. 이런 성취들에 힘입어, 서구 문명은 우주의 모든 사건들이 자연 법칙(natural law)의 지배를 받는다는 시각을 갖게 되었다. 이것이 환원주의의 핵심이다. 또 다른 노벨 물리학상 수상자인 머리 겔만(Murray Gell-Mann, 1929년~)의 말을 빌리면, 자연 법칙이란 어떤 현상의 규칙성을 사전에 압축적으로 기술한 것이다. 자연계의 모든 속성을 이런 의미의 자연 법칙으로 묘사할 수 있다는 신념이 곧 갈릴레오의 주문이었다. 갈릴레오의 주문이 지금껏 과학 발전을 이끌어 온 것은 사실이지만, 우리가 그 주문을 깨뜨릴 수 있고 깨뜨려야만 한다는 게 나의 주장이다. 어쩌면 이것은 내가 이 책에서 제기할 여러 주장들 중에서 가장 급진적인 것일지도 모른다. 나는 생물권의 진화, 인간의 경제 생활, 인류 역사의 어떤 부분들은 자연 법칙으로 묘사할 수 없음을 보여 주려 한다. 이것은 갈릴레오와 뉴턴과 계몽 시대 이래 굳게 다져진 사람들의 신념을 정면으로 거스르는 주장이다.

자연 법칙만으로 생물권과 기술과 인류 역사의 진화를 온전히 묘사할 수 없다면, 무엇이 그 자리를 대신할까? 초자연적인 창조주가 없어도 충분히 경이롭게 작동하는 자연의 혁명적인 창조성이 그 자리를 차지한다. 잠시 창밖을 내다보자. 우리 주변에 들끓는 온갖 생명들을 바라보자. 이 땅에서 벌어졌던 일이라고는 태양이 50억 년 가까이 지구에 빛을 비춘 것이 전부이다. 그 기간 중에서 약 38억 년 동안 생명이 자랐다. 찰스 로버트 다윈(Charles Robert Darwin, 1809~1882년)이 "생명의 뒤엉킨 강둑"이라고 표현했던 모든 것들은 다 스스로 생겨났다. 우리가 아는 한 우주에서 가장 복잡한 계(system)인 이 생명의 그물망은 어떤 물리 법칙도 깨뜨리지 않는다. 그럼에도 불구하고 부분적으로 무법적이고, 부단히 창조적이다. 인류의 역사와 인간의 삶도 마찬가지이다. 이러한 창조성은 멋지고 근사하고 감탄스럽다. 자연적 우주와 생물권과 인류 문화에 드러나는 이 부단한 창조성을 우리가 스스로의 선택에 따라 신이라고 부르는 것, 이것이 바로 내가 주장할 새로운 개념이다.

쉼 없는 창조성 때문에, 우리는 보통 미래에 어떤 일이 벌어질지 알지 못한다. 알려야 알 수가 없다. 쇠렌 오뷔에 키르케고르(Søren Aabye Kierkegaard, 1813~1855년)가 말했듯이, 우리는 미래를 향해 살아 나간다. 프리드리히 빌헬름 니체(Friedrich Wilhelm Nietzsche, 1844~1900년)가 말했듯이, 우리는 마치 미래를 아는 듯이 살아 나간다. 우리는 수수께끼의 미래 속으로 살아 나간다. 더욱이 신념과 용기를 품고서 살아 나간다. 그것이 생명의 임무이기 때문이다. 우리가 부단한 창조성의 정체를 완벽하게 이해하지 못하면서도 어떻게든 그 속으로 성큼성큼 살아 나가야 한다면, **이성만**을 삶의 길잡이로 삼아서는 충분하지 않을 것이다. 계몽주의의 핵심인 이성은 우리가 인생의 길잡이로 삼기 위해서 진화시킨 여러 인간적 도구들 중 하나에 불과하다. 그리고 얄궂게도 바로 그 이성 덕분에 우리는 이성의 부적합성을 깨닫는다. 그러니 우리는 인간성을 온전한 형태로 재통합해야 한다. 완벽하게 헤아릴 수 없는 창조적 세상을 어떻게든 헤쳐 나가는 하나의 온전한 존재, 우리는 스스로를 이렇게 바라보아야 한다. 이성에만 지나치게 의존하는 계몽주의적 시각은 인간의 흥망성쇠를 바라보는 시각으로는 너무나 편협하다. 서구의 유대-그리스 전통에서 한 축을 담당했던 고대 그리스 사람들은 주로 이성에 의존해서 플라톤의 진선미를 추구했다. 반면에 늘 신과 함께 살았던 고대 유대 사람들은 보다 폭넓은 인간성 전체에 의존했다.

유대 인들과 그리스 인들은 고대의 서양 세계를 양분했던 사람들이다. 폴 존슨(Paul Johnson, 1928년~)이 『유대 인의 역사(*History of the Jews*)』에서 썼던 것처럼, 유대 인은 고대 최고의 역사가들이었다. 그들은 제 민족이 처한 역사적 상황을 끈질기게 기록했고, 훗날 서양의 유일신이 된 자신들의 만물의 주를 고집스럽게 기렸다. 유대-그리스 전통의 절반인 그 세상으로부터 서구적인 역사 개념과 진보 개념이 생겨나, 인류 역사의 창조성 속에서 살아 숨쉬게 되었다. 반면에 그리스 인은 보편주의자들이었다. 그들은 자연 법칙을 추구했다. 그들은 서구 최초의 과학자들이었다.

세상을 이해하기 위해서는 자연 법칙뿐만 아니라 부분적으로 자연 법칙을 넘어서는 부단한 창조성도 꼭 필요하다고 하자. 실재하는 이 세상은 파악 가능한 법칙과 파악 불가능한 창조성의 지배를 동시에 받는다고 하자. 이런 세상에서 우리는 파편적인 존재가 아니라 총체적인 존재로서 기능한다고 하자. 그렇다면 서구 문명의 오래된 두 씨줄은 우리가 미처 예상하지 못했던 모종의 방법으로 다시 통합될 수 있을지도 모른다. 그 덕분에 과학과 인문학 사이의 오래된 괴리가 치유될지도 모른다. 임마누엘 칸트(Immanuel Kant, 1724~1804년)가 지적했던 순수 이성과 실천적 삶의 괴리가 치유될지도 모른다. 갈릴레오의 주장과는 달리, 과학만이 진리로 가는 유일한 길은 아니다. 인문학의 상황적(situated) 풍성함과 인간의 법률도 그에 못지않은 진실이다. 정말로 그런 통합이 가능하다면, 우리는 인류가 어떻게 역사와 신성을 창조하는지 더 잘 이해할 수 있을 것이고, 우리가 스스로의 삶을 어떻게 창조하는지도 더 잘 이해할 수 있을 것이다.

지구 인구에서 절반쯤이 창조주로서의 신을 믿는다. 수십억 명이 초자연적 유일신을 믿는다. 고대의 힌두 신들을 믿는 사람도 많다. 불교처럼 신을 모시지 않는 지혜로운 전통들도 있다. 인구 중 약 10억 명은 종교가 없다. 이들은 영성을 잃은 사람들이고, 물질주의적인 세속 사회에서 소비자로서만 존재하는 사람들이다. 이런 세속주의자들이 믿는 것이라면 아마 '인본주의' 정도일 것이다. 하지만 좁은 의미의 인본주의는 우리가 부분적으로나마 공동으로 창조해 나가는 이 방대한 우주에서 온전한 행위자로서의 인간을 뒷받침하기에는 너무나 부족한 개념이다. 우리 삶의 영역은 실재하는 현실만큼 방대해야 한다. 인구 절반이 초자연적 신을 믿는다면, 과학은 그 믿음을 반증할 수 없을 것이다. 우리에게는 영성이 필요하고, 창조주로서의 신은 그런 영성의 한 예이다. 신은 인간이 하나의 강력한 상징으로 발명한 개념이다. 스스로 만든 상징을 어떻게 사용해서 우리의 삶과 문명을 현명하게 이끌어 갈 것인가, 이것은 우리가 선택할 문제이다. 우리는 신성을 재발명할 수 있다. 우리는 지구 윤리를 발명할 수 있고, 모두가 안전하게 공유할 공간을 만들 수 있다. 우주의 자연적 창조성이 곧 신이라는 이 새로운 시각은 우리 모두가 공유할 수 있다.

차례

# 1장

# 환원주의를 넘어

내 마음을 치소서, 삼위일체의 하느님. 아직 당신은
노크를 하고, 숨결을 불어넣고, 빛을 밝히고, 수선을 하려고만 했으니,
내가 감히 저항하려 하나이다. 그러니 나를 뒤엎으시고, 완력을 가하여
나를 부수고, 부러뜨리고, 불태워, 새롭게 빚어내소서.
나는 점령당한 마을처럼 다른 상대에게 묶인 몸,
당신을 받아들이려고 애쓰지만 소용이 없나이다.
당신의 대리인인 내 안의 이성으로 굳게 방어해야 하겠지만,
이성은 포로가 되었고, 나약하고 불충합니다.
진실로 나는 당신을 사랑하며 또한 사랑받고 싶으나,
당신의 적에게 예속되어 있나이다.

나를 적에게서 갈라놓으소서, 매듭을 풀거나 잘라 주소서.

나를 당신에게로 데려가 가두소서.

당신이 나를 감금할 때 나는 비로소 자유로울 것이고,

당신이 나를 겁탈할 때 나는 비로소 정숙할 것입니다.

존 던(John Donne, 1572~1631년)의 절창 「신성 소네트 14: 내 마음을 치소서」는 1615년경에 씌어졌다. 당시에 던은 영국 국교회의 성직자였다. 이 시는 서구 사회에서, 나아가 이 세상에서 가장 심각한 분열인 믿음과 이성의 분열을 노래한다. 던이 이 시를 쓴 때는 케플러의 시대였다. 그 후 100년 만에 뉴턴은 3개의 운동 법칙과 보편 중력 이론으로 물체의 정지 상태와 운동 상태를 하나로 묶고, 땅과 하늘을 하나로 묶었다. 그것은 근대 과학의 기틀이었다. 데카르트, 갈릴레이, 뉴턴, 라플라스와 함께 환원주의가 탄생했고, 이후 350년에 달하는 환원주의의 치세가 시작되었다. 과학과 계몽주의는 몇백 년 동안 합작하여 현재의 세속 사회를 낳았다. 환원주의적 물리학은 세상에 대한 학습 행위의 표준으로 간주되었다. 이렇게 성장한 과학은 신앙과 이성 사이에 박힌 쐐기를 한층 더 깊게 박아 넣었다. 갈릴레오가 교회와 충돌했던 까닭은 그가 (코페르니쿠스의 뒤를 이어) 지동설을 주장했기 때문이라기보다는, 계시가 아닌 과학이 지식으로 가는 유일한 길이라고 주장했기 때문이다.

요즘은 초월적 창조주를 믿는 기독교나 이슬람 근본주의자들과 초월적 신을 믿지 않는 불가지론적, 무신론적 '세속적 인문주의자'들 사이의 격렬한 대립으로 신앙과 이성의 분열이 곧잘 표출된다. 사람들은 이처럼 갈라진 신념을 각기 간절히 지지한다. 인류가 신성에 대한 감각을 갖고 살아온 역사는 무려 수천 년이나 된다. 적어도 1만 년 전에 이미 유럽 사람들이 대지의 여신을 섬겼다는 증거가 있고, 그 후 이집트, 그리스,

아브라함의 유일신, 아스텍, 마야, 잉카, 힌두교, 불교, 도교, 그밖의 여러 전통들이 이어졌다. 네안데르탈인들은 망자를 땅에 묻었다. 그들은 아마 신도 섬겼을 것이다. 최근에 한 원주민 부족은 인류의 기원과 진화를 연구하는 세계적 프로젝트에 자신들의 DNA를 제공하지 않겠다고 했다. 이것은 부족의 신성한 기원에 대한 자신들 나름의 시각이 과학 때문에 훼손될 것을 염려한 것이었다. 오늘날 우리 삶의 방식들은 불안정한 상태에 놓여 있다. 나는 그런 분열 상황을 새로운 접근법으로 다뤄 보고자 한다.

갈릴레오와 뉴턴 이래로 서구 과학을 점령하여 사실만 가득하고 가치가 사라진 무의미한 세상을 만든 환원주의, 그 환원주의의 한계를 새롭게 드러내는 것이 내가 추구하는 한 가지 목표이다. 대신에 나는 환원주의를 넘어선 세계관을 제안할 것이다. 새로운 세계관에서 우리가 속할 세상은 부단한 창조성의 우주이다. 생명, 행위 주체성, 의미, 가치, 의식, 인간 행동의 온전한 풍요로움이 창발해 나온 우주이다. 그런데 창발성이 전부가 아니다. 여러 단서를 볼 때, 과학이 우리에게 무엇을 말해 줄 수 있는가 하는 질문에 대한 대답도 지금과는 달라져야 한다. 과학은 생물권의 진화, 기술의 진화, 인류 문화나 역사의 진화를 예견하지 못한다. 내 새로운 세계관이 핵심적으로 주장하는 바는, 끊임없이 새로운 것을 창조해 내는 이 우주와 생물권과 문화의 전개 과정에 인간이 실질적으로 기여한다는 것이다.

갈릴레오와 그 후계자들로부터 생겨난 환원주의는 현실을 공간에서 움직이는 입자들로(또는 끈들로) 파악한다. 현대 물리학은 아주 막대한 범위를 포괄하는 두 이론으로 이루어져 있다. 첫째는 아인슈타인의 일반 상대성 이론이다. 이 이론은 시공간과 물질의 상호 작용을 다룬다. 어떻게 물질이 공간을 휘게 만드는지, 어떻게 굽은 공간이 물질의 움직임을

'드러내는지' 이야기하는 이론이다. 두 번째는 입자 물리학의 표준 모형이다. 이것은 쿼크(quark) 같은 기본 아원자 입자들에 기반한 이론이다. 쿼크는 글루온(gluon, 접착자)을 매개로 서로 결합하여 더 복잡한 아원자 입자들을 만들고, 그 결과 양성자나 중성자나 원자나 분자 같은 우리에게 익숙한 여러 입자들이 생겨난다. 가장 강경한 형태의 환원주의는 생물에서 센 강변의 연인에 이르기까지 모든 실재는 결국 움직이는 입자들이나 끈들에 지나지 않는다고 주장한다. 언젠가 과학이 완성되면, 고차원의 개체들은 결국 저차원의 개체들로 다 설명될 수 있다고 주장한다. 사회는 개인에 대한 법칙들로, 개인은 기관에 대한 법칙들로, 기관은 세포에 대한 법칙들로, 세포는 생화학으로, 생화학은 화학으로, 결국에는 물리학과 입자 물리학으로 죄다 설명된다는 것이다.

뉴턴의 시대 이래, 우리의 사고 방식은 이런 세계관에 점령되어 왔다. 그러나 나는, 과학을 수행하는 방식으로서든 실재를 이해하는 방식으로서든, 환원주의만으로는 충분하지 않다고 믿는다. 다윈식 자연 선택과 변이를 수반한 유전에 따라 진행되는 생물학적 진화가 물리학으로만 '환원되지는' 않을 것이다. 진화는 두 가지 의미에서 창발적이다. 첫째는 인식론적 의미에서의 창발성이다. 이것은 물리학으로부터 생물권의 진화를 유도해 낼 수 없다는 뜻이다. 둘째는 존재론적 의미에서의 창발성이다. 이것은 어떤 개체를 실재로 간주할 것인가의 문제이다. 환원주의자의 시각에서는 움직이는 입자들만이 존재론적으로 실재하는 개체들이다. 그밖의 모든 것은 움직이는 입자들의 복잡다단한 조합으로 설명할 수 있기 때문에, 그 자체로는 존재론적으로 실재하지 않는 셈이다. 하지만 내 생각은 다르다. 이를테면 인간의 심장 같은 유기체는 물리학으로부터 연역될 수 없다. 유기체의 구조와 작동이 진화한 과정도 물리학으로부터 연역될 수 없다. 그것은 그 자체로 인과력(causal power)을 지닌

다. 따라서 그것은 이 우주에 등장한 실재적 개체이다. 생물권도, 인간 경제도, 인간 문화도, 인간 행동도 다 마찬가지이다.

사람들은 창조주를 끌어들여서 생명의 존재를 설명하고는 한다. 나는 이 책에서 몇 장을 할애해서 생명의 자연적 기원을 파헤치는 연구들에 관해서 이야기할 텐데, 요즘 이 분야에서 급격한 진전이 이뤄지고 있다. 실험실에서는 벌써 스스로 재생산하는 분자들이 만들어졌다. 생명의 기원에 창조주가 꼭 필요한 것은 아니다. 게다가 당신도 나도 행위자(agent)이다. 우리는 스스로의 의지에 따라서 이런저런 행동을 한다. 그런데 물리학에는 사건만 있을 뿐 행동은 없다. 행위 주체성(agency)은 진화 과정에서 생겨났고, 물리학으로부터 연역될 수 없다. 그리고 행위 주체성과 더불어 의미와 가치가 생겨난다. 그렇다면 우리는 사실로만 이루어진 이 세상에서 가치를 찾기란 불가능하다는 환원주의적 허무주의를 넘어설 수 있다. 생물은 가치를 수반한다. 인간을 비롯한 고등 동물들에게는 틀림없이 가치가 있다. 진화적으로 더 낮은 수준의 유기체들에게도 아마 가치가 있을 것이다. 그러니 창발성에 대한 새로운 과학적 시각을 받아들이면, 그와 더불어 의미와 행동과 가치가 따라온다.

게다가 생물권은 그 부속들의 집단적인 건설 활동을 통해 지속적으로 진화하는 창발적 전체이다. 생물과 비생물적 환경은 공동으로 또 다른 생물을 위한 생태적 지위(niche)를 창조해 낸다. 생물권의 '열린 구조'를 끊임없이 탐색하면서 늘 새로운 생물의 가능성을 타진해 보는 것이다. 나중에 비에르고드적 우주(nonergodic universe)를 이야기할 때, 나는 이런 '열린 구조'의 토대에 어떤 물리적 기초가 있는지 설명할 것이다.

더 높은 차원을 보자. 인간의 경제도 물리학으로 환원되지 않는다. 경제가 대략 100에서 1,000가지의 재화와 서비스로만 구성되었던 5만 년 전의 상태에서 수백억 가지 재화와 서비스로 구성된 오늘날의 상태로 다양화한 것을 나는 경제망(economic web)의 확장이라고 부르는데, 이 과정을 추진해 온 것은 망의 구조 자체였다. 경제망이 늘 새로운 재화나 서비스를 위한 새로운 경제적 생태적 지위를 만들어 내면서 경제 성장을 추진해 온 것이다. 세계 경제도 생물권과 마찬가지로 일관되게 스스로를 구축하고, 항상 진화하는, 창발적 전체이다. 이런 현상들은 물리학을 넘어서며, 물리학으로 환원되지 않는다.

또 하나의 엄연한 사실은 (적어도) 인간에게는 의식이 있다는 점이다. 물론 우리는 아직 의식을 이해하지 못한다. 사람에게, 그리고 아마 다른 많은 동물에게 의식이 존재한다는 것은 틀림없는 사실이지만, 의식의 기초가 무엇인지는 아무도 모른다. 나는 의식에 대해서도 한 가지 가설을 제안할 것이다. 그것은 언뜻 비과학적으로 보일지도 모르지만, 따져보면 분명히 가능성이 있는 이론이다. 철학적으로도 흥미롭고, 언젠가는 시험해 볼 수 있을 만한 이론이다. 의식의 근원이 무엇인가 하는 문제는 차치하더라도, 어쨌든 의식은 창발적이고 실재적인 속성이다.

앞의 모든 사례들은 물리학으로 환원되지 않는 창발성을 보여 준다. 우리는 생명의 기원, 행위 주체성, 의미, 가치, 행동, 경제 활동, 의식이 물리학으로의 환원을 넘어설 것이라고 막연히 느끼는데, 이런 직관은 과학적으로도 의미가 있다. 우리가 살고 있는 이 우주는 환원주의가 말하는 우주가 아니다. 나는 이 책에서 창발성까지 포괄하는 새로운 과학적 세계관을 주장할 것이다.

우주, 생물권, 경제, 문화, 인간 행동의 진화는 더없이 **창조적**이다. 이 점을 잘 이해하려면, 우선 '다윈주의적 전적응(Darwinian preadaptation)'이라고 불리는 현상을 자세히 살펴볼 필요가 있다. 결론부터 말하자면, 생물권의 진화 과정에서 어떤 전적응이 생겨날까 하는 것을 우리가 미리 알 수는 없다. 경제 진화의 내용을 미리 아는 것도 대체로 불가능하다.

1920년대에는 누구도 인터넷을 예견하지 못했다. 어쩌면 우리가 탐구하는 모든 차원들에 반드시 이런 예측 불가능성이 있을지도 모른다. 우리는 우주 먼지 알갱이들이 응집과 화학 반응을 통해서 미행성체로 커가는 과정에서 과연 무엇이 생겨날지를 미리 알 수 없다. 우리 주변의 저 경이롭고 다양한 생명들은 대체로 예측 불가능한 방식을 통해서 진화했다. 지난 5만 년간의 인류 경제도 그랬고, 인류의 문화와 법률도 그랬다. 이것들은 창발적일 뿐만 아니라 실로 예측 불가능하다. 우리는 특정한 사건의 발생 가능성을 예측할 수 없을뿐더러, 과연 어떤 사건들이 가능한지 미리 말하는 것조차 어렵다.

우리에게 예측력이 없다는 것에는 심오한 의미가 있다. 물리학자 머리 겔만의 정의에 따르면, 자연 법칙이란 어떤 과정의 규칙성을 사전에 압축적으로 기술한 것이다. 하지만 그 과정에서 어떤 가능성들이 허용되는지조차 미리 말할 수 없다면, 그 과정을 압축적으로 사전에 기술한다는 것은 불가능하다. **그렇다면 이런 현상들은 부분적으로나마 자연 법칙을 넘어서게 된다.** 여기에는 충격적이면서도 무척 해방적인 함의가 있다. 우리가 몸 담은 이 우주, 생물권, 문화는 창발적일 뿐만 아니라 더없이 창조적이다. 우리는 세상의 향후 전개를 미리 알거나, 미리 말하거나, 미리 규정할 수 없을 때가 많다. 세상은 모든 면에서 폭발적인 창조성을 발휘한다. 이런 식으로 세상을 바라보는 것이야말로 새로운 과학적 세계관의 핵심이다.

이것이 얼마나 급진적인 시각인지 잠깐 반추해 보자. 내 말은 인류의 지식이나 지혜가 부족해서 생물권, 경제, 문화 진화의 미래를 예측할 수 없다는 것이 아니다. 이것들이 **본질적으로** 예측을 넘어선다는 말이다. 제아무리 강력한 컴퓨터라도 이 과정들의 규칙성을 사전에 압축적으로 기술할 수 없다. 사전에 그런 기술을 한다는 것 자체가 불가능하다. 따라서 대부분의 실재들에는 자연 법칙 개념을 적용하는 것 자체가 부적합하다. 10장에서 다원주의적 전적응을 이야기할 때 이 점을 자세하게 논할 것이고, 급진적인 견해를 뒷받침하는 근거들을 제공할 것이다. 정말로 이 견해가 옳다면, 그것은 우주의 삼라만상이 자연 법칙에 따라 펼쳐진다는 갈릴레오의 주문에 정면으로 도전하는 일이 될 것이다.

그것보다 더 심오한 의미도 있다. 생물권과 세계 경제가 일관되게 스스로를 구축해 나가는 전체라면, 그리고 그 과정을 이루는 부분들이 자연 법칙만으로는 충분히 기술할 수 없는 것들이라면, 우리는 정말이지 경이로운 과정을 지켜보고 있는 셈이다. 생물권은 온전한 법칙 없이, 중앙의 지시 없이, 말 그대로 스스로 구축하며 스스로 진화한다. 생물권은 햇빛 같은 자유 에너지를 사용함으로써, 종이 다양화될 때에는 물론이고 멸종할 때조차 통일된 전체성을 잃지 않는다. 10장에서 이야기하겠지만 세계 경제도 이것과 마찬가지이다. 이처럼 자기 조직적이면서 부분적으로는 무법적인 여러 과정들이 우리 눈앞에서 펼쳐지지만, 우리는 그 사실을 알아차리지 못한다. 우리가 그것을 인식하고 기술하려면, 나아가 한없이 창조적인 이 세상에서 우리가 나아갈 방향을 잘 잡으려면, 전혀 새로운 개념 틀이 필요하다. 그것은 분명 환원주의를 넘어선 틀일 것이다.

이쯤에서 한번 물어보자. 초월적이고 전지전능한 유일신이 우리 주변의 만물과 우리가 겪는 모든 과정들을 엿새 만에 창조했다고 생각하는 것과, 그 모두가 초월적 창조주 없이 스스로 생겨났다고 생각하는 것. 둘 중에서 어느 쪽이 더 놀라운가? 후자라고 해도 충분히 멋지고 압도적이며 감탄과 감사와 존경을 바칠 만하지 않은가? 우리 대부분에게는 그런 신(神)이면 충분하다는 게 내 생각이다. 우주의 창조성, 그것이 곧 신이다. 그것은 전적으로 자연적인 신이다. 나는 모든 사람들이 종교에 무관하게 이런 시각을 공유하기를 바란다. 나처럼 창조주 하느님을 믿지 않는 사람은 물론이고 믿는 사람들도 이런 시각을 포용하기를 바란다. 이런 식의 새로운 개념은 우리 모두가 공유하는 종교적, 영적 공간이 되어줄 것이다.

언뜻 드는 짐작과는 달리, 이런 시각은 유일신적 사고에서 그다지 많이 벗어난 것이 아닐지도 모른다. 예수회 소속 우주론 학자들 중에는 이 방대한 우주에서 생명이 탄생할 만한 장소는 여러 곳이고, 후보지들 중 어디에서 정말로 생명이 탄생할지는 신도 모르는 일이라고 말하는 이들도 있다. 그런 유일신은 시공간 바깥에 존재하되, 전지전능하지 않다. 그것은 최초로 우주를 만든 생성자 신(Generator God)으로서, 이후의 사건들까지 완벽하게 알고 통제하는 능력은 없다. 보다시피 이런 시각은 자연적 우주의 창조성 자체를 신이라고 부르며 섬기자는 내 제안에서 그다지 멀지 않다.

## 네 가지 상처

우리 자신을 자연과 생명과 통합시키는 새로운 과학적 세계관의 의미를 파헤치는 것만도 상당히 어려운 일이다. 그런데 우리 앞에 놓인 작업은 그것보다 더 만만찮아 보인다. 토머스 스턴스 엘리엇(Thomas Stearns Eliot, 1888~1965년)은 존 던 같은 엘리자베스 시대 형이상학파 시인들(감정을 분석적으로 해부해 재치와 기발한 비유로 표현했던 17세기 몇몇 시인들을 가리키는 말로, 사실 엘리엇은 이들을 호의적으로 평가했으나, 당대에는 지나치게 '형이상학적'이라는 비판을 들었다. — 옮긴이)에 이르러 처음으로 서구인의 마음에서 이성과 그밖의 인간 감각들이 분리되었다고 말했다. 던의 「신성 소네트 14」에 드러난 신앙과 이성 사이의 번민은 바야흐로 세상에 등장할 여러 분열들 중 한 가지였다. 과학이 성장하고 계몽주의가 등장하면서, 서구인은 이성을 믿게 되었다. 엘리엇이 말한 "그밖의 감각들", 즉 온전한 삶을 이루는 인간성의 나머지 부분들은 모두 이성에 종속되었다.

우리는 거의 눈치 채지 못하고 있지만, 현대의 세속 사회는 적어도 네 가지 상처를 가지고 있다. 이 상처들은 인간성을 그 핵심부터 깨뜨리고 있다. 이것은 현대의 세속주의와 종교의 분열보다도 더 깊은 상처들이다. 이제 우리는 형이상학파 시인들이 산산이 쪼개 놓은 이성과 나머지 인간적 감각들의 분열을 재통합해야 한다. 이것 역시 신성 재발명의 일부이다.

첫 번째 상처는 과학과 인문학 사이의 인위적인 구분이다. 찰스 퍼시 스노(Charles Percy Snow, 1905~1980년)는 1959년의 유명한 에세이 『두 문화(*The Two Cultures*)』에서 인문학은 흔히 '고급 문화'로 존경받는 데 비해 과학은 2류 지식으로 여겨진다고 했다. 지금은 상황이 역전되었다. 많은 대학의 인문학 연구자들이 스스로를 2류 시민이라고 느낀다. 우리는 아인슈타인도 믿고 셰익스피어도 믿지만, 둘을 한 교실에서 믿는 일은 없다. 이것은 우리의 통합된 인간성을 반으로 갈라놓는 균열이다.

우리는 이런 시각의 오류를 깨달아야 한다. 과학은 생각보다 훨씬 더 제한적이다. 우주의 창조성은 미리 말해질 수 없고 예측될 수 없다. 과학이 지식과 이해로 가는 유일한 길도 아니다. 인간의 행동과 발명에 드러나는 복잡하고 맥락 의존적이고 창조적이고 상황적인 속성들, 그리고 인간을 포함하며 부분적으로 인간을 규정하는 역사성은 과학으로는 설명할 수 없다. 나는 이 책에서 그 점을 보여 줄 것이다. 이것은 오히려 인문학의 영역이다. 예술과 문학으로부터 역사와 법률에 이르는 인문학의 영역이다. 진리는 이곳에도 가득하다.

두 번째 상처는 환원주의적 과학적 세계관에서 비롯했다. 환원주의의 가르침에 따르면, 우리가 살아가는 실재의 세계는 기본적으로 가치가 부재한 사실의 세상이다. 게슈탈트 심리학의 창안자 중 하나인 볼프강 쾰러(Wolfgang Köhler, 1887~1967년)는 20세기 중반에 『사실의 세계에서 가치의 자리(*The Place of Value in a World of Fact*)』라는 희망적인 제목의 책을 썼다. 쾰러는 그 책에서 이 문제와 씨름했으나 성공을 거두지 못했고, 그의 노력은 환원주의의 주장에 아무런 영향을 미치지 못했다. 프랑스의 실존주의 철학자들도 실재의 우주에 가치가 부재하다는 문제와 씨름했다. 사실 우리의 삶에는 가치와 의미가 가득하지만, 인간성의 이런 면들에 안정된 위치를 부여하여 근본 과학과 공존하게 해 주는 단일한 개념 틀은 아직 없다. 우리에게 필요한 세계관은 객관적인 사실들로부터 가치를 끌어내는 세계관이다. 존재에서 당위를 끌어내는 과정이 필요하다. 스코틀랜드의 계몽주의 철학자 데이비드 흄(David Hume, 1711~1776년)은 그런 과정에 강하게 반대했지만 말이다. 행위 주체성, 가치, '행동(doing)'은 존재의 다른 요소들로부터 분리된 것이 아니다. 이것들은 생물권의 진화 과정에서 창발해 나왔다. 우리는 그런 진화의 생성물이고, 가치는 우주의 실재적 속성이다.

세 번째 상처는 불가지론자이거나 무신론자인 '세속적 인문주의자'들이 영성은 어리석은 것이라는 주장을 슬며시 설파하는 문제이다. 그들은 영성이란 기껏해야 의심스러운 것에 불과하다고 말한다. 세속적 인문주의자 중에도 간혹 영적인 사람이 있지만 대부분은 그렇지 않다. 그 때문에 우리는 인간성의 심오한 측면으로부터 격리되었다. 인류는 과거 수천 년 동안 섬세하고 심오한 영적 삶을 꾸려 왔는데, 요즘의 세속적 인문주의자들은 대체로 그런 삶을 잃어버렸다. 우리가 우주의 창발적 창조성을 이해하여 신성을 재발명한다면, 세속적 인문주의자들도 스스로의 영성에 마음을 열 것이다.

네 번째 상처는 세속주의자나 신앙인을 막론하고 모두에게 지구 윤리가 없다는 점이다. 이것은 부분적으로는 환원주의 때문이다. 환원주의가 사실의 세계와 가치의 세계를 갈라놓았기 때문이다. 우리에게는 인류의 다채로운 전통들을 아우르며 모든 생명과 사람과 지구에 대한 책임까지 아우를 만한 전 세계 공통의 윤리 체계가 없다. 세속적 인문주의자들은 대개 가족이나 친구에 대한 사랑과 정의를 믿고, 민주주의에 신념을 쏟는다. 다양한 종교들은 다양한 신념들을 갖고 있다. 그러나 오늘날의 산업화된 세상에서 우리 모두는 결국 소비자로 환원된다. 노벨 경제학상 수상자인 케네스 조지프 애로(Kenneth Joseph Arrow, 1921년~)는 미국 국립 공원들의 '가치'를 평가해 달라는 청을 받고 난처해했다고 한다. 공원이 미국 소비자들에게 어떤 효용이 있는지 계산할 수 없었기 때문이다. 실로 의미심장한 이야기이다. 우리는 자연에서 시간을 보낼 때조차 소비자로 환원되었고, 얼마 남지 않은 야생의 공간들은 상품으로 환원되었다. 하지만 사실 생명 그 자체, 우리가 거기에 참여한다는 것 자체가 공원의 가치이다.

이슬람 문화에서든 서구에서든, 사려 깊은 신앙인들은 이런 물질주의에 깊이 낙담하고 있다. 산업 사회는 대체로 소비자 중심적이고, 물질주의적이고, 상품화된 듯하다. 아니, 실제로 그럴 것이다. 중세 유럽의 사람들에게는 이런 세상이 얼마나 이상하게 보이겠는가. 근본주의 무슬림들에게는 이런 세상이 얼마나 생경하게 느껴지겠는가. 산업 사회의 거주자들은 현재의 가치 체계가 여러 선택지들 가운데 하나에 불과하다는 사실을 잊고 산다. 우리에게는 스스로를 소비자로만 여기는 세계관보다 더 풍요로운 지구 윤리가 절실하게 필요하다. 우리에게는 새로운 에덴(Eden)에 대한 전망이 필요하다. 인류가 영원히 떠나온 그 에덴이 아니라, 선악을 모두 행할 수 있는 인간의 타고난 성향을 충분히 이해하는 상황에서도 분연히 나아가 추구할 만한 새로운 에덴이 필요하다. 과거의 전통 위에서 진화하는 새로운 지구 문명을 튼튼하게 뒷받침해 줄 지구 윤리가 필요하다.

우리는 스스로 이런 상처들을 겪고 있다는 사실조차 잘 모르지만, 이 상처들을 치유하는 것은 분명 신성을 재발명하는 작업의 일부이다. 정말로 우리가 속한 우주에 창발성과 부단한 창조성이 넘쳐 난다면, 그리고 우리가 그 창조성을 인류 공통의 신으로서 받아들일 수 있다면, 우리는 생명과 지구에 충만한 신성을 느낌으로써 현대 산업 사회의 소비주의와 상품화를 넘어서는 삶을 살 수 있을 것이다. 이성과 신앙의 분열을, 과학과 인문학의 분열을, 영성의 결핍을 치유할 수 있을 것이다. 세상은 가치가 부재한 사실의 세계일 뿐이라는 그릇된 환원주의적 신념으로부터 받은 상처를 치유할 수 있을 것이다. 다 함께 하나의 지구 윤리를 건설할 수 있을 것이다. 새로운 과학적 세계관을 발견하고 그것을 통해 신성을 재발명하는 일에는 이런 문제들이 달려 있다.

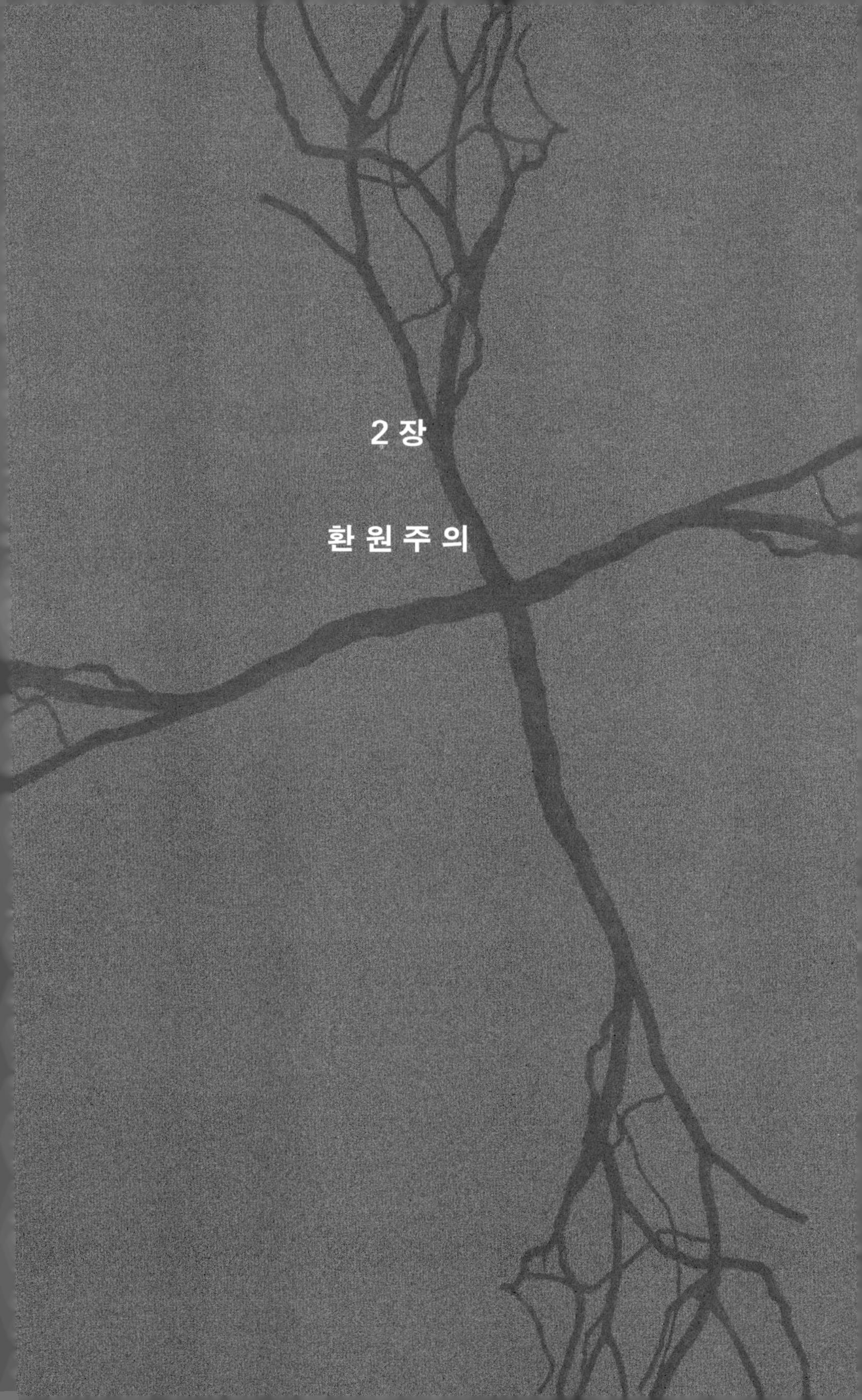

# 2장

# 환원주의

우리가 우주에서 인간의 위치를 파악할 때, 과학적 세계관은 우리에게 큰 영향을 미친다. 환원주의적 과학의 세계관은 많은 신앙인에게 까다로운 딜레마를 던져 주었다. 기도에 응답하고 우주에 개입하는 초월적 신을 믿는 사람들이 볼 때, 자신들의 신은 과학이 미처 설명하지 못한 빈틈에서만 활약하는 신 또는 과학 예측을 마구 위반하는 신이 되었기 때문이다. 두 대안 중 어느 것도 만족스럽지 않다. 반면에 세속적 인문주의자들이 볼 때, 우리가 매달려 살아가는 이 현실은 대체로 환원주의에 기반한 것이다. 그러나 이 관점 역시 만족스럽지 않다. 그 이유는 이제 곧 설명하겠다.

환원주의란 과연 무엇인가? 이 철학은 데카르트, 갈릴레오, 케플러,

뉴턴의 시대부터 아인슈타인, 슈뢰딩거, 프랜시스 크릭의 시대까지 사람들의 과학적 세계관을 점령해 왔다. 물리학자 스티븐 와인버그의 유명한 두 금언은 대다수 과학자들이 여전히 고수하는 환원주의적 철학의 정수를 잘 설명해 준다. "설명의 화살표들은 언제나 저 아래 물리학을 가리킨다."라는 말과 "우리가 우주를 더 많이 알면 알수록 우주는 더 무의미해 보인다."라는 말이다. 다시 말해 환원주의는 사회는 사람들로, 사람은 기관들로, 기관은 세포들로, 세포는 생화학으로, 생화학은 화학으로, 화학은 물리학으로 설명할 수 있다는 견해이다. 좀 더 거칠게 표현하면, 모든 실재들이 궁극에는 물리학의 기초에 있는 '저 아래' 무엇일 뿐이라는 견해이다. 모든 것이 궁극에는 쿼크들 또는 그 유명한 끈 이론의 끈들, 그리고 그 개체들의 상호 작용일 뿐이라는 견해이다. 물리학이 가장 기본적인 과학이고, 다른 모든 과학들은 궁극에는 물리학으로 이해할 수 있을 것이라는 주장이다. 와인버그의 말마따나, 고차원적 개체들에 대한 설명의 화살표들은 궁극에는 모두 저 아래 물리학을 가리킨다는 것이다. 그리고 물리학에는 오직 사건(happening)들과 사실(fact)들만이 있을 뿐이다.

환원주의적 세계에는 기본 개체들과 그들의 상호 작용, 사건들과 사실들만 존재한다. 그 세계에는 가치가 머물 자리가 없다. 그 세계에서는 인간도 세상 만물과 마찬가지로 결국 물리학으로 환원되는 존재이다. 하지만 사실 인간은 스스로의 의지에 따라 행동하는 행위자이다. 우리의 움직임은 '행동'이지 단순한 사건이 아니다. 그리고 행위자는 가치를 만들어 낸다. 우리는 어떤 사건이 벌어지기를 바라고, 어떤 사건이 벌어지지 않기를 바란다. 오직 사건만이 가능한 입자들의 상호 작용에서 어떻게 가치와 행동이 생겨날까? 환원주의적 세계관으로는 우주의 창발성이나 행위자의 존재를 설명할 수 없다. 이 점은 7장에서 다시 이야기할 것이다. 18세기의 회의주의 철학자 데이비드 흄은 '존재'에서 '당위'를 끌어 낼 수는 없다고 말했다. 흄 자신은 명시적으로 깨닫지 못했겠지만, 그의 주장은 행위자의 창발성을 부정하는 환원주의에 기초한 것이었다. 흄은 '존재'에서 '당위'를 끌어내는 것을 자연주의적 오류라고 불렀다. 예를 들어 여성이 아기를 낳는다는 사실로부터 어머니가 아기를 사랑해야 한다는 당위를 끌어낼 수는 없다는 것이다. 즉 실제 벌어지는 사건으로부터 벌어져야 마땅한 것을 추론해 낼 수는 없다. 따라서 환원주의적 세계관에서는 가치의 존재를 과학적으로 뒷받침할 수 없다. 그 때문에 제2차 세계 대전 이후의 프랑스 실존주의 철학자들은 와인버그보다 앞서 우주의 무의미함을 주장했다. 그들은 우주가 부조리하다고 보았고, 따라서 가치는 인간의 선택에만 존재한다고 보았다. 하지만 선택이란 선택을 할 수 있는 행위 주체성을 가정한 개념이다. 환원주의가 그 존재를 부정하는 행위 주체성을 가정한 개념인 것이다. 따라서 다시 한번 환원주의에서는 오직 사건이 있을 뿐, 행위도 행동도 가치도 선택도 있을 수 없다.

이후의 장들에서 나는 행위 주체성에 대한 과학적 기반, 즉 생물계에 존재하는 가치에 대한 과학적 기반을 설명할 것이다. 윤리와 '당위'가 어떻게 진화했는가에 대한 과학적 기반을 설명할 것이다. 그때 살펴보겠지만, 행위 주체성은 실재인 동시에 창발적인 현상이고, 물리학의 사건들로만 환원되지 않는다. 이것이 흄에 대한 내 대답이다. 단순한 사건에서 가치를 끌어낼 수 없고 '존재'에서 '당위'를 끌어낼 수 없다고 했던 흄의 주장은 옳았다. 가치는 환원 불가능성, 실재성, 창발성, 행동하는 행위 주체성에 어울리는 언어이다. 따라서 행위 주체성과 가치가 있는 곳에는 철학자들이 목적론적 언어라고 부르는 것이 더불어 생겨난다. 목적론적 언어란 의도나 '목적'을 끌어들여 말하는 언어이다. 예를 들어 우리가 일상에서 스스로의 이성이나 의도에 기반해서 자신의 행동을 설명할 때 쓰는 언어가 그런 언어이다. 목적론적 언어는 과학자들과 철학자들 사이에서 오랫동안 논쟁의 대상이었고, 많은 사람이 그것을 과학적이지 못한 언어라고 생각한다. 하지만 나는 그런 의견에 강하게 반대한다. 행위 주체성은 분명 창발적이고 실재적이지만, 물리학으로 환원될 수 없다. 왜냐하면 생물학이 물리학으로 환원될 수 없기 때문이다. 생물권에는 행위 주체성, 가치, 의미가 가득하다. 인간의 삶에도 행위 주체성, 가치, 의미가 가득하다. 인간의 삶 또한 생물권의 일부이기에 그런 특징들을 부여받았다.

흥미롭게도 환원주의를 제대로 이해하기 위해서는 아리스토텔레스(Aristoteles, 기원전 384~322년)에서부터 이야기를 시작해야 한다. 아리스토텔레스는 과학적 설명이 삼단 논법을 통한 연역으로 이루어진다고 주장했다. 이런 식이다. 모든 사람은 죽는다. 소크라테스는 사람이다. 그러므로 소크라테스는 죽는다. 아리스토텔레스는 사실에 대한 보편적 진술에서 시작해서(모든 사람은 죽는다.), 특수한 사례를 고려한 뒤(소크라테스는 사람이다.), 보편 법칙을 특수 사례에 적용함으로써 결론을 이끌어 내는(소크라테스는 죽는다.) 추론 모형을 서구 문화에 제공했다.

이제 세 가지 운동 법칙들과 보편 중력의 법칙으로 구성된 뉴턴의 역학 법칙을 생각해 보자. 그것은 과학적 설명이 먼저 보편 진술을 말한 뒤에 그것을 체계적으로 특수 사례들에 적용해야 한다는 아리스토텔레스의 지시에 아름답게 들어맞는다.

뉴턴 역학 법칙의 핵심은 그것이 결정론적이라는 점이다. 그 법칙들은 대강 이런 식으로 작동한다. 당구대 위에 당구공들이 굴러다닌다고 상상하자. 공들은 '경계 조건'들에 의해 특정 공간으로만 제약된다. 당구대 가장자리의 쿠션, 포켓, 당구대 표면 등이 경계 조건들이다. 공들은 매순간에 늘 특정한 방식으로 움직인다. 공들의 질량중심은 정확한 위치를 갖고 있으며, 공들은 정확한 방향과 속력으로, 즉 정확한 속도로 움직인다. 이런 초깃값 경계 조건들이 곧 '소크라테스는 사람이다.'라는 특수 사례에 해당한다. 이 특수 사례에 뉴턴의 법칙이 적용된다. 그리하여 모든 공들의 현재 위치와 속도와 경계 조건들이 주어질 경우, 우리는 한 공이 다른 공 또는 벽에 부딪치거나 포켓으로 떨어지는 궤적을 계산할 수 있다. 즉 연역할 수 있다. 만약에 공들이 정확하게 같은 위치에서 다시 시작하여 정확하게 같은 방식으로 움직인다면, 공 하나하나가 취하는 궤적도 정확하게 전과 같을 것이다. 결정론적이란 말은 이처럼 정확한 재현이 가능하다는 뜻이다. 초기 조건들과 경계 조건들이 그 계의 진화를 정확하게 규정한다는 말이다.

공의 위치와 속도는 보통 숫자 6개로 표현된다. 숫자 3개는 공의 3차원 위치를 규정하고, 나머지 3개는 공의 속도를 3차원 공간 축에 '투사'한다. 이처럼 숫자 6개로 공 하나의 위치와 속도를 규정할 수 있으므로, 공이 *N*개 있다면 그 전체의 위치와 속도(또는 운동량)는 6*N*개의 숫자들로 규정된다. 이것을 6*N*차원의 '상태 공간(state space)'이라고 부른다. 3차원을 넘어선 공간을 그림으로 표현하기는 어렵지만, 6*N*개의 숫자들 하나하나를 각각의 축으로 규정한 차원 공간을 수학적으로는 상상해 볼 수 있다. 이런 6*N*차원의 상태 공간에서, 당구대 위 공들의 위치 및 속도에 대한 각각의 독특한 조합들은 각각의 점에 해당한다. 따라서 전체 계의 시간적 전개 과정은 이 어마어마한 다차원 상태 공간에서의 한 줄기 궤적으로 표현된다.

결정론에서는 뉴턴의 운동 법칙들에 따르면 상태 공간의 어느 점에서든 (외부의 힘이 없다는 전제에서) 단 하나의 궤적만이 가능하다고 말한다. 뉴턴의 법칙들은 경이로울 만큼 성공적이다. 우리는 오직 그 법칙들에만 의지해서 로켓을 태양계로 쏘아 올리고 복잡한 임무를 수행한다. 그러나 이 법칙들은 한 가지 심각한 문제를 일으킨다. 이 법칙들이 근본적으로 '시간 가역적'이라는 점이다. 만약에 당구공들의 움직임을 정확하게 뒤로 감는다면, 그때도 같은 법칙들이 적용될 것이다. 이것은 공의 움직임을 정확하게 뒤로 감으면 그 공이 미래를 향해 움직였던 궤적을 정확하게 거꾸로 밟으리라는 뜻이다. 그런데 그 유명한 험프티 덤프티(Humpty Dumpty, 영국 동요에 등장하는 달걀 모양의 캐릭터. 담벼락에 앉아 있다가 떨어져 깨진 험프티 덤프티는 왕이라도 되살릴 수 없다는 이야기가 있기 때문에 비가역적이라고 한 것이다. — 옮긴이)가 알아냈듯이, 우리는 시간 가역적이지 않다. 우리 주변 세상도 마찬가지이다. 뉴턴의 법칙들이 시간 가역적이라는 점으로부터(13장에서 이야기하겠지만 양자 역학 법칙들 또한 시간 가역적이다.) 이른바 '시간의 화살' 문제가 생겨난다. 과거와 미래를 어떻게 구분하는가 하는 문제이다. 많은 물리학자는 우주의 무질서가 늘 증가하게 마련이라는 열역학 제2법칙이 시간의 화살을 존재하게끔 하는 물리학적 기반이라고 생각한다. 제2법칙을 대강 설명하면 이렇다. 접싯물에 잉크 한 방울을 떨어뜨렸다고 상상하자. 시간이 지나면 잉크는 고르게 퍼진다. 거꾸로 고르게 퍼진 잉크에서 시작한다면, 아무리 기다려도 그것이 자발적으로 도로 잉크 방울로 뭉치는 일은 없다. 앞을 향한 시간적 진행은 뒤를 향한 진행과는 다른 것처럼 보인다. 그런데 어느 방향이든 잉크 입자들과 물 분자들은 모두 뉴턴의 시간 가역적 법칙들을 따라야 하는 것이다. 이처럼 뉴턴의 법칙들이 시간 가역적인데도 어째서 앞으로 진행할 때와 뒤로 진행할 때 시간 비대칭이 벌어지는가를 설명하고자 하는 것이 열역학 제2법칙이다. (뒤에서 이야기하겠지만, 최근 들어 고전 열역학의 제2법칙을 통계 역학으로 설명하는 것에 대한 의구심이 높아지고 있다.)

뉴턴으로부터 100년쯤 지났을 때, 라플라스는 뉴턴 법칙들을 일반화해서 임의의 질량 집합, 즉 입자 집합에 적용할 수 있게 만들었다. 모든 입자들이 동시에 운동 법칙을 따른다는 점에 착안하여, 라플라스는 헤아릴 수 없이 막강한 지능을 가진 '악마'를 상상했다. 자, 어떤 시점에 우주 속 모든 입자들의 위치와 속도 정보가 주어진다면, 라플라스의 악마는 그 입자들의 향후 운동 궤적을 알 수 있을 것이다. 뉴턴의 법칙들이 시간 가역적이기 때문에, 입자들의 과거 운동 궤적도 전부 알 수 있을 것이다. 한마디로 우리의 지능이 충분하고 모든 입자들의 현재 위치와 속도 정보가 정확하게 진술된다면, 인간 자신은 물론이고 가령 인간의 문화까지도 모두 포함한 전체 우주의 과거와 미래를 계산할 수 있다는 말이다. 라플라스가 이 말을 했던 당시는 아주 종교적인 시대였다. 한번은 나폴레옹이 라플라스에게 그의 체계에서 신의 위치는 어디냐고 물었는데, 라플라스는 자신에게는 신이라는 가설이 필요 없다고 대답했다. 당시에 이미 과학이 이성과 신앙 사이에 쐐기를 밀어 넣었다는 것을 분명하게 보여 주는 사례이다.

라플라스의 시각은 가장 순수하고 단순한 형태의 환원주의적 진술일 것이다. 여기에는 눈여겨볼 특징이 두 가지 있다. 첫째는 결정론이다. 그러나 훗날 양자 역학이 등장하자, 사람들은 엄청난 충격과 함께 결정론을 포기할 수밖에 없었다. 둘째는 충돌하는 입자들에서 전쟁하는 나라들까지 온 우주와 그 안의 모든 사건들을 무수히 많은 입자의 움직임으로 완벽하게 이해할 수 있다는 가정이다. 진화하는 유기체 같은 우주의 고차원적 과정들도 궁극에는 움직이는 입자들로 다 설명할 수 있다는 믿음은 이 가정에 토대를 둔다. 와인버그의 말을 빌리자면, 설명의 화살표들은 항상 아래만 가리킨다는 것이다.

뉴턴 이후 약 한 세기 동안, 그의 결정론적 법칙들은 사람들의 종교적 신념을 변화시켰다. 유럽 지식인들은 우주의 운영에 일일이 개입하는 신, 기도에 응답하는 인격신(theistic God)이라는 개념을 버렸다. 대신에 자연신(deistic God), 즉 초기 조건들과 경계 조건들을 설정하여 우주를 창조했으나 이후에는 뉴턴 법칙들에 따라 결정론적으로 우주가 펼쳐지도록 내버려둔 신이라는 개념을 받아들였다. 이런 세계관에서는 우주의 운영에 신이 개입할 여지가 없다. 따라서 사람들의 기도에 신이 응답할 수도 없다. 신은 우주를 만들었지만 이후의 운영에는 관여하지 않는다. 대중의 과학적 세계관은 이처럼 우주 속에서 인간의 위치에 대한 관점이나 신학적 사고에 영향을 미친다. 동시에 인간 스스로에 대한 이해에도 영향을 미친다.

결정론은 인간의 행위 주체성에서도 뜨거운 논쟁을 일으켰다. '자유의지(free will)'에 대한 논쟁이다. 이 논쟁은 지금도 전혀 잦아들지 않았다. 결정론적 시각에 따르면 인간은 기계이다. 자유 의지는 환상이다. 이 문제를 푸는 한 가지 해법은 사람의 마음과 몸이 전혀 다른 재료로 만들어졌다고 보는 것이다. 뉴턴보다 앞선 시대의 철학자 르네 데카르트(René Descartes, 1596~1650년)는 인간이 두 부분으로 이루어져 있는데 하나는 연장된 실체의 일부인 기계적 몸이고 다른 하나는 독자적으로 사유하는 실체인 정신이라고 했다. 이것이 데카르트 이원론이다. 이때 자유 의지는 사유하는 실체 속에 존재한다. 데카르트가 이원론을 제안한 것은 자기 자신, 갈릴레오, 후대의 뉴턴 덕분에 물질계를 지배하게 된 결정론으로부터 자유 의지를 구해 내겠다는 생각에서였다. 하지만 이원론은 또 다른 문제를 일으킨다. 어떻게 마음이 몸에 작용하느냐 하는 문제이다. 데카르트는 솔방울샘이라는 뇌 기관을 통해 마음이 몸에 작용한다고 설명했는데, 이 가설은 사실일 가능성이 희박하다.

강경한 환원주의에 따르면, 소행성의 충돌에서 한 여성에 대한 키스 때문에 졸지에 살인자 신세가 된 어느 프랑스 남성까지 우주의 모든 사건들은 결국 입자들의 운동에 '지나지 않는다.' 철학자들은 우주에 실재하는 것들을 가리켜 '우주의 구조'라는 표현을 곧잘 쓰는데, 환원주의에서는 이 '우주의 구조'가 라플라스식으로 움직이는 입자들에 국한되는 셈이다. '그저 무엇무엇에 지나지 않는다.'라는 이 견해는 양자 역학이 뉴턴이나 아인슈타인의 결정론을 쓸어버린 뒤에도 살아남았다.

양자 역학은 고전 물리학의 결정론적 세계를 뿌리부터 바꿔 놓았다. 아주 간단하게 설명해 보겠다. 양자 역학의 '코펜하겐' 해석이라고도 불리는 보어식 표준 해석에 따르면, 당구대를 닮은 뉴턴과 아인슈타인의 우주는 슈뢰딩거 방정식에 따라 영속적인 여러 가능성들만 존재하는 기묘한 세계로 교체된다. 결정론적 공식인 슈뢰딩거 방정식은 수면에서 번지는 물결파를 기술하는 방정식과 닮았다. 수면의 한 지점에서 파도가 특정 높이, 즉 진폭을 띠는 것처럼, 시공간의 각 지점에 슈뢰딩거 방정식에 따른 파동의 높이, 즉 진폭이 존재한다. 보른 법칙에 따라 수학적으로 해석하자면, 이 진폭의 제곱은 고전적 기구로 그 계를 측정했을 때 어느 특정한 양자 과정이 일어날 확률이다. 예를 들어 양자가 어떤 특정 방식으로 편광될 확률 같은 것이다. 원자 같은 미시적 대상들에 적용되는 양자 역학의 멋지고 기묘한 세계에서는, 슈뢰딩거 방정식에 따라 파동이 펼쳐질 때 **실제로 벌어지는 사건은 아무것도 없다고 할 수 있다. 그저 확률들의 파동이 퍼져 나가고 있을 뿐**이다. 그 각각의 확률은 만약 측정이 이루어질 때 그에 해당하는 사건이 관찰될 확률이다. 크고 거시적인 도구, 즉 비양자적인 도구가 사건을 측정하는 순간에야 비로소 양자가 빛 감지기를 때리는 것처럼 **실재적인 사건, 즉 고전적인 사건이 실제로 벌어진다.** (양자 역학의 코펜하겐 해석에 따르면 그렇다.) 양자적 불확정성과 고전적 현실성의 관계는 슈뢰딩거가 방정식을 발명한 지 70년이 넘은 지금까지도 과학 논쟁의 대상이다. 그런데 오늘날 양자적 확률의 세계에서는 고전 결정론이 거의 맥을 못 추게 되었음에도 불구하고, 환원주의의 가장 중요한 요소는 과거 어느 때보다도 강력하게 위세를 떨치고 있다. 세상은 움직이는 입자들에 지나지 않는다는 생각 말이다.

'그저 무엇무엇에 지나지 않는다.'라는 견해는 결정론보다 오래 살아남은 것은 물론이요, 어쩌면 입자들보다 오래 살아남을지도 모른다. 요즘 끈 이론가라고 불리는 일군의 물리학자들은 세상이 입자로 이루어졌다는 가정을 의심한다. 그들은 세상이 진동하는 1차원 끈들로 이루어졌다고 가정한다. 끈의 여러 진동 양식들이 여러 종류의 입자들에 해당한다는 것이다. 그것보다 더 고차원의 진동 '막'을 가정하는 끈 이론도 있다. 어쨌든 끈 이론이 옳다면, 환원주의는 끈들이나 2차원 이상 '막'들의 진동 운동만이 세상에서 유일하게 실재적인 현상이라고 주장할 것이다.

일반 상대성 이론과 양자 역학이 뉴턴 법칙들을 뛰어넘었지만, 물리학의 기반인 '저 아래' 무엇인가와 아인슈타인 시공간만이 유일한 실재라는 환원주의적 세계관은 여전히 견고하다. '저 아래' 무엇인가의 실체는 물리학의 발전에 발맞추어 진화했다. 처음에는 역학의 기초가 발견되었고, 그것에 전자기학과 전자기장이 포함되었고, 이어 원자가 발견되었고, 양성자와 중성자와 전자가 발견되었다. 우리는 이제 이런 것들에 익숙하다. 그리고 지금 우리에게는 입자 물리학의 '표준 모형'이 있다. 이것은 물리학의 알려진 힘들 가운데 3개를 묶는 모형이다. 전자기 현상의 근원인 전자기력, 방사성 붕괴와 관련이 있는 약한 핵력, 원자핵을 하나로 묶어 주는 강한 핵력이다. 우리가 표준 모형을 넘어서 20세기 물리학의 양대 산맥인 일반 상대성 이론과 양자 역학을 통합할 가능성도 있다. 끈 이론을 통해서이다. 끈 이론은 네 번째 힘인 중력을 다른 세 힘과 묶어서 하나의 수학적 틀로 설명하고자 한다.

그렇지만 어쨌든 환원주의는 남는다. 와인버그가 말했듯이, 모든 설명의 화살표들은 아래를 가리킨다. 사회에서 사람으로, 기관으로, 세포로, 생화학으로, 화학으로, 물리학으로. 분자들, 별들, 유기체들은 물론이고 생물권이나 법정 소송까지, 세상만사의 기반에 있는 그 무엇들의 상호 작용과 물리학만이 유일한 실재라는 시각이다.

머리 겔만, 스티븐 와인버그, 데이비드 조너선 그로스(David Jonathan Gross, 1941년~) 같은 노벨 물리학상 수상자들을 비롯해서 많은 뛰어난 과학자들이 환원주의자이다. 그들의 견해는 우주는 '그저 무엇무엇에 지나지 않는다.'라는 것이다. 이것은 어리석은 견해가 아니다. 이런 물리학자들은 환원주의만이 물리학에 대한 합리적 접근법이라고 강력하게 주장한다. 실로 대단하다고 인정할 수밖에 없는 지난 몇백 년의 성공이 그들의 주장을 지지한다.

하지만 정말로 모든 설명의 화살표들이 아래를 가리킨다면, 물리학자들이 궁극의 물리 법칙들로부터 '위로' 추론함으로써 우주의 거시 사건들을 설명하려는 시도를 대체로 포기한 현재의 상황은 불명예스러운 일이 아닐 수 없다. 아래를 향한 설명의 화살표들은 위를 향한 연역의 화살표들도 무수하게 낳아야 하겠지만, 그런 화살표들은 어디에 있는가? 내 물리학자 친구들에 따르면, 유체의 움직임을 기술하는 나비에-스토크스 방정식(Navier-Stokes equations)을 기본 양자 물리학에서 유도하는 것은 어마어마하게 까다로운 일이다. 대부분의 물리학자들은 현실적으로는 그런 식으로 나비에-스토크스 방정식을 연역할 수 없다고 거의 인정하지만, 좌우간 이론적으로는 가능하다고 믿는다. 그런 단언은 결국 과학적 진술이라기보다 미학적 진술이다. 현실적으로는 양자 역학에서 강물을 연역할 수 없더라도, 여전히 물리학자들은 유체의 움직임을 설명할 때 양자 역학 이외의 것은 필요하지 않다고 믿는다. 어쨌든 유체계는 움직이는 입자들에 지나지 않는다는 것이다. 환원주의는 건재하다. 환원주의자들은 그렇게 주장한다.

이보다 더 까다로운 상황에서도, 많은 물리학자는 이처럼 단호하지는 않을지언정 '그저 무엇무엇에 지나지 않는다.'라는 견해를 고수할 것이다. 예를 들어 사랑에 빠진 연인이나 살인죄를 뒤집어쓴 프랑스 남성의 경우도 궁극에는 기본적인 물리 사건들의 집합과 그것들 사이의 (극도로) 복잡한 상호 작용에 지나지 않는다고 말할 것이다.

그런데 이런 관점이 왜 우리에게 문제가 될까? "우리가 우주를 더 많이 알면 알수록 우주는 더 무의미해 보인다."라는 와인버그의 두 번째 금언이 그 이유이다. 와인버그의 말대로라면 진화하는 유기체, 가치, 행위 주체성, 행동, 의미, 역사, 오페라는 다 무엇이란 말인가? 이것들은 실재가 아니란 말인가? 우주 구조의 일부가 아니란 말인가? 과학은 이것들에 대해서 전혀 할 말이 없단 말인가? 그렇다고 인정한다면, 과학에 대해서든 세상에 대해서든 빈곤한 세계관으로 만족하겠다는 뜻일 것이다. 나 역시 환원주의적 철학에 충분히 공감이 간다. 그것은 정말로 현실적이고 냉철한 철학처럼 보인다. 그 영향력과 지도력 아래에서 뛰어난 과학 연구들이 숱하게 이루어졌다. 나도 환원주의에 공감한다. 하지만 나는 환원주의로 세상의 진리를 다 알아낼 수 있다거나 다 이해할 수 있다는 주장에는 결코 동의하지 않는다. 다음 장에서 이야기하겠지만, 나비에-스토크스 방정식을 물리학의 표준 입자들로 환원할 수 있는지조차도 분명하지 않다. 물리학자들도 세상을 환원주의로만 설명하는 것이 과연 적절한가에 점차 의혹을 느끼고 있다. 물리학자들의 이러한 조용한 반란이 학계 밖에는 거의 알려지지 않았지만 말이다. 물리학자들의 반란은 우리의 과학적 세계관이 바뀔 필요가 있음을 보여 주는 첫 증거이다.

# 3장

# 물리학자들의 반란

세계 일류의 물리학자들도 환원의 적절성을 의심하는 목소리를 학계 내부에서 내기 시작했다. 처음 공공연히 그런 발언을 한 것은 아마도 노벨상 수상자인 물리학자 필립 워런 앤더슨(Philip Warren Anderson, 1923년~)이었을 것이다. 그는 1972년 《사이언스(*Science*)》에 「많으면 달라진다(More Is Different)」라는 논문을 발표했다.

그 논문의 바탕에는 대칭성 깨짐에 대한 통찰이 깔려 있다. 평평한 표면에 수직으로 작대기 하나가 서 있다고 상상하자. 이를테면 연필 한 자루가 지우개 쪽을 바닥에 댄 채 기적적으로 균형을 잡고 섰다고 하자. 물리학자는 그 연필이 360도의 온전한 대칭을 이룬다고 말한다. 그런데 연필이 넘어져서 북쪽을 가리킨다. 그렇다면 연필이 평면에 대해 지녔던

360도 대칭이 깨진 것이다. 특정한 방향이 생겼기 때문이다. 이것이 대칭성 깨짐의 단순한 사례이다. 평면의 근본적인 물리적 대칭성이 어긋난 것은 아니지만, 대칭성이 깨짐으로써 새로운 거시적 조건이 생겨났다. 연필이 북쪽을 가리키기 때문에 이제 다른 대칭성 깨짐들이 잇따라 생겨날지도 모른다.

앤더슨은 특별히 암모니아의 대칭을 언급했다. 암모니아는 질소 원자 1개에 수소 원자 3개가 붙은 분자이다. 원자들은 4면체를 이루는데, 질소가 꼭대기에 있고 수소들이 밑면의 세 꼭짓점이 되어 총 4개의 면을 이루는 피라미드이다. 이 3차원 공간에는 대칭이 있다. 질소가 수소들 밑으로 내려가서 뒤집힌 4면체를 이룰 수도 있는 것이다. 앤더슨은 이렇게 썼다. "질소는 양자 역학적 터널링(tunneling)을 통해 수소들의 삼각형 너머로 '뚫고 나갈' 수 있다. 피라미드를 뒤집을 수 있는 것이다. 그것도 아주 빠르게 말이다. 이것이 이른바 반전(inversion)이다. 이 현상은 초당 $3\times10^{10}$회의 빈도로 발생한다." 이 반전 속도보다 훨씬 더 긴 시간 규모에서 보자면, 피라미드에는 안정 상태가 없는 셈이다. 하지만 앤더슨은 "많으면 달라진다."라고 하면서, 포도당 같은 더 복잡한 분자로 넘어간다. 포도당은 인체 세포들이 합성하는 탄소 6개짜리 당 분자인데, 왼쪽으로 감긴 형태나 오른쪽으로 감긴 형태 중 한쪽을 취한다. 이런 손대칭성(handedness)을 키랄성(chirality)이라고도 부르는데, 이것은 탄소 같은 원자가 최대 4개의 다른 원자들과 화학 결합할 수 있다는 특징에서 기인한다. 그것에 따라 왼손감기냐 오른손감기냐 하는 거울상 대칭이 나타난다. 인체에는 왼손감기와 오른손감기 형태가 동등한 비율로 존재하는 라세미체(racemic) 분자보다는 키랄성을 띤 분자가 많다. 이를테면 단백질을 구성하는 아미노산들은 왼손감기 형태이다. 포도당 분자는 이론적으로 오른손감기에서 왼손감기 형태로 양자 터널링을 할 수 있지만,

적어도 우주의 수명 내에는 그런 일이 없을 것이다. 그러니 생물이 효소를 통해서 오른손감기 당들만을 만들어 낸 상황, 다수의 원자들이 결부된 이런 상황에서는 세포 내 당 분자들의 왼쪽-오른쪽 대칭, 즉 왼손감기와 오른손감기가 동등한 비율로 존재하는 대칭성이 깨지게 마련이다. 이런 대칭성 깨짐은 창발적 현상이다. 물론 이것은 양자 역학의 법칙들을 위반하지 않는다. 하지만 생물학적 당 분자들이 특정 손감기성을 갖는다는 것은 생물계의 엄연한 사실이다. 이것은 연필이 쓰러져서 북쪽을 가리킴으로써 이후에 더 많은 대칭 깨짐이 일어나는 상황과 비슷하다. 어느 경우이든 물리학의 기본 법칙들은 대칭성이 어떤 식으로 깨질지 말해 주지 않는다. 따라서 대칭성 깨짐 방식은 창발적이다. 이것이 앤더슨의 결론이었다.

앤더슨은 환원주의로는 키랄성을 설명할 수 없다고 비판했다. 여기서는 설명의 화살표가 저 아래 양자 역학을 가리키지 않는다는 것이다. 그는 환원 자체는 인정했지만, 환원을 거꾸로 뒤집은 '구성주의(constructivism)적' 작업은 불가능하다고 부정했다. 구성주의적 작업이란 기본 물리학적 기초로부터 고차원적 현상들을 연역해 설명하는 작업이다. 앤더슨은 이렇게 썼다.

> (구성주의 가설은) 규모와 복잡성이라는 한 쌍의 난제 앞에 무너져 내린다. 기본 입자들로 이루어진 크고 복잡한 응집물의 행동은 단순히 몇몇 입자들의 속성을 외삽하는 것만으로는 이해할 수 없다. 복잡성의 매 수준에서 전혀 새로운 속성들이 생겨나므로, 그 새로운 행동들을 이해하려면 별도로 연구해야 한다. 나는 그 연구가 다른 과학 연구들만큼이나 기본적인 것이라고 생각한다. 다시 말해 과학 X의 기본 구성체들이 과학 Y의 법칙을 따른다는 생각에 입각하여, 여러 과학 분야들을 대강 아래와 같이 위계화할 수 있을 것

이다.

| X | Y |
|---|---|
| 고체 상태 또는 다체 물리학 | 기본 입자 물리학 |
| 화학 | 다체 물리학 |
| 분자 생물학, 세포 생물학 | 화학 |
| * | * |
| * | * |
| * | * |
| 심리학 | 생리학 |
| 사회 과학 | 심리학 |

하지만 이런 위계가 존재한다고 해서 그것이 곧 과학 X가 '그저 응용된 Y일 뿐'이라는 뜻은 아니다. 매 단계마다 전혀 새로운 법칙들, 개념들, 일반화들이 필요하고, 이전 단계 못지않게 풍부한 영감과 창조성이 필요하다.

앤더슨은 나와의 사적인 대화에서 창발성에 대한 또 다른 논증을 전개했다. 컴퓨터를 생각해 보자. 누구나 알다시피 디지털 컴퓨터는 비트(bit)라고 불리는 1과 0 기호들을 조작한다. 수학자 앨런 튜링(Alan Turing, 1912~1954년)은 연산을 기계화하기 위해서 발명한 자신의 튜링 기계가 보편적 연산 능력을 가지고 있음을 보여 주었다. 분명하게 규정된 일련의 수학적 조작들이 있고 그것이 기호들을 써서 수행할 수 있는 형태라면, 튜링 기계는 반드시 그 연산을 해 낼 수 있다. 그런 연산을 알고리듬(algorithm)이라고 한다. 알고리듬은 어떤 입력에서 어떤 출력을 얻어내는 '유효 과정'이다. 존 폰 노이만(John von Neumann, 1903~1957년)이 이 튜링 기계에 직렬 처리 구조를 가미함으로써 현대의 컴퓨터가 탄생했다. 컴퓨터는 어마어마하게 다양한 알고리듬 연산들을 수행하도록 프로그래밍될 수 있다.

이 대목에서 흥미로운 수수께끼들이 생겨난다. 예를 들어 이른바 '정지 문제'가 있다. 컴퓨터가 결과를 계산하여 출력한 뒤에는 멈추도록 알고리듬을 짰다고 하자. 알고리듬이 멎는다면 해답 계산이 끝났다는 뜻이다. 알론조 처치(Alonzo Church, 1903~1995년, 미국의 논리학자 — 옮긴이)는 어떤 프로그램이 언제 멎을지 계산해 낼 수 있는 보편적 알고리듬, 즉 프로그램은 존재할 수 없음을 증명했다. 멎는 시점을 계산하기는 고사하고, 프로그램이 영원히 작동하는 게 아니라 언젠가 과연 멎기는 할지조차 알 수 없다. 그렇다면 프로그램이 멎을지 아닐지 알아보는 방법은 그것을 가동시켜서 두고 보는 수밖에 없다. 처치의 결론은 수학계에 엄청난 충격을 안겼던 쿠르트 괴델(Kurt Gödel, 1906~1978년)의 불완전성 정리와 관련이 있다. 20세기 초에 위대한 수학자 다비트 힐베르트(David Hilbert, 1862~1943년)는 수학을 공리화하겠다고 선포했다. 그러자면 일군의 주어진 공리들로부터 수학적으로 참인 모든 진술들이 연역되어 나와야 한다. 수학자들은 그런 성질이 있는 공리 체계를 가리켜 완전하다고 말한다. 1931년, 괴델은 힐베르트의 작업이 불가능하다는 것을 증명함으로써 수학을 영원히 바꿔 놓았다. 산술 체계처럼 비교적 풍부한 공리 체계 내에도, 분명 참이지만 주어진 공리들로부터 연역되지 않는 수학적 진술들이 존재한다. 수학 체계들은 대개 완전하지 않다. '형식적으로 판정 불가능한' 진술을 반드시 몇 개쯤 품고 있다. 이렇듯 수학이 완전하지 않다면, 즉 모든 것을 주어진 공리들로부터 유도 가능한 정리들로 완벽하게 환원할 수 없다면, 과학의 다른 영역들에서도 모든 것을 물리학으로 환원할 수 없다는 게 그다지 놀랄 일은 아닐지도 모른다. 앤더슨은 연산 자체도 물리학으로 환원될 수 없다고 주장했다. 그의 요지는 이렇다. 1과 0 기호를 '띠는' 개체들로 이루어진 체계라면 무엇이든지 연산에 사용될 수 있다. MIT의 학생들은 이따금 조립식 장난감을 써서 특정 문제를 계산하기 위한 거창한 계를 제작하고는 한다. 그것보다는 좀 더 어렵겠지만, 나는 물 높이가 다른 양동이들을 써서 1과 0 '기호'를 규정할 수 있을 것이다. 대학원생들을 동원해서 내가 정한 규칙에 따라 물을 부었다 쏟았다 하도록 시킨다면, 그런 계로 연산을 수행할 수도 있을 것이다. 괴물처럼 거대했던 초창기 컴퓨터 에니악(ENIAC)으로도 동일한 계산을 수행할 수 있다. 삼극 진공관 수천 개를 거대한 회로에 연결해서 만들었던 그 컴퓨터 말이다. 아니면 내 노트북으로도 수행할 수 있다.

수학적으로 동일한 연산은 물 양동이로든 실리콘 칩으로든 수행할 수 있으니 연산 자체는 그것을 수행하는 기계의 물리적 실체와는 무관하다는 것이 앤더슨의 지적이다. 연산은 특정 물리학으로 환원되지 않는다. 철학자들의 표현을 빌리자면, 이것이 곧 '다중 플랫폼 논증(multiple-platform argument)'이다.

그런데 연산이 하나 이상의 물리적 계의 행동으로 '환원'된다는 게 정확히 무슨 뜻일까? 철학자들은 오래전부터 이 문제를 고민했고, 그들이 찾아낸 답은 아주 설득력이 있다. 어떤 가상의 계산, 또는 프랑스 궁정에서 살인죄로 고발된 남자 같은 특정 사건에 대한 기술을 생각해 보자. 그 기술을 보다 '기본적인' 물리학적 기술로 '환원'한다는 것은 무슨 뜻일까? 고차원의 기술은 더 복잡한 저차원의 기술을 압축적으로 표현한 것이라는 뜻이다. 그렇다면 고차원 '언어'의 진술을 더 기본적인 언어의 진술들로 교체할 수 있어야 한다. 그 기본적 진술들은 유한한 집합을 이루어야 하고, 사전에 규정될 수 있어야 한다. 또한 그 기본적 진술들은 '공동으로' 고차원 진술에 대한 '필요 충분 조건'을 이루어야 한다. '공동으로 필요 충분 조건을 이룬다.'라는 것은 무슨 뜻일까? 기본적인 저차원 진술들로 고차원 기술을 대체하더라도 고차원 기술의 참/거짓이 변하지 않는다는 말이다.

환원을 이렇게 정의하고 보면, 앤더슨이 컴퓨터에 다중 플랫폼 논증을 적용한 이유를 이해할 수 있다. 우리가 어떤 큰 수의 첫 100자리 값들을 더하고 싶다고 하자. 그 합이 550이라고 하자. 우리가 만들 수 있는 물리적 컴퓨터의 종류는 무한하다. 그렇다면 "컴퓨터가 첫 100자리 값들을 다 더해서 550이라는 답을 계산한다."라는 진술에 대한 필요 충분조건이자, 유한하고, 미리 서술될 수 있는 조건들을 그 무한한 종류 중에서 골라낼 수 있을까? 불가능하다.

일상의 언어로 해설하자면, 그런 합계를 계산하는 컴퓨터의 능력은 어느 특정 물리학에만 의존하는 것이 아니라는 말이다. 따라서 연산은 물리학으로 환원되지 않는다는 것이 앤더슨의 주장이다.

어떤 철학자들은 환원주의를 구원하기 위해서 '수반(supervenience)'이라는 개념을 도입했다. 이것은 **유한하고** 미리 서술 가능한 저차원 진술들의 집합이 **무한히** 존재해도 괜찮다는 개념이다. 더 자세히 살펴보자. 이런 과학 철학자들은 일반 사례에 해당하는 '유형'과 특수 상황에 해당하는 '개별자'를 구분한다. 앞의 예를 놓고 보면 특정 알고리듬이 하나의 유형이고, 그 알고리듬을 구체적인 물리 연산 체계로 구현한 것이 각각의 개별자이다. 여기에 다중 플랫폼 논증을 적용하면, 하나의 유형 진술에 대해 무한한 개별자 진술들이 가능하게 된다. 하지만 나는 수반 개념을 끌어들인 약한 형태의 환원주의 역시 유효하지 않다고 생각한다. 무한한 개별자 진술들을 질서정연하게 생성해 낼 방법이 대개의 경우에 없기 때문이다. 저차원 진술들의 무한한 목록을 생성해 내는 유효 과정, 즉 알고리듬이 없다는 말이다. 따라서 수반 개념을 통해서 약한 형태로나마 고차원 기술을 저차원 언어로 환원하려는 시도는 대체로 실패한다.

앤더슨의 논증을 자칫 오해하지 말자. 그는 물리 법칙에 대한 어떤 위반 사례를 발견했다고 말하는 것이 아니다. 물리학은 전혀 손상되지 않는다. 다만 첫 100자리 값을 합산할 수 있는 모든 계들, 예를 들어 물 양동이들이나 실리콘 칩들이나 기타 등등에서 공동으로 필요 충분 조건에 해당하는 모든 물리적 사건들을 완벽하게 나열하는 일은 아무리 결연한 물리학자라도 해 낼 수 없다는 말이다.

노벨상을 받은 고체 물리학자 로버트 로플린(Robert Laughlin, 1950년~)도 환원주의만으로는 부족하다고 주장했다. 로플린은 우주에 새로운 현상이 창발하는 성질인 존재론적 창발성에 초점을 맞춘다. 그가 대표적으로 거론한 사례는 평형 상태에 있는 기체 입자들의 온도 문제이다. 통계 역학의 해석에 따르면, 고전 열역학적 성질인 '온도'는 곧 기체 입자들의 평균 운동 에너지이다. 입자들이 평균적으로 더 빨리 움직일수록 기체는 더 뜨거워진다. 로플린이 지적한 첫 번째 문제는, 기체 입자 하나의 온도를 말하는 것은 무의미하고 입자 집합의 온도만이 의미 있다는 점이다. 온도는 입자들의 집단적 성질이다. 게다가 평형 상태의 계에 입자가 많으면 많을수록 온도를 더 정확하게 측정할 수 있다. 온도는 기체 계에서 '집단적으로 창발한' 성질이다. 계에 속한 입자들 각각에는 존재하지 않고, 전체 계에만 존재하는 성질이다. 창발성의 독특한 특징이 바로 입자가 많을수록 측정이 정확해진다는 점이다. 로플린은 그밖에도 여러 사례들을 꼽았다. 예를 들어, 철의 강도는 철 원자 하나의 성질이 아니라 철 막대기의 집단적 성질이다. 고체를 이루는 철 원자의 수가 많을수록 강도를 더 정확하게 측정할 수 있다.

환원주의의 불충분함을 주장한 세 번째 근거는 고명한 물리학자 레오 카다노프(Leo Kadanoff, 1937년~)가 제공했다. 카다노프에 따르면, 유체의 흐름을 묘사하는 나비에-스토크스 방정식을 양자 역학으로부터 유도하는 것은 불가능하지만, 물리학자들이 시험 삼아 만든 육각형 격자들의 세상으로부터 유도하는 것은 가능하다. 육각형 격자 모형은 입자들이 단순한 규칙을 준수하며 격자 위를 움직이도록 만든 모형이다. 그렇다면 이것도 결국 다중 플랫폼 논증이다. 비록 지금은 아무도 방법을 모르지만, 정말로 양자 역학 법칙들로부터 나비에-스토크스 방정식을 유도할 수 있을지도 모른다. 그런데 육각형 모형 세상으로부터도 같은 방정식을 유도할 수 있다고 한다. 그렇다면 어떤 근거에서 방정식이 둘 중 하나로만 환원된다고 말할 수 있을까? 어떤 근거에서 모형 세상이 아니라 양자 물리학으로만 환원된다고 말할 수 있을까? 로플린은 '조직화' 법칙이라는 표현을 썼다. 카다노프의 논증을 볼 때, 나비에-스토크스 방정식은 기본 물리학보다 더 높은 차원에 존재하는 조직화 법칙인 듯하다. 그것은 그 자체의 차원에서 창발했다. 그러므로 와인버그의 주장과는 달리, 설명의 화살표들이 반드시 입자 물리학과 끈 이론만을 가리킬 필요는 없다. 화살표들은 카다노프의 모형 세상을 가리킬 수도 있다.

지금까지 이야기한 세 가지 근거들은 모두 노벨상을 받은 물리학자들이 제기했다. 그들은 어떤 물리 법칙도 부정하지 않는다. 다만 환원주의만으로는 부족하다고 진지하게 주장하는 것이다. 와인버그와 앤더슨처럼 비중 있는 물리학자들의 의견이 갈린다는 것 자체가 물리학 내부에서 환원주의에 대한 의문이 심각함을 보여 주는 증거이다.

네 번째 근거는 통계 역학으로 환원된 고전 열역학이다. 고전 열역학을 통계 역학으로 환원할 수 있다는 것은 흔히 물리학의 개가이자 환원주의의 업적으로 간주되지만, 아직 이 명제가 완벽하다고는 말할 수 없다. 19세기 초, 증기 기관 같은 열기관들의 최적 효율을 이해하려는 사디 카르노(Sadi Carnot, 1796~1832년)의 연구로부터 고전 열역학이 시작되었다. 열역학 법칙들 중 하나인 제2법칙은 엔트로피 개념을 도입했다. 제

2법칙에 따르면, 물질이나 에너지를 외부 환경과 교환하지 않는 고립된 열역학 계에서는 엔트로피가 늘 일정하거나 증가한다. 감소할 수는 없다. 앞 장에서 말했듯이, 물리학자들은 이런 엔트로피의 '일방향성'이 시간의 화살을 설명해 준다고 본다.

루트비히 에두아르트 볼츠만(Ludwig Eduard Boltzmann, 1844~1906년)이나 조사이어 윌러드 깁스(Josiah Willard Gibbs, 1839~1903년) 같은 19세기 물리학자들은 뉴턴 운동 법칙을 따르는 입자들의 움직임으로 카르노 열역학을 설명했는데, 이것이 통계 역학이다. 통계 역학의 기본은 단순하다. 통계 역학은 고전 열역학의 제2법칙과 엔트로피의 일방향적 증가, 나아가 시간의 화살표를 다음과 같이 설명한다. 입자들의 계는 실현 가능성이 낮은 거시 상태에서 가능성이 높은 거시 상태로, 우연한 경로를 밟으며 진화한다. (이 성질을 정식화한 것이 에르고드 가설(ergodic hypothesis)인데, 다음 장에서 자세히 설명할 것이다.) 따라서 배양 접시에 떨어진 잉크 방울은 반드시 넓게 퍼져서 고르게 분포하게 된다. 고르게 퍼진 잉크 분자들이 역확산을 거쳐 잉크 방울로 모이는 일은 결코 없다.

더 자세히 설명해 보자. 배양 접시를 작은 부피 단위로, 아주 잘게, 수학적으로 나눈다고 상상하자. 이 작은 부피에서 잉크 분자들이 취할 수 있는 다양한 분포 상태가 곧 미시 상태이다. 쉽게 생각할 수 있듯이, 잉크가 접시 중앙에 방울로 뭉쳐 있는 것에 해당하는 미시 상태들의 수보다는 잉크가 접시에 널리 퍼져서 거의 평형을 이룬 것에 해당하는 미시 상태들의 수가 더 많다. 따라서 잉크가 질서 있는 방울로 존재할 가능성보다는 고르게 퍼질 가능성이 더 크다. 특정 거시 상태에 해당하는 미시 상태의 수가 많을수록 그 거시 상태의 **무질서도**가 크다. 이 사례에서는 잉크의 전반적 분포 상태가 곧 거시 상태이다. 하나의 거시 상태는 아주 다양한 미시 상태들에서 비롯될 수 있다. 거시 상태의 엔트로피는 그 거시 상태에 해당하는 미시 상태 수의 로그값과 같다. 접시 중앙에 모인 잉크가 취할 수 있는 미시 상태의 가짓수는 적으므로, 그것은 엔트로피가 낮은 거시 상태이다. 반면에 잉크가 고르게 퍼진 상태는 엔트로피가 높은 거시 상태이다. 따라서 잉크가 모여 있을 가능성이 퍼져 있을 가능성보다 낮다. 잉크 분자들의 계는 무작위적으로 충돌함으로써 가능성이 낮은 거시 상태에서 가능성이 높은 거시 상태로 흘러간다. 고전 열역학 제2법칙을 통계 역학적으로 표현한 것의 핵심에는 바로 이런 일방향적 흐름이 있다. 닫힌 계의 엔트로피는 일방향적으로 증가한다는 것이다. 고전 열역학은 뉴턴의 운동 법칙을 따르는 입자들의 무작위적 충돌로 성공리에 환원되었을까? 대부분의 사람들은 그렇다고 믿는다. 통계 역학 덕분에 시간의 화살은 엔트로피의 통계적 증가로 환원되었다고 믿는다.

하지만 철학자 데이비드 앨버트(David Albert)는 이 멋진 논리에서 한 가지 문제점을 짚어 냈다. 뉴턴의 법칙들은 시간 가역적이다. 따라서 질서도가 높고 실현 가능성이 낮은 잉크 방울을 계의 시작점으로 삼아서 거기에 대해 뉴턴 방정식들을 **과거 방향으로 적용하면, 방울은 이번에도 접시 전체로 퍼질 것이다. 이 경우에도 가능성이 낮은 거시 상태에서 가능성이 높은 거시 상태로 나아가는 것이다.** 다시 말해 엔트로피는 시간을 거꾸로 감아도 여전히 증가한다! 그렇다면 우리가 고전 열역학에서 통계 역학으로 모두 다 환원했다고 생각했던, 미래를 향한 시간의 화살은 어떻게 되는 것일까? 볼츠만도 이 근본적인 문제를 잘 알았던 것 같지만, 답을 찾지는 못했다. 고전적 엔트로피의 일방향적 증가에 의존하는 시간의 화살은 통계 역학에서도 여전히 말썽거리로 남아 있다. 그렇다면 고전 열역학을 통계 역학으로 환원하는 작업은 불완전한 상태인 셈이다. 고전 열역학이 말하는 엔트로피의 일방향적 증가를 이해하기 위해서는 여전히 다른 설명이 필요한 것 같기 때문이다.

이 문제를 푸는 한 방법은 우주론적 접근법이다. 우주는 잉크 방울처럼 아주 질서 있는 초기 상태에서 시작했지만 대폭발 이후 전체적으로 점점 더 무질서하게 바뀌었다고 보는 것이다. 그러나 설령 이 가설이 사실이더라도, 통계 역학 자체가 시간의 화살을 빚어낸다는 결론을 끌어낼 수는 없다. 흔히 환원주의적 추론의 눈부신 성공으로 간주되는 이 사례는 전혀 성공이 아닌지도 모른다.

그리고 이 시각에는 또 다른 문제점이 있다. 이른바 자연 상수라고 불리는 값들에 관한 문제이다. 입자 물리학의 표준 모형 방정식들과 일반 상대성 이론의 방정식들을 다 아우르면 약 23개의 자연 상수가 있다. 현재의 우리 우주가 만들어지려면 이 상수들이 '세밀하게' 잘 조정되어야 한다. 여기에 두 가지 까다로운 점이 있다. 첫째, 상수들이 왜 현재의 값을 갖는지 이론적으로 설명할 수 없다. 두 번째 문제는 더 난감하다. 그 값들이 지금과 크게 달랐다면, 현재의 우주와는 전혀 다른 우주가 탄생했을 것이라는 점이다. 현재의 우주가 존재하기 위해서는 몇 가지 능력들이 꼭 필요했던 것 같다. 예를 들어 별과 은하를 형성하는 능력, 별에서 복잡한 원자들을 만드는 능력, 다양한 원자들을 가진 행성을 만드는 능력, 그리하여 인간 같은 생명에게 어울리는 조건을 갖추는 능력 등이다. 만약에 자연 상수들의 값이 지금과 크게 달랐다면, 그 우주에서는 원자도, 별도, 은하도, 복잡한 화합물도, 생명도 생겨나지 않았을 것이다. (다른 형태의 생명이 생겼을 수는 있다. 설령 우리가 이해할 수 없는 형태라도, 그들 스스로는 자신을 생명 있는 존재라고 생각할지도 모른다. 하지만 지금은 이런 관점은 무시하겠다.) 자연 상수들이 어느 범위의 값을 취해야 생명이 등장할 수 있는지를 많은 과학자들이 계산해 보았는데, 결론은 거의 불가능에 가까운 조합이어야만 한다는 것이었다. 물리학자 리 스몰린(Lee Smolin, 1955년~)은 『우주의 생명(*The Life of the Cosmos*)』에서 생명 친화적 우주가 탄생하기 위해서는 상수들이 $1/10^{27}$의 범위 내에서 조율되어야 한다고 추산했다.

한마디로 자연 상수들이 몹시 세밀하게 조율되어야만 그 상수의 값들을 궁금해 하는 지적 생명체가 우주에 등장할 수 있는 것이다. 어떻게 그럴 수 있을까 하는 것은 아주 심오한 우주론적 문제이다.

이 문제에 대한 해답으로는 몇몇 후보가 있다. 언젠가는 우리 우주와 상수들을 정확하게 예측해 내는 '최종 이론'이 발견될 것이라는 시각도 그중 하나이다. 어떻게 하면 그 이론을 발견할 수 있는지는 아무도 모르지만, 현재 양자 중력 분야의 몇몇 이론가들이 그런 방향으로 연구하고 있다. (양자 중력은 양자 역학과 일반 상대성 이론을 하나로 묶으려는 시도이다.) 한편 스몰린은 자연 상수들이 '조율'된다는 시각을 제안했다. 이 접근법은 거창한 통합이 필요하지 않은 데다, 시험 가능한 가설을 제시한다. 스몰린의 가설은 이렇다. 블랙홀에서 아기 우주들이 태어나는데, 각각의 아기 우주마다 상수의 값들에 작은 변이가 있다. 블랙홀은 질량이 너무나 커서 빛마저도 그 안으로 떨어져 버리는 천체이다. 이런 블랙홀들이 많은 우주에서는 아기 우주가 많이 태어날 것이다. 이러한 상황에서는 일종의 우주적 자연 선택을 거침으로써 블랙홀이 많은 우주가 블랙홀이 적은 우주를 능가할 것이다. 스몰린은 이처럼 '우주적으로 선택된' 우주의 상수의 값들은 우리에게 바람직해 보이는 좁은 범위 내에 들 것이라고 본다. 그의 견해에 따르면 상수의 값들에 변이가 있을 경우 블랙홀의 수가 적어질 것이라는 예측이 나오는데, 이 예측은 과학자들의 계산이나 관찰 데이터를 통해서 부분적으로 확인되었다.

스몰린의 견해가 옳다면, 다중 우주가 존재해야 한다. 다른 물리학자들도 비슷한 결론에 도달했다. 이것은 급진적인 가설이라서, 우리가 아는 한 아직 직접적인 증거는 없다. 이 증거 부족은 환원성 문제와도 관련이 있다. 원칙적으로 관찰과 파악이 거의 불가능할 듯한 다른 우주 개념에 호소해야만 뭔가를 환원적으로 설명할 수 있다면, 그게 대체 무슨 의미란 말인가?

얄궂게도 와인버그 역시 다중 우주를 이야기했다. 그는 우리 우주에 생명이 존재한다는 사실 자체로 자연 상수들을 설명할 수 있을지도 모른다는 '인간 원리(anthropic principle, 인류 원리)'를 처음 제안한 장본인이다. 인간 원리에는 강한 형태와 약한 형태가 있다. 어째서 우리 우주의 상수들은 생명을 보듬기에 딱 알맞은 정도로 신비롭게 '조정'되어 있을까? 한 가지 가능성은 외부의 행위자가 상수의 값들을 조정했다는 것이다. 이를테면 창조주를 상상하면 편하겠지만, 거의 모든 과학자들은 그것이 과학이 아니라는 데 동의한다. 어쨌든 이것이 이른바 강한 인간 원리이다.

약한 인간 원리에도 또 다양한 형태가 있지만, 어쨌든 이것은 굉장히 많은 호주머니 우주가 존재한다고 가정하는 입장이다. 상수의 값들은 무작위적인 유형으로, 또는 비무작위적인 유형으로 그 호주머니 우주들에 분포해 있을 것이다. 그런 우주들 중 일부만이 생명을 만들 수 있을 것이고, 그중 또 소수만이 상수의 값을 고민할 줄 아는 지적 생명체를 뒷받침할 것이다. 그렇다면 '조정' 문제는 사라진다. 옳은 상수의 값들을 지닌 우주에서만 상수의 값을 고민하는 생명이 탄생했을 것이기 때문이다. 우주론학자나 물리학자 중에는 약한 인간 원리를 이성적으로 진지하게 받아들이는 사람이 많다.

물론 이런 이야기는 그 자체로 환상적인 물리학이다. 하지만 이것이 환원주의의 대담한 주장과 무슨 관계가 있을까? 이 대목에서 우리는 와인버그의 '최종 이론의 꿈'으로 돌아온다. 아인슈타인의 일반 상대성 원리처럼 우아한 하나의 이론으로 자연 상수를 포함한 세상의 모든 것을 환원적으로 설명하겠다는 꿈 말이다. 우주의 모든 것을 단 하나의 법칙으로 환원하겠다는 이 꿈이야말로 궁극의 환원일 텐데, 사실 요즘은 많은 물리학자가 이 꿈을 포기하는 형편이다. 대신에 약한 인간 원리와 다중 우주 가설이 지지를 얻고 있다. 요즘은 유일한 최종 이론의 꿈 대신 물리 법칙들과 상수들이 우리 우주에만 국소적으로 통용되리라는 견해, 그리고 우리 우주의 상수 값들이 왜 이런지 설명하는 법칙은 아마도 존재하지 않으리라는 견해가 득세하는 분위기이다.

스탠퍼드 대학교의 물리학자 레너드 서스킨드(Leonard Susskind, 1940년~)도 환원주의에 반대한다. 양자 역학과 일반 상대성 이론을 통합하려는 시도에서 현재 가장 유망한 것은 끈 이론이다. 끈 이론의 기본 발상은 아주 흥미롭다. 입자는 점이 아니라는 것, 입자는 끝이 열렸거나 닫힌 끈이라는 것, 또는 그것보다 더 복잡한 물체라는 것, 끈의 진동 패턴이 곧 여러 종류의 입자나 힘에 해당한다는 것이다. 과학자들이 끈 이론을 처음 탐색하던 시절에는 와인버그의 바람처럼 우리 우주를 기술하는 단 하나의 끈 이론이 있으리라는 희망이 있었다. 하지만 오늘날은 $10^{500}$개라는, 아연실색할 만큼 많은 수의 대안적 끈 이론들이 존재하는 듯하다. 끈 이론이 처한 어려움은 이것만이 아니다. 무릇 물리학 이론은 일군의 방정식들로 표기되게 마련이라는 것이 보통의 생각이다. 그런데 아직까지는 그 누구도 끈 이론을 완벽할 만큼 상세하게 기술하는 방정식을 작성하지 못했다. 스몰린이 『물리학의 어려움(*The Trouble with Physics*)』에서 썼듯이, 우리는 하나의 끈 이론을 갖고 있는 것이 아니라 수학적으로 기발한 김칫국들을 줄곧 들이켜고 있는 셈이다. 하지만 서스킨드는 $10^{500}$가지 끈 이론들의 잠재력만큼은 환영할 만하다고 말했다. 서로 다른 끈 이론 법칙을 무작위로 부여받은 호주머니 우주들이 $10^{500}$개나 있는 거대 우주 안에는 분명 생명 친화적인 우주도 많을 테니까 말이다.

약한 인간 원리와 다중 우주 가설은 심란한 의문을 일으킨다. 오늘날의 과학자들은 과학의 근본을 잘 고수하고 있는 것일까? 다중 우주를 상정해야만 무언가를 설명할 수 있다지만 실제로 다중 우주에 접근할 방법도 그 존재를 확인할 방법도 없다면, 대체 그것을 설명이라고 부를 수 있을까? 어쩌면 언젠가 다중 우주의 증거가 발견될지도 모르지만, 적어도 그때까지는 약한 인간 원리의 근거가 불안정할 수밖에 없다.

이제 물리학자들은 조용한 혁명에 착수했다. 앤더슨, 로플린, 카다노프처럼 환원주의만으로는 부족하지 않을까 심각하게 고민하는 물리학자들이 많아지고 있다. 나는 이 책에서 우리가 완고한 환원주의와 무의미한 우주라는 지적 족쇄에 더 이상 구속될 필요가 없다는 것을 보여주고 싶다. 우리는 새로운 과학적 세계관에 바싹 다가서고 있다. 그 세계관은 창발성, 예측 불가능성, 부분적으로나마 자연 법칙을 넘어선 듯한 부단한 다양성과 창조성을 모두 포함할 것이다.

# 4장

# 생물학은 물리학으로 환원되지 않는다

생물학이 물리학으로 환원될 수 있을까? 유기체는 우주 구조의 진정한 일부일까? 아니면 그저 움직이는 입자들에 지나지 않을까?

어떤 사람들, 특히 많은 미국인들은 다윈주의와 자연 선택과 진화를 부정한다. 반면에 거의 모든 생물학자들과 과학자들은 진화라는 역사적 사실이 다른 어떤 과학만큼이나 잘 정립된 사실이라고 믿는다. 이 점을 의심하는 독자가 있다면, 잠깐 판단을 미루고 나와 함께 다윈의 이론에 담긴 의미들을 살펴보자고 부탁하고 싶다. 다윈의 발상은 내가 주창하는 새로운 과학적 세계관의 핵심이다. 무의미한 환원주의와 초월적 창조주 사이에서 '제3의 길'을 찾을 수 있다면, 그리고 그것이 감동과 경외감과 영성을 보전하면서도 더욱 더 많은 것을 성취할 수 있는 길이라면,

잠깐의 판단 유보는 충분히 가치 있는 일일 것이다.

찰스 로버트 다윈은 19세기 초에 영국의 전통적인 자연 신학을 공부했다. 자연 신학에 따르면, 유기체가 환경에 '적합'하게 변모하는 놀라운 현상은 하느님이 뭇 생명을 창조했다는 증거이다. 다윈은 원래 성직자가 되려고 했다. 당시에 성직자 세계는 자연 과학에 흥미가 있는 사람들에게 안식처가 되어 주었기 때문이다. 하지만 1830년대 초에 영국 군함 비글 호에 승선하여 그 유명한 항해를 하고 난 뒤, 다윈은 자연 신학을 의심하게 되었다. 그가 비글 호 여행에서 돌아온 뒤 토머스 로버트 맬서스(Thomas Robert Malthus, 1766~1834년)의 『인구론(*An Essay on the Principle of Population*)』을 읽었다는 일화는 유명하다. 맬서스는 그 책에서 식량의 생산은 잘해 봐야 산술적으로 증가하는 반면에 인구는 기하 급수적으로 증가한다는 점을 지적했다. 따라서 인구가 농업 자원을 앞지를 수밖에 없다.

맬서스의 책을 읽은 후, 다윈은 드디어 뭔가 고민해 볼 만한 이론을 얻었노라고 일기에 썼다. 다윈은 자연에서도 때로 종들이 주어진 자원을 넘어서는 수준까지 번성한다는 것을 알았다. 그러면 곧 경쟁이 펼쳐질 테고, 살아남는 개체들과 살아남지 못하는 개체들이 생길 것이다. 그런데 만약에 생물의 후손들이 변이를 보인다면, 그리고 그 변이가 각자의 후손들에게 유전된다면 어떨까? 당시의 환경에서 생존하기에 가장 유리한 변이가 시간이 갈수록 더 흔해질 것이다. 생존에 덜 유리한 속성을 지닌 개체들은 갈수록 드물어지다가 결국 사라질 것이다. 이것이 자연 선택을 통한 진화라는 다윈 발상의 핵심이다.

사실 나는 수십 년 동안 다윈에게 불평을 해 온 사람이다. 진화에는 자연 선택 외에도 자기 조직화라는 강력한 원리가 함께 작동한다고 주장하면서 말이다. 다윈은 그 원리를 몰랐지만, 알았다면 아마 기뻐했을 것이다. 내 입장이 어떻든, 다윈의 발상이 인류 역사에서 가장 위대한 생각이었다는 사실에는 변함이 없다. 다윈은 생명에 대한 우리의 견해를 송두리째 바꿔 놓았다. 다윈은 다양한 종들이 고정된 상태로 존재하면서도 서로 닮았다는 수수께끼 같은 현상을 설명했다. 그것은 변이를 수반한 유전이 부모에서 자식으로 전달되기 때문이다. 다윈 이전에 이미 칼 폰 린네(Carl von Linné, 1707~1778년)를 비롯한 여러 생물학자들은 종들의 해부학적 유사성에 입각해서 생물계를 대강의 위계 집단으로 조직화했다. 종, 속, 과를 넘어 주요 계들로 나눴다. 이 체계는 왜 유효할까? 당시의 생물학자들은 서로 다른 생물들끼리(예를 들어 개와 늑대와 여우가) 체계적인 유사성을 띠는 까닭은 그들이 동일한 '자연 종족(natural kinds)'이기 때문이라고 주장했다. 자연 종족 집단은 고정된 것이고, 신이 그들을 인간의 쓸모에 맞게 또는 인간이 길들이기 쉽게 창조했음을 보여 주는 증거라고 주장했다. 그러던 차에 자연 선택을 통한 진화 이론이 등장했고, 모든 것이 바뀌었다. 이제 위계적 유사성은 변이를 수반한 유전을 통해 이해되었다. 공통 선조에서 비교적 늦게 갈라진 종이나 속은 오래전에 갈라진 종이나 속보다 서로 더 비슷할 것이다. 예를 들어 개는 늑대와 가깝지만 고양이와는 멀다. 개와 고양이는 공통점이 더 적다. 개와 늑대의 공통 선조는 개와 고양이의 공통 선조보다 더 최근에 살았기 때문이다.

지금 이 자리는 다윈의 진화 이론이 거둔 막대한 성공을 설명하는 자리가 아니지만, 어쨌든 다윈이 하나의 폭넓은 발상을 통해서 지질학적 화석 기록들을 설명하고, 섬의 생물이 근처 육지의 생물과 비슷하다는 사실을 설명하고, 다른 많은 사실을 설명한 것은 사실이다. 뛰어난 과학은 으레 그런 법이다. 내가 굳이 이런 이야기를 하는 까닭은, 유일신을 믿는 사람들 중에서 아직도 진화를 부정하면서 자신의 부정을 정당화할 과학적 근거를 찾기 위해 애쓰는 사람이 많기 때문이다. 그것은 부질

없는 짓이다. 진화를 부정함으로써 더불어 포기해야 할 것이 얼마나 많은지 안다면 놀라지 않을 수 없으리라. 물리학은 물론이고 화학, 지질학, 생물학, 그 너머까지 다 포기해야 한다. 진화는 과학이라는 지적 구조물에서 외따로 떨어져 존재하는 역사적 사실이 아니다. 자연에 대한 이해라는 전체 태피스트리에 얽혀 있는 일부분이다.

종교를 믿는 사람들이 진화에 반대하는 진짜 이유는 과학의 문제가 아니라 도덕의 문제이다. 그들은 진화를 비도덕적인 교리로 간주한다. 자신들이 소중하게 지키려는 가치를 진화가 훼손할 것이라고 걱정한다. 진화가 참이라면 서구 문명의 윤리적 기틀이 무너지지 않을까 걱정한다. 뒤에서 나는 왜 이런 걱정이 잘못인지 설명할 것이고, 나아가 진화야말로 도덕성의 최초 기원이라고 주장할 것이다. 유일한 기원은 아니지만 말이다.

그러나 자연 선택의 힘이 진화의 유일한 추동력인가에 대해서는 적잖은 의문이 있다. 진지한 생물학자라면 자연 선택이 중요한 역할을 한다는 데에 결코 반대하지 않겠지만, 어떤 사람들은 자연 선택 외에도 다른 질서의 원천이 있다고 생각한다. 8장 「저절로 생기는 질서」에서 나는 진화의 추동력을 생각할 때 자기 조직화 법칙을 함께 고려해야 한다는 주장을 전개할 것이다.

어쨌든 다윈의 시대 이후로 자연 선택은 환원주의적 사고의 대변인처럼 여겨졌다. 1930년대에 에른스트 마이어(Ernst Mayr, 1904~2005년), 테오도시우스 도브잔스키(Theodosius Dobzansky, 1900~1975년) 등은 진화 이론을 유전학과 통합하여 '생물학의 현대적 종합'을 이뤘다. 1950년대에는 분자 생물학이 등장했고, 그때까지 이론적 개체에 지나지 않았던 유전자가 드디어 특정 DNA 서열로 구체적으로 드러났다. 오늘날 우리는 복잡한 특질이나 행동에 대한 인과의 화살표를 유전자들의 상호 작용으로,

유전자에서 분자로, 다시 분자에서 화학으로, 이런 식으로 계속 더 아래로 그을 수 있다.

그러나 인과의 화살표들이 모두 아래로만 향하는 것은 아니다. 나는 다윈주의의 속성들 중에서 어떤 물리 법칙에도 어긋나지 않지만 결코 물리학으로 환원되지 않는 두 가지 특징을 논할까 한다. 그것들은 인식론적으로, 또한 존재론적으로 창발적인 속성들이다. 하나는 자연 선택 그 자체이고, 다른 하나는 자연 선택을 통해 어떤 기능이 생물의 일부가 되는 현상이다.

'인식론적 창발성'과 '존재론적 창발성'이라는 표현은 내가 처음 쓴 것이니, 잠깐 설명하고 넘어가는 것이 좋겠다. 인식론적 창발성이란 어떤 창발적 고차원 현상을 바탕의 물리학으로부터 연역 또는 추론할 수 없는 상황을 가리킨다. 존재론적 창발성이란 어떤 현상이 우주의 '실재' 개체인가 아닌가 하는 문제이다. 호랑이는 실재하는 개체일까, 아니면 환원주의자들의 주장대로 그저 움직이는 입자들에 지나지 않는 것일까? 호랑이가 그 자체로 실재적인 개체라면, 호랑이는 호랑이를 구성하는 입자들에 대해서 존재론적으로 창발적인 존재가 된다. 나는 호랑이가 물리학에 대해서 인식론적, 존재론적으로 창발적이라고 생각한다.

먼저 우리 심장의 기능을 생각해 보자. 다윈에게 "심장의 기능은 무엇인가요?"라고 물으면, 그는 "혈액을 펌프질하는 것입니다."라고 답할 것이다. 그런데 의사들이 잘 알다시피 심장은 심장 박동 소리도 낸다. 하지만 그 소리는 심장의 기능이 아니다. 다윈의 주장을 거칠게 표현하면 이렇다. 심장이 선택될 수 있었던 것은 혈액을 펌프질하는 능력 때문이었다. 그 인과적 영향이 생물에게 선택적 이점을 부여했기 때문이다. 다윈은 틀림없이 이런 선택적, 진화적 설명을 통해서 심장의 존재를 해설했을 것이다.

심장의 기능은 박동 소리를 내는 게 아니라 혈액을 펌프질하는 것임을 다시 기억하자. 여기에서 중요한 통찰을 얻을 수 있다. **생물을 구성하는 한 부분의 기능은 그것이 띨 수 있는 여러 인과적 속성들의 부분 집합일 때가 많다.** 그러므로 어느 한 기관의 기능을 분석하거나 이해하려면, 선택 환경에서 그 생물의 전체 생명 주기가 어떤지, 그 생물의 진화에서 밑바탕에 깔린 전체 선택 역사가 어떤지 함께 살펴야 한다. 하나의 진화적 기능에 관해 이야기하려고 해도, 생물권의 진화 역사 중 적어도 일부분을 알아야 한다는 말이다.

환원주의적 물리학자는 심장의 기능을 연역하거나 설명할 수 있을까? 못한다. 물리학자들은 유체 행동을 묘사하는 나비에-스토크스 방정식도 연역하지 못한다. 하지만 논의의 편의상, 물리학자가 끈 이론에서 심장의 모든 속성을 연역할 수 있다고 가정해 보자. 그러면 그만일까? 물리학자가 심장의 거의 **모든** 성질들을 연역하더라도, 심장의 여러 속성들이라는 전체 집합에서 혈액 펌프질이라는 딱 한 가지를 집어내어 심장의 기능을 규정하는 인과적 속성으로 내세울 수는 없을 것이다. 더 자세히 살펴보자.

첫째, 물리학자가 심장의 모든 속성들을 연역할 수 있다고 하자. 어떻게 해야 그중에서 딱 하나, 혈액 펌프질을 심장의 기능에 해당하는 적절한 인과적 성질로 골라낼 수 있을까? (명심할 점은 생물학적 의미에서의 기능 개념은 물리학에는 존재하지 않는다는 것이다.) 물리학자는 혈액 펌프질이 그 성질을 진화시킨 생물의 계보에 선택적 이점을 부여했기 때문에 심장이 우주에 등장했다고 설명해야 한다. 그렇게 설명하려면 우선 선택 환경에서 생물 전체를 분석해야 하고, 심장의 선택에 대한 진화적 해설을 내놓아야 한다. 다윈을 비롯한 생물학자들이 취하는 접근법과 같다. 그렇다면 이때 물리학자는 잠시나마 생물학자가 되어야 한다. 그는 화석 기록을 조사해야 하고, 심장이 역사적으로 어떻게 등장했는지 보여 주어야 하고, 그 데이터를 엮어서 심장이 어떤 기능성 때문에 선택되었다는 가설을 세워야 한다. 자, 물리학자가 심장의 모든 성질들을 연역할 수 있을지도 모르지만, 그중 혈액 펌프질이야말로 심장의 존재를 설명하는 적절한 인과적 속성이라고 딱 골라낼 방법은 없는 것이다.

문제는 여기에서 그치지 않는다. 펌프질하는 심장은 인과력을 발휘해서 생물권에 영향을 미친다. 특정 단백질이나 분자에 영향을 미치는 것은 물론이고, **혈액 펌프질을 가능하도록 한 심장 조직의 행동이나 해부학적 속성의 선택적 진화에도**, 심장을 가진 동물들이 지닌 다른 속성들에도 영향을 미친다. 물리학자는 이런 (선택된) 인과력들을 모두 해설하고 나아가 심장이 생물권의 후속 진화에서 어떤 역할을 했는지 진화적으로 설명해야만 비로소 심장을 다 설명한 것이다. (생물학자들은 생물의 모든 속성이 선택에 따른 것이라고 주장하지 않는다. 예를 들어 심장 박동 소리는 아마도 선택된 현상이 아닐 것이다.)

물리학자가 심장의 기능을 연역할 수 없는 것이 현실이라면, 심장은 마땅히 우주의 구조를 이루는 실재의 한 부분이어야 하지 않을까? 그 말은 심장의 구성 요소에서 움직이는 입자들 외에 뭔가 다른 것이 존재한다는 말인가? 그건 아니다. 물론 심장은 입자들로만 이루어져 있다. 뭔가 다른 신비로운 재료로 이루어진 것은 아니다. 이런 의미에서는 환원주의가 유효하다. 하지만 심장이 잘 기능할 수 있는 것은 **그 진화적 구조와 조직화된 작동 과정** 때문이다. 앞으로 나는 그런 조직화된 과정들에 대해서 많이 이야기할 것이다. 여러분의 생각과는 달리 별로 잘 알려지지 않은 내용이기 때문이다. 어쨌든 진화가 선택을 통해서 과정들을 조직하고 해부 구조를 빚어낸다는 것은 엄연한 사실이고, 그 덕분에 심장이 작동한다는 것도 엄연한 사실이다. 심장의 작동이 생물권 전체의 진화에 인과력을 미친다는 것 또한 엄연한 사실이다.

여기에서 지적할 점이 두 가지 있다. 첫째, **심장의 조직 과정**은 대체로 자연 선택에 따른 현상인데, 뒤에서 살펴보겠지만 그 자연 선택은 물리학으로 환원될 수 없다. 따라서 **심장 조직 과정의 창발**은 물리학으로 환원될 수 없다. 그런데 심장이 혈액을 펌프질할 수 있는 것은 바로 그 구조와 기능의 조직화 때문이므로, 따라서 이런 조직화가 가능했다는 사실, 우주에 심장이 존재한다는 사실 역시 물리학으로 환원될 수 없다. 환원주의의 부적절성을 논한다는 것은 뭔가 새롭거나 기묘한 물리적 성질을 끌어들이지 않고도 심장의 모든 성질을 화학과 물리학으로 몽땅 환원할 수 있는가 없는가를 묻는 것이 아니다. 그런 환원은 아마도 가능할 것이고, 어쩌면 결국 현실에서 이루어질 것이다. 문제는 오히려 다음 세 가지이다. 첫째, 심장이 애초에 어떻게 우주에 존재하게 되었을까? 둘째, 물리학자가 혈액 펌프질을 심장의 기능으로 지목할 방법이 없다. 셋째, 스스로 인과적 영향을 미치는 것들은 모두 실재이다. 심장은 자연 선택에 따른 진화를 통해 조직된 구조와 과정 덕분에 그 자체로서 인과적 영향력을 미친다. 따라서 심장은 실재하는 개체이다. 유기체와 생물권도 마찬가지이다. 그것들은 모두 우주 구조의 일부이다.

앞의 논증에 따르면, 물리학자는 우리 생물권의 구체적이고 상세한 진화 내용을 연역할 수 없다. 만약에 물리학자가 그렇게 할 수 있다면, 그는 화석을 뒤지지 않고도 심장의 진화를 예측할 수 있을 것이고 심장의 기능을 지목할 수 있을 것이다. 화석은 그의 이론을 실험적으로 확증하는 증거로만 기능할 것이다. 물리학자는 과연 우리 생물권의 구체적이고 상세한 진화 내용을 예측할 수 있을까? 내 대답은 일반적으로 불가능하다는 것이다. 다윈주의적 전적응의 경우에는 더더욱 절대 불가능하다. 전적응을 미리 말하거나 예견할 수는 없다. 전적응의 구체적이고 상세한 진화 과정은 물리학이든 뭐든 그 어떤 것으로부터도 연역될 수 없다. 전적응의 진화는 부분적으로 무법적(lawless)이다. 전적응은 생물권이 발휘하는 부단한 창조성의 일부이다. 전적응은 원칙적으로 연역 불가능하므로, 우주의 창발성과 창조성은 실재하는 것이다. 덕분에 우리는 새로운 과학적 세계관을 구축할 수 있다.

이 대목에서 보다 전문적인 내용을 살펴볼 필요가 있다. 물리학자는 생물권의 진화를 어떻게 '연역'할 수 있을까? 한 가지 방법은 뉴턴의 뒤를 따르는 것이다. 생물권의 진화에 대한 방정식을 작성하고서 그것을 푸는 것이다. 그러나 이런 일은 불가능하다. 우리는 앞으로 생물권에서 어떤 참신한 기능성들이 생겨날지 미리 말할 수 없다. 허파, 날개, 기타 등등의 변수들 중에서 어떤 것을 방정식에 넣어야 할지 미리 알 수 없다. 뉴턴식의 과학적 설명 틀에서는 우리가 변수들, 변수에 적용되는 법칙들, 초기 조건들과 경계 조건들을 미리 말할 수 있어야 한다. 그것들을 계산해서 계의 미래 행동을 알아내는 것이니까 말이다. 그러나 이런 설명 틀은 생물권의 미래 상태를 예측하는 데에는 도움이 안 된다. 어떤 사람들은 이것을 인식론적 문제로 간주할지도 모른다. 굉장히 강력한 컴퓨터, 올바른 방정식, 방정식에 삽입할 올바른 항들이 주어진다면 예측이 충분히 가능하다고 보는 것이다. 그러나 나는 뒤에서 다윈주의적 전적응을 이야기할 때 이 문제가 인식론적 문제 이상임을 보여 주겠다. 이것은 부분적으로 무법적이고 부단히 창조적인 존재론적 창발성이다. 이것은 내가 주창하는 새로운 과학적 세계관의 핵심이다.

우리가 생물권의 진화에 대한 방정식을 작성할 수 없다면 차선은 무엇일까? 역사적 우연을 통해 생겨난 우리 생물권, 이 구체적인 생물권이 진화한 전 과정을 똑같이 시뮬레이션하는 방법이다.

생물계는 양자계와 고전계의 경계에 걸쳐 있다. 예를 들어 보자. 우리

눈 속의 막대 세포가 반응하려면 광자가 약 7개 필요하다. 우주 공간에서 지구로 마구잡이로 쏟아지는 우주선(宇宙線, cosmic ray)은 양자적 현상이다. 우주선은 생물에게 돌연변이를 일으킬 수 있고, 그 돌연변이가 때로 유전 가능한 변이가 되어 진화에 참여할지도 모른다. 따라서 생물권의 진화를 제대로 시뮬레이션하려면 지상의 양자적 사건들은 물론이고 저 멀리 미지의 우주 공간에서 오는 우주선까지 포함해야 한다. 미지의 시공간으로부터 마구 떨어져 내려 지상의 우리에게, 우리의 과거 원뿔 세포들에게 인과적 영향을 미치는 우주선이라니! 이것이 예측 불가능한 현상이라는 것은 두말할 필요도 없다. 우주선의 양자적 성질도 예측 불가능성에 한몫한다. 실로 '양자적 주사위 던지기'나 마찬가지인 셈이다. 그러므로 그런 시뮬레이션은 불가능하다. 물리학자는 시뮬레이션에 착수할 수조차 없다. 하지만 당장은 우주선 문제를 무시하고, 지구 환경에만 초점을 맞춰 보자.

아인슈타인 이래 물리학자들은 공간과 시간을 묶어 하나의 시공간으로 만들었다. 거의 모든 물리학자들이 동의하는 바, 시공간은 수학적으로 연속이다. 연속적 시공간은 1차 무한을 넘어서는 상태이다. 여기에서 잠깐 1차 무한을 설명하고 넘어가자. 19세기 말의 수학자 게오르크 칸토어(Georg Cantor, 1845~1918년)는 무한을 탐색하기 위해서 제일 먼저 정수를 탐구했다. 그는 0, 2, 4 등 짝수들을 무한히 나열한 뒤에 그 각각에 정수를 하나씩 짝지어 주는 짝짓기가 무한히 계속될 수 있다는 것을 밝혀냈다. 다시 말해 짝수는 '정수 전체와 무한히 일대일 대응을 한다.' 따라서 그는 짝수와 정수의 '무한 차원'은 같다고 정의했다. 짝수의 총 개수는 1차 무한 집합(가산(可算) 무한 집합)인 정수의 총 개수와 같다고도 말할 수 있다. 사실 이것은 약간 부정확한 표현인데, 왜냐하면 정수 집합 자체가 무한하므로 개수를 헤아리는 셈이 영원히 끝나지 않기 때문이다. 3/4, 4/3처럼 정수의 비로 나타낼 수 있는 유리수들의 집합도 마찬가지이다. 칸토어는 유리수를 하나, 둘, 셋 이렇게 세어 나가면 번호를 무한히 붙일 수 있다는 것을 기발한 논증을 통해서 보여 주었다. 유리수와 정수의 짝짓기가 무한히 가능하다는 것을 보여 준 셈이니, 따라서 유리수도 정수 집합과 같은 차원의 무한이다. 칸토어는 이런 집합들을 가리켜 1차 무한이라고 했다.

무리수는 어떨까? 무리수란 정수의 비로 나타낼 수 없는 수이다. 원의 지름과 원주의 비인 원주율 π나 2의 제곱근이 그런 수이다. 유리수를 소수로 표현하면 나머지가 반복되지만(예를 들어 3/4를 소수로 쓰면 0.750000…이다.), 무리수의 나머지는 반복되지 않고 무한히 이어진다. 그런데 연속된 수직선, 즉 실선 위에는 유리수와 무리수가 모두 조밀하게 존재한다. 조밀하다는 것은 실선의 어느 두 유리수 사이에 유리수를 얼마든지 더 많이 끼워 넣을 수 있다는 뜻이다. 무리수도 마찬가지이다. 칸토어는 무리수를 정수와 나란히 헤아릴 수 없음을 보여 주는 데 성공했다. 따라서 실선의 '무한 차원'은 정수의 무한 차원보다 높다. 실수는 2차 무한이다. 게다가 1차 무한인 유리수 집합을 2차 무한인 무리수 집합으로 나누면 몫이 0이다. 무한한 수의 유리수보다 무한히 더 많은 무리수가 존재한다는 뜻이다.

앨런 튜링이 오래전에 증명했듯이, 대부분의 실수는 연산 불가능하다. 그것을 연산하는 유효한 과정, 즉 알고리듬이 존재하지 않는다는 말이다. 알고리듬은 만능이 아니다. 알고리듬은 대부분의 무리수를 연산하지 못한다. 이 사실은 우리 마음이 알고리듬적이냐 아니냐를 따질 때 중요한 요소가 될 것이다. 이것은 또 저차원 언어 진술들의 무한한 목록으로 고차원 진술을 대체할 수 있다는 철학적 수반 개념과도 관련이 있다. 대부분의 무리수가 연산 불가능하다면, 고차원 언어의 진술을 보다 근본적인 저차원 언어의 진술들로 '환원'하는 것도 불가능할 것이다. 왜냐하면 그런 저차원 진술들의 무한한 목록을 생성하는 알고리듬이 존재하지 않기 때문이다.

그러니 물리학자는 우주 공간에서 오는 무작위적인 양자적 교란을 무시하더라도 **실제 우리 생물권이 진화한 과정을 시뮬레이션할 수 없다.** 양자적 주사위 던지기의 모든 가능성들 중에는 2차 무한의 사건들도 있을 것이다. 그 사건들의 확률은 각각에 대한 슈뢰딩거 방정식의 진폭의 제곱으로 결정되고, 그 방정식은 연속 공간에 뻗어 있다. 물리학자가 구체적인 우리 생물권을 완벽하게 모형화하려면, 정말이지 무한히 많은 시뮬레이션을 수행해야 할 것이다. 2차 무한만큼 많은 시뮬레이션을 해야 할 것이다. 그러나 누구도 슈퍼컴퓨터에 그만큼의 시간을 쏟을 수 없다. 설령 어찌어찌 시뮬레이션을 한다고 해도, 그것은 우주에서 마구잡이로 쏟아지는 우주선으로 인한 돌연변이를 포함하지 않은 시뮬레이션이다. 그리고 그 현상을 포함할 방법은 없다. 마지막으로, 무한히 많은 시뮬레이션 중에서 정확하게 어떤 것이 우리 생물권에 상응하는 시뮬레이션인지 어떻게 알아내겠는가? 우리는 알 수 없다. 더군다나 양자적 사건들이 아주 조금이라도 달라진다면, 현재와는 다른 돌연변이나 다른 사건이 일어날지도 모른다. 다시 말해 연속된 시공간에서 생물권이 따를 수 있는 경로들의 경우의 수는 2차 무한으로 많다. 우리가 그중 하나를 시뮬레이션할 수 있을지는 몰라도 전부를 시뮬레이션할 수는 없다. 설사 전부 시뮬레이션하더라도 어떤 시뮬레이션이 옳은 것인지 짚어 말할 수 없다.

물리학자는 운이 다한 것 같다. 그는 방정식을 작성해서 생물권의 미래 진화를 계산함으로써 심장 같은 특정 기관이 자연 선택될 가능성을 연역할 수 없고, 현재 형태의 심장이 존재하는 특정 생물권의 진화를 똑같이 시뮬레이션할 수도 없다. 그런 시뮬레이션으로는 기본 물리학에서 선택적인 진화적 창발로, 나아가 심장의 기능으로 이어지는 경로를 밝힐 수 없다. 물리학자는 왜 심장이 존재하는지 우리에게 알려 주지 못한다. 따라서 생물학은 물리학으로 환원되지 않는다. 생물학은 인식론적으로 창발적이고 존재론적으로도 창발적이다.

거듭 강조하지만 이것은 어떤 물리 법칙에 어긋나는 현상이 있다는 말은 아니다. 그렇다면 왜 이런 문제에 신경 써야 할까? 현재의 우리 생물권 같은 특정 생물권의 진화에 관해 곰곰이 생각하다 보면 반드시 환원주의를 넘어서게 되기 때문이다. 우리 생물권에는 버젓이 심장이 존재하는데, 심장의 발생 과정이나 기능은 물리학만으로는 설명할 수 없다. 심장이 우리 삶은 물론이고 우리 생물권의 미래 진화에 진정한 인과적 영향을 미치는데도 말이다. 심장은 우주의 진정한 일부이다. 날개도 마찬가지이고, 눈도, 다른 손가락들과 마주 볼 수 있는 엄지도, 인간이 손이나 머리로 사용하는 도구들도, 그 결과로 탄생한 인간 경제도 마찬가지이다. 모두가 인식론적으로도, 존재론적으로도 창발적이다.

생물학이 물리학으로 환원될 수 없다는 또 다른 확실한 증거는 자연선택 그 자체이다. 자연 선택이 일어나려면, 한정된 자원을 배경으로 변이를 수반한 유전을 통한 재생산(생식, 번식)이 일어나야 한다. 다윈은 생식 생리학이나 변이를 수반한 유전의 근원에 대해서는 아무것도 몰랐다. 그의 자연 선택 이론은 DNA나 유전적 돌연변이 같은 발상들에 기초한 것이 아니었다. 오늘날 우리는 다윈보다 훨씬 더 많이 안다. 심지어 어떤 사람들은 생명을 새로 창조하려 하고 있다. 이것은 정말로 멋진 시도이다. 아마 앞으로 수백 년 안에 우리는 분자적 재생산을 재현하는 것은 물론, 생명 자체를 재창조할 수 있을 것이다. 과학자들은 벌써 자기 재생산적 DNA 계와 단백질 계를 만드는 데 성공했다.

이런 노력들의 바탕에는 한 가지 핵심 전제가 깔려 있다. 생명은 현재 지구에 존재하는 형태에 한정된 것이 아닐 것이라는 전제 말이다. 실제로 DNA, RNA, 단백질, DNA에서 RNA로의 전사, RNA에서 단백질로의 번역 등으로 구성된 현재의 생명은 지구에서든 다른 어디에서든 최초에 등장한 생명 형태로 보기에는 지나치게 복잡하다. 아마도 생명은 현재 지구에 존재하는 형태만이 아니라 더 폭넓은 형태들을 취할 수 있을 것이다. 우리는 아직 온 우주에 적용될 만한 보편적 생물학을 구축하지 못했다. 미국 항공 우주국(NASA)이 10여 년 전에 시작한 우주 생물학(astrobiology) 프로그램은 보편 생물학(general biology)을 향한 첫 걸음이다. 우주 생물학이 탐색하려는 것은 무엇보다도 생명의 특징적인 징후들이다. 우리가 우주에서 생명을 수색할 때 단서가 되어 줄 징후들 말이다. 8장에서 나는 자기 조직화 법칙을 소개할 것이다. 그 법칙을 가정하면 현재의 세포들이 어떻게 자연 선택을 통해 진화했는지, 그리고 달성하기가 무척 어렵지만 일단 달성하면 매우 유리한 '동적 임계 상태(dynamically critical state)'를 어떻게 취하게 되었는지 설명할 수 있다. 어쩌면 그 '임계성'은 다른 우주에서도 통용될 생명의 특징일지도 모른다. 모든 생명들, 모든 생태계들, 모든 생물권들에 적용되는 보편적 조직화 법칙을 찾아내는 것은 그야말로 엄청난 성취일 것이다. 그런 법칙의 한 후보인 임계성은 물리학으로만 환원되지 않는 창발적 속성이다. 모르긴 몰라도 우리가 언젠가 찾아낼 다른 법칙들도 역시 물리학으로만 환원되지는 않을 것이다.

다윈의 자연 선택으로 돌아가자. 생명이 우주 곳곳에서 다채로운 모습으로 존재할 수 있다면, 그것은 곧 자연 선택이 어떤 특수한 물리적 실재를 초월한다는 뜻이다. 다윈은 변이를 수반한 유전의 물리적 기반은 전혀 알지 못했다. 이 대목에서 또 한번 다중 플랫폼 논증이 등장한다.

자연 선택이 여러 물리적 생명 형태들에게 다 '가동될 수' 있다면, 그중 한 형태로만 환원되지는 않는 셈이다. 생명이 있으면서 자연 선택의 대상이 되는 물리계는 얼마나 다양할까? 짐작조차 할 수 없다. 따라서 자연 선택은 오직 한 형태의 원자들이나 분자들로만 구성된 특정 진술들로 필요 충분하게 환원될 수 없다. 심지어는 자연 상수의 값들이 약간 달라져도 생명이 가능할지 모른다. 정말로 그렇다면, 생명에 작용하는 자연 선택이라는 현상은 현재의 우주마저 초월하게 된다. 따라서 현재의 우주만으로 환원될 수 없다.

다시 한번 강조하지만 이것은 자연 선택이 어떤 물리 법칙에 어긋난다는 말이 아니다. 자연 선택이 물리학으로 전부 환원될 수는 없다는 말일 뿐이다. 물론 모든 생명들과 진화적 사건들은 자연 선택이 구체적으로 실현된 결과이지만, 다윈의 자연 선택은 그 실현들에만 국한되지 않는다. 그것은 한정된 자원과 변이를 수반한 유전이 있는 곳이라면 어디에든 적용되는 독자적인 통계 '법칙'이다. 그것을 이해하기 위해서 꼭 물리학이 필요한 것도 아니다. 다윈도 자연 선택 개념을 설명할 때 물리학을 전혀 끌어들이지 않았다. 알다시피 다윈의 『종의 기원(*Origin of Species*)』에는 수식이 하나도 없지만, 자연 선택 법칙은 온전히 수학적으로 서술될 수 있다. 현실의 생명체들이 모두 물리적 재료로 만들어졌다는 당연한 사실을 제외한다면, 다윈의 법칙은 물리학을 필요로 하지 않는다. 그것은 물리학의 법칙이 아니라 생물학의 법칙이고, 물리학으로 환원되지 않는다.

앞에서 소개했듯이 몇몇 철학자들은 환원주의의 약한 형태인 수반 개념을 제안했다. 어떤 고차원의 이론을 저차원의 진술들의 집합으로 환원할 때, 유한한 개수의 진술들이 아니라 무한한 개수의 진술들로도 필요 충분하게 설명할 수 있다는 주장이다. 이런 식의 환원이 가능하다면, "심장은 자연 선택을 통해 진화했다."라는 진술은 그보다 하위의 물리학 차원에 존재하는 무한한 개수의 진술들로 충분히 대체할 수 있는, 상위 차원의 축약 언어인 셈이다. 하지만 앞에서 내가 주장했듯이, 현실적으로 고차원의 묘사를 저차원의 묘사로 환원하려고 할 때 수반 개념은 별 도움이 되지 못한다. 우리는 1, 2, 3에서 무한히 나아가는 정수 집합을 현실적으로 다 적을 수 없지만, 이론적으로 적는 방법은 알고 있다. 그런데 2차 무한인 무리수 집합에 대해서는 적는 방법조차 모른다. 대부분의 무리수는 연산 불가능하다고 했던 칸토어의 증명과 튜링의 증명이 바로 그런 뜻이다. 현재의 우주에서든 이것과 비슷한 다른 우주에서든, 자연 선택을 경험하는 모든 유기체들의 목록은 1차 무한 아니면 2차 무한일 것이다. 우리는 그 무한을 모두 나열할 방법을 모른다. 따라서 무한한 수반 목록을 끌어들여 다윈의 법칙을 '환원'하려는 시도는 너무나 부질없는 짓이다.

다윈 법칙이 물리학에 대해 독립적이라는 것을 보여 줄 방법이 또 있다. 어떤 사람들은 과학이 귀납을 통해 진행한다고 말한다. 예를 들어 과학자는 흰 거위 한 마리를 목격하고 이어 더 많은 흰 거위들을 목격한 뒤, '모든 거위는 희다.'라는 가설을 세운다는 것이다. '모든 거위는 희다.'라는 진술을 내놓는 단계가 바로 귀납이다. 자, 어느 대단한 물리학자가 끈 이론이나 입자 물리학의 표준 모형으로부터 가젤을 추격하는 호랑이를 연역할 수 있다고 가정하자. 물리학자는 호랑이 후손들의 발톱 모양에 변이가 발생한다는 것을 연역해 내고, 그중 한 형태가 다른 형태들보다 더 생존에 적합하다는 것도 연역해 낸다. 그렇다면 그는 호랑이라는 특수 사례로부터 변이를 수반한 유전과 자연 선택이라는 다윈의 일반 법칙을 귀납적으로 끌어낼 수 있을까? 아마 그는 더 많은 자연 선택 사례들을 목격한 뒤, 그것이 일반 '법칙'이라고 귀납할 것이다. 실제로 우리가 아는 한, 자연 선택은 우주의 모든 생명들에 다 적용된다. 그런데 막상 다윈 자신의 추론 방식은 지금 이야기한 귀납적 물리학자의 추론 방식과는 달랐다. 다윈은 식량 생산이 직선적으로 증가하는 데 비해 인구는 기하 급수적으로 증가한다는 맬서스의 주장을 읽은 뒤, 언젠가 인구가 식량 공급을 앞질러 기근에 시달리게 될 것이라고 추론했다. 다음에는 추론의 범위를 넓혀서 일반적으로 식량 자원이 유한한 환경에서는 모든 종의 개체들이 식량 경쟁을 할 것이라고 가정했고, 거기에 변이를 수반한 유전이라는 가정을 더해서 결국 자연 선택의 법칙을 **유추**해냈다. 다윈은 야생에서 무수히 많은 사례를 관찰함으로써 변이를 수반한 유전을 **발견**한 것이 아니었다. 경쟁을 통해 개체가 선택된다는 자신의 가설을 무수한 사례를 통해서 입증함으로써, 즉 자연 선택이 모든 생명에게 적용된다는 결론으로 '귀납적으로' 나아간 게 **아니었다**.

그러면 우리의 대단한 물리학자는 가젤을 추격하는 호랑이에서 다윈의 일반 법칙으로 어떻게 도약할 것인가? 그가 맬서스를 읽지 않았다고 가정하자. 대신에 그는 귀납을 활용한다. 수많은 개별 사례들을 조사하던 중 어떤 현상이 유독 자주 관찰되는 것을 알아차리고서 그러니까 그것이 일반적이거나 보편적인 현상이라고 짐작하는 방식이다. 그러려면 그는 맨 먼저 끈 이론에서 호랑이들, 가젤들, 거북들, 야자수들 등을 끌어내야 한다. 따라서 혀를 내두를 만큼 많은 추론을 수행해야 한다. 그런 뒤에야 비로소 자연 선택의 구체적 사례들로부터 다윈의 법칙을 끌어낸다는 귀납적 일반화를 시도할 수 있다. 설령 그가 그 단계에 도달하더라도, 미지의 다른 우주들까지 다 포함하도록 법칙을 일반화할 수는 없을 것이다. 우리 우주와 비슷한 다른 우주들에도 보편적으로 적용되는 다윈 법칙을 오직 귀납으로만 얻어낼 수는 없다. 물리학자에게 대안이 있을까? 물론이다. 다윈의 추론 과정을 똑같이 밟아 가면 된다. 선택적 환경에 놓인 **생물의 차원에서 자연 선택을 재발명하면 된다**. 그러나 그렇게 되면 자연 선택은 모든 가능한 우주들 속 모든 가능한 생물들의 무한한 목록으로 환원되지 않는 셈이다. 수반 개념을 끌어들여서 그것을 어떻게든 물리 법칙으로 환원하려는 시도도 소용없다. 다윈의 법칙은 생물학의 차원이라는 독자적 차원에 존재한다.

이 사실을 더 자극적인 말로 표현해 보자. 우리는 와인버그에서 다윈을 얻어낼 수 없다. 와인버그는 설명의 화살표들이 언제나 아래로 향한다는 주장에 기반해서 환원주의를 주장했다. 화살표들은 사회에서 세포로, 화학에서 물리학으로만 향한다고 했다. 하지만 자연 선택을 통한 심장의 진화를 떠올려 보자. 여기에서도 설명의 화살표가 끈 이론이든 뭐든 저 아래의 것으로 향하는가? 아니다. 화살표는 심장을 포함하는 특정 생물권 속 특정 생물의 실제 진화에 영향을 미쳤던 **선택적, 역사적** 조건들을 가리킨다. 즉 위를 향한다. 그러므로 와인버그의 설명적 환원주의는 충분한 설명이 못 된다. 나는 앤더슨, 로플린, 카다노프와 입장을 같이 한다. 생물학이 물리학으로 환원된다는 생각을 우리가 꼭 품을 필요는 없다. 애초에 환원이 가능하지도 않다. 우리는 이미 환원주의를 넘어섰다. 우리는 이미 인식론적이고, 존재론적인 창발성에 도달했다.

환원주의에 내포된 한계란 어마어마하게 중요한 문제이다. 그것이 곧 창발성의 실재성을 암시하는 증거이기 때문이다. 생물학은 그저 물리학의 다른 표현에 지나지 않는 것이 아니다. 생물학은 그저 물리학의 다른 형태에 지나지 않는 것이 아니다. 생물은 우주의 진정한 구성 요소로서, 우주의 물리적 진화 과정에 대해 독자적인 인과력을 발휘한다. 생물학은 물리학에서 창발했다. 그리고 생명, 행위 주체성, 가치, 의미, 의식 등은 생물권의 진화 과정에서 창발했다. 이 이야기는 나중에 다시 나누기로 하자.

물론 환원주의에 한계가 있다고 해서 그것이 무력하다는 말은 아니다. 환원주의는 엄청나게 생산적이고, 과학적으로 대단히 유용하다. 단지 우리가 환원주의의 위치를 제대로 이해할 필요가 있을 뿐이다. 우리가 살아가는 우주는 환원주의로만 채색된 우주가 아니라는 사실을 깨달아야 하는 것뿐이다.

# 5장

# 생명의 기원

하느님의 손이, 손가락을 쭉 뻗어, 아담의 손가락에 닿으려 한다. 시스티나 예배당 천장에 그려진 이 그림은 인류에게 생명의 숨결을 전해 주는 창조주를 묘사했다. 거의 모든 창조 신화들이 생명을 유일신이나 여러 신들이 부여한 선물로 묘사한다. 아메리카 원주민인 푸에블로 족의 전설에 따르면, 멕시코시티에서 샌타페이 북쪽까지 펼쳐진 대지에 나 있는 시파푸(sipapu)라는 성스러운 구멍들을 통해서 최초의 인간들이 지하로부터 올라와서 지상을 채우게 되었다. 흥미롭게도, 푸에블로 족을 정복한 스페인 사람들은 신성한 흙이 나온 신성한 구멍이라고 일컬어지는 최북단의 시파푸 위에 그 유명한 산투아리오 데 치마요(Santuario de Chimayó) 성당을 세웠다. 벽마다 버려진 목발들이 기대져 있는 그 성당에서, 나는 부드러운 흙을 손가락 사이로 미끄러뜨려 보았다. 우리는 다른 문화의 성지 위에 우리의 신전을 세우고 우리의 신을 모신다. 프랑스 파리에 있는 노트르담 대성당은 드루이드 교의 성지 위에 세워졌다. 그런 행위를 통해서 우리는 "우리의 신이 진실된 신이다."라고 주장하는 셈이다. 이런 강탈 행위는 얄궂은 방식으로나마 고대 문화를 기리며 인정하는 행위이기도 하다. 성지는 성지이고, 축일은 축일인 것이다. 같은 맥락에서 생명의 기원에 대한 과학적 시각은 고대의 창조 신화 위에 구축되어 있다. 그렇기 때문에 나는 우리가 신이라는 단어를 계속 써야 한다고 느낀다. 나는 그 단어의 아우라를 당당하게 훔쳐서 자연의 창조성에 깃든 신성에 권위를 부여하는 데 쓰고 싶다. 그럼으로써 무신론자이든, 부단한 창조력을 발휘하는 이 우주에 처음으로 생명의 숨결을 불어넣은 창조주를 믿는 신앙인이든, 모두가 자연의 창조성에서 신성을 발견할 수 있기를 바란다.

생명은 우주에서 자연적으로 생겨난 현상이고, 아마도 여러 장소에서 생겨났을 것이다. 지구에서는 지각이 충분히 식어서 액체 형태의 물이 존재할 수 있게 된 약 38억 년 전에 생명이 자발적으로 생겨난 것이 거의 분명하다. 대부분의 과학자들이 그렇게 생각한다. 나 역시 굳게 믿는 것처럼 생명이 정말로 자연 발생적이라면, 초월적인 창조주를 절박하게 요구하는 사람들의 주장은 다소 힘을 잃는다. 우리가 우주의 신비로운 창조성에 기반하여 신성을 재발명하려면, 우주에서 생명이 어떻게 생겨났는지를 자연적 원인으로 설명하는 일이 최우선 과제이다. 게다가 이것은 과학적으로도 몹시 흥미로운 주제이다. 만약에 우리가 생명을 새롭게 창조하거나 다른 우주에서 생명을 찾는 데 성공한다면, 지구에만 한정되지 않고 온 우주의 모든 생명에 적용할 수 있는 보편 생물학의 길이 열릴 것이다. 보편 생물학은 물리학, 화학, 수학, 생물학 위에 걸쳐 있을 것이고, 이 모든 과학들을 철저히 바꿔 놓을 것이다. 그런 경이로운 보편 원리들을 우리가 알아낼 수 있을까? 나는 앞에서 동적 임계성의 법칙이라는 하나의 후보를 제안했다. 현재의 세포들이 드러내는 그 속성에 관해서는 8장에서 이야기하겠다. 나는 또 『조사(*Investigations*)』라는 책에서 그 어떤 생물권에도 적용될 수 있을 법한 네 가지 후보 법칙들을 꼽아 본 적이 있다. 첫째는 세포의 임계성이고, 둘째는 생물권과 인간 경제가 보여 주는 듯한 자기 조직적 임계성이고(11장에서 이야기하겠다.), 셋째는 생태계의 조직화 법칙이고, 넷째는 생물권이 자기 내부의 조직적 사건들의 다양성을 극대화하는 방향으로 진화할지도 모른다는 가능성이다. 맨 마지막 법칙은 성숙한 생태계에 적용되는 것이다. 성숙한 생태계에서는 계 내부의 총 에너지 흐름에 그 흐름의 다양성을 수학적으로 측정한 값을 곱한 결과가 극대화되는 경향이 있는 듯하다. 이것은 7장에서 더 설명하겠다. 7장에서는 물리학자들이 사용하는 '일' 개념도 살펴볼 텐데, 진화한 세포들이 수행하는 일의 총량에 일의 다양성을 곱한 값에도 비슷한 '법칙'이 존재하는 듯하다. 그렇다면 지구처럼 숱한 멸종 사태들에도 불구하고 생물 다양성이 계속 증가하는 생물권의 경우, 생물권 전체적으로 내부 다양성이 극대화되는 법칙이 존재할지도 모른다. 어쩌면 우주의 모든 생물권들에 이 법칙이 적용될지도 모른다. 그렇다면 대관절 얼마나 경이로운 생명 형태들이 가능하겠는가? 어쩌면 우리가 현재의 생명들과 공진화(共進化, coevolution)할 수 있는 새로운 생명을 창조하는 데 성공할지도 모르는데, 그렇더라도 그 형태는 예측할 수 없는 것이다! 생물권의 가없는 창조성에 대한 실험적 확인으로서, 그보다 더 나은 증거가 있을까?

생명의 기원에 대한 연구는 반세기 가까이 진행되어 왔다. 그동안 적잖은 진전이 있었다. 앞으로 수백 년 안에 인류가 새롭게 생명을 창조할 가능성도 높다. 두 시도는 분명 서로 관련이 있지만, 일반적인 짐작보다는 관련이 적은 편이다. 실험실에서 생명을 만드는 연구로부터 지구 생명의 기원에 대한 단서가 나올지도 모르지만, 그렇지 않을 가능성도 있기 때문이다.

첫째, 우리가 실험실에서 생명을 만드는 데 성공하더라도, 그것은 지구에서 생명이 생겨났던 실제 역사적 경로를 똑같이 따라한 것이 아닐 것이다. 그 역사는 우리가 결코 알아내지 못할 것이다. 생물들의 화석 기록이나 고대의 분자 종들을 아는 것만으로는 그 역사를 밝혀낼 수 없다. 둘째, 우리가 창조해 낼 단순한 생명들, 예를 들어 자기 재생산 능력이 있는 펩타이드나 단백질이나 단순한 유기 분자들의 계는 현재의 생명에 비하면 너무나 단순하다. 과학자들이 벌써 실험실에서 만들어 낸 자기 재생산적 단백질 분자들의 계를 예로 들면, 거기에는 분자 생물학의 중심 원리라고 일컫는 단백질 합성 과정, 즉 DNA가 RNA로 전사되고 RNA가 단백질로 번역되는 과정이 없다. 반면에 살아 있는 세포의 유전자가 암호화한 숱한 단백질들에는 번역을 수행하는 단백질들, 심지어 자기 자신을 번역하는 단백질들이 포함되어 있다. 이것은 어떻게 보면 꽤 놀라운 일이다. 유전자를 단백질로 번역하기 위해서는 DNA, RNA, 그리고 그것들로부터 만들어지면서 한편으로 직접 그 과정을 담당하는 단백질들이 있어야 하기 때문이다. 한마디로 현재의 세포들이 갖춘 분자적 세포 재생산 메커니즘은 복잡한 자기 참조적(self-referential) 계를 이룬다. 이 세련된 체계는 틀림없이 진화를 통해 갖춰졌을 것이다.

우리가 현재의 생명보다 더 단순한 생명을 만들 수 있다면, 그것은 생명의 물리적 실재가 다중적일 수 있음을 보여 주는 증거일 것이다. 이것 또한 다중 플랫폼 논증이다. 생명은 특정 물리학으로 환원되지 않는다. 한 종류 이상의 화합물들, 즉 DNA들과 작은 단백질들이 공동으로 자기 재생산적 계를 이루는 사례가 이미 확인되었다. 따라서 분자적 재생산이 다중 플랫폼들에서 수행될 수 있다는 것은 명백한 사실이다. 이런 사례들이 아직 '생명'이라고 불릴 만한 단계는 아니지만, 생명이 다중의 물리적 플랫폼들로 구현될 수 있다는 것은 거의 확실한 사실이다. 그렇다면 생명은 어느 특정한 물리학으로 환원되지 않는다. 생명은 존재론적으로 창발적이다. 그럼에도 불구하고 온 우주의 생명들에 두루 통용되는 보편 생물학이 존재하는 듯하다는 사실은 참 경이롭다.

현실의 세포들은 비평형 상태의 물리 화학적 계이다. 화학 평형이 무엇인지는 여러분도 알 것이다. X와 Y라는 두 화합물들이 상호 전환되는 계에서, X가 Y로 바뀌는 속도와 Y가 X로 바뀌는 속도가 같기 때문에 X와 Y의 상대 농도에 변화가 없는 상태가 바로 화학 평형이다. 설령 농도가 소폭 변하더라도 차차 변동이 가라앉는다. 세포는 이런 평형 지점으로부터 한참 떨어진 농도 상태를 유지하는데, 그러기 위해서는 외부로부터 물질과 에너지를 받아들여야 한다. 그렇기 때문에 세포는 열린 열역학 계이다.

게다가 세포는 열역학적 일 순환을 수행한다. 이것은 증기 기관이 온도 차이, 다시 말해 온도 기울기를 역학적 운동으로 바꾸는 것과 비슷하다. 세포의 대사는 무수히 많은 작은 유기 분자들이 합성되고 변형되는 반응 경로들이 복잡하게 얽힌 과정이다. 아울러 각 화학 반응의 속도를 높여 주는 효소 촉매들도 있다. 우리는 이처럼 복잡한 덩어리로 얽힌 대사 과정의 기원까지 설명해야 한다.

더 주목할 만한 사실은, 세포가 스스로 재생산한다는 점이다. 이 능력은 분자 생물학의 중심 원리, 즉 DNA 구조 유전자가 RNA 분자로 전사되고 그것이 다시 유전 암호를 통해 단백질로 번역되는 메커니즘에 어느 정도 의존한다. 하지만 세포의 자기 재생산 능력은 중심 원리만으로는 설명할 수 없을 정도로 복잡하고, 내가 '상호 연결된 과정들의 확산적 조직화(propagating organization of linked processes)'라고 이름 붙인 현상에도 의존한다. 그런 과정들은 일 수행에 관련된 작업들로서, 전체적으로 하나의 완결된 집합을 이룬다. 덕분에 세포 전체가 하나의 개체 단위로서 스스로를 재생산할 수 있다. 그 과정에서 세포는 단백질 효소를 써서 DNA를 복제하고, 세포의 경계를 이루는 막을 합성하고, 세포의 중추적 에너지 생산지인 미토콘드리아 같은 세포 소기관들을 만든다. 아직은 다소 알쏭달쏭하게 느껴질 이 '확산적 조직화'에 대해서는 7장에서 다시 이야기하겠다. 이것은 오늘날의 과학이 아직 어떤 방식으로 다뤄야 할지조차 모르는 주제이다. 어쨌든 지금은 생명의 기원이라는 원래 주제에 집중하자. 우선 아주 단순한 계의 분자적 자기 재생산 과정을 살펴보자.

생명의 기원에 대한 현대적 연구는 스탠리 로이드 밀러(Stanley Lloyd Miller, 1930~2007년)의 놀라운 실험에서 시작되었다. 밀러는 초기 우주를 닮은 실험실 조건에서 작은 유기 분자들을 합성하려고 했다. 보다 복잡한 생명 분자, 예를 들어 단백질의 선형 뼈대를 이루는 아미노산의 구성 단위가 될 만한 분자들 말이다. 밀러는 증류기에 기체들과 물을 섞어 원시 대기와 비슷한 환경을 갖추고, 전기 방전으로 에너지를 주입했다. 며칠이 지나자 놀랍게도 증류기에 갈색 침전물이 생겼다. 물질을 분석해 보니, 현생 생물들이 사용하는 여러 아미노산들이 풍부하게 들어 있었다. 밀러의 실험은 파급력이 대단했다. 이후로 생물 발생 이전의 환경에서 생명의 갖가지 유기 분자들을 합성하려는 노력이 줄기차게 이어졌다. 아미노산, 당, DNA와 RNA의 구성 요소인 뉴클레오티드, 세포막의 구성 요소인 지질 등을 말이다. 어느덧 수십 년의 역사를 자랑하는 그 연구들을 종합한 결과, 실제로 적절한 생물 발생 이전 조건에서 생명체가 만들어 내는 대부분의 작은 유기 분자들을 합성할 수 있었다. 물론 아직 약간의 마술적 요소가 우리 눈을 피해 숨어 있다. 이를테면 한 종류의 분자가 탄생하는 환경에서 다른 종류의 분자들은 탄생하지 않는다는 문제가 있다. 그런데도 어떻게 현실에서 그것들이 모두 탄생했는지 우리는 아직 모른다.

유기체의 구성 요소들 중 일부는 우주에서 왔을지도 모른다. 천문학자들의 발견에 따르면, 별은 미지의 화학 조성으로 이루어진 거대하고 차가운 분자 구름에서 태어난다. 그 별에서 무거운 원자들(리튬보다 무거운 원소들)이 생성되었다가, 별이 끝내 초신성이 되어 폭발할 때 우주 공간으로 확산된다. 이 원자들이 거대한 분자 구름에서 서로 만나 더욱 복잡한 분자들을 형성하는 듯하다. 지구에 떨어진 운석들에도 유기 분자가 풍부하게 존재한다는 사실이 확인되었다. 어쩌면 어린 지구에 작은 유기 분자들이, 나아가 더 복잡한 분자들이 그런 식으로 무수히 많이 떨어져서 생명 최초의 분자들로 기능했을지도 모른다. 실제로 탄소질 운석에는 복잡한 탄소 분자들이 들어 있을 뿐만 아니라 가끔은 지질도 들어 있다. 물을 만난 지질 분자들은 자발적으로 속이 빈 이중 주머니 모양을 취하는데, 그것이 리포솜이다. 리포솜은 세포 겉을 둘러싼 세포막과 구조가 굉장히 비슷하다.

생명을 구성하는 유기 분자들이 처음 생겨난 과정은 그야말로 멋진 첫 걸음이었으리라. 하지만 생명의 기원에서 그것보다 더 결정적인 의문은 따로 있다. 분자 재생산이 어떻게 시작되었는가 하는 문제이다. 분자 단독으로든 여러 분자들이 상호 작용하는 계로든, 분자들은 언제 어떻게 스스로 복제하게 되었을까?

분자 재생산에 관한 최초의 가설은 생명이 DNA나 RNA나 그와 비슷한 다른 주형 분자들의 복제에서 비롯했을 것이라는 견해였다. 이 유명한 분자들의 구조를 밝혀낸 것은, 다들 알다시피, 제임스 듀이 왓슨(James Dewey Watson, 1928년~)과 프랜시스 해리 컴프턴 크릭(Francis Harry Compton Crick, 1916~2004년)이었다. 두 사람은 1953년에 DNA가 이중 나선 구조라는 것을 알아냈다. DNA는 뉴클레오티드 또는 염기라고 불리는 단위로 만들어지는데, 단위는 A, T, C, G의 네 종류이다. 이중 나선은 두 줄의 '사다리 뼈대'로 구성된다. 각 뼈대 가닥은 당인산 분자들이 이어진 것이고, A와 T 또는 C와 G가 짝을 지어 맞물림으로써 두 가닥을 결합시킨다. 염기쌍들이 사다리의 가로대인 셈이다.

DNA 이중 나선에는 두 가지 멋진 특징이 있다. 첫째, A-T 쌍과 C-G 쌍의 길이가 같다. 그래서 어떤 뉴클레오티드 서열이든 두 뼈대 사이의 거리가 늘 일정하므로, 거의 완벽한 사다리 구조가 된다. 둘째, 이 완벽함 덕분에 이중 나선의 두 가닥에서 A, C, G, T가 어떤 순서로든 배열될 수 있다. 원칙적으로 네 염기는 어떤 서열로든 다 배열 가능하고, 이 염기 서열이 바로 유전자이다.

세포가 정상적으로 기능하는 경우, 전사 과정은 다음과 같이 진행된다. 우선 DNA의 뉴클레오티드 서열이 사촌 분자인 RNA 단일 가닥으로 '복사'된다. DNA의 T가 RNA에서는 U로 바뀐다는 사소한 차이 외에는 RNA와 DNA가 거의 같다. 다음으로, 나란히 놓인 3개의 RNA 뉴클레오티드들이 각각 하나의 유전자 '코돈'으로 작용하여 스무 종류의 아미노산들 중 하나를 지정한다. 그 아미노산들이 한 줄로 길게 이어지면 그것이 곧 단백질이다. 단백질은 이후 착착 접혀서 3차원 구조를 이룬다. 그런 뒤에야 세포 속에서 제기능을 수행할 수 있다.

세포 재생산이 정상적으로 이루어질 때, 우선 DNA의 이중 나선이 풀려서 단일 가닥 2개가 된다. 각 가닥은 A, C, T, G의 서열로 이루어져 있다. 그 가닥에 DNA 중합 효소가 작용해서 새로운 가닥을 복제한다. 원래의 가닥에 A가 있으면 새 가닥에는 T를 넣어 결합시키고, C는 G로 결합시키는 것이다. 실제 과정은 몹시 복잡하지만 대강 그런 방식이다.

DNA의 구조가 밝혀지자, 과학자들은 그 분자의 아름다움과 대칭성과 정교한 복제 방식에 한없이 매료되었다. 모름지기 생명은 이중 나선 주형의 복제에 기반할 수밖에 없을 것이라고 느낄 정도였다. 이 분야에서 가장 오래된 실험 전통도 그런 확신에 기초한 것이었다. 뛰어난 유기화학자 레슬리 오겔(Leslie Orgel, 1927~2007년)을 비롯한 많은 화학자들은 단백질 효소가 없는 상태에서도 단일 가닥 RNA 분자에게 주형 복제를 시킬 수 있을지 연구했다. 그들의 발상은 임의의 뉴클레오티드 서열을 띤 RNA 분자들을 섞어 놓고, 그 반응 혼합물에 자유 뉴클레오티드들을 공급하자는 것이었다. 그럴 경우에 (1) 주형 RNA 분자의 염기 서열, 이를테면 A, A, C, G, G, U, G, C, ……에 대해 U에는 A가 붙고 C에는 G가 붙는 식으로 자유 뉴클레오티드들이 적절히 결합할 것, (2) 그렇게 해서 나란히 늘어선 뉴클레오티드들 사이에 적절한 결합이 형성되어 새로운 상보적 가닥이 탄생할 것, (3) 일단 상보적 가닥이 형성되면 결합했던 두 가닥이 갈라질 것, (4) 갈라진 두 가닥이 이 단계들을 반복함으로써 자기 복제적 RNA 분자들이 무수히 많이 탄생할 것, 이것이 과학자들의 바람이었다. 이때 RNA 주형의 뉴클레오티드 서열이 '임의적'이라는 게 핵심이다. 그것은 서열의 내용과는 무관하게 복제가 가능하다는 것을 의미한다. 이 책의 각 쪽에 실린 단어들의 순서와는 무관하게 인쇄가 가능한 것처럼 말이다. DNA가 '선택적 유전 정보'를 전달할 수 있는 것은 바로 이 뉴클레오티드 서열의 임의성 때문이다.

이런 방면의 연구는 쉽게 성과를 올릴 것처럼 보였다. 그러나 40년간 과학자들이 온갖 기교를 다 부렸음에도 불구하고 아직 성공의 소식이 없다. 어쩌면 앞으로 성공할지도 모르지만, 가망은 점점 희박해지고 있다. RNA 중합 효소 같은 단백질 효소가 없는 상황에서는 고작 한 줌의 뉴클레오티드들로 하여금 새 가닥을 복제하도록 만드는 것이 전부였다. 이 전략은 계획이 너무나 분명하고, DNA와 RNA의 대칭성이 너무나 확실하기 때문에, 성공하려면 진작에 성공했을 것이다. 요즘은 화학자들이 이 과정의 화학적 난점들을 예전보다 더 잘 이해하고 있지만, 어쨌거나 효소 촉매가 없는 상황에서 DNA나 RNA 같은 주형이 스스로를 복제하는 것은 과거의 기대보다 훨씬 더 가망 없는 일인 듯하다.

역시 많은 화학자들과 생물학자들이 관심을 쏟는 두 번째 전략은 이른바 RNA 세계 가설이다. 이것은 초기의 생명이 오로지 RNA 분자들로만 이루어졌거나, 혹은 전구 물질로부터 RNA를 합성하는 데 관여하는 단순한 대사 과정들이 함께 있었을 것이라고 보는 관점이다. 이 가설은 뜻밖의 발견에서 비롯했다. 단백질이 흔히 효소로 기능하여 화학 반응 속도를 높인다는 것은 예전부터 잘 알려진 사실이었다. RNA 분자가 유전 정보를 나른다는 것도 잘 알려진 사실이었다. 하지만 RNA 분자도 촉매로 기능한다는 생각은 아무도 하지 않았다. 그런데 알고 보니 그랬다. 그런 RNA 분자를 리보자임(ribozyme)이라고 부른다. 리보자임의 발견을 둘러싼 이야기는 결국 노벨상으로 이어지는 흥미로운 일화이지만, 이 자리에서 할 이야기는 아니다. 좌우간 과학자들은 단일 가닥 RNA라는 하나의 분자가 유전 정보도 나르고 반응도 촉매한다는 점에 흥분했다. 더군다나 RNA 분자는 스스로가 참여하는 반응도 촉매할 수 있었다. 알고 보니 오늘날 모든 세포들에 대해서, 어느 생물계에 속하는 세포이든, 상응하는 RNA '화석'이 존재했다. 생물이 거의 RNA로만 구성되었던 옛 시절이 남긴 분자적 유물인 셈이다. 내가 '거의'라고 단서를 붙인 이유는 초기 세포들에게 RNA 외에도 뉴클레오티드 형성에 필요한 대사 과정이나 에너지원이 필요했을 것이기 때문이다.

RNA 세계 가설을 처음 제안한 사람은 노벨상 수상자인 월터 길버트(Walter Gilbert, 1932년~)였다. 그는 RNA **분자들의 계가** 어떤 식으로든 **서로의 형성을 촉매했을 것**이라고 주장했다. 잠시 후에 내가 제안할 '집단적 자체 촉매 집합의 창발(emergence of collectively autocatalystic sets)' 이론은 어떻게 그처럼 상호 촉매하는 리보자임들의 계가 생겨났는지 설명하는 한 가설일 수 있다.

생명의 기원 연구에서 RNA 세계 가설이 한창 인기를 누리던 1990년대, 과학자들은 또 다른 방향으로 관심을 돌렸다. 서로 형성을 촉매해 주는 RNA 분자 집합을 찾는 대신, 서열에 무관하게 모든 RNA 단일 가닥들을 복제할 수 있는 단 하나의 RNA 분자를 찾기 시작했다. 그런 RNA 분자는 **어떤 RNA 분자라도 복사할 수 있는 RNA 중합 효소일 테니, 당연히 자기 자신도 복사하고 재생산할 수 있을 것이다.** 과학자들이 그런 RNA 중합 효소를 찾는 과정은 일종의 '시험관 진화'라고 할 만한 흥미로운 작업이다. 우선 어마어마하게 다양한 종류의 RNA 분자를 만들어 둔다. 이것을 '라이브러리'라고 한다. 다음으로 여러 기발한 기술들을 활용하여 이 혼합물 중에서 특정 반응 촉매 능력이 있는 희귀한 RNA 분자들을 골라 낸다. 분자 생물학자 데이비드 바텔(David Bartel)은 이런 과정을 통해서 RNA 분자 $10^{15}$개 중 단 1개의 RNA 분자를 가려내려 하고 있다. 그가 찾는 것은 어떤 RNA 주형을 주더라도 그 끝에 자유 뉴클레오티드 서열을 조금 덧붙일 줄 아는 RNA 분자이다. 그는 부분적으로나마 성공했다. 특정 RNA 주형에 뉴클레오티드 약 13개를 덧붙이는 반응을 촉매하는 RNA 분자를 찾아냈기 때문이다. 그의 연구를 보면 언젠가 어떤 임의의 RNA 서열이라도 복사하는 RNA 중합 효소가 발견될지도 모른다는 희망이 솟는다. 그런 중합 효소는 당연히 스스로를 복사한 단일 가닥 사본들도 만들 수 있을 것이다. 그것은 진정한 자기 재생산적 RNA 서열일 것이다.

이런 가능성을 탐구하는 실험은 앞으로도 많이 진행될 것이다. 그런데 나는 한 가지 걱정이 있다. 촉매 과정에는 잡음이 많다. RNA 중합 효소를 생각해 보자. RNA 서열을 복사하는 과정에서, 중합 효소는 매 단계마다 네 가지 뉴클레오티드들 중 정확한 하나를 골라서 점점 길어지는 새 사슬에 붙여 주어야 한다. 일찍이 제럴드 조이스(Gerald Joyce, 1956년~)와 레슬리 오겔이 지적했듯이, 이것은 쉬운 일이 아니다. 잘못된 뉴클레오티드가 붙을 가능성이 매 단계마다 있는 셈이기 때문이다. RNA 중합 효소가 스스로를 복제할 때 실수를 저지른다고 상상해 보자. 사본 분자는 리보자임으로서의 기능 역시 떨어질 테고, 다음 세대의 복사에서 더 많은 실수를 저지를 것이다. 사본의 오류율은 점점 더 커질 것이고, 결국 딸 서열들은 중합 효소로서의 기능을 완전히 잃을지도 모른다. 이것이 바로 오겔이 말한 "오류의 파국" 현상이다. RNA 리보자임 중합 효소들의 집단에서 오류가 너무나 빠르게 누적되어 결국 자연 선택이 압도당하는 현상, 그리하여 결국 RNA 중합 효소 기능이 쓸모없는 서열들의 바다 속에 사라지고 마는 현상이다. 이것이 정말로 걱정할 만한 현상인지는 아직 분명하지 않다. 어쩌면 RNA 리보자임 중합 효소의 재생산 정확도에 어느 수준의 문턱이 있어서, 그 이상이라면 중합 효소 집단이 건전하게 유지되지만 그 이하라면 당장 오류의 파국이 벌어질지도 모른다. 여기에 대해서 아는 사람은 아직 아무도 없다.

나는 두 번째 걱정도 가지고 있다. 그런 RNA 중합 효소가 등장할 확률은 $10^{15}$개 중 하나 꼴보다 낮은 듯하므로, 정말로 드문 분자인 셈이다. 충분히 다양한 RNA 서열들이 있는 상황이라면 우연히 그런 것이 하나 생겨나서 재빨리 스스로를 복제함으로써 집단을 장악할지도 모른다. 그러나 그 분자가 제 주변에 있는 다른 비복제 RNA 분자들을 복사하느라 바빠서 정작 자기 자신을 재생산하지 못할지도 모른다. 한마디로 그런 RNA 중합 효소 리보자임이 충분히 축적되려면 어떤 조건들이 필요한지 아직 알려지지 않았다. 물론 그렇다고 해서 이것이 극복 불가능한 문제라는 뜻은 아니다.

세 번째 걱정은 최초에 스스로 재생산하는 RNA가 어떻게 생겨났는가, 그리고 단순한 유기 분자들로부터 RNA의 구성 요소인 뉴클레오티드를 만드는 데 관여하는 대사 과정이 어떻게 생겨났는가 하는 문제이다. 전자는 상당히 까다로운 문제이다. RNA가 합성되려면 자유 뉴클레오티드들이 반드시 3′-5′ 인산에스테르 결합으로 연결되어야 하는데, 열역학적으로 그런 화학 결합은 쉽지 않다. 그보다는 2′-5′라는 결합이 더 형성되기 쉽지만, 그 결합으로는 단일 가닥 RNA 분자가 만들어지지 않는다. 설령 리보자임 중합 효소가 하나 형성되었다고 해도, 뉴클레오티드 합성에 관여하는 대사 과정들을 촉매하는 리보자임은 어디에서 올 것인가? 리보자임 중합 효소이든 '대사적 리보자임'이든 우선 뉴클레오티드가 있어야 만들어질 텐데 말이다. 이런 문제들에 대한 답은 아직 모호하다. 그래도 RNA 세계 가설은 RNA 뉴클레오티드들을 합성하는 관련 대사 과정이 어떻게 시작되었는지, 나아가 그 대사 생성물이 참여하는 반응들을 촉매할 리보자임이 어떻게 화학 에너지원 같은 기존 구성 요소들로부터 생겨났는지, 거친 그림이나마 그려 보게끔 도와준다. RNA 세계 가설을 지지하는 증거도 몇 있다. 실험실에서 무작위 RNA 서열 라이브러리를 만든 뒤 그로부터 굉장히 다양한 화학 반응들을 촉매하는 RNA 리보자임을 진화시킨 연구가 많다. 그러므로 스스로를 포함하여 모든 단일 가닥 RNA 서열들을 복사할 줄 아는 리보자임 중합 효소가 정말 가능할지도 모른다고 상상해 볼 만하다. 그런 중합 효소와 더불어 대사 과정을 촉매하는 리보자임들이 있으면 되는 것이다. 다만 RNA 세계 가설에는 또 하나의 전제 조건이 있다. 반응 물질들이 한곳에 모여 있어야 한다는 점이다. 그래야만 빠르게 상호 작용할 수 있으니까 말이다. 어쩌면 지질이 먼저 합성되어 경계 막처럼 작용함으로써 리보자임들을 가둬 줄지도 모른다.

현실의 세포들은 거의 배타적으로 단백질 효소만 사용한다. RNA 리보자임은 거의 쓰지 않는다. 아마 단백질이 RNA 분자보다 화학적으로 더 다양해서 어떤 반응이든 쉽게 촉매하기 때문일 것이다. 물론 단백질이 RNA보다 기량이 더 뛰어나다고 해서 RNA 세계 가설이 당장 기각되는 것은 아니다. 게다가 이 가정을 직접 시험해 볼 방법이 있다. 이 가정이 사실이라면, 초기 생명에서도 작은 단백질들이 촉매 역할을 맡았을 가능성이 높다. 이 의문을 어떻게 확인해 볼까? 어마어마하게 다양한 서열의 RNA 라이브러리를 구축하고, 단백질의 구성 단위인 아미노산으로도 마찬가지로 무작위 서열들을 만든다. 아니면 다양한 서열의 폴리펩타이드(짤막한 아미노산 서열)들을 만들어도 좋고, 다양한 서열의 펩타이드(폴리펩타이드보다 더 짧은 아미노산 서열)들을 만들어도 좋다. 그 RNA 집합과 펩타이드 집합을 갖가지 반응들에 노출시키고, 어느 쪽에서 반응 촉매 능력을 갖춘 서열이 더 자주 등장하는지 보는 것이다. 여기에서 지적할 점은, RNA 서열은 쉽게 접힌다는 것이다. 접힘 능력은 촉매 기능이나 그밖의 기능들을 갖기 위해서 꼭 필요한 특징일지도 모른다. 현재의 진화한 단백질들도 선형 아미노산 서열이 착착 접힌 3차원 형태를 취하니까 말이다. 반면에 덜 진화한 단백질은 그렇지 않았을 것 같다. 적어도 쉽게 접히지는 않았을 것 같다. 토머스 헨리 라빈(Thomas Henry LaBean)이나 피에르 루이기 루이지(Pier Luigi Luisi, 1938년~)(라빈은 미국의 나노 화학자이고, 루이지는 이탈리아 출신의 생화학자이다. — 옮긴이)의 연구를 통해서 무작위 펩타이드 서열도 제법 접힌다는 것이 밝혀지기는 했지만, 얼마나 잘 접히는지는 아직 확인되지 않았다. 나더러 개인적으로 예측해 보라면, 작은 펩타이드들이 다양한 반응을 촉매하는 능력을 가졌을 것 같다. 특히 금속 이온과 결합한 유기 금속 분자들이 그럴 것 같다. 다시 강조하건대 현재의 기술로도 충분히 이 의문을 확인해 볼 수 있다.

내 직감은 이렇다. 유기 금속 분자를 포함한 펩타이드들은 RNA 분자들보다 촉매로서 훨씬 유능할 것이다. 내가 이렇게 생각하는 이유는 이른바 항체 효소라는 것 때문이다. 항체는 생물의 면역계가 만들어 낸 복잡한 단백질로, 항원과 결합한다. 우리 몸에 침투해 들어오는 세균이나 바이러스는 저마다 독특한 분자적 특징이 있기 때문에, 항체가 그것을 인식해 결합함으로써 감염을 막는다. 항체는 항원과 결합할 수 있으니, 어쩌면 반응을 촉매할 수도 있지 않을까? 미국의 화학자 리처드 레너(Richard Lerner, 1938년~) 같은 과학자들은 그렇게 추론했다. 그리고 실제로 그런 항체 효소가 실험실에서 확인되었다. 현재까지 밝혀진 바에 따르면, 인체가 만드는 약 1억 가지 항체 분자들에서 무작위로 하나를 골랐을 때 그것이 어떤 주어진 반응을 촉매할 확률은 100만 개 중 하나꼴이다. 임의의 RNA 분자가 주어진 반응을 촉매할 확률보다 훨씬 높다. 그 때문에 나는 펩타이드가 생명의 기원에서 중추적인 역할을 맡았을 것이라고 생각한다. 또 다른 이유는 생물 발생 이전 환경에서 아미노산은 쉽게 형성되는 반면에 DNA나 RNA 뉴클레오티드들은 그렇지 않다는 사실이다.

재생산 가능한 분자 집합을 만든 세 번째 연구 활동은 루이지의 실험이다. 루이지는 앞에서 잠깐 언급했던 이중 지질 막 주머니나 그것보다 더 단순한 미셀(micelle, 계면 활성제가 일정 농도 이상에서 모인 집합체 — 옮긴이)을 사용했다. 미셀은 지질 분자들이 수용성 환경에서 자발적으로 형성하는 응집체인데, 지질 분자들의 '꼬리' 부분은 물을 싫어하는 소수성이라 안으로 모여 핵을 이루고 분자들의 머리 부분은 물을 좋아하는 친수성이라 바깥을 향해 물에 노출된다. 루이지는 두 가지 발상을 토대로 실험을 진행했다. 첫째는 자기 재생산적 미셀이나 이중막 형태의 리포솜 주머니에서 생명이 시작되었을지도 모른다는 생각이다. 이중막은 두 지질 막이 겹친 것으로, 지질 분자들의 소수성 꼬리가 모두 안쪽으로 모인 구조이다. 이런 리포솜 이중 지질 막은 세포막과 거의 차이가 없다. 두 번째는 집단적 자체 촉매 집합(collectively autocatalytic set, 이것이 무엇인지는 뒤에서 이야기할 것이다.)이나 원시 대사 과정 같은 복잡한 유기 반응이 일어나려면 반드시 공간이 한정되어야 한다는 생각이다. 그래야만 분자들이 빠르게 상호 작용할 수 있으니까 말이다. 경계를 지어 주는 막이 있다면 이 조건이 쉽게 만족될 것이다. (그밖의 가능성이라면 반응이 어떤 표면에서만 일어나는 것, 또는 다공성 바위의 좁은 틈 속에서 일어나는 것 등이다.) 루이지를 비롯한 여러 연구자들은 수용성 환경에서 지질 분자들로 리포솜을 만드는 데 성공했다. 게다가 이 리포솜들은 저절로 부피가 늘어나거나 자발적으로 분열했다. 연구자들은 단순한 구조의 분자가 재생산할 수 있다는 것을 보여 준 셈이고, 아울러 세포막의 모형을 만든 셈이다. 이런 재생산이 초기 생명 역사의 일부였을 것이라는 추측은 합리적이다.

네 번째 접근법은 내가 자체 촉매(autocatalysis) 또는 집단적 자체 촉매(collective autocatalysis)라고 부르는 과정을 통해서 DNA와 폴리펩타이드 중합체의 분자적 재생산을 이끌어 낸 두 흥미로운 실험이다. 이중 나선의 대칭성이 참으로 사랑스럽기는 하지만, 나는 생명의 기반이 그것보다 더 심오할 것이라고 생각한다. 화학 반응 속도를 높이는 효소의 촉매 능력이 어떤 식으로든 생명의 기원에 기여했을 것이라고 생각한다. 나아가 생명이 모종의 **집단적 자체 촉매** 현상에 기반했을 것이라는 게 내 직관이다. 다시 말해 생명의 기초는 서로 상대방의 형성을 촉매하는 분자들로 이루어진 집합이었을 것이다. 이것은 스스로를 복사할 줄 아는 RNA 리보자임 중합 효소 같은 **하나의** 분자 종류가 생명의 기원이었을 것이라고 보는 이론과 대립된다.

20여 년 전, 독일의 권터 폰 키드로브스키(Günter von Kiedrowski, 1953년~)는 화학적 분자 복제에 최초로 성공했다. 그는 뉴클레오티드 6개가 이어진 단일 DNA 가닥, 즉 육합체를 사용했다. 육합체를 교묘하게 잘 설계함으로써 앞의 뉴클레오티드 3개가 다른 단일 가닥 DNA 삼합체와 결합하게 했고, 뒤의 뉴클레오티드 3개도 다른 삼합체와 결합하게 했다. 그는 육합체 때문에 한 줄로 서게 된 두 삼합체 사이에 화학 결합이 형성되어 새 육합체가 탄생하기를 바랐다. 더 나아가 새 육합체가 원래 육합체의 사본이 되도록 교묘하게 잘 설계하면, DNA 단일 가닥이 스스로를 재생산한 꼴이 될 것이다.

폰 키드로브스키의 계획은 성공했다. 그는 최초의 재생산적 분자 계를 만들어 냈다. 그의 육합체는 삼합체 2개를 '연결'하여 새 육합체를 만듦으로써 스스로를 복사했다. 한마디로 그의 육합체는 자체 촉매적이었다. 오겔이 임의의 RNA 서열을 주형으로 사용해서 뉴클레오티드를 하나하나 복제하려고 노력했던 반면, 폰 키드로브스키는 특수한 단일 가닥 DNA 육합체를 단순한 효소처럼 사용해서 2개의 DNA 삼합체를 묶었다. 오겔이 임의의 염기 서열을 복제하려고 시도한 것은 임의의 서열이 가능해야만 유전 '정보'(헷갈리는 이 용어에 대해서는 뒤에서 설명하겠다.)를 담을 수 있다고 보았기 때문이다. 반면에 폰 키드로브스키는 순수주의자가 아니었다. 그는 일단은 '정보'에는 신경 쓰지 않고, 스스로를 복제하는 DNA 서열을 만드는 데에만 집중했다.

폰 키드로브스키의 성취라고 할 점이 또 하나 있다. 내가 볼 때에는 이것이야말로 정말 멋진 성취였다. 그는 A와 B라는 두 종류의 육합체를 교묘하게 잘 설계함으로써, 삼합체 두 조각으로 B가 만들어지는 과정을 A가 촉매하게 하고, 역시 삼합체 두 조각으로 A가 만들어지는 과정을 B가 촉매하게 했다.

이것은 정말로 결정적인 단계이다. 이 AB 계를 집단적 자체 촉매 계라고 부르자. AB 계의 분자들이 각자 스스로의 복제를 촉매하는 게 아니고 A와 B와 그 조각들로 이루어진 **계 전체가** 공동으로 자체 촉매한다는 점이 핵심이다. 모든 분자에 대해서 그 형성을 촉매하는 다른 분자가 계에 존재하는 것이다. 일종의 **촉매 '닫힘'**이 달성되었다고 말할 수 있다.

A와 B가 달랑 두 종류의 분자로(물론 그 구성 단위들도 함께이지만) 집단적 자체 촉매 집합을 이룰 수 있다면, 셋이나 열이나 1만 가지 분자들이 집단적 자체 촉매 집합을 이루는 것도 가능하지 않을까? 가능하다. 우리 몸의 세포가 바로 그렇게 수천 가지 분자들이 모여 이룬 집단적 자체 촉매 집합이다. 세포의 분자들 중 자신의 재생산을 직접 촉매하는 분자는 없다. 세포 전체가 집단적으로 스스로의 재생산을 촉매할 뿐이다.

폰 키드로브스키의 결과는 흥분을 일으키기에 충분했지만, 여전히 DNA 육합체와 삼합체라는 '주형' 인식에 기초했다. 단백질도 분자 재생산을 한다는 가설은 이것과는 한참 거리가 있는 듯했다. 단백질은 3차원으로 접힌 형태라서 어떻게 복제할 방도가 없는 것처럼 보였기 때문이다. 그러나 작은 단백질들의 집단적 자체 촉매를 통해서 단백질 분자도 재생산할 수 있다는 사실이 이후 실험실에서 확인되었다. 주형 복제가 분자 재생산의 유일한 길은 아닌 것이다. 그렇다면 자기 재생산이 가능한 분자 계의 종류는 분명 지금까지의 생각보다 훨씬 다양할 것이다. 우주에 다른 생명이 존재할 가능성도 그만큼 높아진다.

인정하건대 단백질은 분자 재생산의 후보로서 형편없어 보인다. 약

20가지 아미노산들로 구성된 선형 사슬을 단백질의 '1차 서열'이라고 하고, 보통은 이 사슬이 착착 접혀서 3차원 구조를 이룬다. DNA는 A-T와 C-G 염기쌍 메커니즘을 통해서 복제를 유도하는 반면, 단백질에는 그것과 비슷한 메커니즘이 없다.

단백질이 접혀서 만드는 구조는 아주 다채롭다. 가장 흔한 것은 알파 나선 구조이다. 화학자 레자 가디리(Reza Ghadiri)는 아미노산 32개로 흥미로운 알파 나선 구조를 설계했다. 서열이 반으로 접혀서 '꼬인 코일' 모양을 이루도록 한 것이다. 자, 아미노산 32개의 이 서열이 스스로 접힌다면, 그것을 반으로 쪼갠 것에 해당하는 아미노산 15개 서열과 17개 서열을 32개 서열과 결합시킬 수도 있을 것이다. 32개 서열이 두 작은 서열들과 결합한 뒤에 둘 사이에 적절한 펩타이드 결합이 형성되도록 촉매할 수 있다면, 자신과 똑같은 32개 서열을 새로 만드는 결과가 될 것이다. 가디리가 노린 것은 이런 결과였다.

실험은 성공이었다! 이것은 역사적인 결과였다. 분자 재생산이 DNA나 RNA의 아름다운 대칭성에만 의존하지 않아도 된다는 것, 나아가 오겔처럼 임의의 주형 복제를 시도하는 데에만 의존하지 않아도 된다는 것을 분명히 보여 주었기 때문이다. 생명은 우리 생각보다 훨씬 더 다채로울지도 모른다. 예의 그 다중 플랫폼 논증이 떠오른다. 생명은 연산과 마찬가지로 바탕의 물리학이 어떤 종류이든 상관없는 듯하다.

폰 키드로브스키처럼, 가디리는 한 걸음 더 나아간 시도를 감행했다. 펩타이드들로 집단적 자체 촉매 집합을 만드는 데 성공한 것이다. 아미노산 조각들로부터 펩타이드 B가 만들어지는 과정을 펩타이드 A가 촉매하고, 아미노산 조각들로부터 A가 만들어지는 과정을 B가 촉매하는 계이다. 가디리가 반응 계에 적절한 조각들을 공급해 주었더니 정말로 촉매 닫힘이 완성되었다. 계 내의 분자들 중에서 촉매가 있어야만 형성되는 것이 있을 경우, 적절한 촉매 분자가 같은 계에 존재했다. 이 현상은 적어도 두 가지 이유에서 아주 중요하다. 우선 앞에서 말했듯이, 현실의 세포가 바로 집단적 자체 촉매 계이기 때문이다. 세포 내의 어떤 분자도 스스로의 형성을 직접 촉매하지는 않는다. 이제 작은 단백질들이 집단적 자체 촉매를 이룰 수 있다는 사실이 실험으로 입증되었으니, 그런 촉매 닫힘이 생명의 기초였을 가능성이 높아진 셈이다. 나는 중합체들의 집단적 자체 촉매 계가 자연에서 저절로 창발하게 마련이라고 생각한다. 이 이론은 실험으로 충분히 확인해 볼 수 있다. 내 이론이 옳다면, 그것은 분자 재생산 능력이 복잡한 화학 반응 망의 창발적 속성이라는 뜻이다. 따라서 생명은 지금까지의 우리 생각보다 훨씬 더 개연성 높은 일이라는 뜻이다. 그리고 이 창발성은 물리학으로 환원되지 않는다.

가디리는 펩타이드들의 집단적 자체 촉매 능력을 확고부동하게 보여주었다. 덕분에 이제 우리는 작은 유기 분자에서 유기 금속 분자, 펩타이드, RNA나 DNA에 이르기까지 갖가지 분자들이 집단적 자체 촉매 집합을 이룰지도 모른다는 생각, 그럼으로써 지구나 다른 장소에서 생명의 기초가 되었을지도 모른다는 생각을 진지한 가설로 타진하게 되었다. 집단적 자체 촉매 집합에는 매우 중요한 두 가지 특징이 있다. 첫째는 분자 하나의 특징이 아니라 집합 전체의 특징인 **촉매 닫힘**이고, 둘째는 **반응 속도 제어** 능력이다. 화학자들은 화학 반응을 속도 제어가 가능한 것과 불가능한 것으로 나눈다. 반응 속도를 제어할 수 없는 반응은 일반적으로 촉매가 작용하지 않으며 화학 평형에 근접한 반응이다. 반응 속도는 반응 기질들과 생성물들의 농도에 따라 달라진다. 한편 반응 속도를 제어할 수 있는 반응은 보통 효소 같은 촉매에 의해 특정 방향으로 더 빠르게 진행될 수 있고, 분자들의 농도가 평형에서 멀리 벗어난 상태일 때가 많다. 반응 속도를 한쪽 방향으로만 더 빠르게, 또는 더 느리게 만들 수 있는 것이다.

집단적 자체 촉매 집합에 반응 속도 제어 능력이 있다는 것은 중요한 의미이다. 반응 속도 제어가 가능한 집단적 자체 촉매란, **계 전체가 부분들의 반응 속도를 통제할 수 있고 또한 계를 구성하는 화학 물질들의 반응 속도를 조정할 수 있다는 뜻이다. 이처럼 모종의 제약을 조직하는 행위는 이후에 발생할 사건들에 부분적으로나마 인과적 영향을 미친다.** 따라서 집단적 자체 촉매 계는 반응 속도론적 과정 조직화를 보여 주는 한 단순한 사례인 셈이다. 다시 말해 **계 전체의 인과적 위상이라고 할 만한 속성이 계를 구성하는 화학적 요소들의 행동을 제약하고 안내**한다. 계 전체의 인과적 위상이 그 부분들의 반응 속도에 영향을 미쳐 제약을 가하는 것, 이것은 '**하향적 인과 작용**(downward causation)'이다. 이런 제약은 부분적으로나마 분명 인과적 영향력이 있다. 따라서 설명의 화살표들은 무조건 저 아래만을 가리키는 게 아니다. **저 위를 향해 전체의 조직화를 가리키기도 한다.** 부분들이 전체에 작용하는 것만큼이나 전체도 부분들에게 작용하는 것이다. 철학자 임마누엘 칸트는 어떤 조직적 존재에서든 전체는 부분들 덕분에, 그리고 부분들을 위해서 존재하고, 부분들 또한 전체를 위해서 존재한다고 말했다. 집단적 자체 촉매 계는 칸트의 생각에 잘 들어맞는 사례일 것이다. 칸트의 발언은 생물을 염두에 둔 것이었다. 내 주장도 마찬가지이다. 진화된 세포는 자체 촉매 계이다. 세포는 변이를 수반한 유전과 자연 선택을 통해서 과정을 조직하는 능력을, 그리고 재생산 작업을 인과적으로 완결하는 능력을 얻었다. 이런 진화 과정은 물리학으로 환원되지 않는다. 집단적 자체 촉매 능력을 갖춘 세포가 진화한 것, 그 세포의 전체 '위상'이 내부 과정들의 반응 속도 제어에 영향을 미치게 된 것은 존재론적으로 창발적인 현상이었다. '전체'의 반응 속도 제약에 영향을 미치는 그 위상은 부분들의 반응 속도 제약에도 부분적으로나마 영향력을 발휘한다. 설명의 화살표들은 위를 향한다. 진화한 세포는 칸트의 금언을 만족시킨다.

지금부터 나는 집단적 자체 촉매 집합이 자연적으로 창발할 가능성이 아주 높다는 이론을 펼칠 것이다. 내 주장은 충분히 시험해 볼 수 있다. 내 이론이 옳다면, 분자 재생산으로 가는 길은 우리가 이제껏 상상했던 것보다 훨씬 더 쉬울 것이다. 그런 길을 통해서 완벽하게 창발적이고, 자발적이고, 자기 조직적인 화학 반응 계가 쉽게 형성될 것이다. 그런 창발성은 물리학으로 환원되지 않을 것이다. 분자적 재생산 능력이라는 의미에서의 생명은 발생 가능성이 낮은 사건이기는커녕, 오히려 충분히 예상할 만한 사건이 된다. 그렇다면 생명에 대한 우리의 시각이 근본적으로 바뀌어야 한다. 생명에 창조주의 간섭은 필요 없다. 생명은 우주 본연의 창조성이 자연적으로, 창발적으로 표현된 결과일 뿐이니까.

### 집단적 자체 촉매 집합 이론

나는 집단적 자체 촉매 집합들이 자발적으로 형성된다는 내 이론을 두 번 설명할 것이다. 처음은 원래의 형태대로 이야기하고, 다음에는 보다 폭넓은 형태로 이야기할 것이다. 내가 이 이론을 주장하는 이유는 세 가지이다.

첫째, 이 이론은 옳을지도 모른다. 그렇다면 분자 재생산은 우리 생각보다 더 쉽다는 뜻이다. 심지어 충분히 다양한 화학 반응 계에서는 분자 재생산이 창발할 가능성이 아주 높다고까지 말할 수 있다. 이 이론은 시험 가능하므로, 우리는 머지않아 복잡한 화학 반응 네트워크에 대해서 이 이론이 과연 옳은지 확인할 수 있을 것이다. 이 이론은 또 지구와 우주 다른 곳에서 생명이 발생할 확률이 얼마나 되고 그 과정이 어떤지에 대한 통찰도 줄 수 있다.

둘째, 이 이론을 뒷받침하는 수학은 물리학으로 환원되지 않는다. 이것은 '조직화 이론'이다. 이 이론이 옳다면, 이것은 어느 생명에게나 보편적으로 적용되는 조직화 법칙의 후보 자격이 있다. 이 이론은 분자의 일반적 성질들과 수학에 의존할 뿐, 어느 특정한 분자적 실체에 의존하지 않는다. 앞에서 이야기했듯이, 여기에도 다중 플랫폼 논증이 끼어든다. 집단적 자체 촉매를 달성할 수 있는 분자의 종류가 다양함을 암시하기 때문이다. 따라서 이 이론은 어떤 특정한 물리학으로 환원되지 않는다.

셋째, 이 이론은 완벽하게 창발적이고 자발적인 자기 조직화 원리가 어떤 것인지 잘 보여 주는 첫 사례이다. 자기 조직화 원리가 진화 과정에서 자연 선택과 어깨를 나란히 하고 나름의 역할을 수행했을지도 모른다는 가설에 대한 증거이다. 다윈 이래 거의 모든 생물학자들은 자연 선택이 생물학적 질서의 유일한 원천이라고 생각했다. 하지만 비생물계에서도 깜짝 놀랄 만한 자기 조직화가 자주 일어난다는 증거가 갈수록 쌓이고 있다. 눈송이의 찰나적인 6각 대칭이 좋은 예이다. 이것과 마찬가지로, 자체 촉매 집합도 생명의 여명기에 등장했던 자기 조직화의 한 예일 수 있다. 복잡한 중합체 계들이 자발적으로 조직화함으로써, 집단적 자체 촉매를 통해 자기 재생산하는 계가 되었을지도 모른다. 우리는 자기 조직화를 진지하게 받아들이는 이상 진화 이론을 통째로 재고할 수밖에 없다. 진화에서 탄생한 질서가 전적으로 자연 선택의 작품이 아니라 우연, 선택, 자기 조직화가 결합한 결과일지도 모른다는 뜻이기 때문이다. 이 참신한 결합 속에는 새로운 생물학 법칙들이 숨어 있을지도 모른다.

집단적 자체 촉매 집합의 창발 이론은 다음 발상들을 바탕에 깔고 있다. (1) 일군의 다양한 분자들이 있고, (2) 분자들이 일으킬 수 있는 여러 가지 반응이 있고, (3) 반응의 가짓수 대 분자의 종수 비를 우리가 알고, (4) 분자 집합 내에서 어떤 분자가 어떤 반응을 촉매하는가 하는 분포를 우리가 알아야 한다. 이런 네 가지 정보가 있으면, 우리는 해당 분자 집합에 집단적 자체 촉매 집합이 존재하는지 여부를 확인할 수 있다. 특히 중요한 질문은 이렇다. 계의 분자 다양성이 커질 경우, 계에 자체 촉매 집합이 존재할 확률은 어떻게 변할까?

일반적인 상황이라면 이럴 것이다. 계의 분자 다양성이 커질수록 분자들 사이의 반응 가짓수 대 분자의 종수 비가 커진다. 따라서 반응을 촉매할 줄 아는 계 내부의 분자 수도 점차 많아진다. 그 수가 어떤 문턱값을 넘어서면, 계에 집단적 자체 촉매 집합이 존재할 가능성은 거의 100퍼센트가 될 것이다. 다시 말해 분자가 충분히 다양하고 반응 가짓수 대 분자 종수의 비가 충분히 큰 어느 지점에서는, 각각의 분자에 대해서 하나 이상의 다른 분자들이 촉매로 작용하는 합성 반응이 적어도 하나는 존재하게 된다. 그 지점에서는 거의 확실하게 집단적 자체 촉매계가 창발한다고 봐도 좋다. 복잡성이 정확하게 어떤 수준이 되어야 집단적 자체 촉매 집합이 창발하는가는 계의 분자들에게 촉매 능력이 어떤 형태로 분포되어 있는가에 달린 문제이다. 이것은 물리학으로 환원되지 않는 자기 조직화이자 로플린 식의 조직화 법칙에 해당하는 멋진 사례이다. 이 이론에 따르면 생명의 기원은 자연적이고, 창발적이고, 당연하다. 나는 먼저 펩타이드와 RNA에 초점을 맞추어 이 이론을 소개할 테지만, 사실 이것은 그밖에도 다양한 분자들의 반응에 두루 적용된다. 내가 최초의 생명 후보로 선호하는 분자는 펩타이드이지만, 이 이론에 RNA를 대입해 보면 월터 길버트가 제안한 RNA 세계 가설, 즉 서로를 복제하는 한 무리의 RNA 분자들이 생명의 기원이었다는 가설과 똑같은 말이 된다.

1959년, 수학자 폴 에르되시(Paul Erdös, 1913~1996년)와 알프레드 레니(Alfréd Rényi, 1921~1970년)는 '임의 그래프(random graph) 이론'을 개발했다. 그들의 표현을 그대로 가져와서 설명하자면, '그래프'는 한 무리의 점들과 선들, 또는 한 무리의 점들과 화살표들로 구성된다. 점들이 선으로 연결되어 있을 때는 무방향 그래프이고, 점들이 화살표로 연결되어 있을 때에는 방향 그래프이다. 에르되시와 레니는 이런 상상 실험을 제안했다. 바닥에 단추(점을 대신한다.)를 1만 개쯤 흩어 놓고 붉은색 실을 준비한다. 무작위로 단추 2개를 선택한 뒤, 실을 조금 끊어서 두 단추를 묶는다. 이 과정을 반복하여, 무작위 단추 쌍들을 점점 더 많이 묶는다. 이때 직접적으로 또는 간접적으로 연결된 단추들의 집합을 '군집'이라고 정의한다. 군집에 얽힌 단추의 수가 곧 군집의 규모이다. 자, 단추 하나를 골라서 집어 올린다고 상상하자. 얼마나 많은 다른 단추들이 따라 올라올까?

이것은 무방향 그래프이다. 붉은색 실에는 화살표 같은 방향성이 없기 때문이다. 에르되시와 레니는 이 그래프에서 점점 더 많은 단추가 무작위로 연결될 때 최대 군집의 규모가 어떻게 변할지 계산해 보았다. 결과는 놀라웠다. 처음에는 대부분의 단추들이 낱낱이 떨어져 있었고, 몇 안 되는 쌍들만이 연결되어 있었다. 점점 더 많은 단추가 연결되자, 작은 군집들이 생겨났다. 그다음에는 중간 규모의 군집들이 생겨났다. 그러더니 이윽고 마술 같은 일이 벌어졌다. 중규모 군집들이 충분히 많을 경우, 새로운 연결을 그저 몇 개만 더해 주어도 중규모 군집들의 대부분 또는 전부가 하나의 거대한 군집으로 변한다. 이것을 그래프의 '거대 성분'이라고 부른다. 최대 군집의 규모가 이처럼 갑자기 훌쩍 커지는 것은 일종의 '상전이'이다. 이를테면 물과 얼음의 상전이 현상과 굉장히 비슷한 현상이다. 상전이가 일어난 뒤에도 연결을 계속하면, 남아 있던 소규모 군집들과 외톨이 단추들까지 죄다 그래프의 거대 성분에 엮여 버린다.

요약하면 이렇다. 임의의 단추 쌍들을 계속 실로 묶어 주는 집합에서는, 어느 시점이 되면 최대 군집의 규모가 훌쩍 커져서 대부분의 단추들이 그 군집에 포함된다. 이런 상전이는 창발적이다. 이것은 로플린 식의 조직화 법칙이고, 물리학이 아니라 수학에 의존하는 법칙이다. 이 원리는 집단적 자체 촉매 집합의 창발 이론에서 핵심 역할을 맡는다.

한 가지 재미있는 점은, 상전이의 구체적인 형태는 단추의 총 수량에 달려 있다는 것이다. 단추가 많을수록 상전이는 갑작스럽다. 거대 성분의 크기와 총 단추 수의 비는 거의 일정하게 유지된다.

여기에서 한 단계 더 나아가 화학 반응 그래프를 정의해 보자. 단위체 A와 B가 있다. 이를테면 알라닌과 글라이신이라는 두 아미노산이 있다. 이제 다음 설명에 따라서 그림을 그려 보자. 두 단위체에서 시작할 수 있는 모든 연결 반응들을 떠올려 보자. 즉 AA, AB, BA, BB가 만들어지는 반응들이다. 이것이 연결 반응임을 그림에 표시할 방법이 필요하므로, 선을 긋는 방식을 특수하게 정의해 보자. 위에서 단추 사이에 묶었던 실에 해당하는 선인 셈이다. A에서 나온 화살표와 B에서 나온 화살표를 하나의 '상자'로 보낸 뒤, 그 상자에서 나온 화살표를 AB로 보내자. 상자와 거기에 연결된 세 화살표가 하나의 연결 반응을 뜻한다. 촉매가 없는 반응이라면 세 화살표를 검은색으로 그린다. 단위체 A와 B가 수행할 수 있는 모든 연결 반응들을 이런 화살표들과 상자들로 표현해 보자. 총 네 가지 배열, 즉 네 가지 이합체 분자들을 낳는 네 가지 반응이 가능하다. 일단 이합체들을 다 만들었으면, 반응 집합에 연결 반응뿐만 아니라 분열 반응도 더해 주자. 이합체 AB가 단위체 A와 B로 갈라지는 반응도 추가하자는 것이다. 그렇다면 처음에 그렸던 화살표들은 반응이 한쪽 방향으로 진행될 경우의 기질들과 생성물들만 표시하는 셈이다. 그 화학

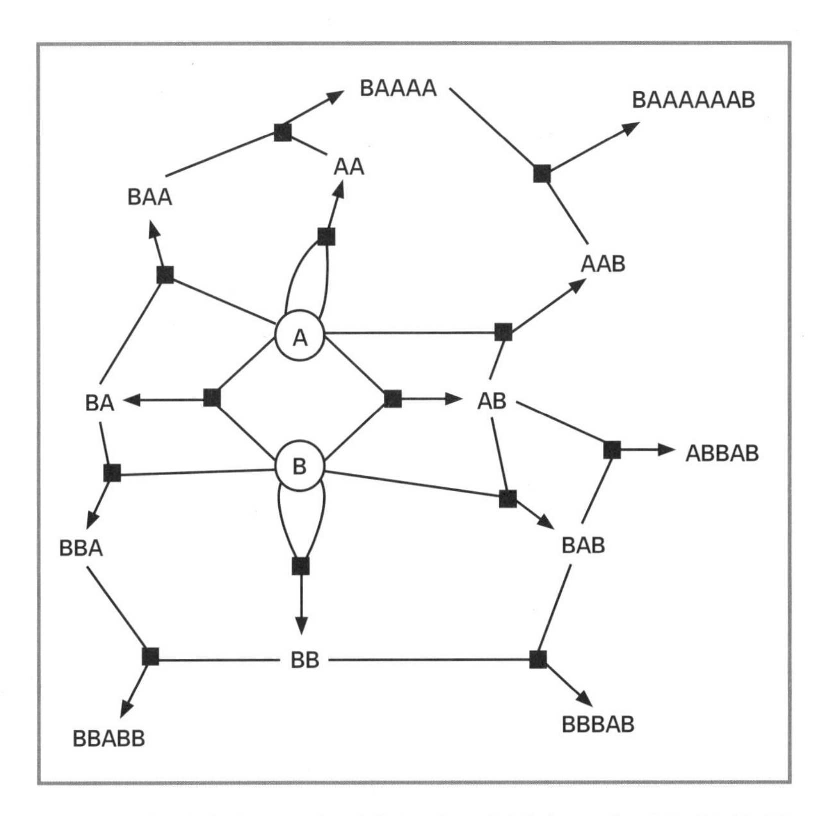


**그림 5.1** 가상의 화학 반응들로 이루어진 네트워크. 이것이 반응 그래프이다. 작은 분자들(A와 B)이 결합해 큰 분자(BA, AB 등)를 만들고, 그것들이 결합하여 더 큰 분자(BAB, BBA, BABB 등)를 만든다. 한편으로는 긴 분자들이 쪼개져서 단순한 기질들로 돌아가는 반응도 늘 진행되고 있다. 각 반응은 두 기질에서 나와 반응을 뜻하는 사각 점으로 들어가는 선, 그리고 반응 사각형에서 나와 생성물로 들어가는 선으로 표현된다. 화학 반응은 가역적이므로, 여기에 그려진 화살표들은 반응이 어느 한 방향으로 흐를 때의 기질과 생성물을 구별해 줄 뿐이다. 한 반응의 생성물이 다른 반응의 기질로 쓰이는 경우도 있으므로, 결과적으로 반응들이 긴밀하게 얽힌 네트워크가 탄생한다.

반응이 실제 어느 방향으로 흐르는가, 즉 연결 반응인가 분열 반응인가 하는 것은 현 상태가 화학 평형에서 얼마나 멀리 있는가에 달린 문제이다. 만약에 단위체 A와 B는 많은데 이합체 AB는 적다면, 반응은 AB를 생성하는 연결 방향 쪽으로 흐를 것이다.

다음 단계는 이 반응 그래프를 '키우는' 것이다. 한 단계의 반응을 통해 만들어지는 새로운 분자들을 모조리 더해 보자. 예를 들면 AB와 B가 연결되어 ABB가 되고, AB와 BA가 합쳐져서 ABBA를 형성하는 반응들이다.

이 그림이 반응 그래프이다. 이론적으로, 그리고 머지않아 현실적으로도, 뛰어난 유기 화학자 한 명 이상에게 *N*개의 유기 분자들로 구성된 시작 집합을 주고 정해진 온도나 압력 등의 조건에서 그것들 사이에 벌어질 수 있는 모든 반응을 다 그리라고 주문하면, 완벽한 반응 그래프를 만들 수 있을 것이다.

이 대목에서 잠깐, 앞으로 이 책에서 굉장히 중요하게 다뤄질 개념을 하나 소개할까 한다. '인접한 가능성'이라는 개념이다. 뒤에서 자세히 이야기하겠지만, 역사는 인접한 가능성으로부터 솟아난다. *N*가지 분자들로 구성된 반응 그래프를 떠올려 보자. 단위체 A와 B로만 만들어진 온갖 길이의 중합체 분자들이 있다. *N*가지 종류가 있는 최초의 상태를 '현실 상태'라고 부르자. 유기 화학자를 초빙하여 (구체적인 어떤 조건들을 주고서) 이 분자들이 겪을 수 있는 모든 반응들을 다 그려 보라고 하자. 한 단계 반응들에서 생겨난 생성물들 중에는 최초의 *N*가지 '현실 상태'에는 없었던 것들이 몇 있을 것이다. 즉 전혀 새로운 분자들이 몇 종 생겨났을 것이다. 현실에서 딱 한 단계의 반응만 거치면 생겨날 수 있는 이 새로운 분자들의 집합을 '인접한 가능성'이라고 부르자. 우리는 어느 화학 반응 네트워크의 인접한 가능성이 무엇인지 완벽하게 파악할 수 있다. 다음으로, 최초의 현실 상태에 그것의 인접한 가능성을 더한 집합이 이제 새로운 현실 상태가 된다고 하자. 여기에서 또 새로운 인접한 가능성이 생겨날 것이다. 이 과정을 몇 번이고 되풀이하면, 화학 반응 그래프는 끝없이 더 새로운 인접한 가능성으로 뻗어 나갈 것이다. 그래프 내 분자들의 다양성이 무한히 팽창할지도 모른다. 물론 상호 작용에 의한 팽창을 제약하는 요인이 없을 때에만 그렇다. 일례로 중합체 합성에 '허용된' 단위체의 개수가 제한되어 있다면, 무한한 팽창은 어려울 것이다.

인접한 가능성에는 구체적이고 물리적인 의미가 있다. 뒤에서 우주의 비에르고드성을 논할 때 자세하게 이야기할 테니, 지금은 간략하게만 짚어 두자. 초기 우주에서는 유기 분자들의 다양성이 틀림없이 보잘것없는 수준이었을 것이다. 화합물의 종류가 대략 수백 또는 수천 개에 불과했을 것이다. 그런데 오늘날은 1억 가지 생물 종들과 수조 가지 유기 화합물들이 존재한다. 생물권은 화학적 인접한 가능성을 향해 폭발적으로 팽창해 온 것이다. 경제, 인류 역사, 그밖의 분야들에도 이와 비슷한 폭발성이 있다. 이런 폭발성을 보편적으로 설명하는 이론은 아직 없지만, 이 현상이 복잡성 진화의 핵심이라는 것만은 틀림없다. 우주의 창조성은 인접한 가능성으로의 폭발적 팽창과 밀접한 관련이 있다.

집단적 자체 촉매 집합은 자연적으로 창발하게 마련이라는 주장으로 돌아가자. 어떤 유기 분자 집합, 이를테면 펩타이드 집합의 다양성이 증가하는 과정을 상상해 보자. 먼저 현실 상태에 대한 반응 그래프를 그리자. 그리고 분자 다양성이 점점 증가함에 따라 반응 가짓수 대 분자 종수 비가 어떻게 변하는지 살펴보자. 선형 중합체를 합성하는 연결 반응과 분열 반응만 고려할 경우, 이 비는 가장 긴 중합체의 길이에 직선적으로 비례한다. 왜 그런지는 쉽게 알 수 있다. 길이가 $M$인 선형 중합체 속에는 펩타이드 결합이 $M$-1개 있다. 따라서 작은 펩타이드 조각들로 길이 $M$의 펩타이드를 만드는 방법은 $M$-1가지이다. 이를테면 서열이 AAABBAA인 펩타이드일 경우, A와 AABBAA를 연결해서 만들 수도 있고, AA와 ABBAA를 연결해서 만들 수도 있다. 그러므로 길이 $M$이 커질 경우, 반응 가짓수 대 중합체 수의 비는 대략 $M$과 같다고 봐도 좋다.

(실제로는 $M-2$이다.)

반응 가짓수 대 분자 종수의 비는 어떤 종류의 반응들을 고려하느냐에 따라 달라진다. 적당히 복잡한 유기 분자 한 쌍이 두 기질로 반응하면, 대개는 두 생성물이 탄생한다. 이것이 두 기질, 두 생성물 반응이다. 물론 더 고차원적인 반응들도 가능하다. 그렇다면 적당히 복잡한 유기 분자들의 집합을 상상해 보자. 임의의 두 분자가 수행할 수 있는 두 기질, 두 생성물 반응이 적어도 하나는 있다고 하자. 분자가 $N$개 있다면, 그런 반응은 몇 가지나 가능할까? 만약에 $N$개가 전부 다른 분자들이라면, $N^2$가지의 서로 다른 분자 **쌍**들이 가능할 것이다. $N$가지 종류의 분자들 사이에서는 $N^2$가지 반응이 가능하다는 말이다. 모든 반응은 두 기질이 만나 두 생성물을 낳는 반응이라고 했다. 그렇다면 반응 가짓수 대 분자 종수의 비는 $N^2$ 나누기 $N$, 즉 $N$이다. 따라서 분자 다양성 $N$이 커질수록 반응 가짓수 대 분자 종수 비도 그것에 비례해서 커지는데, 그 비율이 또 $N$이다. 그러니까 이런 반응의 증가 속도는 단순한 결합 및 분열 반응의 증가 속도보다 훨씬 빠르다. 후자의 경우에는 반응 가짓수 대 분자 종수의 비가 분자 다양성에 비례하지 않고 그저 최장 중합체의 길이에만 비례하니까 말이다.

다음으로 $N$개 분자들의 집합에서 분자 사이의 반응 중 어느 하나라도 촉매할 수 있는(아주 느린 속도로라도) 분자가 내부에 존재하는지 물어보자. 현재로서는 이 질문에 대한 일반적인 답은 없다. 과학자들은 무작위 RNA 라이브러리나 펩타이드 분자들의 라이브러리에 대해서만 이 질문을 살펴본 참이다. 그러나 앞으로는 이 질문을 작은 유기 분자들이나 유기 금속 분자들이나 그밖의 분자들에 대해서도 물어 볼 수 있을 것이다. 이것은 틀림없는 과학적 의문이다.

만약에 $N$가지 분자들 중 무엇이 집합 내부의 반응을 촉매하는지를 알 수 있다면, 그 계에 집단적 자체 촉매 집합이 들어 있는지 아닌지도 알 수 있을 것이다. 이것 역시 틀림없는 과학적 의문이다. 하지만 어떤 분자가 어떤 반응을 촉매하는지 상세하게 알아낼 직접적인 방법은 없기 때문에, 연구자들은 세 가지 이론적인 접근법을 생각해 냈다. 첫 번째 방법은 내가 J. 도인 파머(J. Doyne Farmer, 1952년~), 노먼 패커드(Norman Packard, 1954년~)와 함께 시도해 본 것이다. 우리는 임의의 분자가 임의의 반응을 촉매할 확률은 모두 $P$로 고정되어 있다고 가정했다. 물론 이것은 촉매 능력의 분포를 지나치게 단순화한 모형이지만, 어디에서든 시작을 해야 하니까 말이다. 이 모형을 쓰면, 전체 집합에 집단적 자체 촉매 집합이 등장하기 위해서는 분자 다양성 $N$이 얼마나 커야 하는지, 또 분자 사이의 반응 다양성은 얼마나 커야 하는지 계산할 수 있다.

단위체가 단 두 종류 있고, 분열 반응과 연결 반응이 가능하고, 총 $N$개의 분자들이 있는 펩타이드 계의 반응 그래프를 생각해 보자. 우리는 중합체의 총 다양성, 그리고 각 중합체가 각 반응을 촉매할 확률이 주어졌을 때, 이 계에 집단적 자체 촉매 집합이 존재하는지 아닌지 알고 싶다. 알아보는 방법은 다음과 같다. 각 펩타이드에 대해서 그것이 특정 반응을 촉매하는지의 여부를 수학적으로 물어본다. 촉매한다면 그 펩타이드에서 나와서 그 반응을 뜻하는 상자로 들어가는 푸른 화살표를 그린다. 그리고 그 상자에 연결된 3개의 반응 화살표들은 **붉은색**으로 칠해서, 그것이 촉매되는 반응임을 표시한다. 붉은 촉매 반응들은 전체 반응 그래프의 하위 그래프인 셈이다.

각 펩타이드에 대해서 일일이 이렇게 물으면, 하나의 화학 반응 계를 완성할 수 있다. 이 모형을 놓고서 이제 이렇게 물어 보자. 최초에 외부로부터 공급되었던 '재료' 분자들, 이를테면 A, B, AA, AB, BA, BB 같은 분자들로부터 생겨난 한 무리의 새로운 분자들 속에, 서로 형성을 촉매해 주는 분자들이 있는가? 그 계에는 집단적 자체 촉매 집합이 존재하거나 존재하지 않거나, 둘 중 하나일 것이다.

일단 우리는 이런 모형을 구축한 뒤에 다음과 같은 수학적 질문을 던졌다. 분자의 총 다양성 *N*이 증가하면 상황은 어떻게 바뀔까? *N*이 커지면, 반응 가짓수 대 분자 종수의 비도 따라서 커진다. 따라서 각각의 분자가 참여할 수 있는 반응 가짓수가 많아진다. 더불어 촉매되는 반응의 가짓수도 많아지고, 촉매 반응을 뜻하는 붉은 화살표의 개수도 많아질 것이다. 그러다가 어느 시점이 되면, 촉매 반응의 수가 정말로 많아져서 갑자기 상전이가 일어날 것이다. 그래서 거대한 촉매 군집이 생길 것이다. 단추들과 실 실험에서 이야기했던 것처럼 말이다. 일단 거대 군집이 형성되면, 그 계에 집단적 자체 촉매 집합이 들어 있을 가능성은 거의 100퍼센트에 가까워진다.

일단 한 무리의 분자들이 주어지고, 분자 사이의 반응들이 주어지고, 바로 그 분자들이 바로 그 반응들을 촉매하는 상황이 주어지면, 분자의 종 다양성이 증가함에 따라 어느 시점에서는 반드시 집단적 자체 촉매 집합이 자발적으로 그 계에서 창발한다. 이것이 자체 촉매 집합 창발 이론의 바탕에 깔린 직관이다. 나와 동료들은 계의 분자들에게 촉매 능력이 골고루 분포되지 않고 더 복잡한 패턴으로 분포된 모형에 대해서도 이 발상을 시험해 보았는데, 일반적인 결과와 같다는 결론을 얻었다. 최근에는 다른 연구자들도 이 사실을 확인했다. 그러니 집단적 자체 촉매 집합으로의 상전이는 계의 분자들에게 어떤 패턴으로 촉매 능력이 분포되어 있는지와는 무관하게 보편적으로 벌어지는 현상이다.

자체 촉매 집합 이론의 현대적 형태를 대강 이렇게 설명해 보았다. 이것은 수학적으로 엄밀한 이론이다. 이 이론에 따르면, 광범위한 분자 종류와 반응 종류와 촉매 능력 분포 유형에 대해서, 분자 다양성이 충분히

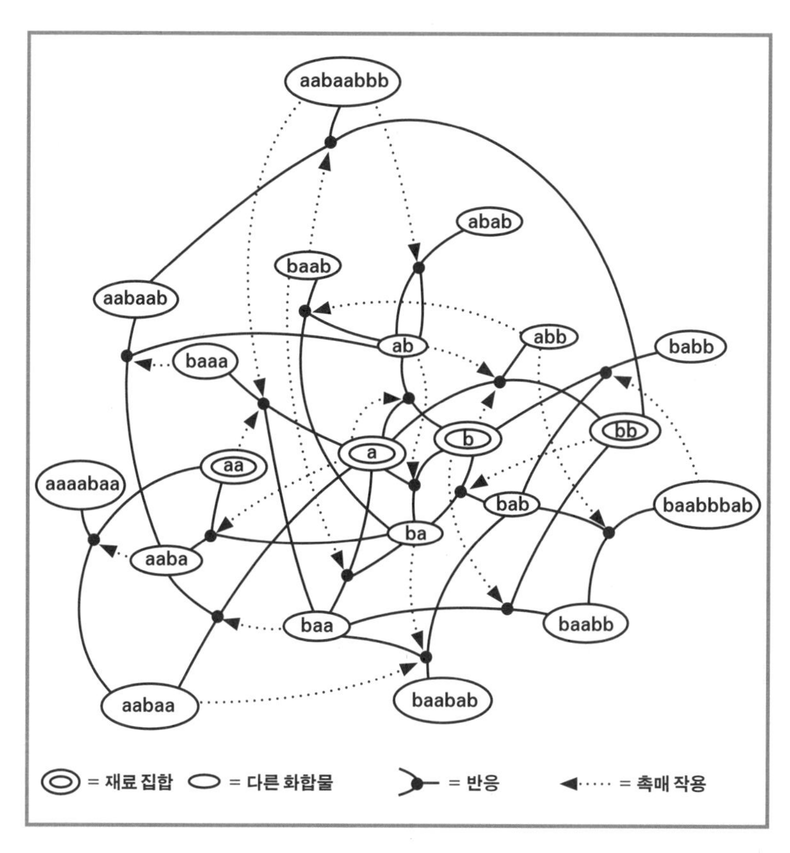


**그림 5.2** 단위체 a와 b, 이합체 aa와 bb를 재료 집합으로 삼아 구축된 전형적인 자체 촉매 집합. 재료 집합은 동심 타원으로 표시했고, 촉매 작용은 촉매에서 반응 상자로 이어진 점선으로 나타냈다. 이 그림에서는 반응 상자가 점으로 표시되어 있다. 모든 반응들이 연결 반응으로 표시되어 있다.

커지기만 하면 반드시 자체 촉매 집합이 자발적으로 솟아난다. 분자 다양성이 어느 정도여야 자체 촉매 집합이 달성되는가 하는 것은 주로 얼마나 복잡한 반응이 허용되는가에 달린 문제이다. 이를테면 두 기질, 두 생성물 반응이 허용될 때에는 분열 및 연결 반응만이 허용될 때보다 훨씬 더 낮은 수준의 분자 다양성으로도 가능하다. 반응 가짓수 대 분자 종수의 비가 분자 다양성에 비례하여 커지는 속도가 후자보다 전자일 때 더 빠르기 때문이다.

집단적 자체 촉매 집합의 창발 이론은 충분히 실현 가능한 가설이다. 게다가 이제 우리는 무작위 RNA, 펩타이드, 유기 금속 분자, 그밖에 더 단순한 유기 분자들의 라이브러리를 써서 이론을 시험해 볼 수 있다. 실제로 히스티딘이라는 아미노산은 광범위한 종류의 반응들을 촉매할 줄 알고, 그밖에도 반응 촉매 능력을 지닌 단순한 유기 분자들이 많이 있다. 가까운 미래에 과학자들이 갖가지 유기 분자들을 사용해서 이 일반 모형을 시험해 보기를 바란다.

월터 폰타나(Walter Fontana), 리처드 배글리(Richard J. Bagley), J. 도인 파머는 여기에서 한 걸음 더 나아갔다. 흥미로운 그들의 연구는 자체 촉매 집합이 변이를 수반한 유전으로부터 이론적으로 진화할 수 있는지를 물어 본 것이었다. 답은 '그렇다.'였다. 짧게 설명해 보자. 어떤 재료 분자들의 집합이 있고, 그 내부에 집단적 자체 촉매 집합이 생겨났다고 하자. 자체 촉매 집합에 해당하는 분자들의 농도는 자체 촉매 집합이 존재하지 않는 경우보다 존재하는 경우에 훨씬 클 것이다. 따라서 이 분자들이 촉매 역할을 하지는 않지만 여타 자발적 반응들을 통해서 이 분자들로부터 생겨나는 생성물 분자들도 더 빠르게 축적될 것이다. 여기에서 주목할 점은, 자체 촉매 집합이 존재함으로 인해, 계가 촉매를 사용하지 않는 인접한 가능성으로 흘러 들어가는 반응 속도까지 바뀌었다는 점이다. 폰타나 등은 그렇게 탄생한 새로운 분자들 중에서 일부가 자체 촉매 집합에 합류할지도 모른다고 생각했다. 그러면 새 분자들도 자체 촉매 집합에 의해 촉매될 수 있을 것이고, 결국 변이를 수반한 유전과 비슷한 상황이 만들어질 것이다. 그런 계는 다윈의 자연 선택을 경험하는 셈이다. 집단적 자체 촉매의 창발 원리는 변이를 수반한 유전과 자연 선택을 허용함으로써, **전체 계가** 자체 촉매 집합의 진화에 하향식 선택압을 미치게 해 준다. 나아가 다양한 자체 촉매 계들이 진화하고 공진화함에 따라, 우주의 분자적 조성까지 바뀔 수 있다.

어쩌면 집단적 자체 촉매 창발 이론으로 촉매 대사 과정의 창발까지 설명할 수 있을지도 모른다. 반응 그래프에 한 무리의 유기 분자들이 있고, 한 무리의 촉매 후보들이 있다고 하자. 이를테면 유기 금속 펩타이드들의 그래프라고 하자. 이때 촉매 후보들의 다양성이 증가한다면, 촉매되는 유기 반응들이 서로 이어져 일련의 대사 과정을 이룰 가능성도 높아지지 않을까? 그 대사 과정이 마침 아미노산이나 뉴클레오티드 같은 촉매 후보 구성 단위를 만들어 낼 가능성은 없을까? 그런 상황에서는 집단적 자체 촉매 집합은 물론이고 촉매 구성 단위를 합성하는 대사 과정이 창발할 가능성도 높아 보인다. 예를 들어 지질 같은 분자가 합성되어 막을 형성함으로써 반응 물질을 가둔다면, 나아가 이 막이 자라고 나뉜다면 얼마나 좋겠는가?

자체 촉매 집합 이론은 물리학으로 환원될까? 다윈의 자연 선택이 그렇지 않듯이, 이 이론도 그렇지 않다. 자체 촉매 이론은 집합을 이루는 화학 물질의 종류에 무관하게 보편적으로 적용되기 때문이다. 심지어 자연 상수의 값들이 살짝 바뀌더라도, 그때의 '현실'에서도 이 이론은 참일 것이다. 따라서 이 이론은 우리 우주의 구체적인 어떤 분자 집합으로 환원되지 않는다. 물론 다른 우주에 있을지도 모르는 정체 모를 어떤 재료 집합으로 환원되는 것도 아니다. 집단적 자체 촉매 집합 이론은 보편 법칙에 가깝다. 이것은 어떤 특정한 물리학을 초월한 이론이다. 이미 살펴보았듯이 이것 역시 다중 플랫폼 논증이다. 우리는 다시 환원주의를 넘어선다. 세상의 모든 법칙들이 끈 이론으로 환원되는 것은 아니다. 스스로의 차원에 머무르는 법칙도 있는 것이다.

꼭 다중 플랫폼 논증을 끌어들이지 않더라도, 집단적 자체 촉매 집합이 창발적이라고 볼 만한 근거는 더 있다. 로플린이 말한 조직화 법칙에 따르면, 세상에 새로 등장하는 속성들은 본질상 수학적인 속성들이다. 그런데 방금 살펴본 화학 반응 그래프에서도 분자 다양성 증가에 발맞추어 수학적 상전이가 일어남으로써 새로운 속성이 솟아났다. 집단적 자체 촉매 집합 이론은 물리학과는 무관한 수학적 조직화의 '법칙'이다. 앤더슨이 옳았다. 여기에서는 와인버그가 말한 설명의 화살표들이 저 아래 끈 이론이 아니라 위를 가리킨다. 복잡한 화학 반응 네트워크에서 창발하는 집단적 속성들을 가리키고, 집단적 자체 촉매 집합의 창발을 규정하는 듯한 수학적 조직화의 '법칙'을 가리킨다.

마지막으로 '대사 과정 먼저'라는 흥미로운 이론이 있다. 촉매되지 않는 반응들로 구성된 대사 과정이 자체 촉매보다 한 발 앞서 등장했다는 주장이다. 오늘날의 대사 과정을 구성하는 화학 반응 주기 중에도 간간이 자체 촉매적인 것이 있다. 그 말인즉, 주기를 한 차례 이행할 때마다 그 주기에 속하는 분자들 중 적어도 한 종류의 수가 배가된다는 뜻이다. 탁월한 유기 화학자 알베르트 에셴모저(Albert Eschenmoser, 1925년~)에 따르면, 아예 대사 주기의 구성 요소들이 촉매처럼 작용해서 집단적 자체 촉매 대사 과정을 이룰지도 모른다. 2007년 6월 《사이언티픽 아메리칸(*Scientific American*)》에 실린 논문에서 로버트 샤피로(Robert Shapiro, 1935~2011년)도 비슷한 말을 했다. 다만 샤피로는 자체 촉매적 대사 주기가 추진력을 얻기 위해서는 자유 에너지 방출 반응이 결합되어야 할 것이라고 덧붙였다. 요즘은 이런 탐구를 가리켜 '시스템 화학(systems chemistry)'이라고 부른다. 앞으로 이 새로운 영역에서 훌륭한 실험이 많이 이뤄질 것이다. 어쩌면 유기 분자들로 구성된 집단적 자체 촉매 집합이 실제로 탄생할지도 모른다. '대사 과정 먼저' 이론이 주장하는 것처럼 이를테면 아미노산들이 먼저 합성되고 이어 유기 금속 촉매나 펩타이드 촉매가 합성됨으로써 촉매 반응 그래프에서 거대 성분이 형성된다는 생각도 불가능한 꿈은 아니다. 이 집단적 자체 촉매 계는 스스로 집단적 자체 촉매를 할 수 있는 것은 물론이고 대사 과정까지 갖게 되었으니, 그로부터 대사 생성물들, 대사 생성물들 사이의 반응, 확장 가능한 경계 막이 되어 줄 지질, 펩타이드 등이 생겨날 수 있을 것이다.

우리는 지구와 우주에서 생명의 기원을 탐구해 온 과학자들의 노력을 어떻게 평가해야 좋을까? 우선 RNA 주형 복제를 통해 분자 재생산을 재현하려는 시도는 현재까지는 실패였다. 좁은 의미의 RNA 세계 이론, 즉 최초에 하나의 자기 재생산적 분자가 있었을 것이라는 이론은 아직 분자 재생산을 이뤄 내지 못했다. 언젠가는 과학자들이 스스로 복제하는 리보자임 중합 효소를 진화시킬 수 있을지도 모르지만, 리보자임이 자연적으로 돌연변이를 일으킴으로써 오류를 품은 사본이 갈수록 누적되는 상황에서 그 분자가 과연 진화적으로 안정할까 하는 까다로운 의문이 따른다. 더구나 하나의 RNA 중합 효소를 찾아보는 RNA 세계 이론으로는 왜 현대의 세포들이 이렇게 복잡한지, 왜 이렇게 집단적 자체 촉매 계를 이루는지를 설명할 수 없다. 보다 일반적인 의미의 RNA 세계 이론도 있었다. 월터 길버트가 제창한 이 형태는 RNA 리보자임들이 서로의 형성을 도와주며 하나의 계를 이룬다고 가정한다. 그런데 이것은 내가 주장하는 집단적 자체 촉매 집합의 창발 이론과 완벽하게 조응하는 내용이다. 현재 과학자들이 알고 있는 분자 재생산의 실제 사례는 단독의 DNA 단일 가닥이나 펩타이드가 재생산을 한 사례, 그리고 DNA나 펩타이드가 집단적으로 자체 촉매 집합을 이룬 사례뿐이다. DNA와 펩타이드의 자기 재생산 능력은 실험적으로 확실히 증명된 셈이다. 펩타이드가 단독으로 자체 촉매 반응을 형성하거나 집단적으로 자체 촉매 집합을 이루는 것을 볼 때, 분자 재생산은 DNA나 RNA 같은 이중 나선 분자들의 대칭성과 주형 복제에만 의존해야 하는 것은 결코 아니다. 집단적 자체 촉매 펩타이드 집합도 화학적으로 엄연히 실재한다.

물론 집단적 자체 촉매 집합 이론이 현실의 분자들에게 보편적으로 적용되는 법칙인가 하는 점은 여전히 입증해야 할 과제이다. 어쨌든 이 이론은 분자의 자기 재생산이 왜 복잡하고 전체적인지는 확실히 설명해 준다. 왜냐하면 집단적 자체 촉매 집합은 맨 처음부터 상호 촉매하는 분자들이 아주 적은 종류나마 다양하게 들어 있기 때문이다. 물론 집합의 구성 요소들이 상호 작용을 하기 위해서는 좁은 공간에 몰려 있어야 한다. 집단적 자체 촉매 집합이 복잡한 화학 반응 네트워크로부터 자발적으로 솟아난다는 것을 보여 주는 적절한 이론들과 실험적 증거들이 앞으로 더 많이 등장할 것이다. 나아가 그런 분자들이 중합체 합성에 필요한 최소한의 대사 과정을 스스로 촉매한다는 것, 그리고 경계 막 지질을 합성하는 데 필요한 대사 과정을 촉매한다는 것까지 입증될지도 모른다.

그렇다면 현재 우리가 자신 있게 말할 수 있는 것은 무엇일까? 최소한 다음과 같이 말할 수 있다. 생명은 생명 아닌 것으로부터, 아마도 여기 지구에서, 자연적으로 발생했다. 그것은 과학적으로 충분히 가능한 일이었다. 그리고 앞으로 우리는 적당히 복잡하고, 자기 재생산적이고, 화학적 비평형 상태이고, 변이를 수반한 유전 및 자연 선택을 수행할 수 있는 반응 계들을 창조할 수 있을 것이다. 그것은 대단한 과학적 성취일 것이다. 생명의 정의를 둘러싼 논쟁은 여전히 뜨겁지만, 다음 세기쯤에는 아마 합리적인 정의가 도출될 것이다. 우리는 그 정의에 부합하는 생명을 충분히 만들어 낼 수 있을 것이다.

우리는 물리학, 화학, 수학, 그리고 우주의 모든 생물학을 하나로 묶는 보편 생물학을 창조할 것이다. 외계의 생명이라도 자연 선택을 통해 진화했다면 분명히 모종의 기능을 갖고 있을 테고(심장의 기능이 혈액 펌프질인 것처럼), 그 기능은 기관의 모든 인과적 속성들 중 일부에 해당하는 하위 집합일 테니, 보편 생물학 역시 물리학으로 환원되지 않을 것이다. 그것은 환원주의를 넘어설 것이다. 우주에서 생명이 생겨나는 일에 창조주의 특별한 개입은 필요하지 않았다. 우리가 이 점을 사실로 받아들이면 생명의 창발과 진화, 생물권의 진화에 대해 느끼는 경이로운 감정이 약해질까? 아니다. 생명 자체를 신성한 것으로 여기는 것은 자연의 창조성을 진정한 신성으로 여기는 것이고, 그럼으로써 우리는 신성을 재발명하는 단계에 들어선다.

# 6장

# 행위 주체성, 가치, 그리고 의미

환원주의에 따라 우리 스스로를 그저 움직이는 입자들 이외의 아무것도 아니라고 규정하면, 세상에는 객관적 사실들만이 실재하게 된다. 철학자들이 가끔 쓰는 표현을 빌리면 '우주의 구조'만 남는 셈이다. 하지만 현실은 다르다. 생명과 함께 행위 주체성이 등장함으로써 우주에는 가치와 의미와 행동이 생겨난다. 행위 주체성이 엄연히 존재한다는 점 때문에라도 우리는 환원주의를 넘어서 더 넓은 과학적 세계관으로 나아가야만 한다.

나는 인간 행동의 근원인 인간의 행위 주체성부터 이야기할 것이다. 하지만 내 목표는 그것보다 더 크다. 생명이 시작된 최초의 지점, 또는 그것과 아주 가까운 시점까지 거슬러 올라가면서 행위 주체성을 추적하는 것이다. 나는 그런 최초의 행위자를 '최소 분자적 자율 행위자(minimal molecular autonomous agent)'라고 부른다. 초기 생명의 행위 주체성은 말하자면 원시 형태였을 것이고, 따라서 인간의 완전한 행위 주체성에 비하면 한참 뒤떨어졌을 것이다. 하지만 아마도 그것을 기반으로 해서 인간의 행위 주체성이 진화했을 것이다. 나는 그 속에서 우주의 창발적 실재들인 행위, 의미, 행동, 가치의 기원을 찾을 수 있다고 믿는다.

### 행위 주체성과 목적론적 언어

지금 이 책을 읽는 당신은 틀림없이 온전한 인간 행위자이다. 당신은 행위자로서 이 문장을 읽고 있을 것이다. 당신은 지난 하루 이틀 사이에 아침과 점심과 저녁을 먹었을 것이다. 어쩌면 차를 몰고 시장에 가서 장을 봤을 것이다. 이런 일상 활동을 할 때, 당신은 대체로 독자적인 판단에 따라 움직였을 것이다. 당신의 행동은 말 그대로 이 물리적 우주를 바꿔 놓는다. 아닌 것 같다고? 미국 정부가 화성으로 쏘아 올린 로켓을 생각해 보라. 인간의 행동 때문에 화성의 질량이 바뀌었고, 그 때문에 (최소한) 태양계의 천체 역학이 조금이나마 바뀌었다. 인간이 지구의 타고난 얼굴을 어떻게 바꿔 놓았는지 보려면 비행기를 타고 조금만 높이 날아 보면 된다.

우리는 우주의 전개를 바꿔 놓는 행위자이다. 필립 워런 앤더슨은 행위 주체성에 대해서 매력적인 표현을 한 적이 있다. "행위 주체성이 의심된다면, 개에게 '이리 와.' 하고 부른 다음에 개의 얼굴에 고뇌에 찬 머뭇거림이 드러나는 것을 관찰해 보라." 내가 길렀던 개 윈저(얼마 전에 암으로 죽었다.)는 앤더슨의 말뜻을 시시각각 실증해 보여 주고는 했다. 윈저가 한창 덤불을 킁킁거리고 있을 때 내가 이리 오라고 부르면, 윈저의 반응은 앤더슨의 표현 그대로였다. 윈저는 '여기 볼 일이 남았는데…….'라는 듯한 표정으로 나를 슬쩍 곁눈질하고는 도로 풀숲을 킁킁거렸다. "이리 오라니까!" 또 한번 곁눈질, 또다시 킁킁거리기. "윈저, 어서!!" 그제야 마지못해 총총 내 곁으로 온다. 윈저를 지나치게 의인화한 것이 아니냐고 말할 사람이 있을지 몰라도, 나는 그렇게 생각하지 않는다. 그런 회의적인 관점을 견지하기에는 동물이 의식적인 행동을 하는 것 같은 사례들이 너무나 많다. 고등 영장류가 공정함에 대한 인식을 갖고 있다는 것만 봐도 그렇다.

캐나다 앨버타 주 에드먼턴의 지역 신문에 좋은 사례가 하나 소개된 적이 있다. 어느 할머니가 어린 손자를 흔들의자에 앉혀서 뒷마당에 개와 함께 놔두었는데, 방울뱀이 나타나서 잔뜩 똬리를 튼 채 아기에게 덤비려고 했다. 그러자 개가 아기와 뱀 사이로 몸을 날려서 대신 일곱 군데를 물렸다. 다행스럽게도 목숨을 건졌지만 말이다. 그러니 어찌 행위 주체성을 믿지 않는단 말인가. 개를 키워 본 사람은 다들 이해할 테지만, 나는 윈저가 내 행동을 완벽하게 이해했다고 믿는다. 윈저는 내 기분을 너무 잘 읽었고, 그것에 맞추어 자신의 반응을 정했다. 나는 윈저가 행위자라는 주장을 전적으로 지지한다. 마찬가지로 가젤을 추격하는 호랑이도 행위자이고, 겁에 질려 달아나는 가젤도 행위자이다. 먹이인 하드로사우루스를 쫓던 티라노사우루스도 행위자였다. 윈저는 우리 차의 앞좌석 사이에 앉아서 앞 유리창을 내다보는 것을 좋아했다. 차가 집에 거의 다 도착해서 급커브를 돌 때가 되면, 윈저는 차가 실제로 방향을 꺾기 전부터 몸을 기울이고는 했다. 호랑이는 목숨을 부지하려고 요리조리 방향을 바꿔 달리는 가젤을 따라서 요리조리 방향을 바꾼다.

내가 동물의 행위 주체성을 언급하는 까닭은 행위 주체성이 인간에게만 있는 것이 아님을 강조하기 위해서이다. 행위 주체성의 생물학적 한계가 어디까지인지는 모른다. 하지만 나는 이 장에서 우리가 기꺼이 행위자라고 부를 만한 최소의 물리적 계를 찾아볼 것이고, 그것을 분자적 자율 행위자라고 부를 것이다.

물리학에는 오직 사건이 있을 뿐 행위는 없다. 그런데 생물학에는 물리학 그 이상의 창발적인 기능들이 있다. 심장의 혈액 펌프질 기능 같은 것 말이다. 앞에서 설명했듯이 물리학자는 기능을 알아낼 수 없다. 물리학자가 동물의 심장을 관찰하여 심장의 무수히 많은 인과적 속성들 중 자연 선택으로 인해 생겨난 기능적 하위 집합이 무엇인지 짚어 낼 수는 없다. 이를테면 혈액 펌프질이 바로 그 속성이라고 딱 짚어 낼 수가 없는 것이다. 그러나 행위 주체성이 있으면 더불어 가치가 생겨난다. 가치에는 의미가 따라온다. 언어의 의미론을 말하는 것이 아니라, 어떤 개체에게는 무언가가 중요하다는 일반적인 뜻에서의 의미 말이다.

또 하나 처음부터 지적해 둘 점이 있다. 심장의 기능과 비슷하게, 어떤 한 행동은 그 행동을 둘러싼 모든 사건들의 집합에 포함되는 하위 집합으로서의 인과적 사건일 뿐이다. 예를 들어 보자. 당신이 잔을 들어 물을 한 모금 마실 때, 당신의 팔이 움직인 정확한 경로는 대체로 우연한 요소일 뿐이다. 당신이 차를 몰고 시장에 갈 때, 당신이 운전한 경로는 대체로 우연한 요소일 뿐이다. 이것도 환원 가능성과 관련이 있는 이야기이다. 왜냐하면 설령 물리학자가 당신이 장 보러 가는 행위에 관련된 모든 사건들을 다 추론하더라도, 그중 어떤 사건들이 바로 그 구체적 행동을 구성하는 **유의미한** 하위 집합인지 가려낼 도리가 없기 때문이다. 물리학자는 진화에서 생겨나는 생물학적 기능을 판별할 수 없는 것과 마찬가지로 특정 행동에 관련된 유의미한 속성들이 무엇인가도 판별할 수 없다. 물리학자는 우주에서 벌어지는 사건들만 알고 있기 때문이다.

분자적 자율 행위자를 논하기 위해서는 먼저 목적론적 언어가 무엇인지 알아야 한다. 철저한 인간적 행위라고 하면, 우리는 보통 의식적인 이유, 동기, 의도, 목적, 이해가 있는 행위를 떠올린다. 그런 언어가 바로 목적론적 언어이다. 이것은 사람들이 일상에서 상호 작용할 때 현실적으로 중요한 주제일 뿐만 아니라, 법정에서도 중요한 주제이다. 일찍이 아리스토텔레스는 자율적 행동과 강제된 행동을 구분했다. 그는 폭풍에 휘말린 선장의 처지를 생각해 보았다. 선장은 배를 구하기 위해서 부득이 짐을 바다에 던졌다. 선장의 행동은 폭풍에 의해 강제당한, 어쩔 수 없는 행동일까? 짐을 버린 것은 선장의 행동이 아니었다고까지 말할 정도일까? 아리스토텔레스는 단계적으로 논증을 좁혀 나간 뒤, 결국 그것은 선장의 행동이라고 해석했다. 하지만 다른 상황을 생각해 보자. 나는 방의 불을 켜겠다는 의도를 품었다. 그리고 그 의도를 수행하기 위해서 현대 철학자들이 '기초적 행위'라고 부르는 활동을 개시했다. 즉 손가락으로 스위치를 올려서 불을 켰다. 그런데 깜짝 놀랄 일이 벌어졌다. 방에 있던 다른 남자가 갑자기 켜진 불에 흠칫 놀라 심장 발작을 일으켜 죽었다. 내가 그를 죽인 것일까? 대부분의 사람들은 남자의 죽음이 내 행동의 결과이기는 하지만, 그 결과는 합리적인 인간이 미처 예상할 수 없었던 것이라고 대답할 것이다. (합리적인 인간으로서) 나의 행동은 불을 켠 것까지로 제한된다. 지난 40년간 많은 철학자들이 지적했듯이, 의도는 행동과 밀접하게 연관된다. 내가 도덕적 책임을 질 행동은 불을 켠 것까지일 뿐, 사람을 죽인 것까지는 아니다. 철학자 존 설(John Searle, 1932년~)은 의도와 행동에 대한 이해가 '밀접한' 개념임을 강조하기 위해서, 행동이란 "묘사를(즉 의도를) 따라" 벌어지는 사건이라고 표현했다. 그의 표현이 적절한지 아닌지는 제쳐두더라도, 밀접한 관계라는 것만큼은 기억해 둘 필요가 있다.

이 대목에서 철학적으로나 과학적으로나 흔히 제기되는 주의 사항

하나를 짚고 넘어가자. 목적론적 언어를 써서 이유, 의도, 이해를 묘사하는 것은 과학이 아니다. 당신의 의도를 직접적으로 알 수 있는 사람은 당신뿐이기 때문이다. 그리고 다음과 같은 주장도 흔하다. 이유, 목적, 의도를 동원하는 목적론적 언어는 뇌 신경 세포들의 활동에 대한 인과적 설명과 완벽하게 '맞교환'할 수 있다는 주장이다. 즉 행동에 대한 '과학적', 객관적 설명은 신경 세포들에 대한 인과적 설명에서 찾아야 한다는 생각이다.

그러나 이 마지막 주장에는 논란의 여지가 있다. 목적론적 묘사를 인과적 설명으로 대체할 수 있다는 확신은 어떤 논리에서 나왔을까? 대강 이런 논리이다. 우리는 당구공들이 서로 부딪쳐 튕겨 나가는 현상을 인과적으로 설명할 수 있다. 그런데 인간도 결국 복잡한 기계일 뿐이므로, 궁극에는 인간의 행동들도 인과적으로 설명할 수 있다. 예를 들어 어떤 뇌 신경 자극이 그 행동을 낳는지 알아내면 그것이 곧 설명이라는 것이다. 그런데 이런 논리에서 '인과적 설명'이 과연 무엇인지 확실히 해 둘 필요가 있다. 당구공의 경우와 마찬가지로, 어떤 사람이 행위자로서 행동한 사건을 인과적으로 설명한다는 것은 곧 사건의 필요 충분 조건에 해당하는 다른 사건들의 네트워크까지 다 설명한다는 것이다. 그렇다면 왜 행위자의 마음에서 의도와 행동이 밀접하게 인식되는가 하는 점까지 설명해야 성공적인 설명일 것이다. 설의 표현을 빌리자면 왜 "묘사를 따르는" 행동이 존재하는가까지 설명해야 하는 것이다. 그러나 지금으로서는 이 밀접함을 설명할 길이 없다. 상상해 보자. 나는 (밝기 조절이 가능한) 새 전구 스위치를 사려고 가게로 간다. 어쩌면 내가 운전해서 가게로 가는 사건부터 차창에 팔꿈치를 걸친 사건까지, 내 몸 안팎에서 벌어지는 모든 사건들을 인과적으로 완벽하게 설명할 수 있을지도 모른다. 이를테면 적절한 신경 활동으로 모두 설명할 수 있을지도 모른다. 하지만 그 모든 설명들 중에서 진정 유의미한 하위 집합, 즉 내가 가게로 가는 행동에 관련해서 유의미한 사건들만을 가려낼 방법은 없다. 만약에 저 아래 입자 물리학에서부터 시작하여 내 몸 안팎의 모든 사건들에 대한 설명을 이끌어 내야 한다면, 문제는 더 심각해진다. (사실 그런 연역은 애초에 불가능하지만 말이다.)

이 난점도 사실은 다중 플랫폼 논증을 다른 말로 표현한 것이다. 우리가 연산에 관한 진술을 어떤 특정 물리계를 사전에 규정한 진술들의 유한 집합으로 교체할 수 없듯이, 또는 자연 선택에 관한 진술을 어떤 특정 우주의 사건들을 사전에 규정한 진술들의 유한 집합으로 교체할 수 없듯이, '카우프만이 잡화점에 갔다.'라는 진술을 그 행동을 구성하는 물리적 사건들을 사전에 규정한 진술들의 유한 집합으로 교체할 수는 없다. 나는 차를 몰고 가는 대신에 걸어갈 수도 있었다. 달려갈 수도, 깡충깡충 뛰어갈 수도, 낙하산을 타고 갈 수도, 스쿠터를 타고 갈 수도 있었다. 그밖에도 셀 수 없이 많은 경로가 가능했다. 행동에 관한 진술을 물리적인 진술들로 환원할 수는 없다. 아리스토텔레스도 생물의 행동에는 이런 특징이 있다는 것을 잘 알았다. 그는 행동의 작인에 네 종류가 있다고 했는데, 그 하나인 '목적인(目的因)'은 바로 이런 행동을 설명하기 위한 힘이었다.

한마디로 목적론적 언어는 두 가지 이유에서 물리적 언어로 교체될 수 없다. 우선 첫째 이유는 행동을 구성하는 사건들 중에서 유의미한 하위 집합을 가려낼 수 없다는 것이다. 또 다른 이유는 행동 진술에 대해 완벽한 필요 충분 조건이 되는 유한한 물리적 사건 집합을 사전에 규정할 수 없다는 것이다. '환원적 제거주의'라는 철학적 입장에 따르면 그런 교체가 반드시 가능해야 한다. 행동 진술은 보다 정확한 물리학적 진술을 '축약'하여 묘사한 것에 지나지 않기 때문이다. 그런데 만약에 그런 교체가 불가능하다면, 행위 주체성의 언어인 목적론적 언어는 사건들에 대한 물리학적 설명으로 교체되거나 제거될 수 없는 셈이다. 목적론적 언어는 환원주의를 넘어선다.

목적론적 언어를 제거하는 것은 왜 어려울까? 철학자 루트비히 요제프 요한 비트겐슈타인(Ludwig Josef Johan Wittgenstein, 1889~1951년)의 용어를 빌리면, 목적론적 언어는 일종의 "언어 놀이(language game)"이기 때문이다. 알고 보니 환원적 제거주의는 보편적으로 성립될 수 없는 논리였는데, 그 점이 밝혀진 데에는 비트겐슈타인의 언어 놀이 연구가 큰 역할을 했다. 두 가지 예를 들어 설명해 보자.

'영국이 독일에게 전쟁을 선포했다.'라는 진술이 있다. 우리는 이 말이 무슨 뜻인지 잘 안다. 영국과 독일이 전쟁에 돌입한다는 것은 하나의 인간적 행동인데, 그 행동을 설명하는 모든 필요 충분 조건들의 집합을 규정해 보자. 글쎄, 영국 총리가 의회에서 "독일에게 전쟁을 선포할 것을 제안합니다."라고 말했을지도 모른다. 의원들의 투표로 안이 통과되었고, 그래서 영국이 독일에게 선전 포고를 했고, 그래서 독일도 선전 포고로 대응했을지도 모른다. 아니면 엘리자베스 여왕이 의회로 납시어 "신사숙녀 여러분, 독일인들을 혼쭐내 줍시다!"라고 부르짖었을지도 모른다. 그래서 영국과 독일이 전쟁하게 되었을지도 모른다. 아니면 격분한 리즈 유나이티드의 팬들 때문이었을지도 모른다. 쇠스랑을 움켜쥔 1만 명의 팬들이 보트로 영국 해협을 건넌 뒤 라인 강을 거슬러 올라가, 불시에 독일 축구팬들을 습격했을지도 모른다. 이처럼 영국과 독일이 전쟁에 돌입하는 사건을 필요 충분하게 묘사하는 하위 차원의 행동 진술들을 모조리 미리 말하기란 불가능하다. 단순한 인간 행동 진술들을 목록화한 것만으로는 '영국과 독일이 전쟁을 한다.'라는 진술을 대체할 수는 없다.

다음으로 '스미스 씨가 2006년 5월 5일에 네브래스카 주 상급 법원에서 살인 유죄 선고를 받았다.'라는 진술을 생각해 보자. 이 진술을 이해하려면, 유죄와 무죄, 증거, 채택된 증거, 배심원, 선서, 위증, 법적 책임 능력 등 복잡하게 얽힌 여러 개념들을 먼저 알아야 한다. 이처럼 상호적으로 정의되는 개념들의 무리, 서로를 필요로 하는 개념들의 집합이 바로 비트겐슈타인의 '언어 놀이'이다. 비트겐슈타인에 따르면, 언어 놀이를 다른 단순한 인간 행동에 대한 진술들, 즉 상호 정의되는 법적 개념들의 집합이 아닌 다른 진술들의 집합으로 필요 충분하게 번역할 수는 없다. 법정에서의 재판에 관한 진술들을 일상적인 인간 행동에 관한 진술들로 환원할 수 없는 것이다. 비트겐슈타인이 살아 있다면 그런 환원은 시도해 보나마나 실패라고 우리에게 말해 주었으리라.

거의 모든 철학자들은 비트겐슈타인이 옳다고 믿는데, 그게 사실이라면 우리는 의도적인 인간 행동들에 관한 언어 놀이로부터 법과 죄에 관한 언어 놀이를 알고리듬적으로 연역해 낼 수 없다. 그렇다면 인간의 마음이 알고리듬을 수행함으로써 법적 언어 놀이를 파악하는 것은 아니라는 말이다. 여기에서도 알고리듬이란 어떤 입력에서 어떤 출력을 생산해 내는 '유효 과정'을 말한다. 인간 행동에 대한 비법률적 묘사로부터 법률적 묘사를 끌어내는 유효 과정은 없는 듯하다. 나는 12장에서 마음에 관해 이야기할 때 인간의 마음이 반드시 알고리듬적으로만 작용하는 것은 아니라고 주장할 텐데, 그 주장에 대한 한 가지 근거가 바로 이 점이다. 우리가 법적 언어를 쉽게 이해함에도 불구하고, 상호 정의되는 법적 개념들의 집합이 빠진 인간 행동들에 대한 묘사로부터 법적 언어를 끌어낼 수는 없다는 점 말이다.

목적론적 언어에 대해서도 똑같은 언어 놀이 논증이 적용된다. 앞에서 지적했듯이, 목적론적 진술을 사전에 유한하게 규정된 물리적, 인과적 사건들에 관한 진술로, 이를테면 신경 세포들에 관한 진술로 교체할 수 없다. 따라서 환원적 제거주의는 성립되지 않는다.

13장 「양자적 뇌?」에서 나는 인간의 행위 주체성, 자유 의지, 도덕적 책임에 관해 이야기할 텐데, 그때는 목적론적 언어의 유효성을 사실로 간주할 것이다.

### ✣ 최소 분자적 자율 행위자 ✣

나는 행위 주체성의 기원을 찾아보고 있다. 그와 더불어 의미, 가치, 행동의 기원도 찾아보고 있다. 이런 작업을 자청한다는 것은 행위 주체성, 의미, 가치, 행동이 우주의 진정한 일부임을 인정한다는 뜻이고, 그것들이 오직 사건만이 존재하는 물리학의 세계로 환원되지 않음을 인정한다는 뜻이다. 우리가 목적론적 언어를 기꺼이 적용해도 좋을 가장 단순한 계는 무엇일까? 생물학자들은 세균이 당분을 '얻기' 위해서 포도당 농도가 짙은 쪽으로 헤엄쳐 올라간다고 말하는데, 이것이 바로 목적론적 언어이다. 하지만 누구도 공이 낮은 위치를 '얻기' 위해서 내리막을 굴러 내려간다고 말하지는 않을 것이다.

목적론적 언어는 생명 계통수의 어떤 지점을 넘어선 뒤부터야 적절하게 적용되는 듯하다. 그 한계를 한껏 늘여서 세균에게도 적용된다고 생각해 보자. 세균에게 의식이 있다고 가정해야만 그렇게 말할 수 있는 것은 아니다. 내가 세균에게 행위 주체성을(정확하게 말하자면 원시적인 행위 주체성을) 부여하는 까닭은 행동, 가치, 의미의 기원을 최대한 멀리까지, 거의 생명의 기원에 다다르는 시점까지 추적해 보고 싶기 때문이다.

그러나 세균만 해도 굉장히 복잡한 세포이다. 우리가 기꺼이 목적론적 언어를 적용할 만한 그것보다 더 단순한 계가 있을까? 최대로 단순한 그런 계를 '최소 분자적 자율 행위자'라고 부르자. '자율(autonomous)'이라는 표현을 넣은 것은 그 행위자가 환경에서 독자적으로 행동함을 강조하기 위해서이다. 세균이 포도당 농도 기울기 속을 헤엄치겠다고 스스로 결정하거나, 내가 가게에 가겠다고 스스로 결정하는 것처럼 말이다.

『조사』에서 나는 최소 분자적 자율 행위자에 대한 잠정적 정의를 세워 보았다. 그런 계는 자기 재생산이 가능해야 하고, 적어도 하나 이상의 열역학적 일 순환을 가져야 한다. (일 순환은 잠시 뒤에 설명하겠다.) 나는 나중에 철학자 필립 클레이턴(Philip Clayton, 1955년~)의 도움을 받아서 여기에 몇 가지 조건들을 더했다. 행위자가 경계 막으로 둘러싸여 있을 것, 음식이나 독을 탐지할 수 있는 '수용기'를 하나 이상 가질 것, 음식을 얻거나 독을 피하기 위해서 반응할 것 등이다. 제일 마지막에 언급한 활동은 이를테면 포도당 농도 기울기 속을 헤엄치는 것처럼 '일'을 함으로써 이뤄지는 경우가 많다. 다시 말해 행위자는 탐지할 줄 알아야 하고, 선택할 줄 알아야 하고, 행동할 줄 알아야 한다. 현실의 세포들은 거의 대부분 이런 확장된 정의를 만족시킨다. 이런 계는 로플린 식의 창발성, 즉 참신한 속성들을 갖고 있다. 이 계는 행동할 줄 아는 행위자이고, 그 행동은 모든 가능한 인과적 사건들 중에서 유의미한 일부 하위 집합이기 때문이다. 이 계는 변이를 수반한 유전과 자연 선택을 통해 진화한다. 세포가 일을 수행하여 음식이나 독에 반응하는 능력을 갖게 된 것도 진화 과정에서 세포에 적절한 분자 계들이 조립되었기 때문이다.

그러니 행위 주체성을 이해하려면 먼저 자기 재생산과 일 순환이라는 개념들을 이해해야 한다. 이중 자기 재생산은 다음 장에서 살펴보겠다. 일 순환을 쉽게 파악하려면, 그 유명한 열역학적 카르노 일 순환을 살펴보면 된다. 이 계는 뜨겁고 차가운 2개의 열 저장소, 피스톤이 들어 있는 실린더, 실린더 머리와 피스톤 사이에 갇힌 기체로 구성된다. 압축 가능한 이 기체가 일을 한다. 처음에 계는 기체가 뜨겁게 압축된 상태로 시작한다. 실린더는 뜨거운 열 저장소와 접촉해 있다. 그러니 기체는 계속 팽창하면서 피스톤을 실린더 아래로 밀어낸다. 이것이 폭발 행정(stroke, 行程)의 첫 단계이다. 원래 팽창하는 기체는 차가워지게 마련이지만, 지금은 뜨거운 열 저장소와 접해 있기 때문에 기체가 계속 뜨겁게 유지된다. 폭발 행정이 반쯤 진행되었을 때, 실린더를 뜨거운 열 저장소에서 떼어낸다. 일하는 기체는 계속 팽창하면서 피스톤을 실린더 바닥으로 더욱 밀어붙여, 폭발 행정의 후반 단계를 수행한다. 그러다 보면 기체가 점점 차가워져서 차가운 열 저장소의 온도와 같아지는 시점이 온다. 물리학자들은 폭발 행정을 자발적 과정이라고 부른다. 외부로부터 에너지가 더해지지 않아도 스스로 진행하는 과정이라는 뜻이다. 자발적 과정과 비자발적 과정을 구분한 것은 19세기 물리학의 개가였다. 비자발적 과정은 외부에서 계에 일을 해 주지 않으면 스스로 일어나지 않는다. 언덕을 굴러 올라가는 공이 좋은 예이다. 반면에 언덕을 굴러 내려오는 공은 자발적 과정의 좋은 예이다. 그런데 카르노 계가 완전한 열 순환을 이루려면, 자발적인 폭발 행정에 더해서 비자발적인 과정이 있어야 한다. 즉 피스톤을 실린더 위쪽으로 밀어붙임으로써 기체를 다시 압축하는 과정이 결합되어야 한다. 외부에서 실린더를 미는 힘을 가함으로써 기체를 재압축해야 한다.

모든 열기관들이 그렇듯이 카르노 순환은 자발적 과정과 비자발적 과정을 번갈아 수행함으로써 일한다. 일단 폭발 행정이 한 차례 완료되면, 기관이 다시 스스로 움직여서 폭발 행정을 반복할 수는 없다. 누군가가 피스톤을 실린더 끝까지 밀어붙여서 차가워진 기체를 다시 데워 주어야 한다. 피스톤을 실린더 위로 밀어붙이는 데에 외부의 힘이 쓰이는 것이다. 카르노 기관을 포함한 모든 증기 기관들의 비결은, 뜨거운 기체를 재압축하는 것보다 차가운 기체를 재압축하는 것이 일이 적게 든다는 점이다. 재압축 행정을 시작하기 전에, 실린더를 옮겨서 차가운 열 저장소와 접촉시킨다. 피스톤이 실린더 위로 밀려 올라가면 당연히 기체가 뜨거워지겠지만, 이 열이 차가운 열 저장소로 흩어져 버리기 때문에 기체는 계속 차갑다. 즉 압축하기 쉬운 상태를 계속 유지한다. 압축 행정이 반쯤 진행되었을 때, 실린더를 차가운 열 저장소에서 떼어낸다. 그리고 한편으로 계속 일을 가해서 피스톤을 실린더 위로 끝까지 민다. 그러면 기체는 다시 뜨거워진다. 마침내 피스톤이 시작점으로 돌아가고, 온도도 시작 온도로 돌아간다.

카르노 순환을 이해하면 일 순환에 대해 많은 것을 알 수 있고, 행위 주체성에 대해서도 알 수 있다. 첫째, 평형 상태에서는 일 순환이 벌어질 수 없다. 그런데 행위자는 적어도 하나의 일 순환을 수행할 줄 알아야 한다고 했으므로, 행위 주체성은 본질적으로 비평형적 개념이다. 둘째, 일 순환은 자발적 과정과 비자발적 과정을 이어 준다. 이것은 화학적으로 쉽게 설명할 수 있다. 모든 화학 반응은 '자유 에너지'가 낮아지는 방향, 즉 '내리막'으로 흘러서 평형에 도달하려 한다. (평형이란 X가 Y로 전환되는 속도와 Y가 X로 전환되는 속도가 같은 상태이다.) 화학계를 평형과 먼 상태로 만든다는 것은, 예를 들어 X를 더 많이 만든다는 것은, 일을 투입해야 하는 비자발적 과정이다. 언덕을 굴러 올라가는 공이나 마찬가지이다. 따라서 자율 행위자는 화학 평형과는 거리가 먼 내부 환경을 유지하기 위해서 열심히 일을 해야 한다. 우리가 늘 먹고 배출하는 것이 모두 그 때문이다.

셋째, 일 순환은 실제로 과정들의 순환이다. 세포의 일 순환도 그렇다. 기관에서 과정들이 순환하지 않으면, 에너지가 내리막으로 흐른 뒤에 가만히 멎어 버릴 것이다. 다시 오르막을 오르는 과정을 기관 스스로 조직할 수는 없다. 『조사』에서 나는 재미 삼아 상상해 본 루브 골드버그 기계(Rube Goldberg machine)를 하나 소개했다. 우선 대포에서 발사된 포탄이 우물 위에 설치된 물레바퀴를 때린다. 물레바퀴가 돌면 거기에 연결된 줄이 감기고, 줄 끝에 매달린 양동이가 우물 물을 가득 채운 채 올라온다. 끝까지 올라온 양동이는 물레바퀴 위로 기우뚱 기울면서 그 옆의 깔때기로 물을 쏟아붓는다. 물은 관을 통해 아래로 흐르고, 관 끝의 밸브를 열어젖힌 뒤에 내 콩밭으로 들어간다. 나는 이 기계가 너무 좋다. 이 기계는 자발적 과정들과 비자발적 과정들을 연결함으로써 내가 '확산적 일'이라고 부르는 현상을 수행한다. 하지만 한 차례 작동을 마친 기계가 스스로 재시작할 수는 없다. 누군가가 대포와 화약, 포탄, 물레바퀴, 줄, 양동이 등을 재설정해 줘야 한다. 재설정에는 일이 든다는 것을 명심하자. 포탄이나 우물에 잠긴 들통 등 기계의 구석구석을 재설정하는 것은 모두 비자발적 과정들이다. 외부로부터 일이 가해지지 않는 상태에서 기계가 스스로 움직여서 순환을 마무리 짓고 초기 상태로 돌아갈 수는 없다. 그렇다면 어째서 카르노 기관은 내 기계와 달리 계속 움직일까? 카르노 기관은 순환적으로 일하기 때문이다.

넷째, 비순환적인 내 기계가 콩밭에 물을 주고 나서 재설정되지 않은 상태일 때, 그저 에너지를 더해 주는 것만으로는 일을 더 시킬 수 없다. 대포에 화약을 더해 주는 것만으로는 안 된다는 말이다. 포탄이 대포에 다시 장착되지 않았고, 양동이 줄이 다시 우물로 드리워지지 않았기 때문이다. **순환적 과정이 구축되지 않은 상태라면, 자발적 과정들과 비자발적 과정들을 연결한 계라고 하더라도 외부의 에너지원을 제대로 사용할 수 없다.** 이것은 결정적인 문제이다. 에르빈 슈뢰딩거(Erwin Schrödinger, 1887~1961년)를 필두로 한 과거의 생물학자들은 모든 세포에 부(負)엔트로피(negaentropy), 즉 음식과 에너지가 필요하다는 사실을 알아차렸지만, 이 점은 알아차리지 못했다. **내 기계처럼 자발적 과정들과 비자발적 과정들이 연결된 계라고 하더라도 과정들의 연결을 스스로 재설정하는 일 순환이 없는 이상 주어진 식량 에너지를 써서 일을 더 수행할 방법은 없다는 점 말이다.**

카르노 순환으로 돌아가자. 실린더를 열 저장소들에 붙였다가 뗐다가 하는 메커니즘을 자세히 살펴보자. 그것은 순환적 작동이고, '확산적 과정 조직화(propagating organization of process)'의 한 예이다. 물론 현실의 기관에서는 캠이나 기어 같은 다른 기기들이 실린더를 움직여서 뜨거운 저장소와 찬 저장소에 붙였다가 뗐다가 해 준다. 그림 6.1에 묘사된 가상의 분자적 자율 행위자에서는 계의 효소들을 활성화했다가 비활성화했다가 하는 분자들이 일 순환을 조정하는 역할을 맡았다. 세포의 일 순환 과정에도 이런 부수적인 결합 과정들이 존재한다.

일 순환은 일을 수행하는 것 외에 에너지를 저장할 수도 있다. 일을 통해서 X를 많이 합성함으로써 그 과잉의 에너지를 나중에 세포의 오류 수정 같은 작업들에 쓰는 것이다. (이 사실은 필립 앤더슨과 대니얼 클라우드가 내게 상기시켜 주었는데, 그들은 식량 공급이 변화무쌍한 불규칙 환경에서는 에너지 저장 능력에 선택적 이점이 있으리라는 점도 더불어 지적했다.) 일례로 사람은 지방과 다당류의 형태로 에너지를 저장하는데, 이 분자들을 만드는 데에는 열역학적 일이 필요하다. 사람은 먹을 것이 없을 때 이 분자들을 분해해서 대사 활동에 필요한 포도당 같은 작은 분자들을 얻는다.

이 장을 시작하면서, 나는 모름지기 자율적 행위자는 자기 재생산을 할 줄 알아야 하고 적어도 하나의 일 순환을 수행할 줄 알아야 한다고 가정했다. 그런데 구태여 자발적 과정들과 비자발적 과정들을 이어서 하나의 확산적 일 그물망을 구축할 필요가 있을까? 그러면 무슨 선택적 이점이 있는 것일까? 비순환적인 내 기계 계이든, 스스로 재설정해서 더 많은 에너지를 받아들이는 순환적 계이든 말이다. 여기에 대한 답은 단

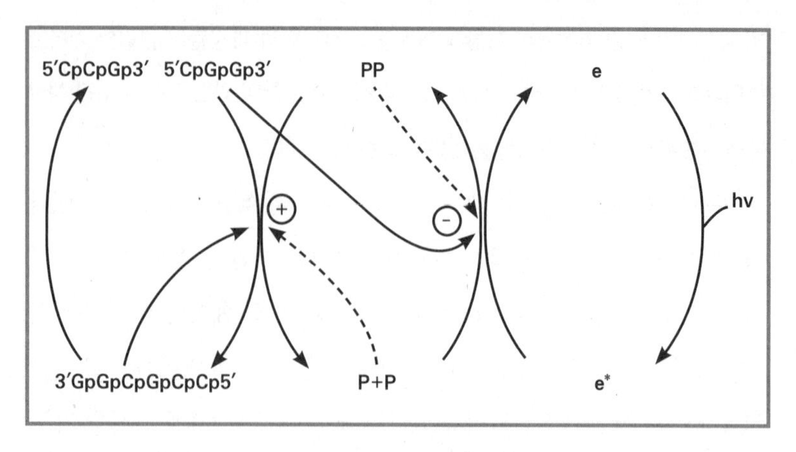


**그림 6.1** 가상의 분자적 자율 행위자. 전체 계는 열린 비평형 열역학 계로서, 지속적으로 공급되는 두 재료에 의존한다. 하나는 두 종류의 DNA 삼합체 단일 가닥들이고, 다른 하나는 광원인 hv이다. DNA 삼합체들은 연결 반응을 통해서 육합체를 합성함으로써 그 육합체를 복제한다. 육합체 합성 반응과 그것이 다시 삼합체들로 갈라지는 반응에는 두 경로가 있다. 하나는 직접적인 경로이고, 다른 하나는 파이로인산 PP의 분해 과정과 결합된 경로이다. 구체적으로 말하면 파이로인산 PP가 발열 반응을 통해 갈라져서 일인산 2개, 즉 P+P가 되는 과정이 육합체 합성 반응에 결합되어 있다. PP가 분해되는 **발열-자발적** 반응에서 자유 에너지가 방출되고, 그것이 육합체를 **과잉으로** 합성하는 **흡열** 반응을 추진하기 때문에, 다른 상황에서라면 평형 상태가 유지되겠지만 여기에서는 육합체가 **과잉으로 복제**된다. 한편 P+P가 **흡열** 반응을 거쳐 재합성됨으로써 PP가 보충되는 과정은 또 다른 과정과 결합되어 있다. 광자를 흡수하여 들뜬 전자 e*가 바닥 상태로 돌아가는 발열 반응이다. 이 과정에서 방출된 자유 에너지가 P+P에서 PP가 합성되는 흡열 과정에 에너지를 제공한다. 바닥 상태의 전자 e는 광자 hv를 흡수하는 흡열 과정을 거쳐서 다시 들뜬다. 이 육합체는 스스로를 과잉으로 합성하는 과정을 스스로 촉매하고, 삼합체 중 하나는 PP 재합성 반응을 촉매한다. 육합체 효소의 활동을 일인산이 활성화하는 한편 삼합체 효소의 활동을 파이로인산이 억제하므로, 육합체 합성과 파이로인산 보충은 **상보적인** 과정들이다.

순하고 놀라우며, 생물권의 다양성을 뒷받침하는 내용이다.

여기에서 잠깐, 전문 용어 두 가지를 소개하겠다. 일을 입력해 줄 필요가 없는 자발적 과정, 이를테면 공이 언덕을 굴러 내려가는 것과 같은 과정을 **발열** 과정이라고 한다. 일을 입력해 줘야 하는 비자발적 과정은

**흡열** 과정이다. 가디리와 폰 키드로브스키가 만든 분자 계들은 자기 재생산이 가능한 철저한 발열 과정들이었다. 최초의 자기 재생산 분자 계들은 다 그랬을 것이라고 봐도 될 것이다. 공이 언덕을 굴러 내려오는 과정과 비슷한 모종의 화학 과정을 통해 스스로를 복제할 수 있었겠지만, 스스로 재설정해서 그 일을 반복할 수는 없었을 것이다. 내가 볼 때 이 능력만으로는 행위 주체성이 성립되지 않는다. 일 순환이 간여하지 않기 때문이다.

생명이 그런 계들로만 이루어져 있다고 상상해 보자. 발열 과정을 흡열 과정에 연결시키지 못한 상태이다. 예를 들어 세포가 주요 에너지 저장 형태인 ATP를 만들려면 화학 반응을 통해 일을 해야 하는데, 이 경로를 쓸 수 없는 상황이라면? 세포의 발열 합성 과정들이 대부분 멎어 버릴 것이다. **발열 과정끼리만 연결된 상황에서는 발열 과정과 흡열 과정이 함께 이어진 상황에 비해서 연결된 과정들의 다양성은 물론이고 그로 인해 벌어지는 사건들의 다양성이 현격하게 제약받을 것이다.** 현실의 세포에서는 자발적인 과정들과 비자발적인 과정들, 발열 과정들과 흡열 과정들이 함께 방대한 그물망을 이룸으로써 햇빛을 삼나무 같은 식물로 바꾼다. 그 식물이 초식 동물에게 먹히고, 초식 동물이 육식 동물에게 먹히고, 육식 동물이 청소 동물과 세균에게 먹힌다. 변화무쌍한 환경에서 다른 세포들과 공진화하며 살아가는 세포의 입장에서는 다양한 활동을 해 내는 능력이 참으로 긴요한 재주일 테니, 발열 과정과 흡열 과정을 연결하는 능력은 어마어마한 선택적 이점으로 작용한다. **하지만 발열 과정과 흡열 과정을 연결해서 하나의 과정 그물망을 구축하는 것만으로도 충분하지 않다.** 대포와 물레바퀴로 콩밭에 물을 주는 내 기계를 생각해 보자. **계가 스스로 재설정하는 능력도 있어야 한다. 그래야 에너지를 받아들여서 다시 일할 테니까 말이다. 그러니까 발열 과정과 흡열 과정을 이어서 일 순환을 구축한다면, 충분한**

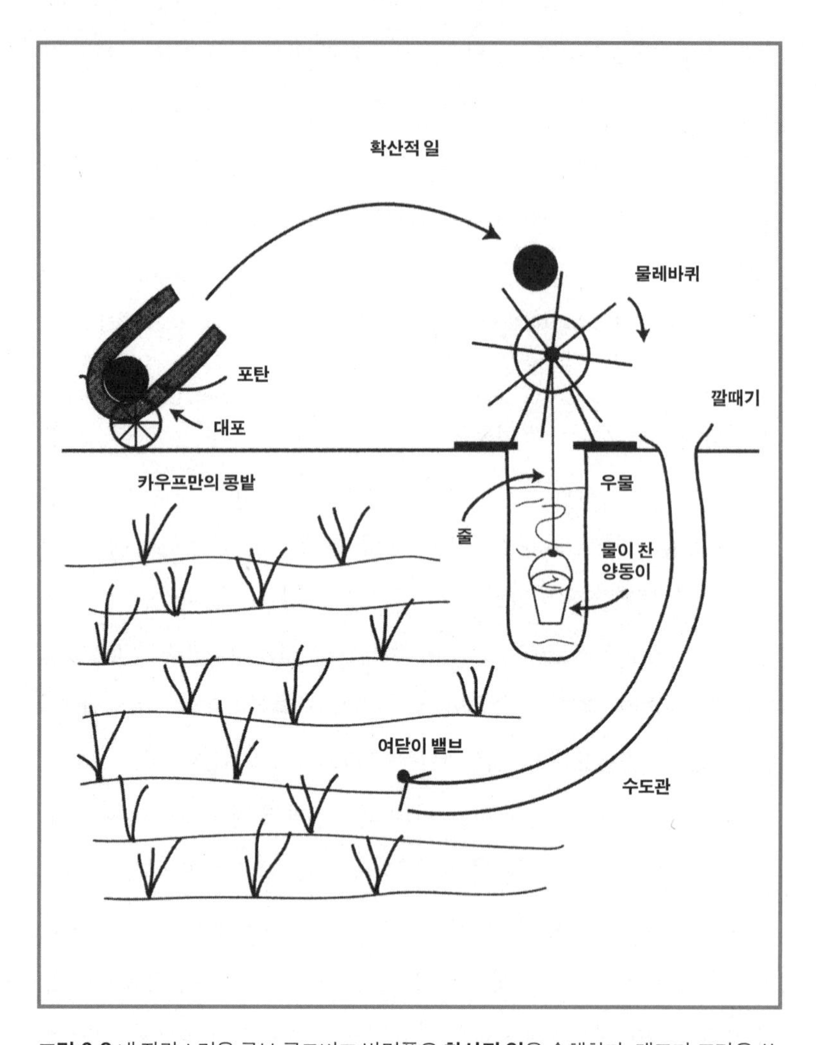


**그림 6.2** 내 자랑스러운 루브 골드버그 발명품은 **확산적 일**을 수행한다. 대포가 포탄을 쏘아서, 우물 위에 설치된 물레바퀴를 명중시킨다. 나는 물레바퀴 축에 붉은 줄을 묶어 두었고, 그 끝에 양동이를 매달아 우물에 늘어뜨려서 물을 채워 두었다. 물레바퀴가 돌기 시작하면 줄이 감기고, 양동이가 올라온다. 양동이는 물레바퀴 축까지 올라온 뒤 기우뚱 기울어져 그 옆의 관으로 통하는 깔때기에 물을 쏟아붓는다. 물은 죽 흘러 내려가서 관 끝의 여닫이 밸브를 열어 제치고 내가 기르는 콩밭으로 들어간다. 주목할 점은 내가 **기계의 부분들을 재설정해 주지 않으면 기계는 '다시 일할' 수 없다**는 것이다. 내가 대포에 화약을 더 넣고, 양동이를 다시 우물에 늘어뜨리고, 대포로 포탄을 발사해야만, 기계가 다시 콩밭에 물을 줄 수 있다.

**선택적 이점이 있다. 나는 행위 주체성이 성립하려면 분자적 자기 재생산 능력과 하나 이상의 일 순환 수행 능력이 있어야 한다고 전제했다. 그렇다면 자기 재생산 능력과 변이를 수반한 유전이 이미 존재하는 환경에서 행위 주체성이 새로 등장했을 때, 충분한 선택적 이점이 있었을 것이다. 따라서 행위 주체성은 자연적이고 당연한 것이 된다.**

다시 말해 행위 주체성은 분자적 재생산을 일 순환과 묶어 주는 힘으로 정의할 수 있다. 행위 주체성이 생겨난 까닭은 그것이 가디리나 폰키드로브스키의 계처럼 순전히 발열 과정들로만 구성된 자기 재생산적 화학계에 비해서 변화무쌍한 환경에서 어마어마한 선택적 이점으로 작용했기 때문이다. 복잡하고 변화무쌍한 환경에서 살아가던 원시 세포가 다양한 작업을 수행하는 능력을 진화시키고 싶었다고 하자. 세포는 자발적 과정과 비자발적 과정을 연결함으로써 '가능한 일'의 다양성을 높일 수 있다. 하지만 이 연결을 매번 재설정해야 한다는 것이 문제인데, 그 해법은 과정들이 일 순환을 이루어 닫히는 것이다. 이렇게 본다면, 행위 주체성은 진화에서 거의 필연적으로 생겨나게 되어 있었다.

어쩌면 분자적 자율 행위자를 생명의 최소 정의로 쓸 수 있을지도 모른다. 그런 정의에서는 바이러스는 생명이 아니다. 바이러스는 일 순환을 수행하지 않기 때문이다. 또는 행위 주체성의 유무가 생물과 단순한 바이러스성 생명을 가르는 기준일지도 모른다. 과학자들은 생명을 창조하려는 시도를 통해서 본의 아니게 원시적 행위 주체성까지 재창조하고 있는 셈이다.

### 행위 주체성, 의미, 가치, 행동, 목적

우리가 진화의 어느 수준에 행위 주체성을 부여하든, 행위 주체성이 등장함과 동시에 의미, 가치, 행동, 목적이 우주에 생겨났다. 앞에서 나는 인간의 행위 주체성을 이야기할 때 목적론적 언어를 사용해도 좋은가 하는 문제를 논했다. 나는 세균이나 최소 분자적 자율 행위자에게도 목적론적 언어를 쓸 수 있다고 믿는다. 나는 또 심장의 혈액 펌프질 같은 생물학적 기능은 심장의 박동 소리 같은 다른 비기능적 인과적 결과들과는 구분된다고 지적했다. 심장이라고 통칭되는 한 무리의 조직화된 과정들과 구조들이 자연 선택을 통해 우주에 생겨난 것은 혈액 펌프질 능력 때문이다. 유전 가능한 변이들에 자연 선택이 작용해서 진화가 벌어짐으로써, 생물의 기능적인 인과적 속성들과 부산물적인 인과적 속성들이 구분되었다.

나는 다윈의 자연 선택을 물리학으로 환원할 수 없다고 했다. 우리는 생물권의 진화 방정식을 완벽하게 작성할 수 없다. 그렇다고 이 생물권의 진화 과정을 시뮬레이션할 수도 없다. 그러려면 무한한 수의 시뮬레이션들을 수행해야 하는데 그것은 불가능하고, 설령 가능하더라도 양자적 주사위 던지기의 여러 가능성 중 현재의 생물권에서 실제 벌어졌던 상황이 무엇인지를 정확하게 골라낼 수 없기 때문이다. 더욱이 자연 선택의 원리는 변이를 수반한 유전이 가능하기만 하다면 그 어떤 형태의 생명에도 적용된다. 그러므로 자연 선택은 어느 특정 물리적 기반으로 환원되지 않는다. 이것 역시 철학적 다중 플랫폼 논증이다.

따라서 심장은 인식론적으로 존재론적으로 창발적이다. 인식론적으로 창발적인 까닭은 심장을 물리학에서 연역할 수 없기 때문이다. 존재론적으로 창발적인 까닭은 심장 특유의 구조들과 과정들을 조직화하여 세상에 내놓은 장본인이 변이를 수반한 유전과 자연 선택인데, 그 또한 물리학으로 환원되지 않기 때문이다.

포도당 농도 기울기 속을 헤엄치는 세균을 생각해 보자. 그때 충족되는 생물학적 기능은 먹을 것을 얻는 것이다. 세균이 주변의 포도당 농도의 기울기를 감지하고 그 속을 헤엄치는 능력을 얻은 것은 자연 선택이 기능적인 구조들과 과정들을 하나로 조직화했기 때문이다. 그러려면 우선 포도당의 존재 유무를 판별해야 하므로, 포도당 수용기가 적어도 하나는 있어야 한다. 수용기 2개가 적당한 거리로 떨어져 있다면 더 좋을 것이다. 포도당 기울기의 경사까지 감지할 수 있을 테니까 말이다. 세균에게 의식이 있다고 가정하지 않아도 좋다. 이런 능력만으로도 이미 진화 과정에 행위자의 선택이 등장했다. 더불어 의미, 가치, 행동, 목적도 등장했다. 의미(meaning)를 전문 용어로는 **기호 작용**(semiosis)이라고 하는데, 쉽게 말해서 기호로써 다른 무엇을 가리킨다는 것이다. 세균이 주변 포도당 농도 기울기를 감지하는 경우라면, 포도당 농도 기울기가 곧 어느 방향에 포도당이 많은지를 뜻하는 기호이다. 세균이 스스로의 행동을 바꿔 농도의 기울기를 거슬러 올라가는 것은 기호에 대한 **해석**(interpreting)이다. 어쩌면 세균은 **실수**(mistake)를 할지도 모른다. 어쩌면 그 방향에 포도당이 없을지도 모른다. 이런 '기호', '해석', '실수'는 물리학에서는 논리적으로 가능하지 않은 일들이다. 물리학에는 오직 사건만이 존재하기 때문이다. 따라서 **의미**는 새로 우주에 들어왔다. 포도당 농도 기울기는 아마도 근처에 포도당이 있을 것임을 말해 주는 **기호**(sign)이다. 자연 선택이 포도당 농도 기울기 속을 헤엄치게 하는 구조들과 과정들의 확산적 조직을 빚어낸 까닭은, 그것에 선택적 이점이 있기 때문이다. 그렇기에 포도당은 세균에게 **가치**(value) 있는 것이 된다. 이 조직적 활동의 기능은 먹을 것을 얻는 것이다. 따라서 먹을 것을 얻는 것은 이 활동의 **목적**(purpose)이 되고, 세균이 수행하는 **행동**(doing)이나 **행위**(action)가 된다. 그리고 이 기능은 변이들 중에서 가장 적합한 것을 골라내는 자연 선택 덕분에 만들어졌다. 심장 박동 소리가 심장의 기능이 아닌 것처럼, 세균이 포도당 농도 기울기 속을 헤엄칠 때의 정확한 경로 같은 다른 인과적 속성들은 이 활동의 목적에 수반된 부산물일 뿐이다.

마지막으로 언급할 주제는 윤리에 관한 것이다. 자세한 이야기는 17장 「진화하는 윤리」로 미루고, 지금은 간단히 말하겠다. 계몽주의 시대를 살았던 스코틀랜드의 회의주의 철학자 흄은 '현상'에서 '당위'를 끌어낼 수 없다고 말했다. 어떤 상황의 '현상'에서 '당위'로 이어지는 논리적 연결 고리가 없다는 말이다. 흄의 비판은 현대 윤리학의 기반이 되었고, 칸트에서 현대의 공리주의자들까지 많은 철학자가 흄의 뒤를 따랐다. 흄의 말은 옳을까? 그렇기도 하고 아니기도 하다. 물리학에는 사건, 사실, '현상'에 대한 진술만이 존재한다. 그러나 생물학은 물리학으로 환원되지 않는다. 생명의 한 측면인 행위 주체성도 물리학으로 환원되지 않는다. 그리고 행위 주체성이 등장함으로써, 포도당 기울기 속을 헤엄치는 세균이 등장함으로써, 가치가 등장했다. 우주에 의미와 '당위'가 등장한 것이다. 간단히 말해서 세균은 포도당을 얻기 위해서 '반드시' 포도당 농도 기울기 속을 헤엄쳐야 한다. 헤엄에 관련된 세부 사항들은 중요하지 않다. 행위 주체성에서 비롯한 이 '당위'는 물리학으로 환원되지 않으며, '현상'의 객관적 사실만을 말하는 언어로 환원되지 않는다. 따라서 '당위' 역시 창발적 속성이다. '현상'에 국한된 진술들로만은 환원되지 않는 속성이다. '현상'에서 '당위'를 끌어낼 수 없다고 했던 흄의 말은 옳다. 하지만 한편으로는 옳지 않다. 가치, 의미, 행동, 행위, '당위'도 우주의 진정한 일부이기 때문이다. '당위'는 인간이 수행하는 대부분의 행동들과 모든 도덕적 판단들에서 핵심적인 요소이다.

이런 이야기도 결국 신성 재발명이라는 과제의 일환이다.

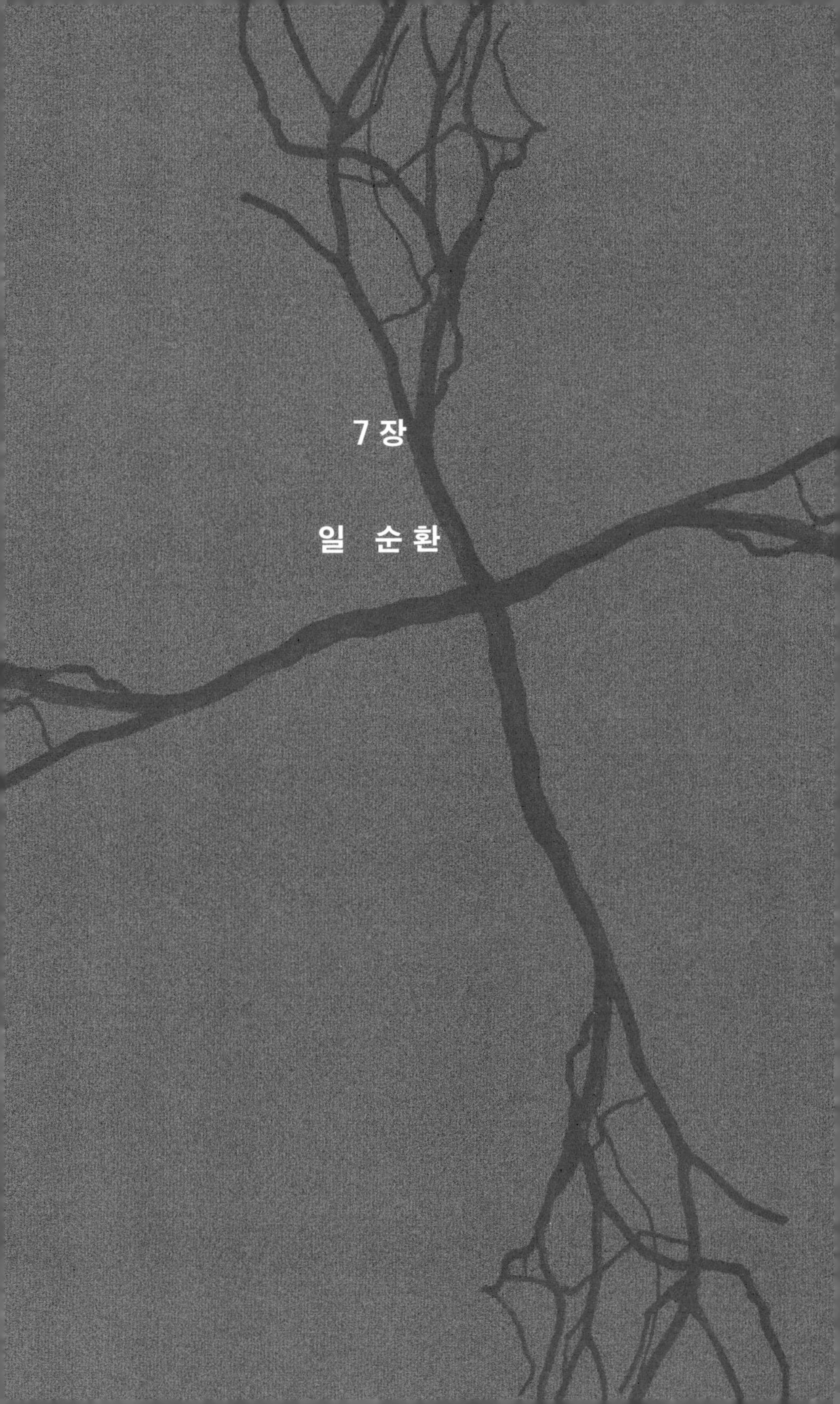

# 7장

# 일 순환

조직적 존재는 단순한 기계가 아니다. 기계는 그저 움직이는 힘이 있을 뿐인데, 조직적 존재는 스스로를 확산하는 모종의 형성력을 갖고 있고, 그 힘을 통해서 자신에게 속하지 않은 다른 재료들과 소통하며, 그것들을 실제로 조직한다. 이것은 단순히 기계적으로 움직이는 능력만으로는 설명할 수 없는 현상이다.

— 임마누엘 칸트

칸트의 『판단력 비판(*Critique of Judgment*)』에서 인용한 이 문장은 '확산적 과정 조직화'라는 이 장의 주제를 잘 말해 준다. 앞으로 이야기하겠지만, 이 현상은 우리 눈앞에서 지금도 버젓이 벌어지고 있다. 그런데도 우리는 직접 목격하는 현상에 대한 적절한 이론을 아직 세우지 못했다. 일설에 따르면, 아메리카 원주민들은 콜럼버스가 도착하는 광경을 뻔히 보면서도 그의 배는 '보지' 못했다고 한다. 원주민들의 사고 체계에는 배라는 사물의 자리가 없었기 때문이다. 현재 우리의 상황이 딱 그렇다. 과학은 이따금 사물을 새롭게 바라봄으로써 전진한다. 생명의 진화를 통해서 이 세상에는 자발적인 과정과 비자발적인 과정을 엄청나게 복잡하게 연결한 조직이 등장했다. 사람들이 생명에 대해 자연스럽게 경탄을 표하는 이유 중 하나가 바로 생명의 과정들이 엄청나게 복잡한 조직을 이루기 때문이다. 어떤 사람들은 어떻게 창조주 없이 그런 조직이 생겼겠느냐고 말한다. 하지만 과학은 잠깐 기다려 보라고 말한다. 어떻게 창조주의 손길 없이 그런 조직이 자연적으로 생겨났는지를 과학이 이제야 겨우 이해하기 시작했으니까.

수학, 물리학, 화학, 생화학, 생물리학, 생물학이 활짝 꽃 피운 시대이다 보니, 우리 눈앞의 생명을 이해하는 데 필요한 과학 개념들은 이미 다 갖춰졌다고 생각할 법도 하다. 그러나 사실은 그렇지 않다. 이른바 생물권이라고 불리는 숱한 과정들의 다중적 조직망은 자연 선택의 힘과 과거의 구체적 진화 과정을 반영한 결과이므로, 어떤 물리 법칙에도 어긋나지 않는다. 그런데도 생물권은 물리학으로 몽땅 환원되지 않는다. 나는 이 장에서 칸트가 슬쩍 언급했던 확산적 과정 조직화에 관련된 개념들을 소개할 생각이다. 환원주의를 넘어서 부단한 창조성과 창발성을 인정하는 과학적 세계관으로 나아가자는 이 책의 거시적 관점에서 볼 때, 어마어마하게 복잡한 과정 조직화가 진화적으로 창발했다는 것은 환원주의로는 접근할 수 없는 현상이 정말로 존재함을 보여 주는 일이다.

과학 쪽 일에 종사하지 않는 독자라면, 과학이 어떤 식으로 애매모호한 질문을 정식화하는가를 이 장에서 볼 수 있을 것이다. 과학자들이 확산적 조직화에 필요한 개념을 '발견'하려고 노력하는 것을 보면, 과연 과학에는 상상력이 필요하구나 싶다. 경이로움의 감정도 필요하다. 과학자들도 그들이 원하는 개념을 쉽게 찾아 주는 알고리듬, 즉 유효 과정 따위는 가지고 있지 않다. 우리는 정말로 미지의 미래를 향해서 살아 나간다. 가끔은 그 사실조차 망각하지만. 그런 삶을 살아가기 위해서는 우리가 진화를 통해 갖춘 인간성 전체를 활용해야 한다. '지식'만으로는 부족하다. 형이상학파 시인들이 갈라놓았던 인간성을 우리가 다시 합쳐야 한다. 우리가 이 주제를 과학적 질문으로 정식화하려고 시도한다는 것 자체가 인간성의 총체성을 보여 주는 예이다.

20세기에 분자 생물학이 득세하면서, 생명계에 대한 연구는 '정보'에 초점을 맞추게 되었다. 그런데 사실 정보란 제한적이고 모호한 개념이다. 요즘 생물학자들은 에너지나 일이나 그밖의 세포 속성들을 대체로 무시하고 '생명의 정보 마스터 분자'인 유전자에 집중해야 한다는 압박을 느낀다. 유전자가 통제하는 과정들, 그러니까 RNA의 전사, 단백질로의 번역, 수정란이 발생해 세포가 분화하는 과정 등에 집중해야 한다는 압박이다. 정보가 DNA에서 RNA를 거쳐 단백질로 일방적으로 흘러가는 과정은 분자 생물학의 중심 원리라고까지 불리지만, 사실 그 정보는 세포의 실제 현상들을 모두 묘사하는 설명 틀로는 부족하다. 예를 들어 보자. 세포 생물학자들은 방추체라는 세포 소기관의 활동을 이해하려고 애쓰는 중이다. 세포에는 늘어났다 줄었다 할 수 있는 미세소관 분자들이 들어 있다. 미세소관에는 분자 모터라는 것이 붙어 있고, 그 분자 모터가 앞뒤로 돌면서 미세소관을 움직인다. 그렇게 움직인 미세소관들이 세포의 구석구석에 다다른 뒤 서로 뭉쳐서 갖가지 복잡한 구조물을 만드는데, 제일 중요한 것이 방추체이다. 방추체는 세포가 분열할 때 염색체들을 두 딸세포로 잘 나눠서 각각의 딸세포가 완전한 염색체 집합을 갖도록 도와준다. 이때 역학적 **일**이 수행된다는 것은 분명한 사실이다. 방추체가 실제로 염색체들을 딸세포까지 움직이기 때문이다. 더 넓게 세포 전체를 보아도 마찬가지이다. 세포는 역학적, 화학적, 전기 화학적, 기타 여러 종류의 일들을 결합해 수행한다. 확산적 과정 조직화를 통해 자발적 과정들과 비자발적 과정들을 연결한 네트워크를 구축함으로써 일 순환을 수행한다. 그런데 이런 확산적 과정 조직화나 일 순환을 이해할 때에는 어떻게 한 분자가 다른 분자에게 '지시'를 내리는지를 탐구하는 분자 생물학자들의 질문 방식이 별로 유용하지 않다.

그런데 잠깐, '일'이란 무엇일까? 나의 솔직한 대답은 정의하기가 극도로 까다로운 무언가라는 것이다. 물리학자에게 일은 (하키 스틱을 밀어서 퍽을 가속하는 것처럼) 거리를 가로질러 작용하는 힘이다. 한편 화학자 피터 앳킨스(Peter Atkins, 1940년~)에게 일은 그 이상이다. 앳킨스의 정의에 따르면, 일은 에너지가 몇 가지 자유도만을 취하도록 제한적으로 방출되는 것이다. 앞에서 이야기했던 카르노 기관을 떠올리자. 폭발 행정에서 실린더 속 기체는 피스톤을 미는 일을 한다. 기체를 구성하는 수많은 기체 분자들은 모두 무작위로 움직인다. 분자들은 자유도가 높다. 분자의 속도와 방향을 조합하는 방법이 아주 많다는 뜻이다. 그런데 그 분자들이 실린더 머리와 피스톤 사이에 갇히면, 모두 함께 피스톤에 압력을 가한다. 무작위 운동이 몇 가지 자유도로 제약되어, 피스톤이 실린더 아래로 밀려나는 움직임의 형태로 표출된다. 제약을 경험하는 기체가 팽창하면서 피스톤에게 일을 한 것이다.

무엇이 기체의 에너지 방출을 제약했을까? 실린더와 그 안의 피스톤이다. 기체가 실린더 머리와 피스톤 사이에 갇혀 있기 때문이다.

뉴턴 이래 물리학자들은 이런 계를 분석할 때 '손수' 제약을 가했다. (이를테면 실린더와 피스톤을 설치하여 기체를 가뒀다.) 수학적으로 말하면 그것이 계의 '경계 조건'이다. 당구공이 무한히 굴러가지 못하도록, 또는 소파 밑으로 숨지 못하도록 막아 주는 당구대 가장자리와 비슷하다. 경계 조건을 설정한 뒤에는 초기 조건들, 입자들, 힘들을 규정한다. 그런 뒤에 방정식을 풀면, 앞으로 역학이 어떻게 진행될지 알 수 있다. 예를 들어 피스톤의 움직임을 알 수 있다.

하지만 현실에서는 이런 의문을 제기해 볼 만하다. '제약들 자체는 어디에서 왔을까?' 실린더와 피스톤의 경우에는 답이 간단하다. 누군가가 실린더와 피스톤을 만들고, 하나를 다른 하나 속에 넣고, 기체를 주입했다. 그런데 가만 보면 이것은 놀라운 답이다. 여기에도 일이 들기 때문이다.

다시 말해 일이 수행되려면 에너지 방출이 몇 가지 자유도로 제약되어야 한다. 그런데 일을 하기 위해서 에너지 방출을 제한하는 그 제약을 만드는 데 또 일이 든다! 이것은 어떤 물리 법칙도 위반하지 않는 일이지만, 나는 이것이야말로 우리가 뻔히 눈앞에 두고서도 알아채지 못하는 현상, 즉 확산적 과정 조직화에 대한 결정적 단서라고 생각한다. 에너지 방출을 제약하는 데에 일이 들고, 그렇게 제약된 에너지가 방출되면서 또 일을 한다. 제약이 없으면 일도 없다. 일이 없으면 제약도 없다. 물리학은 우리에게 이 사실을 가르쳐 주지 않았지만, 세포들은 실제로 이런 과정을 사용해서 확산적 과정 조직화를 해 낸다. 세포들은 일을 수행함으로써 에너지 방출에 제약을 가하도록 진화했다. 그 에너지가 다시 일을 수행해서 미세소관 같은 생성물들을 만드는데, 생성물들 중에는 에너지 방출에 더 많은 제약을 가하는 구조들이 있다. 그런 구조들로부터 제약을 받은 에너지가 다시 일해서 더 많은 구조를 만들고, 그 안에는 또 에너지 방출에 더 많은 제약을 가하는 구조들이 있다. 세포에서는 이런 자기 확산적 과정 조직화가 늘 벌어지고 있다.

앞 장에서 나는 재미로 설계한 루브 골드버그 기계를 예로 들었다. 대포, 화약, 포탄, 우물에 걸친 물레바퀴, 물을 담은 양동이에 맨 줄로 구성된 기계였다. 대포에서 발사된 포탄이 물레바퀴를 때리고, 바퀴가 돌아서 줄을 감아올리고, 양동이의 물이 넘쳐서 바로 옆의 깔때기로 들어가고, 물이 흘러서 콩밭을 적셨다. 이 경우 모든 메커니즘들에 경계 조건을 구축한 것은 바로 나였다. 내가 대포를 설치했고, 물레바퀴를 만들었고, 물이 담긴 양동이에 줄을 묶었고, 콩밭까지 이어지는 관을 놓았다. 내가 몸소 일을 해서 에너지 방출에 제약이 가해지도록 설정했다. 그 결과로 벌어진 사건들에는 자발적 과정과 비자발적 과정이 섞여 있다. 다만 과정들 스스로가 에너지 방출에 대한 제약을 구축할 수는 없다. 반면에 세포는 그렇게 할 수 있다. 세포가 일을 수행해서 에너지 방출에 대한 제약을 만들고, 그 에너지가 일에 사용되어서 만들어 낸 구조들 중에는 더 많은 제약이 되는 것들이 있고, 그 제약이 또 일을 하고, 그 일이 또 제약을 만든다. 세포는 이렇게 계속 진행할 줄 안다. 제약을 경계 조건으로 간주한다면, 세포는 스스로의 경계 조건을 직접 설정하는 셈이다. 실제로 세포는 경계 조건들을 복잡하게 엮어 네트워크를 구축하고, 그 네트워크가 에너지 방출을 더욱 제약하며, 그 제약이 더 많은 경계 조건을 만든다.

우리는 아직 이 현상을 분명한 그림으로 묘사하지 못할 뿐만 아니라 이 현상에 대한 이론도 모른다. 심지어 그 이론이 대강 '어떤 형태'인지도 모른다. 코앞에 있는 것을 제대로 보지 못하는 이 수수께끼는(혼란이라는 표현을 선호하는 사람도 있겠지만) 물론 자존심 상하는 일이지만, 한편으로는 경이로운 느낌도 들지 않는가? 보통의 독자들이나 과학자들이 모두 그런 느낌을 받는다면 좋겠다.

앞에서 묘사한 성질을 지닌 물리계로서 가장 단순한 예는 강이다. 강

바닥은 흘러가는 강물에 제약으로 작용한다. 강물의 흐름에 대한 경계 조건인 셈이다. 그러나 한편으로는 강물의 흐름이 강바닥을 침식해서 변화시킨다. 우리에게 친숙한 이 계는 그 과정을 통해서 에너지를 몇 가지 제한된 자유도로 방출한다. 강물이 낮은 곳으로 흐르는 과정에서 중력 위치 에너지를 내놓으면서 침식이라는 일을 하고, 그럼으로써 스스로의 경계 조건을 변형시킨다. 이렇게 예를 들면 대강 이해는 되지만, 어떻게 확산적 과정 조직화를 수행하는 세포가 일 순환을 통해서 스스로의 경계 조건을 구축하는지, 어떻게 경계 조건이 또 일을 바꾸고 일이 또 무수한 방식으로 경계 조건을 변형시키는지, 우리는 모른다. 아직은 이런 계에 대한 적절한 이론이 없다. 우리는 바로 눈앞에서 이런 현상이 벌어지는데도 그것에 대해서 별다른 표현을 못하고 있다.

A와 B라는 두 분자가 세 가지 반응을 겪는다고 가정하자. A와 B가 C와 D를 만들 수 있고, E를 만들 수도 있고, F와 G를 만들 수도 있다. 반응들은 모두 화학자들이 '반응 좌표'라고 부르는 것을 따라가며 펼쳐진다. 분자는 모두 나름의 방식으로 운동하는데, 진동 운동, 회전 운동, 병진 운동, 그리고 이 양식들이 복잡하게 조합된 칭동(秤動) 운동이 있다. 한편 분자의 총 에너지는 구성 원자들의 배치에 따라 결정되는데, 그 에너지에는 언덕과 계곡이 있다. 기질에서 생성물로 나아가는 반응은 인접한 에너지 언덕들 사이의 '안장점', 즉 '고개 마루'를 넘어서 계곡을 향해 흘러간다. 언덕의 굴곡이 그 반응의 좌표인 셈이다. 이때 에너지의 언덕은 분자들을 계곡에 머무르게 만듦으로써 내부의 제약으로 작용한다. 화학 에너지가 방출되는 방식을 제약함으로써 특정 방식으로 특정 생성물을 향해서만 반응이 진행되게끔 하는 것이다.

이제 진짜 세포를 생각해 보자. 세포는 열역학적 일을 해서 지질 분자를 만든다. 지질 분자들은 낮은 에너지 상태인 이중 지질 막으로 뭉친다. 그것은 세포막일 수도 있고, 세포 내부의 막일 수도 있다. 이때 세포액에 들어 있던 A와 B 분자들이 막으로 확산해 들어갔다고 상상하자. 분자들의 회전, 진동, 병진 운동 양식이 바뀔 것이다. 그러면 에너지 언덕과 계곡도 바뀔 것이다. 따라서 반응 좌표가 바뀌고, 에너지 방출을 통제하여 일을 수행하는 제약 조건들이 바뀌고, A와 B가 세 반응들 중 어느 쪽을 더 많이 택하느냐 하는 반응 분포도 바뀔 것이다. 예를 들어 원래는 수용액 상태에서 A와 B가 C와 D만을 만들었다면, 막에서 반응 계곡이 바뀌는 바람에 이제는 A와 B가 E 합성 반응과 F와 G 합성 반응을 동일한 비중으로 수행할지도 모른다. 세포가 열역학적 일을 수행하여 지질을 만들었고, 지질이 막을 형성했고, 막이 A와 B의 화학 에너지 방출에 대한 제약 조건을 바꾸었고, 그럼으로써 다른 반응이 일어나게 했다. 다시 말해 세포는 일을 통해 제약을 만들어 냄으로써 에너지를 다른 방식으로 방출시켰다. 세포가 만든 제약 때문에 이후에 수행될 일의 종류가 바뀌었다.

C와 D가 아니라 E, F, G를 합성한다는 변화는 향후의 과정들에 줄줄이 영향을 미칠 것이다. 영향은 세포 내의 반응들에만 국한되지 않을 것이다. 그런데 지금 우리는 세포 내 반응들을 설명하는 데에는 화학 위치 에너지 방정식이라는 좋은 설명 도구를 가지고 있지만, 에너지 방출에 대한 새로운 제약이나 경계 조건이 확산적으로 구축되어 가는 과정을 설명하기 위한 이렇다 할 수학적 설명 도구는 가지고 있지 않다. 결국 우리가 그 수학을 발견해야 한다. 그것을 기존의 화학적, 전기 화학적, 역학적 과정들과 잘 결합해서 하나의 일관된 수학적 설명 틀을 꾸려야 한다. 그것으로써 세포계의 행동을 묘사해야 한다.

세포가 확산적으로 조직하는 과정들의 모든 인과적 성질들 중에서, 세포의 생명에 유의미한 '작업' 또는 기능이 되는 것은 일부 하위 집합

뿐이다. (아마도 자연 선택이 그런 기능을 조직했을 것이다.) 그런데 이 확산적 과정 조직화는 스스로 완결된다는 것에 주목하자. 세포가 일종의 '작업 닫힘' 구조를 구축함으로써 스스로 복제한다는 말이다. 새롭게 등장한 이런 닫힘 상태야말로 살아 있는 생명의 상태이다. 우리는 아직 이 현상을 제대로 이해하지 못했다. '작업 닫힘'이 어떤 의미인지를 직관적으로는 느끼지만, 어떻게 하면 그것을 정확하게 묘사할 수 있는지는 아직 모른다. 확산적 과정 조직화가 난공불락의 문제는 아닐 테지만, 아직 우리는 세포의 생명, 일반적인 생명, 우리 생물권의 진화 등에 대한 기존 지식에 이 현상을 통합시키지 못했다.

일과 제약이 복잡한 거미줄처럼 얽혀서 진행하며 세포의 다른 구조들을 만드는 과정을 보노라면, 각종 사건들이 타래처럼 얽혀서 부단히 발생하는 모습에 경탄이 나올 뿐이다. 이 현상은 생물권의 진화라는 자연적 과정을 통해 생겨났다. 창조주는 필요하지 않았다. 칸트가 『판단력 비판』에서 묘사한 것이 바로 이런 현상이었다. 살아 있는 세포는 단순한 분자 재생산 계 이상이다. 그것은 일 작업들을 닫힌 구조로 꾸림으로써 스스로의 과정들을 확산적으로 조직하는 계이다. 생물 물리학자 해럴드 모로위츠(Harold Morowitz, 1927년~)는 이런 연속적 확산이 보편적인 현상임을 보여 주는 멋진 근거를 내놓았다. 그는 대사 과정의 핵심인 시트르산 순환이 오늘날 지구상의 어떤 암석보다도 오래되었다고 지적했다. 칸트가 언급했던 자기 확산적 조직화는 역사가 물경 수십억 년이나 되는 것이다.

물론 세포는 물리적 '재료'로 만들어졌고, 확산적 과정 조직화는 어떤 물리 법칙도 위반하지 않지만, 그래도 물리학에서 확산적 과정 조직화를 연역할 수는 없다. 우리 생물권의 구체적 진화 과정, 주로 변이를 수반한 유전과 자연 선택을 통해 추진된 이 과정은 오히려 부분적으로

나마 다윈주의적 전적응의 산물로 봐야 한다. 우리 생물권의 진화를 양자 역학의 표준 모형이나 일반 상대성 이론을 써서 시뮬레이션하는 것도 불가능하다. 우리는 환원주의를 한참 넘어섰다. 생명과 행위 주체성과 의미와 가치가 존재하는 우주, 아직 명료하게 개념화되지 않은 확산적 과정 조직화의 우주로 들어섰다.

항간에서 거론되는 정보 개념은 어떻게 이해해야 할까? 요즘 생물학자들은 정보가 풍부한 분자라느니, 정보 처리 과학으로서의 생물학이라느니 하는 말을 자주 한다. 그렇지만 생물학의 모든 요구들을 다 만족시키는 단일한 정보 개념은 없는 것 같다. 이 혼란한 상황을 짧게 따져보자.

정보의 정의로 가장 유명한 것은 클로드 엘우드 섀넌(Claude Elwood Shannon, 1916~2001년)의 정의이다. 그는 정보원(source)과 채널(channel)과 수신자(receiver)가 있는 것이 곧 정보라고 정의했다. 통신 채널을 대상으로 삼아 정보 이론을 개발했던 그는 '얼마나 많은' 정보가 채널을(이를테면 전화선을) 통과해 전달되는가 하는 문제에 관심이 있었다. 특히 '잡음이 많은' 통로에서 말이다. 정보원이 일련의 메시지들을 내고, 그중 하나 이상이 채널을 통해 수신자에게 전달된다고 하자. 무사히 전송되어 수신자에게 흡수된 정보가 많을수록 잡음 많은 채널을 통한 메시지 수신의 불확정성이 낮아지는 셈이고, 정보원에게도 그 메시지의 엔트로피가 낮아지는 셈이다. 여기서 중요한 점은, 섀넌은 그것이 **어떤** 정보인지를 말하지 않았다는 것이다. 그는 그저 얼마나 많은 정보가 무사히 전송되는가에만 관심이 있었을 뿐, 메시지의 '의미'에 대한 설명은 빠뜨렸다.

섀넌은 정보의 의미를 다루는 '의미론적' 문제는 수신자에게 미뤘다. 정보가 '무엇'인가는 수신자에게 달린 문제라는 것이다. 그러나 이를테면 세균은 그저 수신자이기만 한 것이 아니다. 세균은 정보의 의미에 반응하고 그것을 해석하는 존재이다. 세균은 음식이나 독에 대한 기호에 반응하여 기호를 향해 헤엄치거나 멀리 도망간다. 따라서 섀넌의 정보 이론에서 통째로 빠진 의미론적 정보의 단계로 나아가기 위해서는, 수신자 스스로가 **행위자**이거나 아니면 (나, 여러분, 세균 같은) 행위자들과 소통할 줄 알아야 한다. 받은 메시지를 사용해서 세상에 어떤 사건을 펼쳐낼 능력이 있어야 한다는 말이다. (기호를 해석해서 포도당 농도 기울기 속을 헤엄치는 세균처럼.) 이것은 물질과 에너지와 정보를 연결하려는 시도라 할 수 있다. 아직은 이런 탐구가 부족하고, 어떻게 탐구해야 할지 아는 사람도 없지만 말이다.

왜 섀넌의 정보 이론을 생물학이나 생물권 진화에는 그대로 적용하기가 어려울까? 생물학이나 생물권 진화에서는 정보원과 채널과 수신자를 제대로 분간할 수 없기 때문이다. 사람이 태어나는 현상도 정보 전달로 볼 수 있을까? 그 경우에는 생명의 시작이 정보원인가? 두 부모에서 후손이 생겨나는 과정이 정보 채널인가? 아니면 수정란이 채널인가? 수정란 내부의 분자들을 몽땅 헤아려 봤자 그로부터 자라날 성체를 완벽하게 기술할 만한 정보 저장 공간은 확보되지 않으므로, 수정란은 채널이 될 수 없다. 수정란의 발생 과정은 정보 채널이라기보다는 알고리듬에 가깝다. 섀넌의 정보 개념은 생물권의 진화를 이해하는 데 쓰기에 알맞은 형태가 아니다.

(구)소련의 수학자인 안드레이 니콜라예비치 콜모고로프(Andrei Nikolaevich Kolmogorov, 1903~1987년)가 개발한 정보 개념도 있다. 그에 따르면, 일련의 기호들로 표현된 정보란 곧 그 정보를 생산할 수 있는 보편 연산자용 최소 프로그램이다. '보편 연산자(universal computer)'란 내가 지금 글쓰기에 사용하는 컴퓨터 같은 것이다. 콜모고로프의 말은 숫자 서열에 담긴 정보의 내용은 그 서열을 만드는 데 필요한 알고리듬과 같다

는 것이다. 그렇다면 놀라운 결론이 따라 나온다. 패턴이 있는 숫자 서열보다는 무작위적인 숫자 서열에 담긴 정보량이 더 많다는 결론이다. 그러나 더 중요한 점은, 콜모고로프도 섀넌과 마찬가지로 정보가 **얼마나** 있는지를 말할 뿐 정보가 **무엇**인지는 말하지 않는다는 것이다. 콜모고로프의 정보에도 '의미'는 없다.

생물학에 섀넌의 정보 개념을 적용한 결과, 생물학자들은 유전 암호에만 집중하게 되었다. 유전자가 RNA를 지정하고 RNA가 단백질로 번역되는 과정에만 집중하게 되었다. 20세기 최고의 진화 생물학자라고 할 만한 존 메이너드 스미스(John Maynard Smith, 1920~2004년) 같은 이들은 유전자에 작용한 자연 선택 때문에 유전자가 "유전 정보의 특별한 운반자"로 간택되었다고 주장했다. 하지만 우리는 유전자 없는 생명 형태도 얼마든지 그려 볼 수 있다(이를테면 펩타이드들로 구성된 집단적 자체 촉매 집합). DNA, RNA, 유전 암호, RNA가 단백질로 번역되는 복잡한 과정 등이 진화하지 않았던 시절의 생명도 그려 볼 수 있다. 정보 개념이 정말로 생물학에 적용된다면, 그 어떤 생물학에든 적용되어야 할 것이다. 진화로 생겨난 DNA 서열이 역시 진화로 생겨난 펩타이드 자체 촉매 집합보다 '정보 운반자'로서 더 근본적일 이유는 없는 것 같다. 지질 막에 싸여 있지만 DNA나 RNA가 없는 펩타이드 자체 촉매 집합은 그럼 무엇이란 말인가? 그것도 틀림없이 진화로 생겨났다. 그것이 세포들처럼 일 순환을 하고, 제약을 만들고, 확산적 과정 조직화를 수행한다면, 그것도 살아 있는 것이 아닌가? 진핵세포처럼 완벽하게 정보로서의 조건을 충족시키는 것이 아닌가? **정보**라는 용어를 과연 어떻게 써야 할까? 그것으로 물질과 에너지를 연결할 수 있을까? 가능하다면 대체 어떻게?

정보에 관한 이야기를 마무리하자. 내가 결론적으로 받아들이는 것은 찰스 샌더스 퍼스(Charles Sanders Peirce, 1839~1914년, 미국의 수학자, 논리학자,

철학자 — 옮긴이)의 정보 개념이다. 퍼스의 정보 개념은 정보가 '무엇'인지 이야기한다. 정보란 주변의 포도당 농도 기울기 같은 기호를 판별하는 일이고, 포도당 농도 기울기 속을 헤엄치는 것처럼 행동으로 기호를 해석하는 일이다. 이 사고 방식은 정보가 '무엇'인지 말해 주며, 물질과 에너지와 정보를 잇는 시발점이 될 수 있다. 이 견해가 옳다면, 정보에는 **행위자**가 필요하다. 정보를 **받고**, **판별하고**, **해석하고**, **행동**하기 위해서는 **일 순환을 수행하는**, **자기 재생산적 비평형 계**가 필요하다. 살아 있는 세포에게 이 모든 도구들을 갖춰 준 것은 자연 선택이었고, 자연 선택이 그렇게 한 데에는 충분한 선택적 이유가 있었을 것이다. 물론 세포 내의 사건들이 모두 자연 선택된 것은 아니기 때문에, 세포 내의 사건들이 모두 정보를 포함한 것은 아니다. 이런 식으로 설명하면, 비로소 물질과 에너지와 정보를 어떻게 끼워 맞춰야 할지 실마리가 보인다. 나는 이런 사고 방식이 섀넌이나 콜모고로프의 정보량 해석과는 다르다고 강조하고 싶다. 그들의 이론은 정보가 '무엇'인지 말하지 않았다. 다시 한번 지적하건대 섀넌의 시각에서 정보가 '무엇'인가의 문제는 수신자의 몫이었다. 나는 그 수신자가 결국 **행위자**여야 한다고 생각한다.

그런데 정보가 '무엇'인지 이해하는 문제에서, 정보를 기호 해석으로 간주하는 의미론적 시각보다 더 오래되고 더 심오한 시각이 있을지도 모른다. 에르빈 슈뢰딩거는 『생명이란 무엇인가(*What is Life*)』에서 생명은 화학 결합의 안정성과 양자 역학에 달려 있다고 말했다. 그는 또 결정처럼 주기적인 고체는 지루하다고 했다. 결정의 기본 단위가 무엇인지 알아내면 단박에 결정 전체를 이해할 수 있으니까 말이다. 물론 결정에 예외적으로 존재하는 결함들은 제외해야겠지만. 일례로 석영 결정은 석영 결정 단위의 3차원 반복일 뿐이다. 결정은 결정 단위와 약간의 결함 외에는 그다지 많은 것을 '말하지' 않는 셈이다. 슈뢰딩거는 한 발 더 나아갔다. 그는 '비주기적 결정'에 대담한 희망을 걸었다. 그는 비주기적 결정에 담긴 '마이크로코드(microcode)'의 내용에 따라 그로부터 만들어지는 생물이 결정된다고 짐작했다. 비주기적 결정은 '많은 것을 말한다.'는 직관이다. 슈뢰딩거가 그 글을 쓴 것은 1943년으로, DNA의 구조가 발견되기 10년 전이었다. 그리고 DNA가 바로 그런 비주기적 결정이다. A, T, C, G로 구성된 임의의 서열이 유전 '정보'를 나르니까 말이다. 슈뢰딩거의 책은 분자 생물학의 발명을 이끌었고, 여담이지만 그 작업의 대부분은 물리학자들이 해 냈다.

슈뢰딩거가 말한 '마이크로코드'란 무엇일까? 내 해석은 이렇다. 마이크로코드는 세포나 생물이 확산적 과정 조직화를 통해 일으키는 무수한 사건들에 대해서 **부분적 인과력**을 미치는, 잡다한 **미세 제약**들의 집합이다. 한마디로 정보가 곧 제약이라는 시각이다. 이 해석의 장점은 정보와 물질과 에너지를 하나의 틀에 묶는다는 것이다. 제약이 곧 경계 조건이니까 말이다. 뉴턴 이래 물리학자들이 믿어 온 것처럼, 경계 조건은 에너지를 간직한 물리계의 행동에 부분적으로나마 인과적 영향을 미친다. 메이너드 스미스의 말마따나 그런 제약, 그런 정보 자체를 자연 선택이 조립했다. 정보 역시 세포와 생물에게 선택적 이점으로 작용한 확산적 조직화의 일부이기 때문이다. 그러나 내가 메이너드 스미스와(그리고 생물학에서 정보를 이야기하는 대부분의 사람들과) 다르게 생각하는 점도 있다. 나는 유전자에만 특권적으로 정보가 있고 세포에서 구체적인 작업을 담당하는 다른 복잡한 제약들의 네트워크에는 정보가 없다는 구분에 반대한다. 자연 선택에서 살아남은 것은 그것이 무엇이든 나름대로 유용하기 때문에 살아남았다. 최소 분자적 자율 행위자가 '맛있음' 수용기에 결합한 '맛있음' 분자를 수신함으로써 '맛있음' 기호를 읽어 내고 '맛있음'을 향해 이동하는 행동을 한다면, 그것은 자연 선택이 부여한 과정들의 조직화 능력을 통해 기호를 해석한 것이다. 우리는 이런 의미론적 정보까지 다 받아들여야 비로소 물질과 에너지와 정보를 하나의 설명 틀에서 이야기할 수 있다.

다음으로 우리는 이 발상이 비생물학적 우주로도 일반화될지 물을 수 있다. 즉 우주에서도 확산적 과정 조직화가 생겨나는지 물을 수 있다. 만약에 일반화가 가능하다면 구체적으로 어떻게 그런지도 물을 수 있다. 은하에 산재한 차갑고 거대한 분자 구름, 별들의 탄생지인 그곳을 생각해 보자. 그곳에서도 복잡한 화학이 벌어진다. 규산염 입자와 유기물질이 만들어지고 자라고 뭉쳐서 미행성체를 이룬다. 그런 화학을 추진하는 힘은 별빛이나 그밖의 복사 에너지 장들이다. 그 입자들의 표면에는 균열이 있을 것이고, 그것이 촉매적 제약으로 작용해서 특정 반응이 잘 일어나도록 해 줄 것이다. 반응 생성물들 중 일부는 입자에 계속 들러붙어서 입자 표면의 형태를 바꿔 나갈 것이다. 그것은 곧 경계 조건이 바뀌는 것이고, 덕분에 점점 커지는 입자에서 더욱 다양한 반응들이 일어날 것이다. 이것을 비생물적인 확산적 과정 조직화라고 볼 수 있을까? 좋은 질문이다. 여기에서 물질과 에너지와 정보의 통합에 대한 실마리를 얻을 수 있으니까.

세포 같은 열역학적 비평형 계의 '정보량'을 재는 척도가 있을까? 그런 계에서 앞으로 벌어질 사건들이나 과정들에 부분적으로 인과적 영향을 미치는 제약들의 다양성을 그 척도라고 가정해 보자. 자연 선택을 경험하는 생물계에서는 미래에 벌어질 사건들이나 과정들의 다양성이 극대화되는 경향이 있을 것이다. 이것은 충분히 합리적인 예상이다. 더 다양한 과정들을 수행할 줄 아는 세포는 그러지 못하는 세포와의 경쟁에서 쉽게 이길 테니까 말이다. 그러나 이 예상은 당장 한 가지 문제에 부딪힌다. 우리가 잠시 물리학자가 된다고 상상하자. 기억하겠지만 물리학자는 3차원 공간에서 어떤 입자의 위치와 속력을 6개의 숫자들로 표현할 수 있다. 각각 X, Y, Z 축에 투사한 위치 좌표를 뜻하는 숫자 3개와 X, Y, Z 축에 대한 움직임의 방향과 크기로 속력을 표현하는 숫자 3개이다. 그렇다면 *N*개의 입자들은 6*N*개의 숫자들로 표현된다. 이것을 6*N* 차원 상태 또는 위상 공간이라고 부른다. 아마추어 물리학자인 우리는 이제 무작위로 움직이는 입자들로 구성된 기체를 생각해 보자. 이 계에서 미래에 벌어질 사건들의 다양성은 늘 극대화된다. *N*개 입자들의 방향과 속도는 **모든 가능한 조합들을** 자유롭게 취할 것이기 때문이다. 여기에서 중요한 점은 **기체 입자들의 무작위적 움직임이 순수한 열**이라는 것이다. 이 **무작위** 계에는 아무런 제약이 **없다**는 점도 중요하다. 무작위 운동을 하는 입자들의 계에서는 미래에 벌어질 사건들의 다양성이 극대화되지만, 경계 조건이나 제약이 있는 계에서는 그렇지 않다는 말이다. 그런데 DNA가 전혀 무작위적이지 않은 여러 세대의 성체들을 거치며 **마이크로코드**를 전달하는 상황은, 완벽하게 무작위적인 입자들의 계에서 미래에 벌어질 사건들의 다양성이 극대화되는 상황과는 거리가 멀다. 후자는 오히려 무작위적 기호 서열에서 정보량이 극대화된다고 했던 섀넌의 수학과 일맥상통한다. 그러나 위에서 언급했듯이, 입자들의 무작위적 움직임은 순수한 **열**일 뿐 **일**이 아니다. 이 점에서 어쩌면 우리는 다양한 제약들의 존재가 오히려 미래에 벌어질 '사건들'의 다양성을 극대화한다는 통찰을 얻을 수 있을지도 모른다. 다양한 제약들의 존재가 어떤 식으로든 물리적 의미의 정보나 '사건'과 관련이 있다면, 우리는 기체의 무작위적 움직임에 경계 조건을 도입해야 할 것이다. 그러면 움직임의 가능성이 제한되고, 에너지 방출이 몇 가지 자유도로 제한된다. 이처럼 에너지 방출이 몇 가지 자유도로 한정되는 것이 곧 **일**이다. **따라서** 나는 정보를 에너지 방출에 대한 제약으로 해석할 필요가 있다고 생각한다. 제약이 일을 구성한다. 나는 또 자연 선택이 세포, 생물, 생태계, 생물권이 수행하는 일의 다양성을 극대화할지도 모른다고 생각한다. 그렇다면 '사건'이란 입자들이 에너지 방출에 대한 제약 때문에 서로 잘 조율된 방식으로 움직이는 현상인 셈이다. 즉 일의 수행이다. 이것은 충분히 가능성 있는 시각이다. 다만 자연 선택이 일 다양성만을 극대화하는 것은 아닐지도 모른다. 우리는 수행된 일의 **총량**도 함께 고려할 필요가 있다. 어떤 계가 수행할 수 있는 일의 총량은 계에 투입되는 에너지 총량에 달려 있으므로, 그렇다면 우리는 수행된 일의 **총량**에 수행된 일의 **다양성**을 곱한 값을 고려해야 한다. 이것은 쉽게 수치화할 수 있는 값이다. 세포를 예로 들면, 세포가 수행할 수 있는 모든 작업들 중에서 일의 총량에 일의 다양성을 곱한 값이 극대화되는 방향으로 선택이 작용한다는 말이다. 생태학자 로버트 울라노위츠(Robert Ulanowitz, 1943년~)가 생태계에서의 일 흐름에 이와 비슷한 수학적 척도를 도입했다는 사실이 새삼 의미심장하다. 울라노위츠의 척도는 생태계의 총 에너지 흐름에 에너지 흐름의 다양성을 곱한 값이었다. 그는 성숙한 생태계에서는 그 값이 극대화되지만 교란된 생태계에서는 값이 작아진다고 말했다. 에너지 흐름과 일 흐름은 거의 같은 뜻이다. 일은 에너지에서 순수한 열을 제외한 개념이다. 내 추론이 옳고 울라노위츠도 옳다면, 세포는 물론이고 생태계와 생물권의 모든 생명은 자연 선택을 통해 일의 총량에 일의 다양성을 곱한 값을 극대화하려는 경향을 띨 것이다.

다음 장에서는 세포가 동적 '임계' 상태에 있을지도 모른다는 가능성을 살펴본 연구들을 소개하겠다. 동적 임계란 동적 질서와 혼돈의 사이, 즉 '혼돈의 가장자리'를 말한다. 이런 개념들의 정의도 다음 장에서 소개하겠다. 어쨌든 **동적 임계 상태의 계는 변수들의 상호 조율된 활동을 극대화시킨다. 또 그런 계에서는 계의 크기가 커짐에 따라 계가 '할 수 있는' 일의 다양**

**성이 극대화되는 듯하다. 그렇다면 생명이 자연 선택을 통해 동적 임계 상태로 진화함으로써 일의 총량에 일의 다양성을 곱한 값을 극대화한 것이 아닐까 하는 생각이 떠오른다. 이것은 아직 입증되지 않았지만 무척 흥미로운 가능성이다. 그것이 사실이라면, 세포는 자신이 수행할 수 있는 일의 총량을 극대화함으로써 에너지 자원이 한정된 상황에서 최대한 다양한 작업들을 최대한 효율적으로 수행할 것이다.** 앞으로 이야기하겠지만 세포가 실제로 동적 임계 상태일지도 모른다는 것을 말해 주는 잠정적 증거들이 있다.

동적 임계성이 정말로 세포의 일 총량 곱하기 일 다양성을 극대화하는지 확인하기 위한 연구도 극히 초기 단계이지만 시도되고 있다. 나아가 생태계와 생물권에 대한 연구도 시도되고 있다. 만약에 이 가설이 생물권에 대해서도 참이라면, 생물권은 숱한 멸종 사태들에도 불구하고 장기적으로는 모든 조직적 과정들의 총 다양성을 극대화하려는 경향이 있다는 뜻이다.

어쩌면 이것은 일관되게 자기 조직적이고, 열려 있고, 비평형인 계에 대해서는 두루 통용되는 법칙일지도 모른다. 세포에 대해서든, 우주의 다른 생물권에 대해서든. 생물권은 칸트가 말한 자기 확산적 과정 조직화를 극대화하는 보편적 경향이 있는지도 모른다.

세포 내부나 세포들 사이에서 벌어지는 확산적 과정 조직화는 물질, 에너지, 일, 제약, 기호 작용을 하나로 이어 주는 작업이다. 우리 생물권에서 이런 작업이 진화한 역사는 수십억 년에 이른다. 다세포 생물이 진화하기 전부터 이런 현상이 있었다. 이것은 생물권이 자신의 인접한 가능성으로 진화해 들어가는 과정에 기여하는 한 요소이고, 우리는 그 생물권의 결실이다. 우리는 이런 끊임없는 진화에 참여할 수 있다는 점을 감사히 여길 뿐이다. 우리에게는 정말로 자연의 창조성이라는 신이면 충분하다.

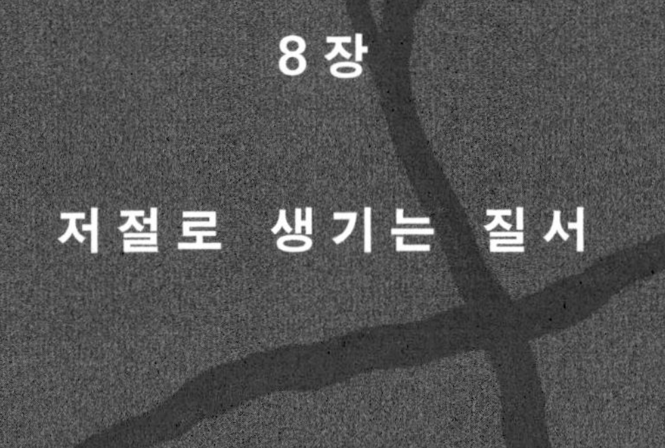

# 8장

# 저절로 생기는 질서

창발적이며 물리학으로 환원되지 않는 자기 조직화라는 개념은 비단 생명의 기원에만 국한되는 원리가 아니다. 사람이 수정란에서 성체로 자라는 개체 발생 과정에서도 그 원리가 뚜렷이 드러난다. 그런 창발적 조직화 역시 앞 장에서 이야기한 확산적 과정 조직화의 한 예이다. 그러나 과정, 일, 제약의 확산적 조직화라는 개념을 내가 지금부터 이야기할 세포의 동적 행동과 통합해서 설명하는 것은 아직 숙제로 남아 있다. 물론 세포가 스스로 수행하는 일의 총량에 일의 다양성을 곱한 값을 극대화할지도 모른다는 가능성과도 통합하지 못했다.

자기 조직화는 수학적으로 잘 정립된 엄연한 사실이다. 비록 초기 단계의 증거이지만, 자기 조직화 원리가 동식물의 몸에 적용된다는 증거도 있다. 자기 조직화 원리가 실제 세포들에 적용되든 적용되지 않든, 이것이 생물학에서 자발적 질서가 등장할 수 있음을 보여 주는 원리라는 것만은 분명하다. 최소한 이것은 창발성과 환원 불가능성의 **가능성**을 확실하게 보여 주는 원리이다. 그리고 생물학의 질서가 자연 선택을 통해서만이 아니라 자연 선택과 자기 조직화 원리의 협동에서 생겨났다는 발상을 지지하는 원리이다. 그런 협동이 어떤 식으로 이루어지는지는 아직 모르지만 말이다. 어쨌든 생물학에서 질서의 원천은 오직 자연 선택뿐이라는 대다수 생물학자들의 고전적 신념은 옳지 않을지도 모른다. 그 방식은 아직 수수께끼이지만, 자기 조직화 원리도 제2의 질서 제공자로서 한몫 거들어, 자연 선택이나 역사적 우연의 힘과 섞일지도 모른다.

개체 발생은 마치 마술처럼 창발적 질서가 탄생하는 복잡한 과정이다. 사람은 수정란(fertilized cell) 또는 접합자(zygote)라고 불리는 하나의 세포에서 시작한다. 접합자가 대략 50번의 세포 분열을 거치면 신생아의 모든 세포 종류들이 탄생한다. 인체에는 간 세포, 콩팥 세포, 적혈구, 근육 세포 등 조직학적 기준으로 따져서 약 265종의 세포가 있다. 이처럼 다채로운 세포들을 탄생시키는 과정이 '분화'이다. 쉽게 비유하자면 접합자는 나무가 가지를 쳐 나가듯이 분화함으로써 성체의 모든 세포들을 만든다. 그중 어떤 세포들은 어떤 하위의 가지라도 다 생성할 수 있는 '줄기 세포'로 남는다. 예를 들어 성체의 혈액 줄기 세포는 혈액 세포라면 어떤 종류든 다 만들 수 있다. 분화하는 나무에서 서로 다른 가지들이 엇갈릴 때도 있다. 분화와 별개로 다양한 세포들이 특정 기관(간, 팔, 눈 등)을 만드는 과정은 형태 형성이라고 부른다. 나는 분화에 초점을 맞추어 자기 조직화를 이야기하겠지만, 형태 형성 과정에도 자기 조직화의 징후가 있다는 것을 명심하자.

분자 생물학의 중심 원리는 다음과 같다. 먼저 대부분의 사람들이 잘 아는 DNA가 있다. 1953년에 왓슨과 크릭이 DNA의 이중 나선 구조를 발견했다. DNA는 A, C, T, G라는 네 가지 화학 문자들로 구성된다. 이것들이 한 줄로 이어진 서열이 이중 나선의 양 가닥에 해당하는데, 한쪽 가닥에 A가 있으면 그 상보적 가닥에는 T가 있어서 서로 결합하고, C는 G와 결합한다. CGG처럼 DNA 문자 3개가 나열된 것을 삼중 부호라고 부른다. 이 부호 하나가 스무 종류의 아미노산 분자들 중 하나를 지정한다. DNA 단일 가닥은 전사 과정을 통해서 DNA와 비슷하지만 조금 다른 RNA 가닥으로 복사된다. (RNA에서는 T 대신 U가 쓰이지만, 이것은 사소한 차이이다.) 다음은 번역 과정이다. 리보솜 분자가 RNA의 번역 '시작점'에 결합한 뒤, RNA 삼중 부호를 하나씩 읽어 나가면서 부호들이 가리키는 아미노산들을 잇는다. 그렇게 형성된 긴 아미노산 사슬이 바로 단백질이다. 유전자는 단백질 형성 지침이라고 봐도 무방하다.

이렇게 조립된 선형 단백질 사슬은 착착 접혀서 복잡한 3차원 구조를 취하는데, 그래야 비로소 기능성이 확보된다. 단백질은 세포의 화학적 '일꾼'이다. 여러 구조들을 건설하고, 세포막의 통로를 만들고, 반응을 촉매하는 효소 역할을 한다.

DNA 서열 중 단백질을 암호화한 부분을 구조 유전자(structural gene)라고 한다. 과학자들은 인간 유전체 프로젝트를 통해서 사람에게는 약 2만 5000개의 구조 유전자가 있다는 사실을 밝혀냈다. 그런데 번역 과정에 약간의 융통성이 있기 때문에, 구조 유전자로부터 만들어지는 단백질 종류는 사실 더 많다. 아마 10만 개가 넘을 것이다.

DNA는 세포 안에서 염색체라는 복잡한 구조로 접혀 있고, DNA와 그것에 들러붙은 부속 단백질들을 통틀어 염색질이라고 부른다. 대부분의 사람들은 23쌍의 염색체를 갖고 있다. 염색체 각 쌍마다 하나는 어머니에게서 왔고, 다른 하나는 아버지에게서 왔다.

어떻게 다양한 종류의 세포들이 만들어질까 하는 것은 생물학의 핵심 의문이다. 20세기 초 과학자들은 접합자에 염색체 23쌍이 다 담겨 있지만 서로 다른 세포들에는 서로 다른 염색체 집합들이 담겨 있다고 생각했다. 그러나 현미경으로 조사해 본 결과, 종류에 무관하게 모든 세포는 온전한 염색체 집합을 갖고 있었다. 게다가 당근의 다양한 세포들을 종류 별로 분해해서 적절히 배양하면 각각의 세포가 온전한 당근을 키워 낸다는 발견이 나왔다. 그것은 어떤 종류의 세포이든 온전한 당근을 만드는 데 필요한 모든 세포들을 길러 낼 유전 정보를 갖고 있다는 뜻이었다. 그렇다면 세포 종류가 다양한 것은 각각에서 일부 유전 정보가 누락되기 때문은 아니다. 얼마 후에 발생학자 한스 아돌프 에두아르트 드리슈(Hans Adolf Eduard Driesch, 1867~1941년)가 또 다른 흥미로운 사실을 발견했다. 2세포기의 개구리 배아를 반으로 갈라 길렀더니, 두 세포에서 각각 멀쩡한 개구리가 자랐던 것이다. 이 사실에 너무나 놀란 드리슈는 엔텔레케이아(entelecheia, 원래는 목적과 가능성을 완전히 실현한 완전태(完全態)를 뜻하는 아리스토텔레스의 철학 용어로, 일종의 생기론자였던 드리슈는 생명에 기계적 요소 이외의 목적론적 동인이 존재해야 한다며 이런 힘을 가정했다. — 옮긴이)라는 일종의 질서 부여 원리를 끌어들여서 이 현상을 설명하려고 애썼다. 요즘은 그의 해석을 진지하게 받아들이는 사람이 아무도 없지만, 그가 관찰했던 현상은 지금 봐도 여전히 매혹적이다.

세포 분화를 이해하는 다음 단계는 서로 다른 세포가 서로 다른 단백질을 만든다는 것을 보여 준 실험이었다. 적혈구는 헤모글로빈을 만들고, 어떤 백혈구는 항체 단백질을 만들고, 근육 세포는 액틴과 미오신을 만든다. 이처럼 다양한 단백질들이 탄생하는 것은 서로 다른 세포에서 서로 다른 유전자들이 활성화하기 때문이다.

세포 분화 연구에서 돌파구를 열어젖힌 사람은 프랑스 미생물학자 프랑수아 자코브(François Jacob, 1920년~)와 자크 뤼시앵 모노(Jacques Lucien Monod, 1910~1976년)였다. 두 사람이 1961년과 1963년에 수행한 연구는 그야말로 눈부셨다. 그들은 특정 종류의 단백질들이 DNA의 구조 유전자들과 아주 가까운 곳에 결합한다는 것을 알아냈다. 결합 지점의 DNA 서열은 작동자, 촉진자, 증강자, 박스 등 다양한 이름으로 불렸다. 그 단백질들은 그런 DNA 서열에 결합함으로써 근처의 구조 유전자를 켜거나 끄는 역할을 했다. 조절 단백질 또는 전사 인자라고 불리는 그 단백질들은 유전자의 전사 활동을 활성화하거나 억제한다. 그래서 유전자가 전사하는 RNA의 양이 늘거나 줄고, RNA가 생성하는 단백질의 양이 늘거나 준다. 간단히 말해 자코브와 모노는 유전자가 켜지거나 꺼질 수 있다는 것을 발견했다.

자코브와 모노는 1963년 논문에서 어떻게 조절 유전자들로 세포 분화를 설명할 수 있는지 보여 주었다. 상상해 보자. 두 유전자 A와 B는 각기 독자적으로 활동하지만, 서로 상대 유전자를 끌 수 있다. 이 유전자 회로는 아주 작지만, 여기에는 심오하고 중요한 특징이 있다. 이 회로가 안정적으로 취할 수 있는 유전자 활성화 패턴은 딱 두 가지이다. A가 켜지고 B가 꺼진 상태, A가 꺼지고 B가 켜진 상태이다. 전적으로 가상에 불과한 이 작은 유전자 회로는 하나의 유전자 집합에서 서로 다른 두 세포를 빚어낼 수 있는 셈이다.

이런 예측은 1970년대 초에 즈데네크 노이바우어(Zdeněk Neubauer, 1942년~)와 엔리코 칼레프(Enrico Calef)의 실험을 통해서 사실로 증명되었다. 연구자들은 세균을 감염시키는 바이러스인 박테리오파지 람다의 두 유전자 *C1*과 *Cro*가 서로를 끈다는 것을 발견했다. 다시 말해 두 유전자는 상대 유전자를 억제한다. 그런데 박테리오파지 람다에 감염된 세균들 중 어떤 돌연변이에서는 이 작은 회로가 수백 번의 세포 분열 동안 내내 '*C1* 켜고 *Cro* 끄고' 상태 또는 '*C1* 끄고 *Cro* 켜고' 상태를 유지했다. 가끔 회로가 한 유형에서 다른 유형으로 훌쩍 바뀌는 경우도 있었다. 흥미롭게도 사람의 세포도 한 종류에서 다른 종류로 바뀌는 '급전환'을 겪을 때가 있다. 그런 현상을 변질 형성(metaplasia)이라고 한다. 예를 들어 췌장 세포가 간 세포로, 자궁 세포가 난소 세포로 변하는 것이다.

요약해서 말하자면, 세포의 유전자들은 복잡한 전사 조절 네트워크를 이루고 있다. 어떤 조절 유전자들은 자기 자신이나 다른 유전자의 활동을 증강하거나 억제한다. 간혹 복잡한 구조의 촉진자에 전사 인자들이 여러 개 붙기도 하기에, 조절된 유전자의 행동은 복잡한 조합의 여러 조절 인자들이 함께 기능한 결과이다. 과학자들이 제일 속속들이 연구한 대상은 출아 효모이다. 효모의 복잡한 조절 네트워크에는 구조 유전자가 약 6,500개, 전사 인자가 약 350개 있다. 이 조절 네트워크는 상호 연결된 하나의 거대한 그물망인데, 과학자들은 적어도 그 절반쯤을 완벽하게 밝혀냈다. 350개의 조절 유전자들, 전사 보조 인자나 세포 신호 단백질을 암호화한 약간의 다른 유전자들, 그밖의 몇몇 분자들이 약 6,500개의 구조 유전자들을 조절하는 것은 물론이고 서로의 활동도 조절한다.

사람의 경우에는 약 2,500개의 조절 유전자들이 2,500개의 전사 인자들과 보조 인자들을 암호화한 것으로 추정된다. 2,500개의 유전자들과 그밖의 신호 단백질들이 2만 2500개의 구조 유전자들은 물론, 서로를 조절한다. 최근에는 마이크로RNA라는 것도 발견되었다. 이것은 짧은 RNA 분자를 암호화한 유전자를 말하는데, 그 마이크로RNA 분자는 다른 유전자에서 전사된 RNA에 붙어서 그것을 파괴시킴으로써 그 RNA가 단백질로 번역되지 못하게 차단한다. 마이크로RNA 역시 유전자 조절 네트워크의 일부이다. 그리고 염색질 구조를 변형시키는 분자들도 마찬가지이다. 자코브와 모노는 서로 억제하는 두 유전자들로 구성된 작은 회로를 상상했으나, 현실의 생명에는 2,500개 이상의 유전자들과 그 생성물들이 상호 작용하면서 2만 2500개 이상의 다른 유전자들을 통제하고 서로를 조절하는, 더없이 방대한 그물망이 존재했던 것이다. 자코브-모노 회로의 배타적 두 안정 상태가 가상의 두 가지 세포를 뜻한다면, 실제 인체의 세포 종류들에 해당하는 유전자들의 켜고 끔 조합은 얼마나 복잡하고 방대하겠는가?

## ✣ 유전자 조절 네트워크에 대한 무작위 불 네트워크 모형 ✣

사람 같은 다세포 생물의 세포 분화를 이해하는 한 방법은, 수학적으로 단순한 유전자 네트워크 모형을 만든 뒤에 그 행동을 연구하는 것이다. 실제로 지난 40여 년 동안 이런 작업이 진행되었다.

현실의 유전자는 '활성화' 아니면 '비활성화' 상태로만 존재하는 것이 아니다. 유전자의 전사와 번역 활동은 그 중간의 다양한 수준을 취한다. 하지만 수천 개의 유전자로 이루어진 네트워크를 연구하고자 한다면, 유전자가 전구처럼 단순하게 행동한다고 이상화한 후에 시작하는 것이 바람직하다. 거짓된 이상화일지라도 그러는 편이 연구에 유용하다. 물리학자들도 지난 100여 년 동안 원자를 단단한 탄성 구체로 이상화한 통계 역학으로 상당한 성공을 거두었다. 오늘날은 원자가 단단한 탄성 구체와 거리가 멀다는 사실을 모두들 잘 알지만 말이다.

내가 1964년에 이 주제를 연구하기 시작했을 때만 해도 진짜 세포들의 유전자 조절 네트워크가 어떤 구조인지 아는 사람이 아무도 없었다. 당시에 나는 다음과 같은 단순한 의문들에서 시작했다. 개체 발생을 통제하는 유전자 조절 네트워크는 자연 선택을 통해 그런 기적적인 기예를 하도록 특수하게 구축되었을까? 아니면 생물학의 방식과 흡사하게 작동하는 무작위 네트워크들도 자발적 질서를(나는 이것을 '저절로 생기는 질서'라고 부른다.) 만들어 낼 수 있고, 그 질서가 자연 선택이라는 더 세밀한 체에 걸러지는 것일까?

알고 보니 유전자를 전구처럼 단순화한 무작위 네트워크 모형에도 '저절로 생기는 질서'가 존재했다. 현실의 생물학과 거의 비슷한 현상이었다. 이것은 창발적 자기 조직화 현상이고, 물리학으로 환원되지 않는 현상이다. 그런 모형 네트워크를 '무작위 불 네트워크(random Boolean network)'라고 부른다. 조절자의 입력 값이 꺼지거나 켜질 때 그것에 따라 조절되는 유전자의 행동이 어떻게 켜지고 꺼지는지 관장하는 법칙들을 불 함수, 다른 말로 논리 함수라고 하기 때문이다.

그림 8.1 a는 켜짐/꺼짐의 두 상태만 갖는 이진적 유전자 A, B, C가 이룬 작은 불 네트워크이다. 각 유전자는 다른 두 유전자에 의해 조절된다. 이런 조절 연결망은 유전자 네트워크의 배선도인 셈이다. 각 유전자는 2개의 입력을 받으므로, 총 네 가지 상태가 가능하다. 00, 01, 10, 11이다. 각 쌍에서 첫 번째 숫자는 첫 번째 입력 값이고, 두 번째 숫자는 두 번째 입력 값이다. (01이라면 첫 번째 입력은 꺼짐이고 두 번째 입력은 켜짐인 상태이다.) 배선도를 다 그렸으면, 각 유전자의 반응을 규정해야 한다. 조절되는 유전자의 반응은 논리 함수, 즉 불 함수에 따라 정해진다. 불 함수가 네 가지 입력 상태 각각에 대해서 유전자의 출력 활동을 1 아니면 0 중 하나로 지정한다는 뜻이다. 그림 8.1 a에서 유전자 B와 C의 조절을 받는 유전자 A는 'AND' 논리 함수를 따른다. B와 C가 현재 시점에 둘 다 활성화되었을 때에만 A가 다음 시점에 활성화된다는 말이다. B와 C는 둘 다 'OR' 불 함수를 따른다. 현재 시점에서 입력이 둘 다 활성화되었을 때는 물론이고 한쪽만 활성화되었을 때에도 조절을 받는 유전자가 다음 시점에

활성화된다는 뜻이다.

모형을 단순화하기 위해서, 추가로 두 가지를 가정한다. 첫째, 시간이 0, 1, 2, 이런 식으로 **이산적으로** 흘러간다고 가정하자. 그리고 모든 유전자들이 각각의 시점에 자신에게 도달하는 입력 값들과 자신이 따르는 불 함수를 동시에 조회하고, 주어진 입력 패턴에 대해서 불 함수가 규정한 다음 시점의 활동을(1이나 0 중 한 상태이다.) 역시 동시에 취한다고 가정하자. 둘 다 상당히 이상적인 가정이다. 현실의 유전자 네트워크는 시계처럼 움직이지 않거니와, 동시적으로 활동하지도 않는다. 이런 이상적 조건들을 걷어 내면 어떻게 되는지는 나중에 이야기하자.

그림 8.1 b는 유전자 A, B, C가 현재 시점 T에 동시에 취할 수 있는 모든 활동 조합들과 각 유전자가 다음 시점인 T+1에 취할 후속 활동들을 보여 준다. 네트워크의 **상태**란 세 유전자가 동시에 취할 수 있는 모든 활동 조합들 중 한 가지를 가리킨다. 각 유전자가 0과 1의 두 상태 중 하나를 취하므로, 이 작은 네트워크가 취할 수 있는 모든 상태들의 수는 2×2×2, 즉 8이다. 이 여덟 가지 상태들이 네트워크의 '상태 공간'을 구성한다. 네트워크가 취할 수 있는 모든 상태들의 가능성인 셈이다.

그림 8.1 b에서 T+1 아래에 적힌 숫자들은 각 유전자가 T 시점의 입력들에 대해 T+1 시점에 어떻게 반응하는지 보여 준다. 이것은 그림 8.1 a의 불 함수들을 다르게 표현한 것일 뿐이다. 재미있는 점은, T+1 부분에서 가로줄들은 T 시점의 네트워크 상태가 다음 순간에 '흘러 들어간' 상태에 해당한다는 것이다. 예를 들어 상태 (000)은 상태 (000)으로 바뀐다. 공교롭게도 똑같은 상태에 머무르는 셈이다! 따라서 (000)은 이 작은 네트워크의 정상(static) 상태이다. 네트워크가 처음에 (000) 상태로 시작된다면, 다른 동요를 겪지 않는 한 네트워크는 영원히 이 상태에 머물 것이다.

이제 $N$개의 유전자들로 구성된 불 네트워크를 생각해 보자. 세 유전자들의 네트워크에 총 $2^3$가지 상태가 있으니, $N$개 유전자들의 네트워크에는 총 $2^N$가지 상태가 있다. 이 자체도 아주 중요한 내용이다. 사람에게는 전사 인자 유전자가 2,500개쯤 있다. 그러니까 이들이 취할 수 있는 모든 활동 조합들은 $2^{2500}$가지, 즉 $10^{750}$가지쯤 된다. 우리 우주의 입자 수가 총 $10^{80}$개쯤이라고 하니까, 사람의 조절 유전자들이 취할 수 있는 상태들의 수는 우주의 총 입자 수보다 훨씬 더 크다. 여기에 구조 유전자까지 더하면 $2^{25000}$가지, 즉 약 $10^{7500}$가지 상태가 가능하다. 우주의 현재 나이는 $10^{17}$초쯤 된다. 그리고 유전자가 켜지고 꺼지는 데에는 몇 분에서 한 시간쯤 걸린다. 우주의 수명보다 1,000배쯤 긴 시간이 주어지더라도, 사람의 조절 네트워크가 가능한 모든 상태들의 일부나마 '방문'하기에도 턱 없이 시간이 부족하다. 게다가 아직 유전자를 전구처럼 단순한 것으로 가정한 상황임을 잊지 말자. '켜짐'과 '꺼짐' 상태만 가능하다고 가정한 상황이다.

더군다나 다양한 종류의 세포들은 서로 분명하게 구분되고, 상당히 안정하다. 굉장히 오랫동안 안정하게 머물 때도 있다. 그렇다면 현재의 다양한 세포 종류들은 상상을 초월할 만큼 많은 가능한 상태들 중 극히 일부에 지나지 않는 작은 집합이다. 이 한정된 패턴들은 서로 분명하게 구분이 될 정도로 차이가 있다.

어떻게 그런 제약이 설정될까? $N$개 유전자의 네트워크가 초기 상태에서 출발한다고 하자. 시간이 한 단위 한 단위 흐를 때마다 네트워크는 상태 공간상의 어떤 '궤적'을 밟으면서 후속 상태로 넘어간다. 그런데 네트워크가 취할 수 있는 상태들의 가짓수는 총 $2^N$가지로 유한하므로, 언젠가 네트워크는 예전에 이미 방문했던 상태로 재진입할 것이다. 그리고 이것은 결정론적 계이므로, 재방문한 네트워크는 예전에 방문했을 때와

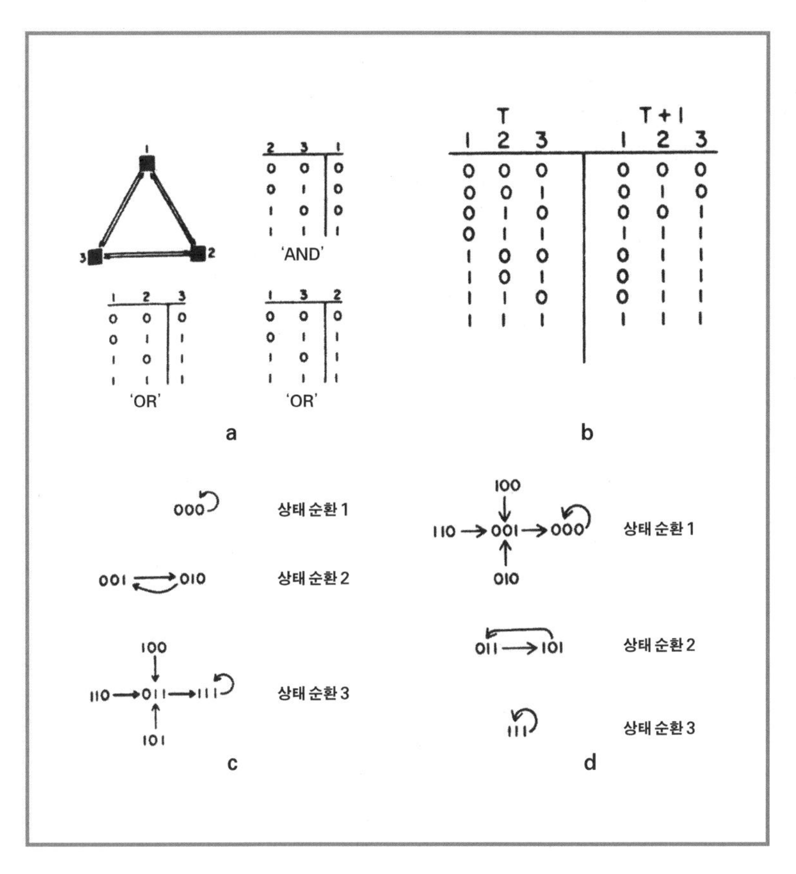


**그림 8.1 a.** 각각 다른 두 요소들로부터 입력을 받는 이산적인 세 요소들로 구성된 불 네트워크 배선도. **b.** a의 불 규칙들을 다르게 표현하여, T 시점에 요소들이 취할 수 있는 $2^3=8$가지 상태들이 다음 순간인 T+1 시점에 어떻게 변하는지 보여 주었다. 네트워크의 '상태'는 세 요소들이 각각 1과 0 중 하나를 취한 조합을 말한다. 요소들은 T+1 시점에 모두 동시에 자신의 활동을 '업데이트'한다. 표를 왼쪽에서 오른쪽으로 읽으면, 각 상태가 후속 상태로 변해 가는 모습을 보는 셈이다. **c.** 자율적 불 네트워크 a와 b의 상태 전이 그래프. '행동 영역'이라고도 한다. 여기에서 '자율적'이란 네트워크 외부에서 내부로 들어오는 입력이 없다는 뜻이다. 이런 행동 영역을 '상태 공간에서의 동적 흐름'이라고도 부른다. 한 상태가 후속 상태로 변천하는 과정을 화살표로 그린 것을 말한다. **d.** a의 초기 네트워크를 변형시킨 형태. 원래 'OR'였던 유전자 2의 불 규칙을 유전자 1과 같은 'AND'로 바꿨다. 그 결과 행동 영역이 달라져서, 새로운 상태 순환 2가 생겼다. c에 있었던 두 정상 상태, 즉 000과 111 순환 상태는 그대로 남았지만, 다른 과도기적 상태들은 크게 달라졌다. 이제 000이 대부분의 과도기적 상태들을 빨아들이는 거대한 끌림 유역이 되었다.

똑같은 행동을 취할 것이다. 그렇다면 이 네트워크는 달리 간섭을 받지 않는 이상, 닫힌 상태 순환을 영원히 '선회'한다. 닫힌 상태 순환을 줄여 상태 순환이라고도 부르고, 끌개(attractor)라고도 부른다. 왜 끌개인가 하면, 많은 궤적이 결국 그 하나의 상태 순환으로 끌려오기 때문이다. 한 상태 순환으로 귀결하는 여러 궤적들 위에 놓인 모든 상태들, 그리고 그 상태 순환을 아울러서 '끌림 유역(attractor's basin)'이라고 부른다. 상태 순환, 즉 끌개는 산 속의 호수와 같다. 여러 개울들에서 흘러드는 물을 받아 내는 유역과 같다. 따라서 우리가 네트워크의 행동을 상태 공간의 어느 하위 영역으로만 자연스럽게 제약하고 싶다면, 그냥 네트워크가 스스로 진화하도록 내버려두면 된다. 계가 궤적을 따라 흘러가다가 하나의 끌개로 이끌리면 결국 제약이 생겨날 테고, 그 후에는 달리 간섭을 받지 않는 이상 영원히 그 끌개에 갇힐 것이다.

쉽게 짐작할 수 있다시피, 이런 내용에 주목한 생물학자들은 끌개로 흘러 들어가는 과도기적 상태들이 아니라 끌개들 그 자체가 세포의 다양한 종류들에 해당한다는 가설을 세웠다. 이 가설을 지지하는 증거가 최근 속속 등장하고 있다.

하지만 사람의 세포 종류는 약 265가지이다. 우리 유전자들의 상태 공간에 그렇게 많은 끌개가 존재할까? 다행스럽게도 무작위 불 네트워크에는 보통 다수의 끌개들이 있다. 산악 지형 곳곳에 호수들이 산재해서 각자 제 유역의 물을 받듯이, 여러 끌개들이 각자 제 끌개 유역의 궤적들을 흡수한다.

그림 8.1 c는 그림 8.1 a 네트워크가 따를 수 있는 여러 끌개들을 보여 준다. 총 세 가지 끌개가 있다. 그중 둘은 유전자 A, B, C의 활동이 (000)과 (111)로 고정되는 정상 상태이다. 세 번째는 (001)-(010)-(001)로 좁게 왕복하는 패턴이다. (111) 끌개가 끌개 유역에서 상당히 많은 부분을

받아 낸다.

## ✣저절로 생기는 질서✣

무작위 불 네트워크도 놀랄 만한 수준의 자기 조직적 질서를 창발할 수 있다. 나는 의대생이었던 1965년에 이 사실을 알아냈다. 당시에 나는 유전자 100개(총 유전자 수 $N$=100)로 구성된 네트워크를 프로그래밍했다. 각 유전자는 총 100개의 유전자들 중 무작위로 선택된 두 유전자로부터 입력을 받았고(입력 수 $K$=2), 입력 값이 2개인 불 함수 16종류 중 무작위로 하나를 부여받아서 그에 따라 반응했다. 그런 네트워크가 취할 수 있는 상태들의 가짓수는 $2^{100}$개, 즉 약 $10^{30}$개이다. 나는 컴퓨터 비용을 직접 감당해야 하는 처지였다. 상태 순환이 너무 길면 나는 파산할 수도 있었다.

기쁘게도 내가 맨 처음 만든 네트워크에는 상태 순환이 딱 5개 있었다. 그중 4개는 네 가지 상태들을 순환하는 주기였고, 나머지 하나는 딱 두 가지 상태를 왔다 갔다 하는 주기였다. 총 $10^{30}$가지, 즉 0이 30개나 붙은 어마어마하게 큰 가짓수의 상태들을 취할 수 있는 계가, **자발적으로 스스로를** 다섯 가지의 끌개들로 **가둔** 것이다. 넷 또는 두 가지 상태들만을 취하도록 제약한 것이다. 이 상태 공간이 현실의 공간이라면, 이 끌개들은 어마어마하게 넓은 공간을 빨아들이는 몹시 작은 블랙홀들일 것이다.

이후 나는 다양한 규모의 무작위 불 네트워크들을 탐구했다. 알고 보니 상태 순환에 포함되는 상태들의 중앙값은 $N$의 제곱근과 같았다. (이것은 이제 수학적 정리로 확립된 사실이다.) $N$이 커지면 상태 공간은 $2^N$에 따라서 기하 급수적으로 커지는 반면에, $N$의 제곱근은 $N$보다 느리게 커진다. 큰 네트워크에서는 보통 상태 순환들의 크기가 아주 작다는 뜻이다. 그런 네트워크에서는 모형 유전자들의 활동을 네트워크의 방대한 상태 공간 중에서 아주 좁은 일부 영역으로 제한하는 자기 조직화가 일어난다. 이것이 바로 저절로 생기는 질서이다.

이 결과는 상당히 엄격한 제약을 보여 준다는 것 외에 세포의 활동 시간 면에서도 중요한 의미가 있다. 앞에서 지적했듯이, 유전자가 켜지거나 꺼지는 데에는 몇 분에서 한 시간가량 걸린다. 유전자 수가 총 2만 5000개인 네트워크가 상태 순환 끌개를 한 차례 다 도는 데에는 160분에서 1,600분쯤 걸릴 것이다. 이것은 생물학적 시간 범위에 얼추 들어맞는 결과이다. $K$=2로 극히 단순한 무작위 네트워크를 만들어 본 것뿐인데도 결과가 비교적 잘 들어맞는 것이다.

지금부터는 이런 초기 단계의 결과가 다양한 '임계적' 불 네트워크들로 일반화된다는 것을 살펴보자. 물론 $K$=2인 네트워크들도 임계적이다. 나는 현실의 세포들이 동적 '임계성'을 띤다는 증거도 몇 가지 소개할 것이다.

$N$=10,000, $K$=2인 무작위 네트워크를 상상해 보자. 유전자 1만 개의 배선도는 그야말로 복잡하게 얽혀 있을 테고, 유전자들의 논리 함수는 전적으로 무작위적이다. 그런데도 그 속에서 저절로 질서가 솟아난다.

여러 세포 종류들은 서로 확연하게 구분된다. 무작위 불 네트워크이든 더 세련된 다른 모형이든, 우리가 지금 이야기하는 동적 네트워크 모형들의 멋진 특징 중 하나는 한 네트워크의 서로 다른 끌개들을 서로 다른 유전자 활동 패턴을 보이는 서로 다른 세포 종류들로 간주할 수 있다는 점이다. 그렇다면 다양한 세포 종류들이 존재한다는 현실의 관찰을 자연스럽게 설명할 수 있다.

호수와 비슷한 끌개들의 수는 몇이나 될까? 나는 수치 증거를 들어

이 값 역시 $N$의 제곱근에 비례할 것이라고 주장했다. 그런데 최근에 다시 살펴보니 그것은 틀린 말이었다. 나는 표본을 모을 때 대규모 상태 공간들을 너무 적게 포함시켰다. 실제로 끌개 개수는 $N$보다 빠르게 증가한다. 그런데 또 다른 연구에 따르면, 모든 유전자들이 매 단계 동시에 반응한다고 규정했던 동시성 가정을 제거할 경우에는 안정된 끌개들의 중앙값이 유전자 수 $N$의 제곱근에 비례한다.

이것은 좀 충격적인 결과이다. **세포의 가짓수를 유전자 수에 비례하는 함수로 예측할 수 있을지도 모른다고 암시하는 결과이기 때문이다.** 그것은 대충 제곱근 형태의 함수여야 한다. 나는 여전히 의대생이던 시절, 세균에서 사람과 식물까지 단순하거나 복잡한 갖가지 생물들의 세포 종류가 각각 몇이나 되는지 조사했었다. 그 결과 실제로 어느 생물의 세포 종류는 총 DNA 수의 제곱근에 비례했다! 당연히 나는 흥분했지만, 주의할 점이 있었다. 1965년 당시에도 모든 DNA가 구조 유전자는 아니라는 사실이 알려져 있었다. 구조 유전자의 수가 DNA의 규모와 비례하는지 아닌지는 아직 확실하지 않지만, 만약에 비례한다면 내 예측은 여전히 옳을 것이다. 다만 최근에 새로 발견된 마이크로RNA도 조절 유전자의 수에 포함시켜야 할 텐데, 마이크로RNA 유전자의 수는 아직 수수께끼이다. 어쨌든 생물마다 다른 정규 구조 유전자 수의 추정치를 써서 계산해 보면, 세포 종류는 아무리 많아 봐야 유전자 수와 대강 선형으로 비례하는 듯하다. 유전자 수가 두 배가 되면 세포 종류도 약 두 배가 된다는 말이다. 세포 종류를 구분하는 기준에 대한 분자 생물학적 지식은 현재도 발전하고 있으므로, 이 예측은 앞으로 더 다듬어질 것이다. 앞으로 과학자들이 더 많은 세포 종류를 구별해 낼 가능성이 높다. 세포 종류의 가짓수가 유전자 수에 따라 어떻게 달라지는지, 그것은 아직 지켜볼 문제이다.

최종 대답이 어떻든, 유전자 하나당 2개의 입력으로 제약된(현실의 네트워크에는 사실 이런 제약이 없다.) 무작위 불 네트워크를 참고하면, 생물은 서로 확연하게 구별되는 끌개들이라고 할 수 있는 다양한 세포 종류를 그다지 많이 가질 수 없다. 이것은 현실의 생물학에 잘 들어맞는 결과이다. 아직 이 모형에는 자연 선택이 통합되지 않았지만, 그 이야기는 좀 더 기다려 보라.

### ✣ 동적 질서, 혼돈, 그리고 임계성 ✣

무작위 불 네트워크에 대한 40년간의 내 연구 내용을 요약해서 소개해 볼까 한다. 내가 연구해 온 것은 유전자당 입력 수가 고정되어 있고 다양한 입력들이 복잡하게 분포하는 네트워크들이다. 이런 네트워크가 실제 세포의 유전자 네트워크와 무척 흡사하다는 증거가 많다.

간단히 말해서 이런 네트워크에는 세 가지 행동 국면이 있다. 질서 있는 국면, 혼돈의 국면, 임계의 국면이다. 임계란 질서와 혼돈의 가장자리, 또는 경계에 놓인 상태이다.

질서 국면에서는 상태 순환들이 다 자그마하다. 임계 국면에서는 상태 순환의 길이가 $N$의 제곱근에 비례한다고 알려져 있다. 혼돈 국면에서는 상태 순환들의 길이가 $N$에 대해 기하 급수적으로 비례하기 때문에 어마어마하게 길어진다. $K=N$인 최대 혼돈 상황에서는(입력 수가 유전자 수와 같다는 뜻이므로, 모든 유전자들이 다른 모든 유전자들과 연결된 상태이다.), 무작위 불 네트워크가 $2^{N/2}$ 규모의 상태 순환을 갖는다. 예를 들어 유전자 200개로 구성된 네트워크에는 $2^{100}$개의 상태들로 구성된 상태 순환이 존재한다. 상태 하나를 취하는 데 1마이크로초가 걸린다고 가정하면, 그 순환을 한 바퀴 도는 데에만도 우주 수명의 10억분의 1쯤 되는 시간이 소요된다. 따라서 혼돈은 '저절로 생기는 질서'가 아니다. 나는 나의 간 세포들이 혼돈 국면에 있기를 바라지 않는다. 여러분의 간 세포도 그렇지 않기를 바란다.

질서 국면에서는 유전자들의 상당수가 항상 켜지거나 항상 꺼진 채로 얼어붙어 있다. 얼어붙은 유전자들끼리 연결된 하위 네트워크가 전체 네트워크의 넓은 영역에 **침투**해 있고, 그 하위 네트워크가 아우르는 넓이는 계의 전체 크기인 *N*에 비례한다. 얼어붙은 바다 곳곳에 마치 섬처럼 고립된 다른 유전자들이 있다. 이들은 요동치듯 활동하거나, 다른 끌개에 해당하는 다른 정상 상태 활동을 보이는 유전자들이다. 얼어붙은 바다에 뜬 섬들은 서로 **기능적으로 고립**되어 있다. 따라서 전체 네트워크에 존재하는 끌개 모형 세포의 가짓수는 모든 섬들에 포함된 끌개들의 조합에 달려 있다. 예를 들어 보자. 기능적으로 고립된 첫 섬에는 세 가지 끌개, 두 번째 섬에는 다섯 가지 끌개, 세 번째 섬에는 두 가지 끌개가 있다. 그렇다면 전체 네트워크의 총 세포 종류 끌개 수는 3×5×2=30이다. 질서 국면의 네트워크가 기능적으로 고립된 여러 섬들로 구획되어 있고 각각의 섬이 대안적인 여러 끌개들을 지닌다는 것은 아주 흥미로운 점이다. (임계 국면도 그렇다.) 한 섬의 대안적 끌개들은 일종의 유전자 '기억 스위치'들이라고 할 수 있다. 섬이 어떤 끌개에 있었는지를 '기억'하는 스위치들이다. 그렇다면 전체 유전체의 행동은 일종의 '후성유전적(epigenetic)' 암호 조합을 따르는 셈이다. 모든 종류의 세포들이 저마다 독특하게 갖고 있는 유전자 기억 스위치들 중 어떤 상태를 취하느냐에 따라 유전체의 행동이 규정되는 것이다.

혼돈 국면의 네트워크는 어떨까? 엄청나게 긴 상태 순환을 따르느라 쉴 새 없이 깜박거리는 유전자들이 네트워크 전역에 퍼져 있고, 그 사이사이에 얼어붙은 섬들이 끼어 있다.

우리가 변수 $K$(유전자당 입력 수)를 조정하거나 다른 형태의 불 함수를 선택하면 네트워크를 혼돈 국면에서 질서 국면으로 전환시킬 수 있는데, 전환 도중에 네트워크는 동적 임계 영역을 거치면서 상전이를 겪는다. 바로 그 시점에서 그때까지 요동치던 넓은 바다가 산산이 갈라져, 서로 고립된 채 요동치는 섬들로 바뀌는 것이다.

일시적 동요에 대한 네트워크의 반응, 예를 들어 유전자 하나의 활동이 '뒤집히는' 사건에 대한 네트워크의 반응은 질서 국면, 임계 국면, 혼돈 국면일 때 각각 뚜렷하게 다르다. 어떤 유전자가 다른 유전자의 동요를 경험한 뒤에 이전과는 전혀 다른 방식으로 행동한다면(단 한 번이라도), 그 유전자는 동적으로 손상된 것이다. 일단 한번 손상된 유전자는 원래의 정상 행동으로 돌아오더라도 여전히 손상된 상태라고 봐야 한다. 이렇게 정의하고서, 일시적 동요 때문에 전체 네트워크에 손상의 '사태(沙汰, avalanche)'가 벌어질지 아닐지를 살펴보자. 얼마나 큰 손상 사태들이 벌어질까도 중요한 문제이다. 혼돈 국면에서는 큰 사태들이 아주 많이 일어난다. 유전자 딱 하나에만 동요가 일어나도 전체 유전자의 30퍼센트에서 50퍼센트가 활동을 바꾼다. 말하자면 사람의 유전자가 딱 하나 바뀌었는데 1만 개 이상의 다른 유전자들까지 활동을 바꾸는 상황이다. 현실에서는 이런 일이 절대 일어나지 **않는다**. 실제 인체 세포의 손상 사태는 보통 유전자 몇십 개에서 몇백 개 규모이다. 그 말인즉 실제 세포는 혼돈 국면이 아니라는 뜻이다.

한편 질서 국면에서는 손상 사태들의 규모가 작다. 그리고 사태의 발생 빈도도 사태 규모에 비례하여 기하 급수적으로 작아진다. 그렇다면 질서 국면에서도 큰 사태들이 몇 있기는 하지만 극히 드물다는 말이다.

이제 임계 국면을 살펴보자. 이때는 사태들의 규모가 멱함수 법칙이라는 특수한 법칙을 따라 분포한다. 우리가 아주 많은 사태의 크기를 일일이 잤다고 하자. 사태의 규모를 X축으로 놓고, 그 규모의 사태가 몇 번이나 발생했는가를 Y축으로 놓는다. 그러면 사태의 규모에 대한 분포 그래프가 그려진다. 이제 두 축을 사태 규모의 **로그값**과 그 규모에 해당하는 사태 수의 **로그값**으로 변환하자. 이 '로그-로그' 그래프에서는 임계 네트워크 사태들의 규모 분포가 오른쪽으로 기운 직선이 되고, 기울기는 -1.5가 된다. 멱함수 분포란 이처럼 로그 그래프에서 직선이 그려지는 것을 말한다. 뒤에서 이야기하겠지만, 실제 효모 세포들의 사태 분포가 바로 이런 형태이다. 이것은 현실의 유전자 조절 네트워크가 임계 국면일지도 모른다는 첫 증거이다.

질서, 임계, 혼돈 네트워크를 구분 짓는 또 다른 성질을 보자. 서로 관계가 가까운 상태들이 수렴하는 궤적들 위에 놓여 있는가(질서 네트워크), 일정 간격을 유지하는 궤적들에 놓여 있는가(임계 네트워크), 발산하는 궤적들에 놓여 있는가(혼돈 네트워크) 하는 점이다. 혼돈 네트워크에서 궤적들이 발산하는 것은 혼돈 국면에서 방대한 손상 사태가 발생하는 것과 일맥상통하는 현상이다. 둘 다 초기 조건에 대한 민감도가 크다는 뜻이다. 유전자가 딱 하나 뒤집힌 차이밖에 없는 비슷한 상태들이 서로 멀리 갈라지는 궤적들 위에 놓여 있으니까 말이다. 반면에 질서 국면에서는 서로 가까운 상태들이 서로 수렴하는 궤적들 위에 있으므로, 수렴하는 궤적들을 따라 흐르다가 동일한 후속 상태로 귀결하는 것이 보통이다. 그렇기에 설령 동요로 인한 손상이 있더라도 큰 사태는 좀처럼 발생하지 않는다. 유전자가 동요로 인해 이웃 궤적으로 흘러 들어갔더라도 신속하게 원래의 상태 순환으로 돌아오니까 말이다. 그렇다면 임계 국면에서는 어떨까? 이때는 가까운 상태들의 궤적들이 서로 일정한 간격을 두고 떨어져 있다.

## ✢ 무작위 불 네트워크의 임계 하위 집합 ✢

현재 우리는 무작위 불 네트워크를 질서 국면에서 임계 국면으로, 또 혼돈 국면으로 '조정'하는 방법을 세 가지 알고 있다. 첫째, 입력 중앙값인 *K*를 키우는 방법이다. *K*=0이면 네트워크는 질서 국면이다. 입력이 없으면 바뀔 것도 없기 때문이다. *K*=2인 네트워크는 임계적이다. (나는 운 좋게도 첫 시도에서 임계 네트워크를 만났던 것이다.) *K*가 2보다 크면 네트워크는 혼돈적이다.

질서를 혼돈으로 바꾸는 두 번째 방법은 *K*가 2 이상인 상황에서만 가능한데, 불 함수를 편향시킴으로써 대부분의 입력 조합들이 같은 반응을 보이도록 하는 방법이다. 반응은 물론 1 아니면 0이다. 이런 편향을 *P* 치우침이라고 한다. 여기에서 *P*는 전체 입력 조합들 중에서 유전자가 같은 반응을 보이게 만드는 조합들의 비중이 얼마인가를 뜻한다. *K*와 *P*의 변수 공간에서, 질서 국면과 혼돈 국면 사이에는 상전이에 해당하는 얇은 곡선이 그어진다. 임계 네트워크는 전체 네트워크 공간에서 극히 좁은 영역에 해당하는 것이다. 따라서 만약에 현실의 세포들이 정말 임계적이라면, 임계성이 그만큼 중요한 것이기 때문이라고 해석해야 한다. 임계성은 아마도 자연 선택의 강력한 힘에 의해 유지되는 조건일 것이다.

혼돈을 임계로, 임계를 질서로 조정하는 세 번째 방법은 유전자의 입력 분포가 드러내는 멱함수 법칙의 기울기를 조절하는 것이다. 밝혀진 바에 따르면 임계 네트워크는 기울기가 -2.0~-2.5인 멱함수 법칙을 따르는데, 놀랍게도 현실에서 관찰되는 여러 네트워크들에서 입력 분포의 기울기가 정확하게 그 범위였다. 이때도 임계 네트워크는 2차원 변수 공간에서 얇은 선에 해당하므로, 극히 드문 조건인 셈이다. 실제 인체 세포를 대상으로 하여 조절 입력 분포를 살펴본 선구적 작업들이 있었다. 대규모 데이터 집합들의 분포를 서로 다른 방식으로 살펴본 두 연구였는데, 하나는 결과가 발표되었고 하나는 아직 발표되지 않았다. 어쨌든 그 결과들에서도 멱함수 법칙의 기울기는 약 -2.5였다. 이것은 현재로서는 흥미로운 가설에 지나지 않는 내용이지만, 어쩌면 후속 연구들을 통해 사실로 확인될지도 모른다.

### 세포에게 임계성이 왜 유용한가

현실의 세포가 임계 상태인지 아닌지 우리는 아직 모른다. 하지만 세포가 임계 상태라야 유리한 이유는 많다. 첫째, 세포는 한편으로 과거에 경험했던 다양한 상태들을 기억하면서 다른 한편으로 미래의 행동을 안정적으로 유지해야 한다. 엄격한 질서 국면에 놓인 유전자 네트워크를 상상해 보자. 아니면 더 넓게, 확산적 과정 조직화를 수행하는 세포의 인과적 사건 네트워크를 상상해도 좋다. 네트워크가 취할 수 있는 두 상태 중에서 하나는 음식을 뜻하고 다른 하나는 독을 뜻한다고 하자. 두 상태가 서로 수렴하는 궤적들에 놓여 있어서 결국 동일한 상태로 귀결한다면, 계는 과거에 자신이 어디에서 왔는지 '잊은' 셈이다. 음식과 독을 구별하는 법을 잊은 셈이다.

거꾸로 혼돈적인 네트워크를 상상해 보자. 이때는 작은 요동만으로도 방대한 손상 사태가 발생하므로, 계의 미래 행동이 철저히 달라진다. 이런 계는 약간의 잡음만 있어도 안정적으로 행동하지 못한다. 설상가상 약간의 잡음은 언제 어디서나 존재한다. 그렇다면 이 계는 영원히 안정적으로 행동할 수 없다.

그렇다면 과거의 기억과 미래의 안정을 가장 잘 조율하는 것은 질서와 혼돈 사이의 임계 네트워크일 것이다. 최근의 수치 분석 연구를 보면 이 짐작이 실제로 옳다.

임계성이 유리한 두 번째 이유는 수학적 분석에서 알려졌다. 이른바 '상호 정보(mutual information)'라는 척도가 있다. 두 유전자 또는 두 사건이 하나는 현재 활동하고 다른 하나는 바로 다음 시점에 활동할 때 두 활동의 상관 관계가 얼마나 되는지 재는 척도이다. 상호 정보는 두 유전자의 엔트로피를 더한 값에서 그들의 결합 엔트로피를 뺀 값으로 정의된다. 만약에 두 유전자가 서로 독자적으로 활동한다면, 또는 둘 중 하나 혹은 둘 다 전혀 요동하지 않는다면, 상호 정보 값은 0이다. 만약에 두 유전자나 두 사건의 활동이 어떤 식으로든 연관되어 있다면, 상호 정보 값은 양수이다(최대 1이다.). A. 리비에로(A. Ribiero), B. 새뮤얼슨(B. Samuelson), J. 소콜라(J. Socolar), 그리고 나는 최근에 한 단위의 시간 간격을 두고 활동하는 유전자 A와 B의 상호 정보 평균값은 무작위 불 네트워크가 임계 국면일 때 극대화됨을 밝혀냈다. 즉 무작위 불 네트워크에서 최고로 복잡한 조화 행동이 발생하는 것은 임계 상태일 때이다. 비무작위적 네트워크도 그런지는 아직 밝혀지지 않았지만, 다양한 종류의 무작위 불 네트워크들에 대해서 그들이 임계 국면일 때 내부 변수 쌍들의 상호 관련도가 최대가 된다는 발견만으로도 충분히 흥미롭다. 변수 쌍들의 조화된 행동 변화, 즉 상호 정보가 임계 네트워크에서 극대화되는 것을 볼 때, 최고로 복잡한 조화 행동도 아마 임계 네트워크에서 가능할 것이다. 임계 네트워크는 넓게 요동치던 혼돈의 바다가 일순간 갈라지면서 서로 고립되어 요동치는 섬들이 만들어지는 순간임을 상기하자. 그렇다면 최고로 복잡하되 잘 조직된 행동이 임계 네트워크에서만 가능하리라는 직관은 아마도 사실일 것이다. 왜냐하면 질서 네트워크에서는 행동이 '얼어붙어서' 덜 복잡하고, 혼돈 네트워크에서는 약간의 잡음으로도 행동이 극적으로 달라지기 때문이다. 혼돈 네트워크는 약간의 잡음으로도 파열해 버리지만, 임계 네트워크는 오히려 약간의 잡음이 있을 때 최고로 복잡한 연산을 수행할 수 있다. 그리고 대부분의 유전자들이 고정된 상태로 얼어붙은 질서 국면의 지루한 행동보다 이런 행동이 더 흥미롭다는 것은 두말하면 잔소리이다.

가장 복잡한 조화 행동이 임계 네트워크에서 발생한다는 직관을 지지하는 증거로 일리야 쉬물레비치(Ilya Shmulevich, 미국의 시스템 생물학자 — 옮긴이)의 연구가 있다. 그는 질서, 임계, 혼돈 상태의 무작위 불 네트워크들에 대해서 끌개 유역 $i$의 '가중치'를 파이($\pi$)라고 명명하고, 그 값은 끌개 유역 $i$에 속한 상태들의 수를 전체 상태 공간의 상태들의 수 $2^N$으로 나눈 값이라고 정의했다. 그러고는 널리 알려진 엔트로피 공식을 사용해서 네트워크들의 엔트로피를 계산해 보았다. 공식은 $-\Sigma\pi\log\pi$다. 파이에 파이의 로그값을 곱한 수치를 모든 끌개 유역들에 대해 다 더한다는 뜻이다. 이 엔트로피는 네트워크 끌개들의 활동 다양성에 대한 척도나 마찬가지이다. 쉬물레비치에 따르면, 질서 네트워크와 혼돈 네트워크의 엔트로피는 유전자 수 $N$에 비례하여 어느 정도까지는 따라 커졌지만, 어느 순간부터는 더 이상 커지지 않았다! 계가 아무리 커져도 행동이 어느 수준 이상으로 다양해질 수는 **없다**는 뜻이다. 대조적으로 임계 네트워크에서는 엔트로피, 즉 네트워크의 행동 다양성이 네트워크 크기에 비례하여 꾸준히 커졌다. 임계 상태의 무작위 불 네트워크만이 무한정 커질 수 있고, 무한히 더 다양하고 복잡하고 조화된 행동을 수행할 수 있는 것이다.

무작위 불 네트워크만이 질서, 임계, 혼돈 국면을 띠는 것은 아니다. 리언 글래스(Leon Glass, 1943년~)는 '조각적 선형 유전자 네트워크 모형(piecewise linear genetic network model)'이라고 불리는 계도 세 가지 국면을 띤다는 것을 보여 주었다. 실제 유전자 조절 네트워크 속 분자들의 반응을 가장 현실적으로 모방한 모형은 '화학적 으뜸 방정식(chemical master equation)'인데, 이것을 사용한 연구도 한창 진행되고 있다. 그 모형에서도 벌써 질서 국면과 혼돈 국면이 확인되었다. 틀림없이 그사이에 임계적 상전이가 있겠지만, 자세한 것은 앞으로 증명되어야 한다.

### ✢ 세포가 임계 상태라는 잠정적 증거들 ✢

실제 세포들이나 세포의 유전자 조절 네트워크들이 동적 임계 상태일지도 모른다는 가설을 지지하는 결과가 최근에 여러 실험과 이론에서 제기되고 있다.

첫 번째 증거는 손상 사태에 관한 것이다. 라모의 연구진과 세라의 연구진은 임계 네트워크에서 유전자 하나를 삭제할 때 다른 유전자들의 활동이 기울기 -1.5의 멱함수 법칙을 따르는 분포로 바뀔 것이라고 추측했다. 연구자들이 돌연변이 효모 240개를 분석한 결과, 손상 사태들의 분포가 정말로 멱함수 법칙을 따랐을 뿐만 아니라 기울기마저 예측과 일치하는 -1.5였다. 믿기 힘들 만큼 놀라운 결과였다. 여기에서 흥미로운 점은 두 가지이다. 첫째, 예측이 성공했다는 점이다. 나는 세포의 임계성 가설에 내 집까지 걸 자신은 아직 없지만, 어쨌든 가설을 지지하는 증거가 나온 것은 몹시 기쁘다. 둘째, 이것은 생물학적으로 새로운 관찰 대상이다. 유전자 하나를 삭제한 돌연변이체에서 유전자 활동 변화 사태들의 규모가 어떤 분포인가 하는 것은 기존의 분자 생물학이 관찰하지 않았던 내용이다. 그런데 이것은 임계 네트워크의 집단적 창발성을 반영하는 속성이므로, 극히 유용한 관찰 항목이다.

두 번째 증거는 내가 쉬물레비치와 함께 유전자 2만 5000개를 48시간 동안 한 시간 단위로 관찰하며 모은 데이터들이다. 우리가 관찰한 HeLa 암 세포들이 혼돈 상태라고 가정할 경우에는 복소 해석 결과가 데이터에 부합하지 않았지만, HeLa 세포들이 질서 상태이거나 임계 상태라고 가정하면 들어맞았다.

세 번째 증거는 이른바 '네 생물계' 연구로, 세균, 초파리, 애기장대, 효모를 대상으로 한 연구이다. 과학자들은 네 대상 각각에 대해 정상 유전자들과 돌연변이 유전자들의 효과를 성공리에 표현하는 불 모형을 구축했는데, 이 모형들을 분석해 보니 모두 임계 상태였다. 임계 네트워크는 극히 드물기 때문에, 이것은 뜻밖의 결과였다. 서로 전혀 다른 생물들이 모두 임계 상태인 것을 보면(임계성은 전체 상태 공간에서 극히 좁은 영역에 지나지 않음을 명심하자.), 임계성을 향한 선택압은 실로 강력한 듯하다.

마지막 증거는 근접한 궤적들끼리 시간이 갈수록 수렴하는지, 발산하는지, 등거리를 유지하는지 알아본 연구이다. 연구자들은 대식 세포라는 혈액 세포의 표면에 붙은 특정 수용기들에게 자극을 주면서 세포의 모든 유전자 2만 5000개의 활동을 줄곧 관찰했다. 그러면서 30분 간격으로 다섯 차례 데이터를 수집했다. 그런 자극 동요 실험을 여섯 차례 반복했다. 그렇게 얻은 300개 이상의 데이터 점들을 분석해 보니, 놀랍게도 **궤적들은 시간이 흘러도 늘 서로 일정한 거리를 유지했다.** 질서 국면에서처럼 수렴하지 않았고, 혼돈 국면에서처럼 발산하지도 않았다. 즉 임계성에 합치하는 데이터였다. 흥미롭게도 발산을 드러낸 세포가 딱 하나 있었는데, 유전자 삭제가 일어난 돌연변이 백혈구였다. 아마도 그 세포는 혼돈 행동을 보일 것이다. 자, 이제까지 살펴보았듯이 정상 세포들이 임계성을 띤다는 증거는 적잖이 존재한다.

이런 관찰들은 유전자 네트워크에 집단적 창발성이 있음을 보여 주는 새로운 생물학적 항목들이다. 아직은 이런 내용에 익숙한 생물학자가 드물지만, 이것은 분명 완벽하게 유효한 관찰들이다. 또한 유전자 조절 네트워크의 통합적 행동을 이해하는 데 좋은 도구가 되어 줄 관찰들이다. 우리는 단순한 불 네트워크들이나 글래스의 조각적 선형 유전자 네트워크 모형에서 좀 더 확장할 수도 있을 것이다. 그밖에도 무수히 다양한 비선형 동적 계들이 질서, 임계, 혼돈의 세 국면을 띨 것이다. 물론 이것은 아직 확인된 내용이 아니므로, 더 많은 연구가 필요하다. 현실의 유전자 네트워크들, 즉 실제 세포 속의 인과적 네트워크들이 정말로 임계성을 띠는지 앞으로 확인해 봐야 한다.

질서, 혼돈, 임계라는 속성은 계에 결부된 특정 물리학과는 무관한 성질이다. 이것은 복잡한 네트워크의 수학적 성질에서 비롯하는 속성이다. 6장에서 보았던 집단적 자체 촉매 집합들과 마찬가지로, 이런 유전자 네트워크들의 창발적 속성은 물리학으로 환원되지 않는다. 이것은 로플린 식의 조직화 법칙이다. 이처럼 현실에도 여러 창발성 사례들이 존재하는 것을 볼 때, 창발성은 드문 현상이 아니라고 결론내려도 될 것 같다. 창발성은 우리 주변 어디에나 있다. 뒤에서 나는 인간 경제도 대체로 예측 불가능하며 창발적인 계라고 주장할 텐데, 그때 이 주제를 좀 더 다루겠다. 정말로 우리에게는 새로운 세계관이 필요하다. 라플라스와 와인버그의 환원주의를 뛰어넘는 세계관이 필요하다. 이처럼 다양한 유전자 조절 네트워크 모형들이 한결같은 결과를 내는 것을 볼 때, 자기 조직화를 통해 저절로 생기는 질서는 분명 진화의 일부일 것이다. 역사적으로 고정된 사건들이라는 의미에서의 자연 선택에 포함되는 요소일 것이다. 그러므로 우리는 진화도 다시 생각해 보아야 한다.

# 9장

# 비에르고드적 우주

이제부터는 생물권의 다양성, 경제 성장, 나아가 인간 역사의 대부분을 뒷받침한 물리적 기반이 무엇인지 이야기하려고 한다. 다음 두 장에서 나는 생물권과 경제와 역사가 모두 대체로 예측 불가능한 방식에 따라 부단한 창조성을 발휘하며 진화해 왔다고 주장할 텐데, 이번 장에서는 그 주장의 토대를 닦을 것이다. 환원주의를 초월해서 '창발성'을 포함하는 새 과학적 세계관으로 나아가는 것에 그치지 않고, 흔히 과학의 영역을 초월한다고 여겨지는 주제들까지 이야기해 볼 것이다.

원자 이상의 복잡성 수준에서 이야기할 때, 우주의 경로, 즉 궤적은 반복되지 않는다. 분자의 진화에서 종의 진화까지, 생물권의 모든 진화 과정에서 생겨나는 대부분의 생성물들은 우주의 역사에 처음 등장한 새로운 것들이다. 물리학자의 용어를 빌려 말하자면, 생물권에서 분자와 종의 진화는 '비에르고드적'이다. 비반복적이라는 뜻이다.

7장에서 보았던 실린더 속 기체처럼, 작은 부피에 약간의 기체 원자들이 들어 있는 계를 생각해 보자. 모든 원자는 공간에서 어느 위치를 점하고 있고, 방향과 속력으로 규정되는 특정 속도를 지니고 있다. 우리는 원자의 위치를 3차원 공간의 세 축에 투사해서 숫자 3개로 표현할 수 있고, 속도도 세 축에 투사하여 숫자 3개로 표현할 수 있다. 한 입자의 위치와 속도를 숫자 6개로 표현할 수 있는 셈이니, 기체의 입자 수가 총 $N$개라면 숫자 $6N$개로 기체 전체의 현재 위상을 규정할 수 있다. 기체가 차지하는 부피를 우리가 미리 안다고 하자. 기체가 취할 수 있는 모든 위상들의 공간, 다시 말해 계의 $6N$차원 위상 공간을 잘 알고 있는 것이다.

그 $6N$차원의 위상 공간을 무수히 많은 작은 상자들로 나눈다고 상상하자. 각각의 상자가 계의 '미시 상태'이다. 시간이 흐르기 시작하면, 기체 입자들은 뉴턴의 법칙을 따르면서 서로 충돌할 것이다. 기체 계는 $6N$차원의 공간에서 어떤 궤적을 따라 흘러갈 것이다. 이 계가 이른바 '에르고드 가설(ergodic hypothesis)'을 따른다면(지난 수십 년의 연구들을 볼 때 아마도 틀린 가설인 것 같지만 말이다.), 이 궤적은 결국 계가 취할 수 있는 모든 미시 상태들을 단 하나도 빼놓지 않고 죄다, 그것도 여러 번씩 방문할 것이다. (**에르고드적**이라는 단어 자체가 모든 상태들을 다 거친다는 뜻이다.) 그렇다면 우리는 궤적이 각각의 상자를 어느 정도의 빈도로 방문했는지도 알아낼 수 있을 것이다.

에르고드 가설의 또 다른 요지는, 어떤 궤적이든지 그 궤적에 포함되는 미시 상태들의 발생 빈도를 그 상태들이 점유하는 부피의 상대 빈도로 대체할 수 있다는 것이다. 그렇다면 미시 상태들의 분포와 그 상태들의 점유 확률이 여러 가지로 조합됨으로써 여러 거시 상태들이 만들어질 수 있다. 여기에서 거시 상태란 그 계의 모든 미시 상태들을 아우른 것이다. 예를 들어 배양 접시에 고르게 퍼진 잉크 분자들 전체가 하나의 거시 상태이다. 유명한 열역학 제2법칙에 따르면, 모든 계는 미시 상태들의 수가 적은 거시 상태로부터 미시 상태들의 수가 많은 거시 상태로 흘러간다. 이를테면 기체 입자들이 죄다 한구석에 몰린 상태로부터 입자들이 공간 전체에 고르게 퍼진 상태로 흘러간다. 입자들이 구석에 몰린 경우에 해당하는 미시 상태들의 수보다 고르게 퍼진 경우에 해당하는 미시 상태들의 수가 더 많기 때문이다. 이런 엔트로피 증가는 단순한 확률의 문제이다. 덜 가능할 법한 거시 상태에서 더 가능할 법한 거시 상태로 흘러가는 것이다. 많은 물리학자는 뉴턴의 법칙이 시간 가역적임에도 불구하고 이런 시간의 화살이 반드시 존재한다고 본다. (2장에서 했던 이야기이다. 몇몇 물리학자들과 철학자들이 지적한 대로 가능성이 낮은 거시 상태에서 출발하여 입자들의 방향과 속도를 거꾸로 감는다고 상상해 보자. 뉴턴 법칙들은 시간 가역적이기 때문에, 계는 이때도 더 가능성이 높은 거시 상태로 흘러갈 것이다. 즉 시간을 거꾸로 돌려도 엔트로피가 증가할 것이다. 데이비드 앨버트 같은 이론가들은 이 딜레마로부터 열역학 제2법칙을 '구출하기' 위해서 우주의 초기 조건에 몇 가지 미묘한 조건들을 부여하기도 했다.)

에르고드성에 대해서는 이쯤 설명하면 충분하다. 열역학 제2법칙에 대해서도 이쯤 이야기하고 말자.

이제 아미노산 200개를 한 줄로 이어서 만들 수 있는 단백질의 종류를 생각해 보자. 인체의 단백질들은 보통 아미노산 300개쯤의 길이이고, 1,000개쯤인 것들도 있다. 그러니까 200개는 비교적 작게 잡은 편이다.

생물의 단백질을 구성하는 아미노산 종류가 20개라고 할 때, 이 길이의 단백질은 몇 종류가 가능할까? 간단히 계산해 볼 수 있다. 아미노산 위치 하나마다 20가지 선택지들이 있으니, 아미노산 200개 길이의 단백질은 20의 200제곱, 즉 약 $10^{260}$가지 종류가 가능하다. 태초의 대폭발 이래 지금까지 우주의 역사에서 이 단백질들이 최소한 한 번씩 모두 생겨날 수 있었을까? 절대로 불가능하다. 우리 우주의 역사에서는 이 전체 가능성들 중 극히 일부만이 만들어질 수 있었다. 따라서, 뒤에서 더 자세히 이야기하겠지만, 생물권의 진화 과정에서 생겨나는 단백질들은 대개 새로운 것들이다. 루이기 루이지의 표현을 빌리면 모두 "전례 없는" 단백질들이다.

간단히 계산해 보자. 우리 우주의 알려진 부분에는 입자가 $10^{80}$개쯤 있다. 물론 서로 널찍하게 간격을 두고 떨어져 있지만, 그 불리한 점은 잠시 무시해도 좋다. 입자들이 바삐 충돌하면서 아미노산 200개 길이의 단백질들을 만들어 낸다고 하자. 그 단백질들은 모두 대폭발 이래 최초로 생겨난 전례 없는 종류들이다. 우주의 나이는 $10^{17}$초쯤이다. 단백질 하나가 만들어지는 데 $10^{-15}$초, 즉 1펨토초가 걸린다고 가정하자. 화학 반응으로서는 몹시 빠른 속도이다.

그렇다면 아미노산 200개 단백질의 모든 가능한 종류들이 **딱 한 번씩만** 만들어지더라도, 우주 역사가 $10^{67}$번 반복되는 시간이 필요하다.

우주에서 가장 짧은 시간 단위라고 하는 '플랑크 시간'은 $10^{-43}$초이다. 설령 아미노산 200개 단백질의 합성에 걸리는 시간이 그 플랑크 시간 규모라고 해도 결론의 요지는 바뀌지 않는다. 그래도 단백질의 모든 종류들이 한 번씩 만들어지려면 우주 역사가 $10^{39}$번 반복될 만큼의 시간이 필요하다.

이것은 심오한 결론이다. 우리 우주가 아미노산 200개 길이의 단백질들을 종류별로 모두 다 만들 수는 없었다는 뜻이기 때문이다. 그러니까 현실에 존재하는 단백질들은 전체 가능성들에서 극히 작은 하위 집합에 불과하다. 따라서 이를테면 돌연변이를 통해서 새로운 단백질이 탄생할 때, 루이지의 표현대로 전례 없는 단백질일 가능성이 크다. 생물권은 화학적 인접한 가능성으로 진행하는 과정에서 부단히 참신한 분자들을 만드는 셈이다. 돌연변이를 통해 새로운 단백질이 만들어지고 진화를 통해 새로운 유기 분자들이 합성될 때, 생물권은 부단히 스스로의 인접한 가능성으로 나아가는 셈이다. 인접한 가능성은 현실이다. 우리는 늘 우리의 인접한 가능성을 침범하면서 살고 있다.

종의 진화 차원에서도 이런 참신함이 등장한다. 인간의 경제, 역사, 문화의 진화도 마찬가지이다. 한마디로 말하자면, 우리가 모든 가능성들을 다 탐구하는 것은 영원히 불가능하다. 현실의 공간보다 가능성의 공간이 비교가 안 될 정도로 더 방대한 경우에는 반드시 **역사가 생겨난다**. 그런 차원의 복잡성에서는 우주의 진화가 분명 비반복적이다. 비에르고드적이다.

또한 흥미로운 것은 이 속성이 생물권뿐만 아니라 비생물적 우주의 다른 측면들에도 적용될지 모른다는 점이다. 일례로 7장에서 이야기했던 차갑고 거대한 분자 구름을 떠올려 보자. 여러 은하에 있는 그런 구름들 속에서 별이 탄생한다. 그런 구름들 속에서 복잡한 화학이 벌어진다. 우리가 아는 한 그런 구름들은 영원히 스스로의 화학적 인접한 가능성으로 팽창해 들어간다. 한편 구름에서 형성된 알갱이들은 마치 표면 촉매처럼 기능해서 더 많은 화학 반응을 뒷받침한다. 촉매 기능이 있는 알갱이 표면에 새로 생긴 분자들이 붙으면 이후의 화학 반응들이 바뀔지도 모른다. 계는 그런 식으로 또 다른 화학적 인접한 가능성을 향해 흘러간다. 알갱이들이 크게 뭉치면 미행성체가 되는데, 이것은 아마도 일찍이 알갱이 차원에서는 볼 수 없었던 새로운 존재일 것이다. 그러니 거대 구름은 거의 틀림없이 비에르고드적이다.

결국 원자 이상의 복잡성에서는, 즉 복잡한 분자 이상의 차원에서는,

설령 우주의 현재 수명이 몇 번이고 반복되더라도 우주가 모든 가능성들을 모두 만들어 낼 수 없다. 열역학 제2법칙이 시간의 화살을 설명하는 '유일한' 원리라고 생각하는 사람들이 많지만, 우주의 비에르고드성 또한 물리학의 기본 법칙들이 시간 가역적인데도 불구하고 어째서 시간의 화살이 존재할까 하는 의문에 대한 설명이 되어 준다. 그렇다면 지금부터 '밀도가 낮고 방대한 화학 반응 그래프'를 통해서 이 주제를 좀 더 자세히 살펴보자.

우주는 단순한 화학 반응 차원에서도 확연히 비에르고드적인 듯하다. 역사성이 개입한다는 말이다. 그렇다면 방대한 화학 반응 그래프에 소수의 원자들이 있는 상황을 생각해 보자. 다시 말해 천문학적인 종류의 화학 물질들이 존재할 수 있는 반응 그래프에 실제로는 소수의 원자들만 있는 상황이다. 그 원자들은 어떻게 행동할까? 이 의문에 대한 답은 우리의 사고 방식을 바꿔 놓을 가능성이 있다. 왜 그런지 살펴보자.

화학 평형이라는 익숙한 개념을 다시 떠올려 보자. 화학 평형이란 화학 물질 X에서 화학 물질 Y로 변환되는 속도가 Y에서 X로 변환되는 속도와 같은 상태를 말한다. 평형 상태에서는 사소한 요동들이 나타났다가도 곧 흩어진다. 아주 소수의 종만 관여하는 계라고 하자. 예를 들어 X와 Y만 있다. 그런데 계의 전체 질량은 아주 크다고 하자. 즉 X와 Y 분자들의 개수는 아주 많다. 다시 말해 두 종류의 화학 물질들이 풍부하게 존재하는 계이다. 표준적인 화학 반응 동역학과 화학적 열역학 개념들은 바로 이런 상황에 대해서 유도된 것들이다. 화학적 열역학의 기본 법칙에 따르면, 이 계는 곧 평형을 이룰 것이다.

다음으로 그림 5.1 같은 화학 반응 그래프를 상상해 보자. 이때 반응 능력이 있는 유기 분자들의 종류는 셀 수 없이 많다고 하자. 예를 들어 유기 화학에서 가장 자주 등장하는 원소들인 탄소, 질소, 황, 수소, 산소, 인으로 이뤄진 모든 원자들과 분자들을 다 포함한다고 하자. 이제 유능한 양자 화학자를 찾아가서, 이 계가 포함할 수 있는 모든 유기 분자들과 모든 반응들의 목록을 써 달라고 하자. 물론 한 분자에 포함되는 원자의 수는 최대 1만 개나 2만 개까지 가능하다는 식의 조건을 정해 줘야 할 것이다. 이 반응 그래프는 어마어마하게 클 것이다. 분자당 원자 수를 최대 3만 개나 4만 개로 더 늘리면, 반응 그래프를 무한히 더 크게 만들 수도 있다. 반응 조건을 규정하는 것은 곧 엄청나게 많은 가능한 반응들 중 실제로 벌어질 것들을 규정하는 셈이다.

문제는 이렇다. 작은 수의 원자들이나 분자들, 이를테면 몇천 개나 몇백만 개의 원자들이나 분자들이 반응 그래프의 한 지점이나 몇몇 지점들에 놓인 상태로 계가 시작된다고 하자. 그 반응 그래프에서 물질이 어떻게 '흘러가는지' 조사한다고 하자. (내가 아는 한 실제로 이런 시험을 해 본 예는 없다.) 우주의 수명을 몇 번이나 반복하는 시간이 주어지더라도, 1만 개나 2만 개의 원자들로 구성된 가능한 분자가 모두 다 만들어지는 것은 불가능하다. 게다가 우리가 지금 이야기하는 계는 원자가 많지 않은 계라고 했다. 반응 그래프에서 가능한 모든 분자 종류들을 최소한 하나씩만 다 만들기에도 재료가 부족할 정도이다. 이것은 X와 Y라는 두 종류의 분자들이 수십억 개씩 존재하는 상황과는 극단적으로 다르다. 이처럼 방대하지만 **밀도가 낮은** 반응 그래프에서는 어떤 일이 벌어질까?

한 가지 가능성은 아무 일도 벌어지지 않는 것이다. 두 기질, 두 생성물 반응만 가능한 반응 그래프를 상상해 보자. 반응이 시작되려면 종류가 다른 두 분자가 있어야 한다. 그런데 어떤 반응에 대해서도 기질 2개가 동시에 존재하지 않도록 질량을 배치하여 그래프를 시작한다면 어떨까? 두 반응물, 두 생성물 반응이 아주 다양하게 허락되어 있더라도, 그 어떤 반응에 대해서든 두 반응물 중 하나만 존재하는 상황이다. 두 번째 반응물이 없으면 아무 반응도 벌어지지 않을 것이다. 그렇다면 이렇게 생각할 수 있다. 이 계에서는 아무 반응도 벌어지지 않으므로, 어떤 반응이 앞으로 진행되는 비율과 뒤로 진행되는 비율이 같다는 뜻에서의 화학 평형 개념은 이 계에 적용될 수 없다. 그저 반응 그래프의 **밀도를 낮게** 설정했을 뿐인데, **닫힌 열역학 계**는 항상 평형을 이루게 마련이라는 기본 법칙이 흔들리게 된 것이다. 방대한 반응 그래프에서의 질량 흐름은 아주 복잡한 문제인 듯하다.

그러나 사실 두 반응물, 두 생성물 반응만 가능하다는 것은 현실적인 조건이 아니다. 그렇다면 충분히 다양한 종류의 반응들이 허락되어 있다고 가정하자. 질량이 그 여러 경로들을 통해서 최초의 분포에서 다른 분포로 비교적 쉽게 흘러간다고 하자. 이 계에 작은 수의 원자들이나 분자들을 놓고, 반응 조건을 설정한 뒤, 계를 개시하자. 분자들이 반응 그래프에서 퍼져 나가는 모습을 관찰하자. (촉매는 없다고 가정한다.) 다만 두 반응물, 두 생성물 반응에서 반응물에 해당하는 분자들이 딱 하나씩만 있고, 생성물 분자는 하나도 없는 상황이라고 하자. 이것은 화학적으로 완벽하게 정의된 반응이다. 화학자들이 엔탈피라고 부르는 반응 엔트로피가 확실하게 존재하는 상황이다. 다시 말해 이 반응은 '왼쪽으로 치우친' 상태이다. 쉽게 말하자면 반응물은 있는데 생성물은 없다는 뜻이다. 계를 인접한 가능성으로 밀어 넣어서 생성물을 탄생시키는 화학 에너지가 존재하는 셈이다. 그렇다면 머지않아 반드시 그런 사건이 일어날 것이다.

여기에서 지적할 점은 두 가지이다. 첫째, 이 계는 분명 질량이나 에너지가 드나들지 않는 닫힌 열역학 계이다. 그런데 이 계에서 **화학 평형** 개념이 의미가 있을까? 아무 의미도 없어 보인다. 왜냐하면 다음 순간에 생겨날 분자의 종류가 우주 역사 내내 무한정 바뀔지도 모르기 때문이다. 아니, 어쩌면 우주 역사를 수없이 반복하는 동안에도 계속 바뀔 것이다. 이 계가 우주의 수명 내에서 평형에 도달할 가망은 없다. 물론 이 문제에 대한 과학적 연구가 아직 없었기 때문에, 이런 계에서 화학 평형이 무의미할 것이라는 직관은 앞으로 증명이 필요하다.

둘째, 분자 X와 Y만 있는 계처럼 분자 종류는 몇 안 되지만 각각의 분자 수는 아주 많은 계에서는, *N*의 제곱근에 비례하는 규모로 발생하는 요동들이 곧 잦아들게 마련이다. 반면에 각각의 분자 수가 하나 아니면 0인 계에서는 아마도 **요동이 잦아들지 않을 것이다**. 전례 없는 분자들의 집합이 현실에 새롭게 등장할 때마다 새로운 인접한 가능성이 창조되므로, 그래서 또 더 새로운 분자들이 생겨날 것이다. 요동이 결코 잦아들지 않을 게 틀림없다. 대신에 반응 그래프의 질량을 특정 방향으로 이끄는 요동들 때문에 특정 방향으로만 계속 인접한 가능성의 길이 열릴 테고, 그래서 방대한 반응 그래프에서 생길 수 있는 분자들의 종류도 계속 특정 방향으로 새롭게 '쏠림(salients)'을 겪을 것이다. 그래프에서 원자들이 가능한 모든 분자 종류들에 골고루 분포하여 완벽한 평형을 이루는 상황은 절대 다시 오지 않을 것이다. 이 단순한 화학 반응 계에서도 이미 역사성이 등장한 것이다. 두 종류의 분자 X와 Y가 모두 풍부한 계에서는 *N*의 제곱근 규모로 발생하는 요동들이 서서히 잦아든다는 것과 비교해 보자.

정리하자면, 방대하지만 밀도가 낮은 반응 그래프에서 끊임없이 인접한 가능성을 향해 나아가는 계는 특정 방향으로의 부침(flux)을 겪을 것이다. 그 추가적인 부침 자체가 또 끊임없이 통계학적으로 이동할 것이다. 부침의 방향을 결정하는 것은 역사적 우연성이므로, 그 방향은 늘 독특하다. 이 계에서는 요동이 잦아들지 않을 것이다. 이런 화학 반응 계는 앞으로 더 상세히 연구해야겠지만, 어쨌든 그래프의 전체 질량이 분자 종류에 비해 몹시 작은 상황에서는 이런 추측이 옳을 것 같다. 어쩌면 거대하고 차갑고 복잡한 은하 분자 구름 속에서 많은 분자와 알갱이와 미행성체가 바로 이렇게 움직이고 있는지도 모른다. 정말 그렇다면 우리 우주는 매번 독특한 방식으로 분자적 다양성을 폭발시키고 있는 셈이다.

만약에 계의 다음 상태를 속속들이 말해 주는 화학 으뜸 방정식이 있다고 하자. 우리가 화학적 사건들의 발생 확률을 밝혀냄으로써 사건들의 현재 상태를 계속 업데이트하여 그 방정식을 '풀 수 있다'고 하자. 어떤 화학 반응이 어떤 순간에 어떤 확률로 벌어질지를 다 안다고 가정하자는 것이다. 물론 결정론적으로 아는 것은 아니지만 말이다. 그렇다면 양자 역학적 작용은 잠시 무시한다고 할 때, 우리가 이 **화학 반응 그래프의 질량 흐름을 확률적으로, 통계적으로 상세하게 예측할 수 있을까?** 나는 그런 확률적 예측조차 불가능하다고 믿는다. 아무리 작은 반응 그래프라도, 가능한 모든 결과들의 **확률 분포**를 일일이 예측하려면 계를 매번 초기 조건으로 되돌려서 수없이 많이 시뮬레이션해야 한다. 그러나 우주에 존재하는 그 어떤 컴퓨터로도 방대하지만 밀도가 낮은 반응 그래프를 시뮬레이션할 수 없다. 이것은 '연산 초월적(trans-computational)' 문제이다. 분자 하나당 허용되는 원자 수를 충분히 크게 잡으면, 예를 들어 아미노산 200개의 단백질을 넘어서 훨씬 더 긴 단백질을 허용하면, 가능한 화학 물질들의 종류는 우주의 총 입자 수에 우주의 나이를 곱한 값을 훌쩍 뛰어넘는다. 반응에 걸리는 시간이 플랑크 시간 규모라고 해도 말이다. 우리는 그 문제의 답을 알아낼 수 없다. 역사성과 우연성이 우주에 등장하기 때문에, 앞으로 벌어질 일을 예측할 수 없다. 우리가 질량 흐름에서 어떤 분자 집합이 형성될지 확률적으로조차 예측할 수 없다면, 실제로 다음에 어떤 일이 벌어질지 예측하는 것은 더욱더 불가능하다. 그것은 생명이 지구에 등장하기 전부터 주어진 조건인 셈이다.

마지막으로 계에서 생겨난 몇몇 분자들이 우연히도 반응 그래프의 몇몇 반응들을 촉매할 수 있다고 상상해 보자. 그러면 이 계는 '우연히도' 자체 촉매 집합을 형성할까? 형성한다면 다음에 어떤 일이 벌어질까? 계의 질량이 일시적으로나마 자체 촉매 집합 안팎에서 높은 농도로 응집할 것이다. 그리하여 계가 특정한 거시 상태를 취하게 될 것이다.

한마디로 질량 밀도가 낮은 화학 반응 그래프란 표준 화학이 씨름해야 할 미지의 영역이다. 그곳에서는 부단히 새로운 것이 등장할 가능성이 있다.

원자 이상의 복잡성에서는 늘 인접한 가능성으로 흘러 들어가는 흐름이 생겨난다. 분자도, 종도, 기술도, 인류 역사도 틀림없이 그럴 것이다. 우리가 눈 여겨 볼 점은 계가 어떤 방식으로 인접한 가능성으로 들어가는가 하는 것이다. 아마도 가능성들의 공간에서 특정 '방향'으로 쏠림이 생길 것이고, 쏠림이 계를 장악함으로써 또 다른 인접한 가능성으로 흘러 들어가게 할 것이다. 아마도 이런 요동은 결코 잦아들지 않을 것이다. 계는 늘 새로운 인접한 가능성으로 흘러 들어가며, 특정 방향으로 치우쳐 확산해 나갈 것이다. 이런 분석은 인간 경제에도 적용된다. 경제계가 이 가설에 대한 하나의 구체적 사례라고도 할 수 있다. 11장에서 자세하게 이야기하겠지만, 경제는 상품들과 서비스들로 구성된 네트워크이다. 모든 상품에는 그 이웃이라고 할 수 있는 보완물과 대체물이 있다. 이 네트워크는 늘 인접한 가능성으로 흘러 들어가면서 갈수록 새로운 경제적 생태적 지위들을 창조해 낸다. 전례 없는 상품들과 서비스들이 줄기차게 탄생함으로써 경제적 다양성이 줄기차게 확장된다. 경제 네트워크의 구조 자체가 스스로의 성장과 변형에 부분적으로나마 영향을 미치는 것이다.

생물권이 인접한 가능성으로 흘러 들어갈 때, 어쩌면 계에서 벌어지는 모든 조직적 과정들의 다양성을 극대화하는 방향을 택하는 것일지도 모른다. 세계 경제도 어쩌면 그럴지 모른다. 다시 말해 생물권이든 경제이든 스스로의 생존 방식들을 최대한 다양화하는 경향이 있을지도 모른다. 좀 조심스럽기는 하지만 이 가설을 더 대담하게 표현하자면 이렇게 말할 수 있다. 우주가 어떤 수준 이상의 복잡성에서는 비에르고드적이라는 것을 볼 때, 그리고 생물권이나 세계 경제 같은 계들이 자기 일관적이고 자기 구축적이라는 것을 볼 때, 우리는 그런 계들의 세부 사항을 예측할 수 없다. 그렇다면 그런 계들의 전반적인 속성을 묘사하는 일반 법칙은 존재하지 않을지도 모른다. 이것은 합리적인 의혹이다.

우리는 우주의 비에르고드성이 어떤 의미인지 이제 겨우 깨닫기 시작했다. 그것은 우주, 생물권, 경제, 역사의 부단한 창조성에 기여하는 하나의 속성이다. 부단한 창조성은 물리적으로 가능하다. 나는 그것이 신성을 재창조하는 과정의 일부라고 믿는다.

# 10장

# 갈릴레오의 주문 깨뜨리기

이제 우리가 어디까지 도달했는지 점검해 볼 때가 되었다. 우리는 데카르트, 갈릴레오, 뉴턴, 라플라스의 시대 이래 우리의 과학적 세계관을 점령해 온 환원주의를 살펴보는 것에서 이야기를 시작했다. 환원주의에 따르면, 세상의 모든 실재는 궁극적으로 입자들의(또는 물리학자들이 저 아래에 있다고 생각하는 그 무엇들의) 움직임으로 설명할 수 있다. 그렇게 설명할 수 없는 것들은 실재가 아니다. 여기에서 실재란 미래의 사건을 일으킬 힘이 있다는 뜻이다. 스티븐 와인버그의 표현에 따르면 설명의 화살표들은 모두 저 아래를 가리킨다. 그렇다면 우리가 사는 우주는 사실들과 사건들로만 이루어진 무의미한 세상이라는 것이 논리적 결론이다.

그렇다면 우리가 신성하게 여기는 우주의 여러 측면들은 어떻게 될까? 행위 주체성, 의미, 가치, 목적, 모든 생명, 그리고 지구는? 우리는 그것들을 선뜻 포기할 수 없다. 그것들이 인간의 환영에 불과하다고 간주할 수도 없다. 한 가지 대안이 있기는 하다. 자연계에 그것들을 위한 자리가 없다면, 그런데도 우리가 그것들의 실재성을 확고부동하게 믿는다면, 그것들이 자연 밖에서 유래했다고 믿으면 된다. 신이 우주에 불어넣어 준 초자연적 현상들이라고 보는 것이다. 종교와 과학의 분열은 부분적으로는 의미를 둘러싼 의견 대립이므로, 만약에 우리가 그런 것들에 대한 과학적 의미를 발견할 수 있다면 분열을 치유할 수 있을지도 모른다.

물리학자들 중에도 환원주의의 적절성을 의심하는 사람이 몇 있다고 했다. 물리학 이론 내부에서도 환원주의만으로는 안 된다고 보는 견해가 있다. 우리가 직접 살펴본 바로도, 비에르고드적 우주에 생명체가 등장하고 그 생명체가 스스로의 구조와 과정을 조직하는 현상, 한마디로 말해 생물학적 진화는 인식론적으로든 존재론적으로든 물리학으로 환원되지 않는다. 우리는 창조주가 없어도 생명과 행위 주체성이 창발적으로 생겨나는 우주에 살고 있는 듯하다. 생명의 일부인 행위 주체성이 나타나면 뒤이어 의미, 행동, 가치가 등장한다. 우리는 이미 순수한 환원주의를 한참 뛰어넘어 창발적 우주로 진입했다.

그러나 내가 바로 앞 장에서 말했듯이, 현실은 그것보다도 더 심오한 것 같다. 원자 이상의 복잡성을 띠는 분자나 종이나 인류 역사의 수준에서 우주가 비반복적이라는 것, 즉 비에르고드적이라는 것은 그런 차원에서의 우주 전개에 늘 창조성이 등장할 여지가 있다는 뜻이다. 그것은 우리가 미리 예측할 수 없는 창조성이다. 방대하지만 질량 밀도가 낮은 화학 반응 그래프에서조차 화학계의 흐름을 예측하기란 불가능한 것 같다. 반응계가 화학적 인접한 가능성으로 진입하는 과정 내내 계의 요동이 잦아들지 않고 계속 이어지기 때문이다.

이 장에서는 다윈주의적 전적응에 관해 이야기해 보자. 생물권의 진화에는 지금까지 이야기한 것과는 또 다른 예측 불가능한 창조성이 존재한다는 사실을 보여 주는 증거가 바로 전적응이다. 우리는 생물학적 전적응을 **유한하게 미리 말할 수 없다**. 하물며 전적응의 발생 확률을 예측한다는 것은 불가능하다. 따라서 우주에는 급진적인 창조성이 등장한다. 나는 이것을 '부분적으로 무법적인 창조성(partially lawless creativity)'이라고 부른다. 이것이 급진적인 까닭은, 우리가 살아가는 창발적 우주에서는 우리가 미처 예견할 수 없는 창조성이 주변에서 부단히 솟아난다는 뜻이기 때문이다. 우리는 앞으로 벌어질 일을 예측하기는커녕 미리 말할 수조차 없으므로, 오직 이성만을 길잡이로 삼아서는 미래를 향해 살아 나갈 수 없다. 창발적 우주, 우주의 부단한 창조성이야말로 우리가 재발명해야 할 신성의 기반이다.

나는 생물권의 진화가 철저하게 예측 불가능하고 부단히 창조적이라는 대담한 주장을 던지려 한다. 어떤 과정의 규칙성을 미리 압축해서 진술한 것을 과학 법칙으로 정의한다면(물리학자 머리 겔만의 표현을 빌렸다.), 생물권의 진화는 부분적으로 과학 법칙을 넘어선다. 뒤에서 나는 다른 복잡계에도 이런 성질이 있다는 것을 보여 줄 것이다. 우리가 과정의 규칙성을 미리 말할 수 없다는 이 주장의 급진성은 아무리 강조해도 지나치지 않다. 갈릴레오가 경사면에서 공을 굴려 보고 공의 이동 거리는 소요된 시간의 제곱에 비례한다는 것을 밝혀낸 이래, 과학자들은 우주와 그 안의 만물이 반드시 자연 법칙을 따른다고 믿었다. 만물은 뉴턴의 법칙, 아인슈타인의 법칙, 슈뢰딩거의 법칙을 따른다고 믿었다. 이 신념을 '갈릴레오의 주문'이라고 부르자. 우리는 이 갈릴레오의 주문에 걸려 350년 넘게 환원주의를 신봉해 왔다. 갈릴레오의 멋진 주문이 그동안 뛰어난 과학 업적의 대부분을 뒷받침해 오기는 했지만, 나는 이제 이 주문에서 빠져나오려 한다.

## ✣ 다윈주의적 전적응 ✣

우리는 앞에서 이미 심장을 예로 들어서 다윈주의적 전적응을 이야기했다. 그때 지적했듯이 심장에는 여러 인과적 성질들이 있다. 혈액 펌프질도 그중 하나이고, 심장 박동 소리도 그중 하나이다. 우리는 다윈이라면 어떻게 그중에서 혈액 펌프질을 심장의 '기능'으로 지목했을지 상상해 보았다. 다윈이라면 아마 바로 그 인과적 성질 덕분에 심장이 비에르고드적 우주에 존재하게 되었으므로 그것이 곧 기능이라고 말했을 것이다. 우리는 이제 몇 가지 추가적인 개념들을 익혔으니, 이 사실을 다음과 같이 표현할 수도 있다. 심장의 진화는 인접한 가능성으로의 진출 과정이었다. 혈액 펌프질은 생물에게는 물론이고 생물권의 미래 진화에도 인과적 영향력을 미쳤다. 심장의 인접한 가능성에 특정 방향으로의 쏠림을 만들어 냄으로써 심장의 미래 진화 방향을 편향시킨 것이다. 심장은 철저하게 물리 법칙을 준수하는 메커니즘에 따라 움직이지만, 물리학만으로는 그런 구조와 과정 조직화 능력과 구체적인 인과적 영향력을 지닌 심장이 어떻게 우주에 등장하게 되었는지를 정확하게 예측할 수 없다. 따라서 심장은 물리학에 대해서 인식론적으로도 존재론적으로도 창발적이다. 물리 법칙의 유효성에는 아무런 문제가 없음에도 우주의 인과적 전개를 물리 법칙만으로는 기술할 수 없는 것이다. 이것만 해도 꽤 급진적인 주장이지만, 갈릴레오의 주문에 도전하는 것은 그 이상이다.

다윈주의적 전적응은 다윈의 뛰어난 생각들 중 하나였다. 다윈은 이렇게 지적했다. 심장 같은 특정 기관에는 **기능**이 아닌 인과적 속성들도 있을 것이다. 정상 환경에서는 그 속성들이 아무런 선택적 의미도 갖지 않을 것이다. 그런데 환경이 달라지면, 그런 인과적 속성들 중 하나가 갑자기 선택적 의미를 띨지도 모른다. '전적응'이란 모종의 지능적 존재가 사전에 전적응을 설계해 두었다는 뜻이 아니다. 한 환경에서는 아무런 선택적 의미가 없었던 부수적 속성이 다른 환경에서는 선택적 의미를 띨지도 모른다는 뜻일 뿐이다.

생물학적 진화에는 전적응 사례가 차고 넘친다. 전적응이 발생하면 대개의 경우 **새로운 기능이 생물권에 등장한다**. 우주에 최초로 어떤 기능이 등장하는 것이다. 어류의 부레가 고전적인 사례이다. 부레는 절반은 공기로 절반은 물로 채워져 있어서, 물고기가 물속에서 부력을 조정할 수 있게 해 준다. 고생물학자들이 부레의 진화를 추적한 결과에 따르면, 부레는 원시 어류의 허파에서 유래했다. 원시 어류 중 산소가 부족한 물에서 살았던 개체들의 장에서 주머니가 자라나 허파가 되었다. 물고기가 물을 삼키면 물이 허파로도 조금 들어갔고, 허파가 물에 함유된 공기를 흡수하여 물고기의 생존을 도왔다. 그런데 허파에 물과 산소가 함께 들어가던 이 상황에서 허파가 전적응을 일으켜 새로운 기능을 진화시켰다. 그리하여 물고기의 중성 부력을 조정하는 부레가 탄생했다.

부레가 진화함으로써 생물권과 우주에는 물속에서 중성 부력을 유지한다는 새로운 기능이 생겨났다. 새로운 기능은 생물권의 미래 진화에 인과적 영향을 미쳤다. 새로운 어류 종의 진화, 전례 없는 단백질들의 진화, 새로운 종과 다른 종들의 공진화에 영향을 미쳤다. 전적응 때문에 생물권 전체의 미래 진화가 바뀐 셈이다. 원자 이상의 수준에서 비에르고드성을 드러내는 우주의 물리적 구조가 바뀐 셈이다.

이 대목에서 급진적인 질문을 던져 보자. 우리가 모든 현생 종들의 다윈주의적 전적응에 대해서 그 가능성을 하나도 빠짐없이 미리 말할 수 있을까? 즉 유한하게 미리 서술할 수 있을까? 예를 들어 사람의 전적응 가능성들을 빠짐없이 미리 말할 수 있을까?

나는 자신 있게 그렇다고 대답하는 사람을 한 명도 보지 못했다. 대부분의 사람들은 그럴 수 없다고 믿는 듯하다.

모든 가능한 전적응들을 미리 말하고자 할 때의 문제는, 그러려면 우선 모든 가능한 선택적 환경들을 미리 말해야 한다는 점이다. 그런데 우리는 모든 가능한 선택적 환경들이 어떤 것일지 짐작조차 못한다. 더 형식적인 말로 표현해 보자. 우리는 생물의 모든 인과적 속성들에 대해서 어떤 선택적 환경들이 가능할지 빠짐없이 목록화할 수 없다. 대체 어디에서부터 어떻게 적어 나가면 좋단 말인가? 따라서 우리는 생물권에 앞으로 어떤 다윈주의적 전적응이 등장할지 미리 알 수 없다. 물론 일단 새로운 기능을 지닌 전적응이 발달한 뒤에는 우리가 그것을 알아챌 수 있다. 예를 들어 부레가 우주에 만들어 낸 새로운 기능이 물속에서 중성 부력을 유지하는 능력임을 알아챌 수 있다. 우리는 전적응의 등장을 사후적으로만 해설할 수 있다. 고생물학자들이 하는 일이 바로 그런 것이다.

하지만 우리가 생물의 미래를 모른다고 해서 생물권의 진화가 더뎌지는 것은 아니다. 이것은 심오한 사실이다. 생물의 모든 속성들이, 하나의 속성이든 여러 연결된 속성들 중 일부 집합이든, 적절한 선택적 환경에서 전적응을 일으켜 참신한 기능을 낳을 잠재력이 있다는 뜻이기 때문이다. 생물권이 독특한 궤적을 따라 끊임없이 인접한 가능성으로 들어가는 진화 과정은 미리 말하거나 예측하기가 불가능할 때가 많다.

이것은 대단히 중요한 의미가 있는 현상이다. 뉴턴이 우리에게 가르쳐 준 과학적 탐구 방법을 떠올려 보자. 우리는 우선 환경(예를 들어 당구대)을 빠짐없이 미리 말해야 한다. 변수를 파악하고, 변수들 사이의 힘을 파악하고, 초기 조건과 경계 조건을 파악한다. 그런 뒤에 동역학 방정식을 풀면, 계의 미래 진화를 알아낼 수 있다. 그러나 생물권의 진화에 대해서는 뉴턴의 지시를 따를 수 없다. 유의미한 변수들을 빠짐없이 미리 알아내기가 불가능하다는 기본적인 문제 때문이다. 당구공들이나 그 경계 조건인 당구대에 대해서야 미리 알 수 있겠지만, 부레에 대해서 미리 알 수는 없다. 따라서 우리는 변수들을 포함한 방정식을 작성할 수 없고, 방정식을 풂으로써 생물권의 미래 진화를 알아낼 수 없다. 당구대의 당구공들과는 상황이 딴판이다. 생물학자는 뉴턴의 뒤를 따를 수 없다. 다윈주의적 전적응은 생물학의 미래 진화에 대해서는 뉴턴 식 과학 탐구 방법이 적용되지 않는다는 것을 말해 주는 증거이다.

여기에서 더 깊은 의미가 따라 나온다. 생물권의 진화를 '자연 법칙'으로 기술할 수 있을까? 가능하다면 과연 어느 정도로 기술할 수 있을까? 이런 의문이 떠오르게 마련이다. 과학자들과 과학 철학자들은 과학에서 법칙의 지위라는 주제에 대해 숱하게 논쟁했다. 법칙은 형이상학적 의미에서 '실재'인가? 즉 법칙은 사건이 이렇게 펼쳐져야만 '한다'고 규범적으로 '관장'하는가? 아니면 법칙은 그저 기술일 뿐인가? 나는 이 문제에 대해서 노벨 물리학상 수상자인 머리 겔만의 의견을 따른다. 겔만은 법칙이란 그 대상이 되는 현상들의 규칙성을 짧게, 즉 압축해서 미리 기술한 것이라고 말했다. 그런데 우리는 다윈주의적 전적응을 미리 예측하기는커녕 미리 구체적으로 말할 수조차 없다. 그런데도 전적응은 발생한다. 그러므로 다윈주의적 전적응에 따른 생물권의 진화에서는 겔만 식의 법칙이 없다. 나중에 이야기하겠지만, 경제나 문화의 진화도 마찬가지이다. 그렇다면 다윈주의적 전적응은 말 그대로 부분적으로 무법적이다. 물리 법칙을 위반한다는 뜻은 결코 아니다. 산소가 질소로 바뀌는 일은 없다. 하지만 어쨌든 부레의 등장을 지시하는 법칙은 존재하지 않는다. 더 정확하게 말하자면 다윈주의적 전적응을 온전하게 아우르는 자연 법칙은 존재하지 않는다.

다윈주의적 전적응이 법칙의 지배를 받지 않는다는 주장에서 한 가지 강조할 점이 있다. 나는 새로운 환경에서 전적응이 선택되는 일련의 사건들이 비인과적일지도 모른다고 말하는 것이 아니다. 양자 역학의 확률적 속성을 끌어들이지 않는 이상, 우리는 부레가 허파에서 진화한 이유와 과정을 생물학적으로는 물론이고 '고전 물리학적'으로도 완벽하게 설명할 수 있다. 게다가 양자적 속성이 전적응에 정말로 간여했는지 아닌지도 확실히 모른다. 자연 선택은 부레 진화의 여러 경로들 중 하나를 선택했지만, 그 경로들이 모두 성공적이었을 수도 있다. 이것도 '다중 플랫폼 논증'의 사례이다. 우리는 다윈주의적 전적응의 모든 가능성들을 유한하게 미리 말할 수 없는 것은 물론이려니와, 그중 한 가능성에 대해서도 그것이 어떤 경로를 통해서 생물권에 성공적으로 등장할 수 있었는지 그 모든 경우들을 미리 말할 수 없다. 다윈주의적 전적응이 고전적 인과율을 따르되 법칙에 구속되지 않는다는 말은 사뭇 기이하게 들릴지도 모른다. 이것은 실제로 혁신적인 주장이다. 나는 그런 상황을 철학자 도널드 데이비드슨(Donald Davidson, 1917~2003년)이 우리의 정신적 사건들과 신경학적 사건들의 관계를 설명할 때 쓴 표현을 빌려 '인과적으로 변칙적인(casually anomalous)' 현상이라고 부른다. 인과적으로 변칙적인 현상은 라플라스 식 환원주의와는 거리가 아주 멀다. 기억하겠지만 라플라스 식 환원주의에서는 우주 속 모든 입자들의 현재 위치와 속도를 알면 우주의 미래와 과거를 다 알 수 있다고 했다. 우리는 이미 그런 환원주의로부터 한참 멀어졌다.

생물권의 진화가 부분적으로 무법적이라면, 우리는 **갈릴레오의 주문에서도 풀려난 셈이다.** 나는 인류 경제와 역사의 진화도 마찬가지라고 생각한다. 우주, 생물권, 인류 역사의 전개까지 모든 것을 자연 법칙들로 온전히 기술할 수 있다는 생각은 옳지 않은 듯하다. 뒤에서 이야기하겠지만, 이 급진적 주장에서 유도되는 여러 결론들 중 하나는 우주와 생물권과 인류 문명의 전개에 늘 새롭고 해방적인 창조성이 등장하리라는 것이다. 우리는 부단한 창조성을 발휘하는 우리 우주, 생물권, 문화, 역사 속에서 신성을 재발명할 수 있다. 철저하게 자연적이지만 여전히 근사한 우리 주변의 창조성 자체를 신으로 간주하는 새로운 관점을 취할 수 있다.

그런데 이쯤에서 꼭 짚고 넘어가야 할 까다로운 문제가 있다. 다윈주의적 전적응이 부분적으로 무법적이라는 것을 **증명**할 수 있을까? 솔직히 나는 그 증명이 어떤 형태여야 하는지조차 확실히 모른다. 잠시 괴델의 불완전성 정리를 떠올려 보자. 괴델은 산술계처럼 충분히 풍부한 수학계에는 주어진 공리들로부터 연역될 수 없는 진술이 반드시 존재한다고 했다. 이것은 충격적인 정리이다. 어떤 계이든 참이되 주어진 공리들로부터 증명될 수 없는 진술이 존재한다는 것은, 다시 말해 아무리 엄밀한 수학계라도 항상 열려 있다는 뜻이다. 참이되 증명 불가능한 진술이 새로운 공리로서 수학계에 추가된다면, 덕분에 더욱 풍성해진 공리 집합에서 참인 진술들이 더 많이 도출될 테고, 그중에는 풍성해진 공리 집합에서 연역되지 않는 진술이 또 포함되어 있을 것이다. 다시 말해 수학도 '완전'하지 않다. 수학도 언제나 열려 있다. 수학계는 끊임없이 새로운 공리들을 덧붙임으로써, 수학적 인접한 가능성을 끊임없이 침범해 들어간다.

느슨하게 비유한다면 다윈주의적 전적응도 수학과 마찬가지이다. 수학이 증명 불가능한 새로운 공리를 계속 덧붙이면서 수학적 인접한 가능성으로 나아가듯이, 전적응도 생물권에 새로운 기능을 계속 덧붙여 생물권이 계속 물리적 인접한 가능성으로 나아가게 한다.

나는 다음 두 장에서 인간의 경제와 마음에서도 다윈주의적 전적응과 비슷한 현상이 벌어진다는 것을 보여 주겠다. 그리고 그것은 알고리듬적 현상이 아니라고 주장할 것이다. 무언가가 알고리듬적이지 **않다는** 것을 어떻게 증명해야 할지는 확실히 모르지만 말이다.

다윈주의적 전적응을 유한하게 미리 말할 수 없다는 주장은 기호와 방정식으로 이루어진 수학 세계에만 적용되는 것이 아니다. 원자와 생물로 이루어진 현실 세계에도 적용된다. 그렇다면 다윈주의적 전적응이 부분적으로 무법적이라는 것을 어떻게 증명할까? 누군가는 언젠가 반드시 그것에 관한 자연 법칙이 발견될 것이라고 주장할 수도 있겠지만, 내가 볼 때 우리는 이미 과학적으로나 철학적으로나 미지의 영역에 들어섰다. 나는 내 주장을 어떤 식으로 증명해야 좋을지 모른다. 내 주장은 수학적 세계가 아니라 현실 세계에 적용되므로, 이것은 철학자들이 '분석적' 진술이라고 부르는 추상적 진술이 아니라 실제 경험적 세계에 관한 진술이다. 흄의 정의에 따르면 '분석적' 진술은 수학처럼 경험적이지 않은 세계에 대한 진술이다. 반면에 현실 세계에 대한 진술은 '종합적' 진술이다. 특수 사례들로부터 일반 법칙을 경험적으로 귀납하는 진술이 바로 종합적 진술이다. 갈릴레오가 특수한 경사면으로부터 거리는 시간 제곱에 비례한다는 일반 법칙 진술을 끌어낸 것처럼 말이다. 흄은 또 귀납을 어떻게 정당화할 것인가 하는 '귀납의 문제'라는 유명한 문제를 제기했다. 귀납을 정당화하는 근거는 귀납의 과거 성공들뿐인데, 흄이 보기에 이것은 순환 논증이다. 그렇다면 다윈주의적 전적응은 미리 유한하게 말해질 수 없으므로 부분적으로 무법적이라는 내 주장은 어떻게 증명할까? 증명이 가능하기나 할까? 나는 전혀 방법을 모르겠다. 그러니 나는 위에서 언급했던 과정을 통해 나아갈 수밖에 없다. 미래에 등장할 가능성이 있는 모든 선택적 환경들에 대해서 생물의 한 부분이 (단독으로든 다른 부분들과 함께이든) 발휘할 가능성이 있는 모든 인과적 영향력들과 잠재적 쓸모들을 열거하는 유효 과정은 존재하지 않는다는 것을 보여 주는 방법이다. 생물권의 진화가 부분적으로 무법적이라는 주장을 증명하는 방법은 그것밖에 없을 것이다. 어쩌면 내 주장은 본질적으로 증명이 불가능한지도 모른다.

다윈주의적 전적응이 부분적으로 무법적이든 아니든, 갈릴레오의 주문을 넘어서든 넘어서지 않든, 전적응은 엄연히 발생한다. 다윈주의적 전적응에 대해서는 와인버그가 말한 설명의 화살표들이 **저 아래 입자 물리학을 가리키지 않는다**. 차라리 **설명의 화살표들은 위를 향하여 새로운 선택 환경과 전적응된 특질을 가리킨다**. 그 특질이 선택됨으로써 생물권에는 전혀 새로운 기능이 등장한다. 이것은 일종의 '하향적' 인과이다. 선택 환경, 생물의 인과적 속성들, 여기에 가해진 자연 선택이 현실의 생물권에 새로운 기능을 등장시킨 '요인'들이 되었다. 그것들이 이를테면 물속에서 중성 부력을 유지해 주는 부레의 생성 요인이 되었다. 하향적 인과는 신비로운 현상이 아니다. 물리학에 뭔가 새로운 힘을 끌어들여야 하는 것이 아니다. 우리는 그저 생물학과 생물권의 진화가 물리학으로 모두 환원되지는 않는다는 사실에서 탄생한 결과를 목격하는 것뿐이다. 원시 부레가 생물권의 미래 진화에 진정한 인과적 영향력을 미침으로써 더 잘 적응된 부레를 낳았고, 발전한 부레가 다시 생물권의 미래 진화에 인과적 영향력을 미친 것이다.

사실 다윈의 이론을 비롯하여 진화에 대한 모든 지식은 기껏해야 약한 수준의 예측력만을 갖고 있다. 물론 이따금 극도로 통제된 조건에서는 정상적인 적응에 따라 앞으로 어떤 일이 벌어질지 예측할 수 있다. 일례로 과학자들은 초파리의 복부에 털이 더 늘어나는 방향으로 개체군을 육성하는 일을 쉽게 해 낸다. 다윈이 관찰했던 갈라파고스 제도의 핀치들은 요즘도 정상적인 다윈주의적 적응을 겪으면서 이미 씨앗 깨뜨리기라는 기능을 갖고 있는 부리의 모양을 바꿔 나가고 있다. 하지만 이런 수준의 예측은, 정상적인 적응을 통한 진화이든 다윈주의적 전적응에 따른 진화이든, 실제 생물권의 진화를 예측하는 것과는 천양지차이다.

고전 물리학자는 이렇게 응수할지도 모른다. 태양계 전체를 6*N*차원의 거대한 고전적 위상 공간으로 간주한다면, 생물권은 그 안에서 극히 작은 부피를 차지할 뿐이다. 그러니 어떤 의미에서는 우리가 생물권의 고전적 위상 공간을 다 **아는** 셈이다. 그러므로 환원주의적 물리학자는 원칙적으로 이렇게 주장할 수 있다. 우리는 생물의 모든 부분이 환경에 미칠 모든 인과적 영향력에 대해서, 그 현상을 구성하는 입자들이 취할 만한 모든 위치와 움직임을 목록화할 수 **있다**. 설령 우리가 이 주장을 받아들이더라도, 별반 도움이 안 되기는 마찬가지이다. **6*N*차원의 위상 공간에서 과연 무엇이 부레나 허파나 날개 같은 '집단적 변수들' 또는 '자유도'에 해당하는지 가려낼 방법이 없기 때문이다. 무엇이 이 생물권의 미래 진화에 인과적 영향을 미칠 전적응인지 가려낼 수 없는 것이다.** 변수들과 법칙들을 낱낱이 작성한 뒤에 그 방정식을 풂으로써 생물권의 미래 진화를 알아내는 방법은 원천적으로 차단되어 있다. 우리는 생물권에 대해서는 뉴턴을 따라할 수 없다. 다윈주의적 전적응의 등장을 관장하는 자연 법칙은 없다. 그러니 방정식을 풀어서 그 법칙이 생물권의 진화에 어떤 영향을 미치는지 알아보는 것은 고사하고, 법칙을 적을 수조차 없다.

그렇지만 허파라는 집단적 변수들과 그것의 인과적 영향력을 규정하는 방정식이 없더라도, 구체적 생물권의 진화 과정을 시뮬레이션하는 것은 가능하지 않을까? 우리가 아는 한, 생물은 양자 역학적 세계와 고전적 세계의 경계에 걸쳐 있다. 예를 들어 우주선이 일으킨 돌연변이 때문에 생물의 단백질이 바뀌어서 진화적 이점이나 불이익이 주어지고는 한다. 대다수 물리학자들이 믿는 것처럼 시공간이 연속적이라면, 우리는 무한한 수의 생물권에서 일어날 양자적 사건들을 모조리 따져 보기 위해서 무한한 수의 시뮬레이션을 해야 한다. 어쩌면 시뮬레이션의 수가 2차 무한일지도 모른다. 그것은 우리 능력 밖의 일이다. 물론 예리한 환원주의적 물리학자라면, 2차 무한의 시뮬레이션들을 일일이 다 수행해 볼 필요는 없다고 반박할 것이다. 양자적 사건에서 아주 사소한 차이는 중요하지 않을 수도 있으므로, 시공간 연속체와 그 안에 담긴 고전적, 양자적 과정들의 '알갱이성을 거칠게' 만들면 된다. 그렇게 해도 가능한 모든 생물권들에 대한 시뮬레이션의 수가 어마어마하게 많겠지만, 적어도 유한한 숫자로 제한되기는 할 것이다. 하지만 이때 물리학자는 2차 무한의 시뮬레이션들 중에서 **어떤 것을 누락해도 되는지, 누락해도 구체적 생물권의 진화를 시뮬레이션하는 데 지장이 없는지** 미리 알 도리가 없다. 시공간과 사건들의 알갱이성을 거칠게 만들면 필연적으로 알갱이성의 경계가 생길 텐데, 그 경계를 연속 시공간과 사건들 속에서 어느 위치에 두어야 안전한지 미리 알 수가 없다. 게다가 여전히 어마어마하게 크지만 어쨌든 유한한 가짓수인 거친 알갱이성의 시뮬레이션들을 죄다 수행하더라도, 그중 어떤 시뮬레이션이 지난 38억 년 동안 실제로 진행된 진화에 해당하는지 확인할 방법이 없다. 양자적 주사위 던지기의 매 단계가 현실과 정확하게 일치하는 시뮬레이션은 어떤 것인지 확인할 방법이 없다. 우리가 아는 한, 양자적 사건들이 조금만 달랐더라도 생물권은 전혀 다른 방향으로 벗어났을 것이다. 전혀 다른 돌연변이들이 발생했을 것이다. 따라서 설령 우리가 시뮬레이션을 해 내더라도, 그 많은 시뮬레이션들 중 어떤 것이 지금 우리가 거주하는 이 구체적 생물권에 해당하는지 결코 알 수 없다. 이 문제는 연속 시공간이 아니더라도 유효하다. 즉 시공간이 $10^{-33}$센티미터라는 플랑크 거리로 이산적으로 나뉘어 있더라도 마찬가지이다. 그때는 일부러 알갱이를 거칠게 하지 않아도 시뮬레이션의 수가 유한할 것이다. 여전히 무진장 큰 수이겠지만 말이다. 어쨌든 그 경우에도 우리는 시뮬레이션된 생물권의 역사들 중 어떤 '한' 가지가 **지금** 우리 생물권의 구체적 진화 역사를 묘사한 것인지 알아낼 수 없다. 이것이 그것이라고 확인할 수 없거니와, 이것이 그것이 아니라고 확인할 수도 없다.

요컨대 생물권의 진화 방식을 우리가 미리 알 방법은 없다. 새롭고 급진적인 이 견해가 옳다면, 우리는 이미 갈릴레오의 주문에서 벗어났다. 생물권의 진화는 실제로 부분적으로 무법적이다. 게다가 다윈주의적 전적응에 대해서는 합리적인 확률적 진술조차 불가능한 듯하다. 속임수 없는 보통 동전을 1만 번 던진다고 하자. 앞면이 5,000번쯤 나올 것이다. 동전 던지기는 이항 분포이기 때문이다. 과학자들은 이 현상을 설명할 때 확률을 '빈도'로 해석하는 방법을 주로 쓴다. 앞면이 나올 빈도가 0.5라는 것이다. 하지만 이 경우 통계학자는 동전을 1,000번 던져 나올 수 있는 결과들을 모조리 미리 알고 있다. 통계학자는 가능성들의 공간을 속속들이 알고 있고, 그 지식에 의존하여 구체적인 결과를 예측한다. 통계학적으로 말하자면 통계학자는 '표본 공간'을 미리 안다. 그러나 부레의 진화는 다르다. 부레가 허파에서 진화하는 과정을 직접 관찰하는 것은 가능할지 몰라도, 그런 일이 벌어지리라는 것을 사전에 아는 것은 불가능하다. 우리는 새롭게 생겨날 수 있는 기능들에 대한 가능성의 공간을 알지 못한다. 그렇기에 다윈주의적 전적응에 대해서는 빈도에 근거한 확률적 진술을 세울 수 없다. 다시 통계학적으로 말하자면, 표본 공간을 전혀 모르기 때문에 확률적 진술을 세울 수 없다.

확률을 해석하는 방법이 한 가지 더 있다. 원래 라플라스가 제기했던 방법으로, 베이지안(Bayesian) 확률의 기초가 되는 발상이다. 이렇게 생각해 보자. 내 앞에 *N*개의 문들이 있는데, 그중 하나 뒤에는 엄청난 선물이 있다. 나는 어떤 문 뒤에 선물이 있는지 전혀 모르는 채 어떻게든 짐작해야 한다. 내가 성공할 확률은 얼마일까? 1/*N*이다. 여기에서는 빈도 해석이 없다. 하지만 이때도 나는 전체 문의 수가 *N*개라는 것을 미리 안다. 반면에 다윈주의적 전적응에 대해서는 어떤 참신한 기능들이 가능할지 그 수를 미리 알 수 없다. *N*을 모른다. 표본 공간을 미리 알 수 없는 것이다. 따라서 확률을 어떤 식으로 해석하든 다윈주의적 전적응에 적용할 수 없기는 매한가지이다. 다윈주의적 전적응 예측이 불가능한 것은 물론이고, 전적응에 대해서는 합리적인 확률적 진술을 하는 것조차 불가능한 것 같다.

다윈주의적 전적응의 기초를 살펴보았으니, 갈릴레오의 주문을 더욱 철저하게 깨뜨리는 사례를 이야기해 보자. 사람의 청각을 담당하는 가운데귀의 세 뼈가 원시 어류의 턱뼈에서 진화했다는 것은 잘 알려진 사실이다. 이것은 다윈주의적 전적응 사례이다. 어류의 턱뼈라는 여러 부속들이 힘을 모아서 청각이라는 새로운 기능을 만들어 냈다. 12장에서 나는 드라이버의 온갖 쓰임새를 온갖 환경에 대해 미리 말할 수 있는가라는, 다소 짓궂은 질문을 던질 것이다. 여러분은 아마 그럴 수 없다고 대답하리라. 그렇다면 더 나아가 여러 '부속들'을 상상해 보자. 드라이버 하나, 못 하나, 천 하나가 있다고 하자. 이것들을 함께 써서 수행할 수 있는 온갖 기능들을 온갖 환경에 대해 빠짐없이 상상하여 목록화할 수 있을까? 분명 그럴 수 없다. 왜냐하면 어느 한 부품의 쓰임새를 모조리 나열하는 것부터가 불가능한데다, 여러 개를 함께 썼을 때의 쓰임새는 두말할 것도 없다. 드라이버, 못, 천이라는 구성은 전적응을 통해서 사람

가운데귀의 세 뼈로 진화한 어류의 턱뼈들과 다르지 않다. 더 극단적으로 밀어붙여 보자. 드라이버, 못, 천의 속성에는 **관계적 속성**이 포함될지도 모른다. 예를 들어 드라이버와 못의 거리, 드라이버와 가까운 벽의 거리 같은 성질들이다. 다윈주의적 전적응의 진화도 마찬가지이다. 그 과정에도 관계적 속성들이 관여한다. 이를테면 어류의 턱뼈들이 사람 가운데귀의 세 뼈로 진화하는 과정에서 서로 얼마나 가까이 있었는가 하는 속성이다. 그러나 관계적 속성이든 비관계적 속성이든, 이런 속성들이 다윈주의적 전적응의 기초가 될 수는 없다. 그렇다면 내 결론은 이렇다. 다윈주의적 전적응의 모든 가능성들을 미리 말하는 것은 불가능하므로, 다윈주의적 전적응은 부분적으로 무법적이다. 경제의 전적응 현상들도 마찬가지이다. 자, 우리는 갈릴레오의 주문을 깨뜨렸다.

여기에서 하나 첨언할 것이 있다. 내 이야기는 이른바 '결정론적 혼돈(deterministic chaos)'과는 전혀 다르다. 결정론적 혼돈에서도 예측 불가능성이 등장하는데, 물론 이것도 아주 중요한 현상이다. 이런 계들은 이미 잘 연구되어 있다. 변수가 셋 이상인 계에 대해 미분 방정식을 작성한다고 하자. 기후 모형 같은 것을 생각하면 된다. 그런 동역학 계의 '끌개'들은 '혼돈' 성질을 띨 수 있다. 무슨 말인가 하면, 어떤 계가 상태 공간에서 하나 이상의 혼돈 끌개로 수렴할 경우, 일단 혼돈 끌개에 안착한 계의 상태에 아주 작은 변화라도 생긴다면 계의 향후 동역학적 행동이 증폭적으로 발산한다는 뜻이다. 이것이 유명한 '나비 효과'이다. 파리에 살고 있는 나비의 날갯짓이 시카고의 날씨를 바꾼다는 원리 말이다. 더 형식적으로 표현하면, 나비 효과는 '초기 조건에 대한 민감성'이 큰 상황을 말한다. 우리가 그런 혼돈 계의 미래 진화를 예측하려면 초기 조건을 무한히 정확하게 알아야 하는데, 현실적으로 그처럼 무한히 정확한 지식은 얻을 수 없다. 그러므로 우리가 혼돈 끌개를 따르는 계의 행동을 장기적으로 상세하게 예측하기란 애초에 불가능하다. 초기 조건에 대한 지식의 정확도가 유한할 수밖에 없기 때문이다.

내가 말하고 싶은 것은, 결정론적 혼돈 계에서의 예측 불가능성과 다윈주의적 전적응에 대한 예측 불가능성 또는 사전 서술 불가능성은 전혀 **다른** 말이라는 것이다. 결정론적 혼돈의 경우에는 **우리가 계의 상태 공간을 미리 안다**. 가장 단순한 경우라면 3개의 연속 변수들과 그 영역으로 이루어진 공간을 정의할 수 있을 것이다. 대조적으로 비에르고드적 우주에서 생물권이 진화하고 부레가 등장하는 현상에서 대해서는 우리가 그 상태 공간, 즉 표본 공간을 미리 모른다. 환원주의적 입장에서는 우리가 태양계에 해당하는 고전적인 $6N$차원의 위상 공간이나 그에 상응하는 힐베르트 양자 상태 공간을 충분히 알 수 있다는 의미에서 생물권의 상태 공간도 안다고 말할 수 있으리라. 설령 그렇더라도, 우리는 그 속에서 어떤 집단적 변수들이 생물권의 미래 진화에 인과적으로 유의미한지 가려낼 수 없다. 무한히 많거나 유한하되 엄청나게 많은 시뮬레이션 중 어느 하나를 놓고서 그것이 우리 생물권의 진화에 해당하는지 해당하지 않는지 분명히 말할 도리가 없다.

결정론적 혼돈은 갈릴레오의 주문을 벗어나지 못한다. 그것은 전적으로 법칙적인 계이다. 반면에 다윈주의적 전적응은 갈릴레오의 주문을 벗어난다. 우리는 거의 400년 만에 철학적, 과학적으로 전혀 새로운 세계관에 진입한 것이다. 이것은 정말로 급진적인 사건이다. 이것으로부터 부분적으로 무법적인 새로운 자유가 펴져 나와서, 비에르고드적 우주에서의 생물권, 경제, 역사의 진화 과정에 스며든다.

우리는 와인버그 식 환원주의로부터 먼 길을 왔다. 갈릴레오의 주문이 깨졌을 뿐만 아니라, 새로운 기능의 등장에서는 설명의 화살표들이 저 위를 향한다. 화살표들은 자연 선택에 의한 전적응의 등장을 통해 미리 예측할 수 없는 선택 환경에서 미리 예측할 수 없는 기능들이 생겨나는 현상을 가리킨다. 화살표들은 저 아래 끈 이론을 가리키지 않는다. 생명의 진화는 어떤 물리 법칙도 위반하지 않지만, 물리학으로 환원되지 않는다. 우리는 새로운 과학적 세계관으로 깊숙이 들어섰다. 이 세계관에서 우리는 창조성과 역사성을 발휘하는 우주의 일원이고, 우리가 함께 만들어 나가는 창조적 생물권의 일원이다. 새로운 과학적 세계관에서 보는 우리의 위치는 순수한 환원주의에 입각해 바라보았을 때와는 전혀 다르다. 우리는 신성 재발명이라는 과제에서 큰 진전을 이루었다. 생물권을 비롯하여 인간의 마음, 의식, 경제, 역사, 문화 등 온갖 창발적 역사들의 다양성과 복잡성을 반추할 때, 이처럼 다양한 차원의 계들이 부분적으로 무법적이고 부단히 창조적인 과정을 통해 인접한 가능성을 탐구해 나간다는 사실을 반추할 때, 어떻게 세상에 대한 경외감이 줄어들겠는가?

정리하자면 나는 이 책의 핵심 요지들 중 하나를 이제 막 이야기했다. 갈릴레오가 경사면을 굴러 내려오는 공의 이동 거리와 소요 시간의 관계를 정량적으로 밝힌 이래, 우리는 자연 법칙이 모든 것을 관장한다는 갈릴레오의 주문에 사로잡혀 있었다. 갈릴레오가 가톨릭 교회와 마찰을 빚은 것도 무리가 아니다. 다만 마찰의 요인은 그가 코페르니쿠스적 지동설을 믿은 점이라기보다 하느님의 계시가 아닌 과학만이 지식으로 가는 진정한 길이라고 믿은 점이었다. 갈릴레오 다음으로 뉴턴이 왔고, 다음으로 라플라스가, 슈뢰딩거가, 환원주의가 왔다. 우리가 세상을 충분히 이해한다면 '모든 것을' 자연 법칙으로 해설할 수 있다는 견해가 왔다. 이것이 바로 갈릴레오의 주문이고, 우리는 오랫동안 이 주문에 휘둘려 왔다. 환원주의자에게 우주가 무의미하듯이, 이 주문 아래에서는 영성이 무의미하다. 그러나 다윈주의적 전적응을 유한하게 미리 말할 수 없다는 게 사실이라면, 우리는 비단 환원주의를 넘어 창발로 나아갈 뿐만 아니라 명민한 갈릴레오가 우리에게 걸어 둔 주문에서 400년 만에 벗어나는 셈이다. 언젠가는 '모든 것을' 자연 법칙으로 충분히 설명할 수 있으리라는 생각을 넘어서는 셈이다. 대신에 우리는 비에르고드적 우주가 스스로의 인접한 가능성으로 나아가는 과정에 심오한 부분적 무법성이 존재한다는 사실을 발견했다. 그와 더불어 우주, 생물권, 인간의 삶에서 부단한 창조성을 발견했다. 우리는 그 창조성에서 새로운 신을 발견할 수 있다. 이런 신 개념은 모든 사람들이 기꺼이 공유할 수 있을 것이다. 나는 초자연적 신을 원하는 사람들의 마음도 본질적으로는 이와 같다고 본다. 어쩌면 정말로 그런 신이 존재할지도 모르지만, 우리가 반드시 초자연적 신을 필요로 하는 것은 아니다. 우리는 자연적 창조성으로서의 신만으로도 충분하다. 나는 자연적 의미의 신으로부터 신성을 재발명하기를 바란다. 이때의 신성은 자연의 창조성 그 자체이다. 자연의 창조성이라는 신성을 인정한다면, 세상에서 벌어지는 일들이 모두 우리 입맛에 맞아야 한다는 억지 요구는 필요 없을 것이다. 나는 또 우리가 새로운 신성으로부터 지구 윤리를 발명하기를 바란다. 그 윤리를 길잡이 삼아 개개인의 삶은 물론이고 현재 형성되고 있는 전 지구적 문명의 방향을 정할 수 있기를 바란다.

우리 앞에는 무거운 문제가 하나 더 있다. 앞으로 등장할 지구적 문명, 즉 인류가 부분적으로나마 그 구축에 참가할 지구적 문명에 관한 문제이다. 다윈주의적 전적응이 정말로 부분적으로 무법적이라면, 생물권의 창발과 진화 과정을 아무도 책임지지 않는다고 봐도 좋을까? 그런 과정들 중 일부, 이를테면 전적응 같은 것은 실제로 부분적으로 무법적이다. 종들은 공진화하고, 가끔 비생물적 환경을 바꿔 놓으며, 그럼으로써 함께 진화하는 계를 만들어 나간다. 어떻게 그처럼 자기 일관적이고, 자기 구축적이고, 부분적으로 무법적인 총체가 우주에 등장해서 진화하게 되었을까? 우리는 다음 장에서 경제를 이야기하면서도 비슷한 문제를 만날 것이고, 인류 역사와 문명의 진화에 대해서도, 앞으로 등장할 지구적 문명에 대해서도 같은 문제를 물을 것이다. 더군다나 경제, 역사, 지구적 문명의 진화에서는 인간의 의식적 의도가 그 과정에서 어떤 역할을 했을까 하는 의문까지 덤으로 주어진다. 반면에 생물권에 대해서는 그런 의문을 품을 필요가 없다. 적어도 약 10억 년 전의 생물권에 대해서는, 그러니까 의식 있는 생물이 등장하기 전의 생물권에 대해서는. 어떻게 그랬는지는 모르지만, 낮은 차원에서 충분한 법칙이 존재하지도 않은 상태에서, 가령 생물권이라면 다윈주의적 전적응이라는 법칙이 없던 상태에서, 불현듯 자기 조직적 생물권이 생겨나 진화하기 시작하여 이후 38억 년 동안 말 그대로 스스로를 구축해 왔다. 어떻게 전체 생물권은 스스로 일관성을 유지했을까? 멸종 사건이 수시로 발생하고 새로운 종이 수시로 진화하는데도 어떻게 모든 종들이 문제없이 공존할까? 생물권이 공진화적으로 조립되는 과정에는 뭔가 우리가 놓친 원리가 있는 것 같다. 인류 경제와 문명도, 심지어 진화하는 체계로서의 법률도 마찬가지이다. 그래서 나는 다음 장에서 '자기 조직적 임계성(self-organized criticality)' 이론을 소개할 것이다. 나는 이 이론으로 낮은 차원의 법칙이 부재함에도 불구하고 생물권과 경제가 문제없이 진화하는 현상을 설명할 수 있다고 본다. 이 이론의 뛰어난 잠재력은 낮은 차원의 법칙이 없어도 높은 차원의 법칙이 등장할 수 있다는 것을 보여 주는 점이다. 로플린이 『새로운 우주: 다시 쓰는 물리학(*A Different Universe: The Universe from the Bottom Down*)』에서 주장했던 견해와 크게 다르지 않다. 생물권, 경제, 문화가 부분적으로 무법적임에도 불구하고 전체로서 스스로를 구축하며 진화한다는 사실에 놀라지 않을 사람이 있을까? 우리는 갈릴레오의 주문을 벗어나 창조성과 창발성으로 접어들었다. 우리는 그 미지의 신비를 향해 살아 나가야 한다.

### ✣ 대안적 견해: 지적 설계가 암암리에 상정하는 초자연적 신 ✣

진화에 대한 여러 이론들 중, 생물권의 부단한 창조성을 부인하는 이론이 하나 있다. 이른바 '지적 설계(intelligence design)'라고 불리는 사고 방식이다. 이것은 주로 기독교 원리주의자들이 제창한 발상인데, 당사자들은 인정하지 않지만 분명 암묵적으로 창조주의 존재를 추구하는 사고 방식이며, 과학이 아니다. 그러나 지금부터 나는 지적 설계의 주장을 일단 인정할 것이다. 설령 지적 설계가 과학이 될 가능성이 있다고 인정하더라도 현재로서는 그것이 입증 불가능한 이론일 뿐이라고 결론내릴 것이다.

지적 설계는 지난 몇 년간 많은 주목을 받았다. 대부분의 독자들이 이미 알겠지만, 지적 설계의 견해는 다음과 같다. 생명의 어떤 속성들은 환원 불가능할 정도로 복잡하다. 도저히 자연 선택을 통해서 생겨났다고 볼 수 없을 정도이다. 따라서 그런 속성은 설계된 것이다. 자, 그렇다면 우리는 지금부터 지적 설계의 과학적 지위에 대해 고민해 보자. 애초에 그런 것을 부여해도 좋다면 말이지만. 생물학자가 지적 설계에 대응하는 핵심 논거는 예의 다윈주의적 전적응이다.

우선 지적 설계의 종교적 뿌리를 정확하게 짚고 넘어갈 필요가 있다. 그것은 창조 과학이라는 더 원시적인 발상으로부터 생겨났다. 창조 과학의 주창자들은 아브라함의 성서적 전통이 말 그대로 사실임을 보여주려고 했다. 창조 과학이 종교에서 비롯했다는 것은 논박의 여지가 없는 사실이다. 미국에서는 공립 학교에서 창조 과학을 표준 진화 이론과 나란히 가르치게 만들려는 시도가 더러 있었으나, 법정에서 모두 패했다. 창조 과학의 창시자들은 지구의 생명 진화와 다윈주의적 선택 이론을 모두 부정했는데, 특히 후자에 대한 반대가 심했다. 그들이 새로 조직을 꾸리고 새로 회원을 받아들여 만들어 낸 것이 지적 설계이다. 지적 설계는 정치적으로 엄청난 성공을 거뒀다. 미국 의회에는 지적 설계를 지지하는 의원들이 있다. 그러나 2006년에 펜실베이니아 주 도버의 지방 법원은 공립 학교에서 지적 설계를 가르치는 것을 위법으로 규정했다. 지적 설계는 정교 분리(政敎分離)의 원칙을 와해시킴으로써 헌법에 반하는 시도라고 보았기 때문이다. 그런 판결이 내려진 데에는 지적 설계 교과서의 내용이 틀림없이 창조 과학 책에서 나왔다는 사실이 법정에서 증명된 것이 한몫했다.

나는 지적 설계의 종교적 뿌리를 좀 너그럽게 이해해도 괜찮다고 생각한다. 창조주가 우주와 도덕률을 작성했다고 믿는 사람들이 진화를 공격하는 것은, 창조주가 없음을 인정하는 순간 서구 문명의 기틀이 무너져 내릴지도 모른다는 깊은 두려움 때문이다. 무신론적이고, 무의미하고, 비도덕적인 세속적 인간 본위주의만 남을지도 모른다는 두려움 때문이다. 나는 두려움에 휘둘려 그런 견해를 고수하는 사람들에게 이 책을 통해 말해 주고 싶다. 우리가 우주의 창조성으로서 신을 재정의하고, 고등 영장류를 비롯한 많은 동물이 지닌 윤리 의식의 뿌리를 진화 그 자체에서 찾는다면, 그런 두려움을 느낄 필요가 없다. 나는 우주의 창조성이 곧 신이라는 시각에서도 신성과 도덕이 전적으로 유효하다고 믿기 때문에, 지적 설계를 고집하는 사람들에게 당신들의 감정과 신념에 조금이나마 공감하는 편이라고 말해 주고 싶다. 하지만 과학으로서 지적 설계는 실패이다. 게다가 우리는 초자연적 창조주를 추구할 필요가 없다. 갈릴레오의 주문을 깨뜨리기만 하면 된다.

그렇다면 과학으로서 지적 설계의 위치는 어떨까?

먼저 지적하고 싶은 점이 있다. 겉보기에 과학인 듯한 무언가를 정치가들과 종교 지도자들은 지지하지만 과학자들은 거의 지지하지 않는다면, 그것은 그 탐구가 과학적으로 진행되는 것이 아님을 암시하는 단초이다. 실제로 거의 모든 과학자들은 지적 설계가 과학일 가능성을 고려조차 하지 않는다. 지적 설계가 정치적으로 눈에 띄는 존재만 아니라면 반박할 가치조차 없을 것이라고 말한다. 나는 그것보다는 좀 더 너그럽게 보고 싶다. 나는 지적 설계가 적절한 과학이 될 수도 있다고 믿는다. 그런데 진정한 과학으로 대접받고 싶어 하는 지적 설계가 **내놓은 한 가지 중요한 예측이 틀렸다는 것이 문제이다.** 지적 설계가 정말 과학이 되고 싶어 한들, 그 내용이 대부분 사실이 아니기 때문에 그럴 수 없는 것이다.

어쨌든 지적 설계가 과학이 될 수 있을지도 모르는 이유는 다음과 같다. 우리가 우주로부터 '메시지'를 받는다고 상상해 보자. ET가 무사히 고향으로 돌아가서 보낸 메시지이다. 우주에는 잡음 신호가 아주 많고, 그것들도 우리의 감지기에 자주 걸린다. 그렇다면 우리는 우리가 받은 '메시지'가 그저 잡음이 아니라는 것을 어떻게 확인할 수 있을까? 이것은 분명 과학적으로 유효한 의문이다. 실제로 그런 신호를 찾고 있는 SETI(search for extraterrestrial intelligence, 외계 지적 생명체 탐사) 사업이 어느 날 성공을 선언한다면, 과학자들은 자신들이 받은 메시지가 우연이 아니라 정말 지적으로 설계된 것임을 어떻게 단언할 수 있느냐를 놓고서 심각하게 조사할 것이다. 따라서 '설계냐 아니냐?'는 진정한 과학적 의문이다.

지적 설계의 주춧돌이 되는 주장은, 세상에는 환원 불가능할 정도로 복잡해서 설계를 끌어들여 설명할 수밖에 없는 생물학적 속성들이 있다는 것이다. 흔히 거론되는 예는 세균의 편모에 달린 모터이다. 이 모터는 정말로 놀라운데, 회전자와 고정자가 달린 전기적 엔진과 그밖의 다양한 부속들로 구성되어 있다. 이것들이 모터를 가동시킴으로써 편모를 시계 방향이나 반시계 방향으로 회전시키고, 덕분에 세균은 포도당 농도 기울기 속을 헤엄친다. 지적 설계의 추종자들은 이렇게 단언한다. 자연 선택이 어떻게 그런 기기를 만들어 내겠는가? 대체 어떤 전구 물질로부터 그런 모터가 진화할 수 있겠는가? 부속들 중 단 하나라도 제거하면 전체가 효율적인 모터로 작동하지 못할 텐데?

도버의 법정에 증인으로 섰던 한 과학자는 이런 주장에 대한 유머러스한 대답을 몸소 보여 주었다. 그는 낱낱이 분해된 쥐덫을 갖고 왔다. 그러고는 부속들 중 하나를 넥타이핀으로 썼다. 또 한 부속은 종이를 받치는 받침대로 썼다. 그가 시각적으로 보여 주고자 한 요지는, 조립되었을 때 쥐덫을 이루는 부속들 각각을 얼마든지 다른 용도로도 쓸 수 있다는 것이었다. 그런 부속들이 나중에 하나의 기계로 조립되면 쥐를 잡는 새로운 기능이 생긴다.

이 사례를 통해, 보통의 생물학자들이 환원 불가능한 복잡성에 어떻게 대응하는지 알 수 있다. 그들은 다윈주의적 전적응을 들고 나선다. 편모 모터가 진화의 시작점에서부터 모터로 조립되었을 것이라고 가정할 필요가 없다. 오히려 부속들은 처음에는 다른 기능 때문에 선택되었을 것이고, 전혀 다른 기능을 수행했을 것이다. 그러다가 그것들의 인접한 가능성에 편모 모터가 등장하자, 그때야 비로소 진화 과정에 따라 모터로 조립되어서 다윈주의적 전적응을 이루었을 것이다. 도버 재판에 참가한 과학자들은 편모 모터의 여러 부분들이 실제 다른 세균에서 다른 기능으로 쓰인다는 증거를 보여 주었다. 편모 모터는 사람의 세 가운데 귀 뼈들처럼 틀림없는 다윈주의적 전적응이다.

이런 견해를 지지하는 생물학자는 두 가지 문제에 맞닥뜨린다. 다윈주의적 전적응이 충분히 의미 있을 정도로 자주 일어나는가? 그렇다는 증거들이 있다. 둘째, 일련의 전적응 단계들을 통해서 생물의 복잡한 속성이 빚어졌던 구체적인 사례가 실제로 알려져 있는가? 그렇다. 특정 속성이 어떤 적응이나 전적응을 통해 어떤 방식으로 만들어졌는지 밝혀진 경우가 더러 있다. 하지만 "아니오, 적어도 아직은 밝혀지지 않았습니다."라고 대답해야 할 때가 더 많기는 하다. 창조 과학과는 달리 지적 설계는 진화 자체를 부정하지는 않는다. 그렇다면 지적 설계 지지자들은 전적응을 통해서 새로운 복잡한 기능이 생겨날 수 있음을 인정해야 한다. 누가 뭐라 해도 허파에서 부레가 진화한 것은 사실이고, 사람의 세 가운데귀 뼈들이 초기 어류의 턱뼈에서 유래한 것은 사실이기 때문이다. 지적 설계 지지자들이 취할 수 있는 대안은, 다윈주의적 전적응을 통해 잇달아 새로운 기능들이 등장함으로써 결국 환원 불가능하리만치 복잡한 전체가 생겨나는 일은 있을 수 없다고 대담하게 예측하는 것이다. 그런데 이 예측은 거의 틀림없이 거짓이다. 전적응은 실제로 발생한다. 그것도 충분히 자주 발생한다. 우리는 연속적인 전적응을 가정함으로써 복잡한 전체가 진화한 과정을 충분히 설명할 수 있다. 정리하자면 이렇다. 지적 설계가 진정한 과학이 되려면 위와 같은 예측을 제기할 수밖에 없는데, 그 예측은 거의 확실하게 반박된다.

게다가 지적 설계는 확률적 논증에 바탕을 둔다. 예를 들어 편모 모터가 우연히 등장했을 확률은 너무나 희박하다고 주장한다. 그것은 환원 불가능할 정도로 복잡하기 때문에 가능성이 희박한 사건이고, 따라서 설계자가 필요하다고 말한다. 하지만 앞에서 지적했듯이, 다윈주의적 전적응에 대해서는 확률적 진술이 불가능하다. 온전한 위상 공간을 미리 알 수 없기 때문이다. 지적 설계는 편모 모터처럼 환원 불가능할 정도로 복잡한 개체가 합리적인 시간 안에 일련의 다윈주의적 전적응을 통해서 생겨날 확률이 얼마나 되는지 계산할 수 없다. 지적 설계가 제시하는 확률 계산은 몹시 의심스럽다. 다시 강조하지만 표본 공간을 미리 알 수 없기 때문이다.

상황이 이렇다 보니, 지적 설계에 열중한 사람들은 어떻게 하면 다윈주의적 전적응으로 복잡한 개체를 설명할 수 없다는 예측을 내놓지 않고도 은근슬쩍 넘어갈 것인지를 궁리했다. 그 결과 편모 모터처럼 환원 불가능할 정도로 복잡한 특정 개체에 대해서 그 진화를 완성하는 다윈주의적 전적응 경로가 존재하지 않는다는 주장으로 갈음하기도 했다. 이런 논리 전개 방식에는 문제가 있지만, 일단 인정한다고 하자. 그렇다면 이 주장은 포퍼 식 반증이 가능한 주장이 된다. 우리가 전적응을 통해서 특정 복잡한 개체를 낳는 진화적 경로를 단 하나만 발견해도 예측이 반증될 테니까. 그리고 앞에서 이야기했듯이, 편모 모터의 일부가 다른 세균에서 다른 용도로 쓰인다는 사실이 이미 확인되었다. 따라서 지적 설계가 즐겨 거론하는 편모 모터의 사례는 부분적으로나마 반증된 셈이다.

하지만 나는 포퍼주의자가 아니다. 철학자 카를 포퍼(Karl Popper, 1902~1994년)는 흄이 제기한 귀납의 문제를 극복하기 위해서, 과학자들은 '귀납'을 하는 게 아니라 먼저 대담하게 가설을 세운 뒤에 그것을 반증하려 애쓴다고 주장했다. 포퍼가 그렇게 주장한 근거는 '모든 백조는 하얗다.'와 같은 보편 진술을 우리가 결코 증명할 수 없다는 점이었다. 왜냐하면 모든 백조들을 확인해 볼 방법이 없기 때문이다. 반면에 진술을 반증하는 것은 간단하다. 검은 백조 한 마리면 된다. 베이지색 백조도 괜찮다. 포퍼는 대담한 가설의 보편성을 증명하는 것보다는 그것을 반증하는 게 더 쉽다고 생각했고, 그렇다면 과학적 가설은 반증 가능해야 한다고 했다. 그것이 과학과 비과학을 가르는 기준이라고 주장했다.

평소 한결같이 철학을 회피하는 과학자들이 과학 철학에서는 이미 오래전에 구식이 된 내용을 받아들인다는 것은 재미있는 일이다. 오늘날 대부분의 과학자들은 가설이란 무릇 반증 가능해야 한다고 엄숙하게 주장한다. 하지만 현실의 과학은 그것보다 더 복잡하다. 하버드의 철학자 윌러드 밴 오먼 콰인(Willard Van Orman Quine, 1908~2000년)에 따르면, 과학 논제에는 전일론(holism)적 속성이 있다. 이런 상상을 해 보자. 나는 지구가 평평하다고 주장한다. 당신은 지구가 구형이라고 생각한다. 우리는 시험할 방법을 생각해 냈다. 함께 해변으로 가서 수평선을 향해 멀어지는 배를 바라보기로 한 것이다. 만약에 지구가 평평하다면, 배는 서서히 작아져서 점이 될 것이다. 만약에 지구가 둥글다면, 돛이 사라지기에 앞서 선체가 먼저 수평선 너머로 사라질 것이다. 우리는 샌드위치와 맛있는 와인과 치즈라는 멋진 간식을 챙겨서 해변에 앉은 채, 멀어져 가는 배를 바라본다. 보나마나 선체부터 수평선 너머로 사라진다. "바보 같으니라고." 당신이 내게 말한다. "봤지, 지구는 구형이야. 점심 값은 네가 내." "아직은 안 되지." 나는 대꾸한다. "어쩌면 배가 침몰했을지도 모르잖아!" 우리는 반대되는 증거가 주어져도 언제나 사실을 의심할 수 있는 것이다. 콰인은 그 점을 지적했다.

우리는 배에 무전을 쳐서 배가 멀쩡하게 항해 중임을 확인한다. "이제 지구가 둥글다는 것을 인정하시지." 당신이 요구한다. "아직은 안 돼." 내가 대꾸한다. "너는 빛이 중력장에서 직선으로 움직인다고 가정했어. 내가 볼 때 이 실험은 빛에 대한 네 가정이 잘못되었다는 것을 증명한 거야. 빛은 중력장에서 아래로 떨어지는 게 틀림없어. 배의 아랫부분에서 나온 빛이 먼저 물에 부딪치니까 선체가 먼저 사라진 거야. 점심 값은 네가 내."

콰인은 이렇게 말했다. "어떤 가설도 홀로 세상과 맞서지 않는다는 것이 내 요점이다. 가설은 언제나 사실에 대한 여러 진술들로 구성된 네트워크의 일원으로 존재한다. 배가 침몰했네 침몰하지 않았네 같은 진술들 말이다. 가설은 또한 세상에 대한 여러 법칙들과 가정들로 구성된 네트워크의 일원으로 존재한다. 우리는 부정적 증거를 만났을 때 분명 무언가를 포기해야 하지만, 반드시 특정 가설을 포기할 필요는 없다. 이를테면 반드시 세상은 평평하다는 가설을 포기해야 하는 것은 아니다. 그 대신 다른 가설을 바꿀 여지가 있다면 말이다. 물론 그러다 보면 몹시 꼴 사나운 물리학이 빚어질지도 모른다."

콰인의 합리적인 결론은 다음과 같다. "그러므로 사실 우리는 기존의 세계관을 가장 적게 바꾸는 사실적 진술이나 법칙을 잠정적으로 수정할 뿐이다." 이것이 콰인이 말한 과학 속의 전일론적 속성이다. 이것은 비단 과학을 넘어서 폭넓게 적용된다. 일반적으로 모든 사람들은 신념의 그물망을 품고 있고, 그 그물망이 철저히 파괴되지 않도록, 충격을 최소화하도록 아주 조금씩만 수정한다. 일반 상대성 이론처럼 정말로 혁명적인 경우는 예외이겠지만 말이다. 과학사 학자나 문화사 학자라면 이런 선택에 사회적 요인들도 개입한다는 점을 지적할 것이다.

이 이야기는 지적 설계와 직접 관련이 있다. 우리가 생물학적 사실들을 해석하려면 반드시 설계자가 필요하다는 결론을 내렸다고 가정하자. 이것은 엄청난 혁명이다. 압도적인 증거들로 뒷받침되어야 한다. 더불어 오직 지적 설계만이 해결할 수 있고 전적응으로는 해결할 수 없는 압도적인 문제가 존재해야 한다. 상대성 이론이 그랬듯이 시험 가능한 각종 예측들이 추가로 제기되어야 한다. 그렇다면 오직 다윈주의적 전적응에서만 가능할 것 같은 예측을 내가 하나라도 생각해 내는 순간, 지적 설계는 반증된다. 내가 포퍼주의자는 아니지만 말이다. 지적 설계의 논지는 너무나 혁명적이라서, 그것을 뒷받침하는 압도적 증거가 있어야만 옳다고 할 수 있다. 그러나 콰인이 말한 과학적 논제의 전체성을 염두에 둘 때, 지적 설계를 끌어들여서 편모의 회전 모터를 설명하는 것보다는 다윈주의적 전적응으로 설명하는 편이 현실에 대한 기존의 지식 체계에 가해질 파열이 훨씬 작다.

마지막으로 짚고 넘어갈 점이 있다. 지적 설계가 정말로 진지한 과학이라면, 설계자가 누구냐는 질문과 설계자가 어떻게 환원 불가능하리만치 복잡한 전체를 조립해 내느냐는 질문도 과학적으로 유효한 의문이 된다. 그런데 지적 설계의 지지자들 중에는 이런 의문을 입 밖으로 내는 사람이 좀처럼 없다. 왜냐하면 비록 그들이 조심스럽게 함구하고 있지만, 그들이 생각하는 지적 설계의 설계자는 초자연적인 아브라함의 하느님이기 때문이다. 그들은 자신들의 신이 기적을 통해서 복잡한 전체를 창조했다고 믿는다.

지적 설계가 과학적 진술이라고 할 만한 몇몇 진술을 내놓는다고 해서 그것을 과학으로 가르쳐도 좋다는 말일까? 물론 아니다. 지적 설계는 우리에게 아무런 결실도 제공하지 않으므로, 그것은 과학이라고 하기에 무리가 있다. 법정이 지적 설계를 가면 쓴 종교로 판정한 것은 적절했다.

우리는 반세기 동안 지속되었던 환원주의의 헤게모니에서 벗어났다. 우리는 다윈주의적 자연 선택과 생물학적 기능들이 물리학으로 환원되지 않는다는 것을 확인했다. 나는 생명의 기원을 이야기하면서 집단적 자체 촉매 집합의 창발 법칙을 주장했는데, 이것도 물리학으로 환원되지 않는다. 우리는 또 생명, 행위 주체성, 의미, 가치, 행동의 자연적 창발을 과학적으로 설명할 수 있다는 것, 여기에 대한 믿음직한 증거가 있다는 것도 보았다. 우리는 순수한 환원주의에 대비되는 창발을 목격했다. 원자 이상의 차원에서는 우주가 비에르고드성과 역사성을 갖기에,

다윈주의적 전적응에 의한 생물권의 진화는 예측 불가능한 현상이다. 이 현상에 대해서는 뉴턴 식 과학 탐구 방법을 적용할 수 없다. 전적응은 생물권의 진화에 존재하는 부단한 창조성을 보여 주는 증거이다. 어떤 현상의 규칙성을 사전에 압축해서 묘사한 것이 곧 자연 법칙이라면, 전적응을 통한 생물권의 진화는 자연 법칙으로 묘사할 수 없는 현상이다. 뒤에서 우리는 경제와 문화의 진화도 그것과 비슷하다는 것을 볼 것이다. 그것들도 생물권처럼 자기 일관적으로, 자기 구축적으로, 진화하는 전체이다. 그 계들의 구성 요소들은 부분적으로 무법적이다.

이것은 이제껏 우리가 품었던 과학적 세계관과는 너무나 다르다. 나는 이 새로운 과학적 세계관으로 자연 법칙이 모든 것을 충분히 설명한다는 갈릴레오의 주문을 깰 수 있다고 믿는다. 대신 그 자리에 자유가 들어선다. 우리는 아직 그 자유를 잘 이해하지 못하지만, 우주와 생물권과 삶의 부단한 창조성이 그 자유의 증명이나 다름없다. 그런 창조성은 우리가 몸담은 놀라운 현실 자체를 신성으로 재규정하게 만드는 근거로서 손색이 없다. 더구나 여기에는 그 이상 중요한 문제가 걸려 있다. 우리 삶에서 매일 다윈주의적 전적응과 유사한 현상들이 벌어지는데도 우리에게 그것을 예측할 능력이 없다면, 우리는 이성의 역할을 재고해야 마땅하다. 예측할 수 없는 미래를 향해 살아 나갈 때 이성만을 길잡이로 삼아서는 턱 없이 부족할 것이기 때문이다. 이성은 신비로운 전체성을 띤 삶의 한 부분으로 이해되어야 한다. 우리는 앞으로 벌어질 일을 전혀 모르는 상태에서도 어쨌든 행동해야 할 때가 많다. 우리는 정말로 수수께끼 속으로 살아 나간다. 그러므로 결국에는 우리 자신도 우리가 재발명할 신성의 일부이다.

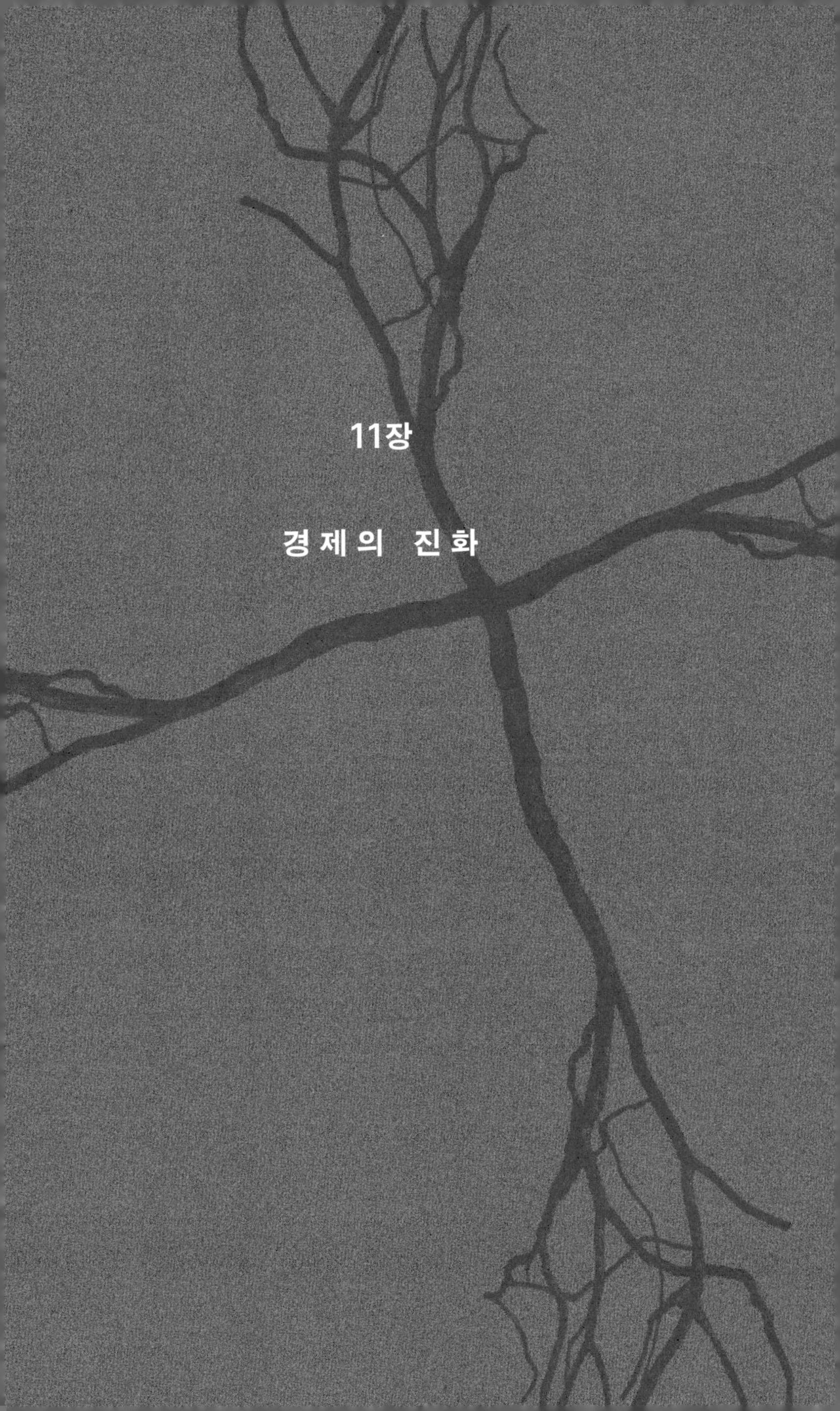

# 11장

# 경제의 진화

이제 사람의 행동으로 시선을 돌려 보자. 이 장에서는 '엄밀' 과학을 넘어선 영역을 이야기할 것이다. 우주의 부단한 창조성이 경제학이라는 사회 영역에서 어떻게 표출되는지 살펴볼 것이다. 생물권과 마찬가지로 인간의 영역들도 대체로 예측이 불가능한 방식으로 부단히 창조성을 발휘한다. 다윈주의적 전적응이 생물학적 진화에 어떤 결과를 가져올지 미리 말할 수 없다는 명제는 기술의 진화에도 거의 똑같이 적용된다. 기술 진화에 대해서도 전적응 개념을 쉽게 적용할 수 있고, 그것보다 더 넓은 경제의 진화에 대해서도 마찬가지이다. 이 장에서는 우선 상품들과 서비스들로 구성된 경제의 네트워크를 설명하고, 그것이 어떻게 갈수록 더 새로운 상품들과 서비스들을 낳으면서 새로운 생태적 지위들을 창조하는지 설명할 것이다. 5만 년 전 과거에는 세계 경제의 전체 상품 수가 수백 개나 수천 개쯤이었겠지만, 오늘날은 그 수가 100억 개쯤으로 폭발적으로 늘었다. 경제의 네트워크는 자신의 인접한 가능성으로 계속 나아가고 있다.

생물권과 마찬가지로 '경제권' 역시 자기 일관적이고 자기 구축적인 전체로서 쉼 없이 진화한다. 오래된 생활 방식들이 크고 작은 멸종을 겪고, 새로운 생활 방식들이 크고 작은 사태를 이루며 등장한다. 내가 여러분에게 이야기하고 싶은 것은, 경제에도 생물학적 전적응에 해당하는 현상이 있으므로 경제의 진화도 대체로 미리 내다볼 수 없는 과정이라는 것이다. 그럼에도 불구하고 경제권은 전체성을 유지하면서 진화하고 적응해 나간다. 더 넓게 보면 인류 문명 역시 자기 지속적이고 자기 구축적이고 적응적인 진화를 겪는다. 그 역시 미리 내다볼 수 없는 과정이다. 오늘날 서서히 등장하는 듯한 전 지구적 문명, 인간이 하나의 구성 요소로서 그 구축에 참가하는 전 지구적 문명도 마찬가지이다.

이런 논의는 과학적으로 중요할 뿐만 아니라 현실에서도 중대한 의미가 있다. 아래에서 설명할 경제망의 구조 자체가 경제 성장에 영향을 미치기 때문이다. 경제망의 성장은 자기 증폭적, 즉 자체 촉매적이다. 그리고 경제 규모가 경제의 다양성에 비례하여 커진다는 것은 데이터로 이미 확인된 사실이다. 경제망이 다양하면 다양할수록 더 새로운 것들이 더 쉽게 창조된다. 여기에는 현실적인 의미가 있다. 중국, 인도, 한국, 대만, 싱가포르를 포함한 아시아와 러시아를 포함한 동유럽에서 경제가 눈부시게 성장하고 있지만, 세계의 대부분은 여전히 빈곤에 시달린다. 우리가 경제망의 구조와 진화 방식을 이해하면 세계의 빈곤을 조금이나마 경감시키고 나아가 생태적으로 지속 가능한 성장을 달성할 수 있을지도 모른다. 이것이 경제의 구조와 진화 방식을 이해하는 것의 현실적 의미이다. 그런데 나는 이 야망에 몇 가지 심각한 제약이 있다는 점도 지적할 것이다. 기술을 비롯한 경제의 여러 측면들이 어떻게 진화할지 미리 예측할 수 없다는 점이야말로 창조적 우주가 우리에게 명시적으로 가하는 조건이기 때문이다. 뉴턴 식 과학이든 다른 방식의 과학이든 과학을 경제권의 진화에 완벽하게 적용할 수 없는 것이 사실이라면, 우리는 합리성을 큰 틀에서 재고해 봐야만 한다. 인간 행위자는 어떻게 속수무책으로 무지한 상태에서 경제적 삶을 살아 나갈까? 이성만을 길잡이 삼아서는 도저히 앞으로의 행동을 결정할 수 없는 상태에서 어떻게 그럭저럭 살아 나갈까? 우리는 그 점을 이해해야 한다. 우리에게는 지난 38억 년 동안 세포, 동물, 척추동물, 포유류, 원인이라는 여러 진화 단계를 거치며 갖춰 온 각종 도구들이 있다. 우리가 어떻게 그것들을 사용해서 삶을 살아 나가는지를 다시 검토할 필요가 있다.

## ✣ 기술 진화에서의 다윈주의적 전적응 ✣

지금 할 이야기는 실제로 있었던 일이라고 한다. 트랙터를 발명하려고 애쓰는 기술자들이 있었다. 그들은 거대한 엔진이 필요하다는 것을 깨달았다. 그들이 거대한 엔진 블록을 하나 구해서 차대(車臺)에 올렸더니, 당장 차대가 부러졌다. 그들은 점점 더 큰 차대를 만들어 시험했지만 하나같이 다 부러졌다. 마침내 한 사람이 말했다. "있잖아, 엔진 블록이 정말로 크고 **단단**하니까, 엔진 블록 자체를 차대로 삼아서 트랙터의 다른 부속들을 매달면 어떨까?" 그리하여 트랙터가 탄생했다.

엔진 블록의 견고함은 이전에는 어디에도 사용되지 않았던 인과적 속성이다. 그것이 갑자기 차대라는 새로운 기능으로 쓰이게 되었다. 이것이 바로 경제권에서의 다윈주의적 전적응이고, 법적으로 특허를 낼 만한 발명이다.

우리가 모든 기술적 전적응들을 미리 말할 수 있을까? 엄밀하게 따지자면 절대 그럴 수 없다. 로마 시대에는 누구도 크루즈 미사일을 예견하지 못했다. 컴퓨터가 발명된 직후, IBM의 회장이었던 토머스 존슨 왓슨 시니어(Thomas Johnson Watson Sr., 1874~1956년)는 전 세계적으로 IBM 701 모델에 대한 수요가 약 19대일 것이라고 생각했다. 그러니 인터넷이나 월드 와이드 웹을 내다본 사람은 단 한 명도 없었다.

경제학자 브라이언 아서(Brian Arthur, 1945년~)에 따르면, 대개의 발명들은 발명 당시에는 예상하지 못했던 용도로 쓰인다. 오늘날 컴퓨터가 문서 작성기로 쓰이는 것이 좋은 예이다. 그런 참신한 용도가 바로 다윈주의적 전적응이다. 확률을 빈도로 해석하든 라플라스 식 *N*개의 문으로 해석하든, 경제에서 새로운 기능이 등장하는 현상을 확률적으로 합리적으로 진술하는 것은 불가능해 보인다. 앞 장에서 설명했듯이, 확률을 빈도로 해석한다는 것은 멀쩡한 동전을 1만 번 던질 때 앞면이 5,000번쯤 나오리라고 예측하는 것이다. 그러려면 동전을 1만 번 던졌을 때 가능한 모든 결과들로 구성된 '표본 공간'을 사전에 반드시 알아야 한다. 한편 라플라스 식 확률에서는 우리 앞에 *N*개의 문이 있고 그중 하나 뒤에만 보물이 있다고 가정한다. 우리는 어느 문 뒤에 보물이 있는지 전혀 모른다. 라플라스가 말했듯이, 이때 우리가 옳은 문을 고를 가능성은 1/*N*이다. 빈도적 해석은 아니지만, 이때도 표본 공간을 사전에 알아야 하는 것은 마찬가지이다. 문의 개수인 *N*을 미리 알아야 한다. 그러나 생물학적이든 경제학적이든 다윈주의적 전적응에 대해서는 보통 표본 공간을 전혀 알 수 없다. 가능성이 실제로 진화하거나 발명되기 전에는 어떤 가능성들이 있는지 알 수 없다. 1920년, 또는 1840년에는 분명 인터넷의 등장에 대해 신뢰할 만한 확률적 진술을 할 수 없었을 것이다.

한마디로 우리는 가까운 미래에 대해서조차 거의 아는 바가 없다. 물론 이것은 좀 과장한 말이다. 어떤 새로운 상품이나 서비스가 가능한지 미리 내다보고 평가하는 능력을 지닌 투자자들이 존재하지 않는다면 벤처 캐피털 산업은 성립하지 못할 것이다. 그런데 사실 그런 판단은 직관에 의존하는 경우가 많다. 엄밀한 알고리듬에 따라 판단하는 경우, 즉 미지의 결과나 발명의 확률을 계산한 뒤에 그것을 목표로 최적화를 시도하는 유효 과정에 따라 판단하는 경우는 오히려 드물다. 설령 그렇게 하더라도, 최고의 벤처 캐피털 회사조차 옳은 판단을 내릴 때보다는 잘못된 판단을 내릴 때가 더 많다. 모르긴 몰라도 벤처 캐피털을 지원받는 회사 10군데 중 하나쯤만 성공할 것이다. 나머지 회사들은 갖가지 이유로 실패한다. 관리가 부실해서라거나, 유망한 줄 알았던 산업이 알고 보니 별 전망 없는 분야였다거나 하는 이유로.

아래에서 나는 경제 진화를 시뮬레이션하는 일이 혹시라도 가능한지 살펴볼 것이다. 그런 시뮬레이션을 해 내려면, 일단 우리는 새로운 기능들을 빠짐없이 미리 나열해야 한다. 예를 들어 엔진 블록을 차대로 사용하는 가능성 같은 것들을. 내가 볼 때 그것은 불가능하다. 진화하는 경제에서 언젠가 어떤 식으로든 유용하게 쓰일지도 모르는 모든 고차원적 기능들을 상상해 보자. 그것보다 낮은 차원, 바닥 차원의 단순한 기능들에 대한 언어로부터 고차원적 기능들을 논리적으로 유도할 수 있을까? 나는 그럴 수 없다고 믿는다. 뒤에서 이야기하겠지만, 레고 블록 자체의 성질들로부터 레고 블록으로 만든 크레인이나 이동식 받침대의 모든 쓸모들, 모든 기능들을 목록화할 수는 없다. 그러니 컴퓨터 같은 진정한 경제적 상품이 오늘날 뜻밖에도 문서 작성기로 쓰이게 된 상황을 어떻게 미리 말할 수 있었겠는가. 전적응을 통한 경제의 진화는 시뮬레이션할 수 없다. 게다가 개별 기업의 진화에는 오만 가지 변수들이 작용한다. 벤처 회사가 설립 당시에 얼마나 쉽게 자금을 모으는가 하는 문제부터 외부로부터의 충격, 관리 실패까지 셀 수 없이 많은 변수들이 있다.

이처럼 경제적 전적응이 예측 불가능함에도 불구하고, 때로 경제가 예측 가능한 것처럼 진화할 때가 있다. 갈라파고스 핀치들의 부리가 정상적인 다윈주의적 적응에 따라 진화했듯이, 기술 진화에도 '정상적인' 적응이 있다. 그중 일부는 그저 기존의 기능을 개량한 것에 지나지 않는다. 경제학에는 '학습 곡선'이라는 유명한 개념이 있는데, 이것을 설명할 때 전형적으로 거론되는 예는 트럭 제조 공장이다. 트럭 제조 대수가 두 배가 될 때마다 트럭 한 대당 생산 단가는 일정한 비율로 떨어진다. 기업은 더 많은 제품을 제조하는 과정에서 변화를 축적함으로써 학습 곡선을 '끌어 올리려고' 한다. 학습 곡선은 어디에나 존재한다. 우리가 기술 진화를 예견할 수 없다는 주장은 학습 곡선을 기대할 수 없다는 뜻은 아니다. 이미 기능이 알려진 기술을 예측 가능한 방식으로 개량하는 과정에 대해서는 단기적이나마 통찰을 가질 수 있다.

나는 『혼돈의 가장자리(*At Home in the Universe*)』에서, 그리고 이후 동료들과 함께 발표한 경제학 논문들에서, 학습 곡선의 통계학을 다소 울퉁불퉁한 보상 풍경에서의 '언덕 오르기'로 설명할 수 있을지 따져 보았다. 그런 풍경 모형으로 가장 단순한 것은 물리학자들이 '스핀 글라스(spin glass)'라고 부르는 무질서한 자기(磁氣) 물질의 상태를 본 딴 것이다. 그런 모형에서는 학습 곡선의 통계학을 다소 '근시안적인' 등반가의 움직임처럼 묘사할 수 있다. 등반가는 그에게 주어진 보상 풍경에서 제 주변에 존재하는 봉우리들, 또는 전체를 아울러서 가장 높은 봉우리들을 찾으려고 노력한다.

최근 들어 경제 진화에서도 정상적인 적응과 다윈주의적 전적응이 다 일어난다는 것을 뒷받침하는 증거가 조금씩 등장하고 있다. 내 동료

리카르드 솔레(Ricard Solé)는 수백만 건의 특허 인용 사례들을 조사함으로써 정상적인 적응을 통해 새로운 기능이 생겨난다는 것을 확인했을 뿐만 아니라, 다윈주의적 전적응을 통한 사례도 풍부하다는 것을 확인했다. 물론 두 적응이 기술 진화에서 어떤 역할을 맡는지를 경제학적으로 탐구하려면 둘을 구분짓는 기준을 좀 더 다듬어야 할 것이다. 종류를 구별하는 기준이든, 정도를 측정하는 기준이든.

고전 경제학은 스스로를 '대안적 용도가 있는 희소 자원의 할당을 연구하는 학문'으로 정의하지만, 이것은 터무니없이 낮은 목표이다. 경제는 희소 자원의 할당 이상이다. 경제학은 지난 5만 년 동안 상품들과 서비스들이 폭발적으로 증가하고 새로운 생활 방식들이 등장해 온 역사를 서술하겠다는 야망, 나아가 그 이유를 해설하는 적절한 이론을 만들겠다는 야망을 품어야 한다. 둘 다 실제로 벌어지고 있는 폭발적 현상들이고, 그 과정에서 새로운 상품과 서비스를 사용하는 새로운 생활 방식이 끊임없이 생겨나며, 오래된 상품과 서비스를 사용하는 오래된 생활 방식이 끊임없이 소멸된다. 우리가 행위자로서 참여하고 있는 경제계는 정말로 자기 구축적이고, 부분적으로 예측이 불가능하고, 끝없이 진화한다. 이런 주제를 논의하는 경제학자가 없는 것은 아니지만, 이 폭발성을 제대로 설명하는 이론은 없다. 그러나 이런 폭발성이야말로 지난 5만 년 동안 전 세계에서 경제적 부를 낳은 강력한 요인이었다. 오늘날 선진국 사람들의 삶을 전기 구석기 시대 호모 사피엔스 사피엔스의 삶과 비교해 보라. 아니, 오늘날 제3세계 사람들의 삶이라도 좋다. 우리가 이 폭발성을 이해한다면, 부의 진화를 북돋울 방법도 알게 될지 모른다.

현대 경제학은 어떻게 시장이 수요와 공급을 맞추는가라는 문제를 중점적으로 고민해 왔다. 케네스 조지프 애로(Kenneth Joseph Arrow, 1921년~)와 제라르 드브뢰(Gérard Debreu, 1921~2004년)는 이 문제를 설명하는 우아한 이론을 제안하여 노벨 경제학상을 받았다. (애로는 1972년에, 드브뢰는 1983년에 노벨상을 받았다. — 옮긴이) 그들의 이론은 이렇다. 가능한 모든 종류의 '기일 조건부 재화(dated contingent goods)'들을 상상해 보자. 기일 조건부 재화가 무엇인가 하면, 예를 들어 내가 수염을 기르는 경우에 한해서 다음 달에 밀 한 광주리가 배달되기로 한 경우, 그때의 밀을 가리킨다. 내가 수염을 기르는 것이 '조건'인 셈이다. 애로와 드브뢰는 이렇게 상상했다. **가능한 모든 기일 조건부 재화들의 집합이 미리 서술된** 상황에서, 한 경매인이 사람들을 몽땅 불러 모은다. 사람들은 완벽한 합리성에 기반하여 가능한 모든 기일 조건부 재화들에 각자 입찰한다. 기일 조건부 재화 각각에 결부된 조건이 미래에 현실이 될 확률이 얼마인지를 평가하고, 그것이 자신에게 어떤 효용 또는 가치가 있는지를 평가한 뒤, 입찰하는 것이다. 경매가 끝나면 사람들은 각자 계약서에 서명을 한 뒤에 집으로 간다. 애로와 드브뢰는 이 대목에 멋진 수학 정리를 하나 도입함으로써 미래가 어떻게 전개되든지 기일 조건부 재화에 대한 모든 계약들은 만기가 되면 반드시 엄수된다는 것, 그래서 시장이 깨끗이 청산된다는 것을 증명했다. 미래가 어떻든 반드시 시장이 청산된다는 것은 모든 재화가 교환되고, 공급이 수요를 충족시키고, 모든 사람들이 각자 어느 정도의 가치를 얻게 된다는 뜻이다. 시장 청산 상태를 균형 상태라고도 부르기 때문에, 이 이론은 '일반 경쟁 균형 이론(competitive general equilibrium theory)'이라고 불린다.

이 이론은 오늘날의 경제학적 사고에서 주춧돌에 해당하는 아름다운 생각이다. 주목할 점은 이 이론이 물리학으로 환원되지 않는다는 것이다. 왜냐하면 이 이론에서는 합리적 경제 주체들이 예측력을 갖는다고 가정하기 때문이다. 경제 주체들이 자신의 지식을 동원해서 각 기일 조건부 재화에 대한 확률을 계산할 수 있다고 가정하기 때문이다. 이를테면 내가 수염을 기를 확률, 밀 한 바구니가 다음 달에 시장에 나올 확률 등이 다 계산된다. 게다가 행위 주체들은 **효용**을 누린다. 다시 말해 행위자에게는 모든 기일 조건부 재화가 모종의 가치를 띤다. 그러나 물리학에서는 사건이 있을 뿐 가치는 없다. 예측력은 더욱더 없다. 가치는 행위 주체성을 따라서 우주에 등장하고, 행위 주체성은 생명의 일부이며, 4장에서 이야기했듯이 생명의 진화는 물리학으로 환원되지 않으므로, 따라서 경제학도 물리학으로 환원될 수 없다.

애로-드브뢰 이론이 아름답기는 하지만, 예측할 수 없는 방식으로 기술이 진화하는 현실 세계에서는 모든 기일 조건부 재화들의 가능성을 미리 말할 수 없거니와, 아직 발명되지 않은 재화들의 발생 확률을 계산할 수도 없다. 사람들이 어떻게든 기술 전적응에 '합리적'으로 대응하며 살아가기는 해도, 절대로 확률을 계산하는 것은 아니다. 따라서 애로와 드브뢰의 이론은 현실 세계에 적용하기에 한계가 있다. 우리가 모든 가능한 재화를 미리 알 수 없기 때문이다.

시장 청산을 설명하려는 시도로서의 일반 경쟁 균형 이론을 현실의 기술 혁신에 적용하려면, 시간 범위를 아주 짧게 잡거나 아니면 그 범위를 확장할 새로운 방법을 찾아야 한다. 우리는 기술 진화에서 어떤 경제적 다윈주의적 전적응들이 등장할지 미리 알 수 없고, 경제 진화를 시뮬레이션할 수도 없으므로, 일반 경쟁 균형 이론은 단기간에 대한 근삿값으로만 기능한다. 어쩌면 사실은 뭔가 다른 이론이 존재하고 일반 경쟁 균형 이론은 그 이론의 근삿값일지도 모르지만, 내 개인적으로는 이 지점이 표준 과학의 한계가 아닐까 싶다. 우리가 그보다 더 상세하게 경제 진화 이론을 끌어낼 수 있을 것 같지 않다.

오늘날 표준 경제학의 핵심에는 이밖에도 두 가지 주요한 요소들이 있다. 게임 이론과 합리적 기대 이론이다. 그러나 둘 다 얼추 비슷한 이유에서 현실의 경제 활동을 예측하는 데에 실패한다.

게임 이론은 다음과 같은 상황을 가정한다. 여러 참가자들이 사전에 규정된 전략에 따라 행동하고, 그들이 받는 보상의 크기는 참가자 스스로나 다른 참가자들의 전략에 따라서 달라진다. 주목할 점은 이 이론에서도 전략들과 보상들의 집합이 미리 규정되어 있다는 점이다. 그러나 현실의 경제계는 전혀 그렇지 않다. 현실에서는 우리가 전혀 예측하지 못했던 새로운 상품들과 서비스들이 예측하지 못했던 속도로 생겨난다. 게임 이론을 어떻게 확장해야 예측도 확률적 진술도 불가능한 새로운 상품들과 서비스들에 대한 보상까지 포함할 수 있을지, 지금으로서는 아무도 모른다. 그런데 어떻게 경제학자들은 합리적 경제 주체의 행동에 대한 '최적화' 계산을 해 낼까? 닐스 헨리크 다비드 보어(Niels Henrik David Bohr, 1885~1962년)가 말했듯이, 예측은 원래 까다롭다. 미래에 대한 예측일 때는 특히 그렇다. 그런데 우리는 완벽한 합리주의자도 못 되는 것이다. 그렇다면 어떻게 우리가 미지에 직면한 채 살아가는가 하는 문제는 다시 미궁에 빠진다. 그럼에도 우리는 어떻게든 그 일을 해 내고 있다. 신념과 용기를 갖고서, 진화를 통해 갖게 된 모든 감각들을 고스란히 간직한 채로. 인간 행위자가 현실의 경제계에서 어떻게 행동하는가 하는 문제에 직면한 지금, 엘리자베스 시대의 형이상학파 시인들 이래 갈갈이 찢긴 인간성을 전체적으로 이해할 필요성이 절실해진다.

합리적 기대 이론도 다른 두 이론과 마찬가지로 우리가 상품들과 서비스들의 집합을 미리 말할 수 있다는 가정을 깔고 있다. 이 우아한 이론은 경제가 일반 경쟁 균형 이론의 예측을 벗어나는 방식으로 움직일 수도 있다는 점을 확실하게 보여 준다. 다만 모든 경제 주체들이 초합리적이고, 주체들이 경제계의 행동에 대해 공통의 신념을 품고 있다는 가정이 따라 붙는다. 이런 경제계에는 한 가지 독특한 특징이 있다. 각각의 주체들이 공통의 신념에 따라 스스로의 행위를 최적화하면 경제가 주체들의 신념을 만족시키는 방향으로 '실체화'한다는 것이다. 아주 단순하게 설명하자면, 합리적 기대 이론은 자기 실현적 예언이 존재하는 세계에서의 경제 행위를 설명한다. 이 이론은 왜 세상에 투기 거품이 존재하는지를 확실하고 우아하게 설명한다. 일반 경쟁 균형 이론에서는 그런 현상들이 아예 배제되었다.

그런데 합리적 기대 이론에는 적어도 두 가지 굵직한 문제가 있다. 첫째, 상품들과 서비스들은 다윈주의적 전적응과 유사한 방식을 통해 진화하므로 미리 예측할 수 없다. 그런데 합리적 기대는 고정된 상태로 주어진 상품들과 서비스들에 기반하므로, 기대는 틀릴지도 모른다. 둘째, 내가 『조사』에서 단순한 모형을 들어 주장했듯이, 설령 상품들과 서비스들이 고정된 상태라도 합리적 기대들이 이루는 '균형'은 불안정하다. 전략적 경제 주체들이 상대에게 품는 기대는 쉴 새 없이 서로 공진화한다. 그래서 불안정하다. 그런 기대에 기반하여 주체들이 취하는 행동도 쉴 새 없이 변화한다.

마지막으로 브라이언 아서를 비롯한 몇몇 경제학자들이 개발하고 있는 '수확 증대'의 경제 이론을 소개하고 싶다. 표준 경제학은 '수확 체감'의 법칙을 가정한다. 예를 들어 보자. 내가 땅에 비료를 뿌린다. 처음 뿌린 뒤에는 곡물 수확량이 굉장히 많이 늘 것이다. 하지만 이후에는 한 번 뿌릴 때마다 그로 인해 증가하는 생산량이 감소할 것이다. 경제학자들이 만든 수학적 시장 모형이 서서히 안정된 균형을 향하는 까닭이 바로 수확 체감 법칙 때문이다. 그러나 아서를 비롯한 몇몇 학자들은 컴퓨터나 소프트웨어 설계 같은 첨단 기술 부문에서는 수확이 **증대**될 때가 있다고 주장한다. 마이크로소프트가 워드 프로그램을 만들 때, 최초의 한 프로그램에 대한 생산 단가는 무진장 높았다. 반면에 그것을 복사하는 것은 공짜나 다름없었다. 따라서 프로그램을 더 많이 복사하고 더 많이 팔수록 수확은 더 커진다. 아서의 설명에 따르면, 이런 상황에서는 열등한 기술이 우월한 기술을 앞질러서 역전이 불가능할 정도로 압승을 거둘 수도 있다. 그렇다면 경제가 달성할 수 있는 여러 대안적 균형들 중에서 **실제로** 어떤 균형이 달성되는가는 계가 밟는 구체적 역사와 경로에 달린 셈이다. 경제가 달성한 균형이 반드시 최선의 기술을 낳는 균형은 아닐지도 모른다. 수확 증대 법칙은 통상적인 경제학을 부분적으로나마 넘어선다. 기존의 경제학은 경제가 언제나 사회적으로 최적에 해당하는 균형을 달성한다는 것을 보여 주려고 애썼다. 그러나 그것은 사실이 아니다. 아서가 보여 주었듯이 정말로 여러 상태의 균형들이 존재한다면, 게다가 열등한 기술이 승리하는 균형도 존재한다면, 실제로 달성된 균형이 반드시 사회적으로 최적의 상태라는 보장이 없다. 설령 다윈주의적 전적응으로 인한 까다로운 문제가 없더라도 경제계의 활동은 경제계의 역사 의존성, 혼돈 역학, 외부로부터의 충격 등 다른 이유들 때문에 예측 불가능할지도 모른다. 이것이 아서와 동료 경제학자들의 연구가 암시하는 바이다.

이런 이론들의 핵심에는 우리가 상품들과 서비스들의 고정 집합을 처음부터 알고 있다는 가정이 있다. 하지만 이것은 터무니없는 단순화이다. 경제는 쉼 없이 새로운 상품들과 서비스들을 진화시킨다. 앞에서 이야기했듯이 불과 5만 년 전만 해도 인류는 고작 수백 가지 상품들과 서비스들을 갖고 있었지만, 오늘날은 그 수가 약 100억 가지로 늘었다. 그렇다면 내가 '경제 그물망'이라고 부르는 경제계가 기술적 진화와 조직적 진화를 통해서 성장하는 메커니즘이 정확하게 어떤지를 생각해 봐야 할 것이다.

## ✣경제 그물망과 부의 진화✣

경제학자들은 보완재와 대체재라는 개념을 사용한다. 망치와 못은 보완재이다. 함께 쓰여서 가치를 창조하기 때문이다. 못과 나사는 보통 대체재이다. 한쪽 대신 다른 쪽을 쓰는 경우가 많기 때문이다.

지구 경제의 100억 가지 상품들과 서비스들을 점으로 표현해서 큰 방에 흩뿌려 놓았다고 상상하자. 그러고는 보완재들 사이에 초록 선을 긋고, 대체재들 사이에 붉은 선을 긋는다. 그렇게 만들어진 그래프는 전 지구적 경제 그물망의 현 상태를 반영한다. 5만 년 전에는 그물망에 포함된 점의 수가 수백 개에서 수천 개쯤이었을 것이다.

경제 그물망은 시간이 갈수록 자신의 인접한 가능성으로 계속 확장되어 왔다. 지금 우리가 할 일은 그것이 어떻게 확장하는지 알아보고, 그물망의 구조 자체가 확장에 영향을 미치는지를 알아보는 것이다. 아직은 여기에 대한 답이 알려지지 않았지만, 지속적으로 새로운 경제적 생태적 지위들을 탄생시키고 지속적으로 오래된 생태적 지위들을 파괴하는 이 진화 과정은 분명 경제 성장의 핵심일 것이다.

첫 단계를 밟아 보자. 대부분의 새로운 상품과 서비스는 기존의 상품들과 서비스들에 대한 보완재나 대체재로 경제에 진입한다. 텔레비전이 발명되고, 충분히 널리 보급되고, 채널이 여러 개 생기기 전에는 텔레비전 리모컨을 발명해 봐야 아무 소용이 없다. 리모컨은 텔레비전의 보완재이다. 이 간단한 사례만 보더라도, 경제 그물망이 진화할 때 지속적으로 새로운 상품과 서비스에 대한 새로운 경제적 생태적 지위가 생겨나고 그것들이 기능적으로, 즉 합리적으로 기존의 그물망에 잘 맞아 들어간다는 것을 알 수 있다. 우리는 그물망이 스스로의 미래를 자아내는 방식을 미리 예측할 수 없다. 게다가 텔레비전이 뭔가 다른 용도로 쓰일지도 모른다. 이를테면 온라인 금융 업무에 쓰일지도 모른다. 컴퓨터가 문서 작성이라는 새로운 쓸모를 갖게 되었고 엔진 블록이 차대가 된 것처럼. 일단 이런 일이 벌어지면, **기존의 상품이 새로운 용도로 쓰임으로써 생긴 새로운 생태 지위를 차지하기 위해서 더 새롭고, 뜻밖이고, 기능적인 보완재가 등장할지도 모른다.** 요약하자면 기존 상품들과 서비스들의 쓸모를 일일이 미리 말할 수 있다는 보장이 없고, 그것들이 만들어 낼지도 모르는 새로운 경제적 생태 지위들을 일일이 미리 말할 수 있다는 보장도 없다.

그러므로 경제 그물망의 성장을 탐구하려면 먼저 다음의 핵심 질문에 답해야 한다. 새로운 상품이나 서비스에 대해서 그것의 인접한 가능성에서 허용되는 새로운 보완재 또는 대체재의 수는 몇인가? 하나보다 적은가, 딱 하나인가, 하나보다 많은가? 하나보다 많다면(투자 자본이나 신기술 채택 같은 다른 주제들은 잠시 무시하자.) 그물망은 기하 급수적으로 성장할 수 있다. 하나의 새로운 상품이나 서비스가 더욱 새로운 상품이나 서비스에 대한 생태 지위를 하나보다 많이 허용한다는 뜻이므로, 경제 그물망이 다양해지면 다양해질수록 새로운 경제적 생태적 지위들의 수는 폭발적으로 늘어날 것이다. 그물망의 다양성이 '자체 촉매적으로' 스스로의 성장을 추진하여 인접한 가능성으로 발전해 나가며, 갈수록 더욱 새로운 경제적 생태적 지위들과 생활 방식들을 허락하는 상황이다. 게다가 기존 상품들에서 새로운 쓰임새가 생겨날지도 모른다는 것, 새로운 쓰임새에 대한 보완재나 대체재로 또 새로운 생태적 지위들이 생겨날지도 모른다는 것까지 감안하면, 이 현상은 더욱 강력해진다. 여기에서 흥미로운 의문이 또 하나 솟아난다. 기존의 상품들에 새로운 용도가 생기는 현상은 경제 그물망에 포함된 기존 상품들의 다양성과 연관이 있을까?

직관적으로 볼 때, 보완재나 대체재로서 인접한 가능성에 등장하는 상품과 서비스의 수는 기존 상품 하나당 하나 이상일 것이다. 자동차가 발명됨으로써 석유 산업, 가스 산업, 도로 포장, 신호등, 교통 경찰, 교통 경찰에게 뇌물 주기, 모텔, 세차, 패스트푸드 식당, 교외 등이 탄생할 조건이 갖춰졌다. 조지프 알로이스 슘페터(Joseph Alois Schumpeter, 1883~1950년, 미국의 경제학자 — 옮긴이)의 표현을 빌리자면 "창조적 파괴의 광풍"이 불었다. 이 경우에 파괴적 측면은 말, 마차, 마구 제조업, 대장간, 미국의 조랑말 우편 제도 같은 기술들이 더 이상 쓰이지 않고 사라진 것이다. **슘페터적 광풍에서 창조적 측면에 해당하는 가스, 모텔, 교외 등은 모두 자동차의 보완재들이다. 보완재들의 집합은 전체로서 하나의 자체 촉매적, 상호 지속적, 경제-기술 생태계를 이룬다. 그 계는 경제의 자본 자원을 자신의 자체 촉매적 그물망으로 끌어들임으로써 방대한 부를 창조한다.** 이런 다채로운 생활 방식들은 보통 서로가 있어야만 존재할 수 있고, 그런 식으로 약 100년간 공진화해 왔다. 대조적으로 훌라후프에 대한 보완재나 대체재는 거의 없다. 따라서 훌라후프가 경제 그물망을 드나들어도 오래된 생활 방식들이 제거되거나 새로운 생활 방식들이 탄생하는 사태는 일어나지 않는다.

상품과 서비스의 보완재와 대체재가 통계적으로 어떻게 분포하는가, 또 그것들이 과거에 어떻게 진화했는가는 실제로 경제 사학자들이 고민하고 있는 경험적 의문들이다. 아마도 그 분포 형태는 지난 5만 년 동안 체계적인 방식으로 변해 왔을 것이다. 그 변화가 기술 진화 속도에 어떤 영향을 미쳤을지도 모른다. 어쩌면 새로운 상품이나 서비스 하나당 따라붙는 보완재나 대체재의 평균 개수 및 분포 범위는 경제 그물망의 다양성에 비례하여 함께 커졌을지도 모른다. 왜냐하면 설령 이것이 부분적인 요인에 지나지 않을지라도, 기존 상품이 새로운 용도로 쓰일 가능성은 기존 상품들의 다양성에 비례하여 커지기 때문이다. 그러므로 한 상품이 낳는 생태 지위의 수는 그물망의 다양성에 비례한다. 그렇다면 그물망의 성장은 초기하 급수적인 셈이다. 다시 말해 다양성이 커지는 속도보다 더 빠르게 성장하는 셈이다. 이것이 사실인지 아닌지는 아무도 모른다. 경제사 분석을 수행하여 어서 진실을 확인해 봐야 할 것이다.

경제의 상품들과 서비스들의 다양성이 경제 스스로의 성장을 이끈다는 이 발상에 대한 증거가 있을까? 물론이다. 일화적 사례들도 있고 경제학적 데이터도 있다. 제인 제이콥스(Jane Jacobs, 1916~2006년)가 명저 『도시들의 성장(*The Growth of Cities*)』에서 한 이야기에 따르면, 전후의 밀라노와 그 배후지, 도쿄와 그 배후지에서는 상보적인 기술들이 하나의 그물망을 이룸으로써 도시와 배후지 양쪽 모두의 경제 성장을 북돋웠다. 호세 셰인크먼(Jose Scheinkman, 1948년~, 미국 프린스턴 대학교의 경제학자 — 옮긴이)과 동료들이 미국 도시를 연구한 내용도 있다. 그들이 여러 도시의 산업 현황을 자본 총액으로 표준화한 뒤에 비교해 보았더니, 경제 다양성과 경제 규모는 정비례 관계였다. 경제 그물망이 자체 촉매적으로 스스로의 성장을 추진하여 인접한 경제적 가능성으로 발전해 나감으로써 더욱 새로운 경제적 생태적 지위들을 양산하고 미래의 부를 진화시킨다고 믿을 만한 근거가 적으나마 존재하는 것이다.

경제 다양성이 새로운 상품의 혁신을 돕는다는 또 다른 근거로 라이트 형제의 비행기 발명을 예로 들어 보자. 그들의 첫 성공작은 손질한 보트 프로펠러, 프로펠러 날개, 가벼운 가스 엔진, 자전거 바퀴를 조합해서 만든 것이었다. 경제에 더 많은 상품이 생길수록 그것들을 새롭게 조합할 가능성도 늘어난다. 우산을 퀸 메리 호의 굴뚝 아래에 받치면 일등 선실에서 나온 그을음을 수거할 수 있다. 우산을 세스나 경비행기 뒤에 매달면 공기 제동기가 탄생한다. 5만 년 전에는 상품들과 서비스들의 수가 몇 안 되었을 테니, 그것들을 조합하는 방법도 몇 안 되었을 것이다. 요즘은 상품 한 쌍을 조합하는 경우만 생각하더라도 $N$가지 상품들에서 총 $N^2$가지 조합이 가능하다. 그중 하나라도 유용한 것이 있을지 모른다.

새로운 보완재나 대체재는 대개 새로운 기능을 갖고 있다. 리모컨이 그렇다. '소파에 앉은 채로 텔레비전 채널을 바꾼다.'는 기능은 텔레비전이 등장하기 전에는 존재하지 않았다. 다윈주의적 전적응처럼, 경제 그물망의 진화도 거의 늘 새로운 기능을 만들어 낸다. 여기에도 부단한 창조성이 있다. 더구나 기존의 상품들에서도 늘 더 새로운 쓸모와 용도가 생겨나서 더 새로운 경제적 생태 지위들이 만들어진다.

어째서 늘 새로운 용도가 등장할까? 단순한 기능들에 대한 낮은 차원 또는 '바닥' 차원의 언어로부터 **모든 가능한 창발적 기능들을 다 모은 유한 집합**을 논리적으로 도출할 수 없기 때문이다.

'바닥' 언어 문제, 즉 모든 창발적 기능들을 다 포함하는 유한 집합을 유도할 수 없다는 문제를 단순한 예로 설명해 보자. '레고 월드'라는 세상을 상상해 보자. 단순한 레고 블록들이 산더미처럼 쌓인 세상이다. 블록들로 크레인을 하나 만든다고 하자. 크레인은 심장과 마찬가지로 나름의 독특한 구조와 과정을 갖고 있기에, 블록들 자체에는 존재하지 않는 새로운 인과적 성질들을 지닌다. 예를 들어 레고 크레인은 레고 블록을 싣고 이동해서 레고 건물 부지에 쏟아 놓을 수 있다. 건설 중인 레고 집 꼭대기로 레고 빔을 들어 올릴 수도 있다. 자, 이 세계에 다양한 레고 개체들이 존재한다고 하자. 크레인, 바퀴 달린 플랫폼, 장난감 개울 위에 걸쳐진 레고 다리 등이 있다. 이제 레고 크레인은 레고 플랫폼 위에 레고 블록을 한 짐 쌓아서 장난감 개울 위의 레고 다리를 건너 레고 건물 부지로 나를 수 있다! 레고 블록 자체의 성질만으로는 개체들이 혼자서 또는 다른 개체들과 조합하여 수행하는 온갖 기능들을 설명할 수 없다. 하물며 그런 기능들을 죄다 미리 말할 수는 없을 것이다! 레고 블록으로 만들어진 개체가 어떤 용도로 쓰일지, 그 가능성들을 죄다 미리 말할 수가 있을까? 사람의 가운데귀 뼈로 진화한 초기 어류의 턱뼈처럼, 또는 펜실베이니아 주 도버의 법정에 등장했던 쥐덫 부속처럼, **레고 크레인 같은 개체의 잠재적 기능들은 레고 블록의 모든 기능들에 관한 바닥 언어로 온전히 환원되지 않을 것이다. 레고 장치들이 단독으로 또는 조합으로 수행할 수 있는 온갖 용도들의 목록을 유한하게, 유효하게 미리 묘사할 수 없을 것이다.** 게다가 레고 장치의 용도는 장치 각각의 성질만이 아니라 장치들끼리의 관계나 그밖의 '관련된' 세상과의 관계에도 달려 있다. 하지만 우리는 무엇이 과연 '관련된 세상'인지 미리 말할 수 없다. 관련성은 구체적인 용도에 따라 달라지는데, 모든 가능한 용도들을 미리 말할 수 없기 때문이다. 현실에서는 더 많은 생태적 지위들과 용도들을 끊임없이 진화시키며 확장하는 경제 그물망에 이를테면 크레인 같은 장치가 잘 어울릴 경우, 장치의 쓰임새에 경제적 가치가 딸려 올지도 모른다. 텔레비전과 2개 이상의 채널들과 다양한 프로그램들이 있는 세상에 리모컨이 잘 어울리기 때문에 리모컨에 유용성이 부여되듯이 말이다. 물론 소파에서 일어나기 싫어하는 게으른 사람도 있어야 한다. 리모컨에 경제적 가치를 부여하는 것은 바로 그 사람의 효용 함수이기 때문이다. 그러나 경제 그물망이 진화하는 과정은 늘 둥글게 원을 그리듯이 부분적 예측 불가능성으로 돌아온다. 트랙터를 발명한 기술자가 엔진 블록의 견고함에서 차대라는 새로운 기능성을 읽어 낼 수 있었던 것은 새로운 장치로 답할 수 있는 어떤 새로운 목적이 있었기 때문이다. 이런 전적응은 부분적으로 예측 불가능하다. 그러나 부분적으로 예측 불가능한 과정으로도 경제 그물망이 요구하는 새로운 기능과 그 기능으로 답할 새로운 목적을 무리 없이 잘 만들 수 있다. 기존의 기능에 잠재되어 있던 새로운 기능이 쉼 없이 진화해 나온다. 경제학자 브라이언 아서가 지적했듯이, 대부분의 발명들은 애초의 목적과는 다른 용도로 쓰인다. 경제 그물망은 정말로 자기 일관적이고, 자기 구축적이고, 공진화하는 전체이다. 문명도 마찬가지이다.

다음 장에서 나는 사람의 마음이 이처럼 지속적으로 창의성을 발휘하는 과정은 알고리듬적 과정일 수 없다고 주장할 것이다. 레고 장치이든 현실의 장치이든, 어떤 개체의 가능한 쓸모들을 모두 알아내는 유효 과정은 없다. 하물며 문화와 문명의 진화에 대해서는 말할 것도 없다. 그 또한 갖가지 목적, 수요, 법칙, 복잡하게 얽힌 사회적 역할, 생산 능력, 나아가 윤리, 신성에 대한 감각으로 구성된 창발적 그물망으로서 스스로를 구축해 나가는 계이기 때문이다.

세상에는 이런 경제 그물망이 정말로 존재한다. 그러나 우리는 그 구조를 잘 모른다. 그물망이 시간에 따라 어떻게 변형되는지, 그물망에서 기업이 차지하는 위치가 기업의 성공과 위험에 어떤 영향을 미치는지, 그물망이 어떻게 인접한 가능성을 향해 성장하는지, 어떻게 스스로를 구축하는지, 어떻게 돌연 다른 방향으로 꺾어 슘페터가 말한 창조적 파괴의 광풍을 일으키는지, 우리는 잘 모른다. 그러나 분명한 점도 있다. 그물망의 구조가 경제 활동에, 경제 진화에, 그리하여 경제 성장에 지대한 영향을 미친다는 점이다. 우리는 이 구조를 이용하는 방법을 알아내야 한다. 전 지구적 부를 창조하기 위해서, 나아가 지구의 지속 가능성을 유지하는 방향으로 부를 창조하기 위해서.

이 장의 나머지 부분에서는 경제 그물망 성장을 알고리듬적으로 기술한 모형을 하나 소개할까 한다. 물론 나는 경제 그물망의 성장이 알고리듬적이지 않다고 믿는다. 그런데 굳이 그런 모형을 소개하는 까닭은 뭘까? 우리가 그물망의 진화 과정을 상세하게 예측할 수 없고 기술 장치의 모든 쓸모들을 미리 말할 수 없어도 어떻게든 그물망의 성장을 과학적으로 연구할 수 있다는 것을 보여 주기 위해서이다. 어쩌면 이 모형에서도 창발적이고 조직적인 자연 법칙이 발견될지 모른다. 실제 이 모형에서 도출된 놀라운 결과를 볼 때, 경제는 자기 조직적 임계성을 바탕으로 스스로의 인접한 가능성으로 나아가는 듯하다. (자기 조직적 임계성은 조금 뒤에 설명하겠다.) 경제의 진화가 정말로 생물권의 진화와 유사하다면, 생물권의 진화 역시 자기 조직적 임계성을 바탕으로 진화할지 모른다. 그렇다면 우리는 일반적으로 공진화 계가 스스로의 인접한 가능성으로 나아가는 과정에 대해서 몇 가지 통계적인 결론을 끌어낼 수 있을지도 모른다. 이 장 끝에서 나는 경제 그물망의 진화를 미리 아는 것은 불가능하다고 했던 내 처음의 가정에 의문을 제기해 볼 것이다. 우리가 언젠가 행위자 기반 시뮬레이션을 통해서 그런 능력을 갖게 될 가능성이 있기 때문이다. (나는 그 현실성을 믿지 않지만.)

### 경제 그물망 성장에 대한 알고리듬 모형

(100010100) 같은 기호 행렬이 다양하게 존재한다고 상상하자. 그것들은 프랑스 땅에서 매년 자라난다. 즉 재생 가능한 자원들이다(그림 11.1). 이제 그림 11.2와 같은 문법표를 하나 상상하자. 기호 행렬 쌍들로 구성된 표인데, 이를테면 왼쪽에 있는 (101)과 오른쪽에 있는 (0010)이 한 쌍이다. 이런 기호 행렬 쌍을 '규칙'이라고 부르자. 이것이 무슨 뜻인가 하면, 프랑스에서 자라난 기호 행렬들 중에서 표 왼쪽의 행렬을 내부에 포함한 것이 있다면, 그 부분이 삭제되는 대신 표 오른쪽에서 그 행렬의 짝에 해당하는 행렬이 그 자리에 삽입된다는 말이다. 예를 들어 프랑스에서 (100010100)이라는 기호 행렬이 자라난다면, 내부의 하위 행렬 101이 삭제되고 대신 0010이 삽입된다.

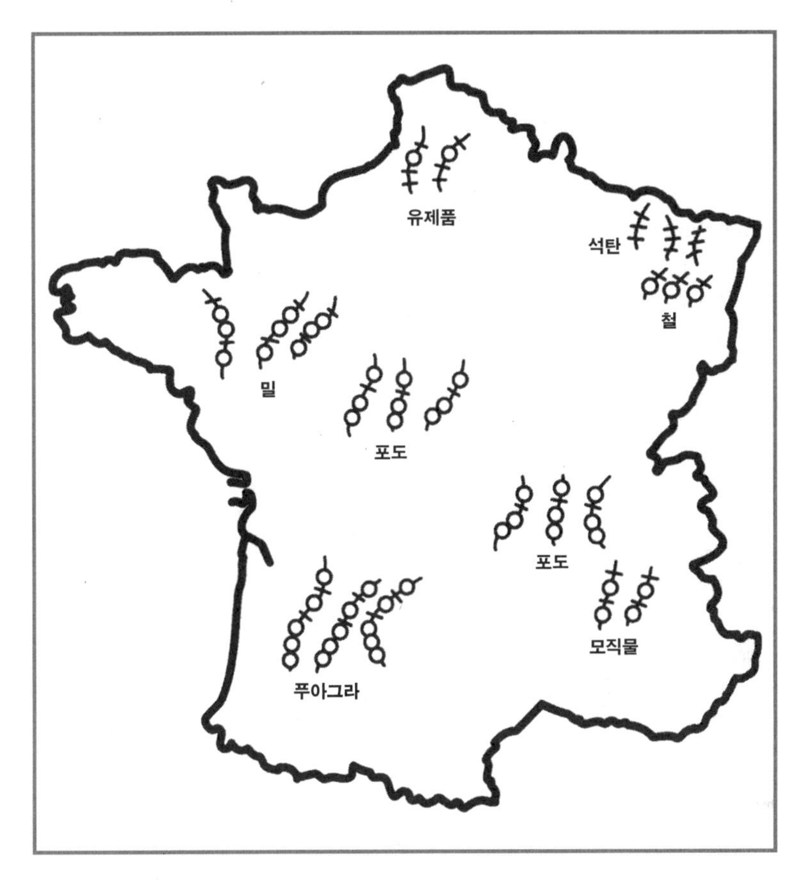


**그림 11.1** 간략한 프랑스 지도. 프랑스 땅 곳곳에서 다양한 자원들이 자란다. 이 기호 행렬들은 석탄, 모직물, 유제품, 밀 등 프랑스에서 생산되는 재생 가능 자원을 뜻한다. 사람이 '경제 생산 함수'에 따라서 한 기호 행렬로 다른 기호 행렬에 '작용'을 가하기 때문에, 더 복잡한 생산물이 새로 등장할 수 있다.

다음으로 기호 행렬들이 마치 효소와 반응물처럼 서로에게 작용을 가한다고 가정하자. 한 기호 행렬이 다른 기호 행렬에 작용해서 문법표에 명시된 치환을 수행하는 것이다. 예를 들어 프랑스에서 (100010100)과 (000010)이 자란다고 하자. (100010100)에는 문법표 왼쪽이 있는 (101) 행렬이 포함되어 있고, (000010)에는 (101) 행렬의 행렬 쌍인 오

**문법표**

| | |
|---|---|
| 1 1 1 | 0 0 1 0 1 |
| 0 0 1 0 | 1 1 0 |
| 0 0 | 1 0 1 1 |
| 1 0 0 1 | 0 1 |
| 1 0 1 | 0 0 1 0 |

**그림 11.2** 문법표. 그림 11.1을 보면 프랑스 땅에서 여러 기호 행렬들이 자라나는데, 그것들 중에서 문법표의 왼쪽 행렬을 내부에 품은 것이 있다면 그 부분이 그것과 한 쌍인 오른쪽 행렬로 교체된다. 문법표가 규정하는 경제 생산 함수들에 따라서 기호 행렬이 기호 행렬에 작용하는 것이다.

른쪽 (0010)이 포함되어 있다. 이 경우 (000010) 행렬이 (100010100)에서 자신의 왼쪽 행렬에 해당하는 부위를 잘라내고 그 자리를 자신의 오른쪽 행렬로 갈아 넣는다. 즉 (000010)이 (100010100)에 작용해서 (101) 하위 행렬을 (0010) 하위 행렬로 교체함으로써 (1000001000)으로 바꾸는 것이다. 효소가 기질에 작용하는 현상과 비슷한 이 치환 현상이 바로 경제 생산 함수에 대한 모형이다. 톱이 널빤지에 작용해서 판자 조각을 잘라 내는 것과 비슷하다고 생각하자.

이런 가정들을 세운 뒤, 이 그물망이 시간에 따라 어떻게 성장하는지 모형화하자. 우리는 각 '연도'마다 프랑스에서 자라난 기호 행렬들을 일일이 점검한다. 각각을 다른 행렬들과 비교하면서, 허용된 치환 규칙에 따라서 새로운 기호 행렬 '상품'이 만들어질 가능성이 있는지 살펴본다. 그러고는 다음 '연도'로 넘어간다. 이 경제의 인접한 가능성에서는 매년 새로운 기호 행렬이 생성될 것이다. 화학 반응 그래프가 그랬던 것처럼 말이다.

이제 그림 11.3 같은 X-Y 좌표계를 상상해 보자. Y축에는 문법표에서 기호 행렬 쌍들의 형태로 주어진 치환 규칙의 수를 적는다. X축에는 프랑스의 기호 행렬 다양성이 처음에 얼마였는지 적는다. 그러면 크게 두 가지 경우가 가능하다는 것을 직관적으로 알 수 있다. 만약에 문법표의 변형 규칙 수가 극히 적고 프랑스의 기호 행렬 수가 극히 적다면, 새로운 행렬은 아주 적게 형성되거나 전혀 형성되지 않을 것이다. 새 행렬이 하나도 형성되지 않는 해가 한 번이라도 있다면, 새 행렬의 형성은 그 해에서 영원히 멎을 것이다. 그물망은 더 자라지 않을 것이다. 이런 상황을 **임계 미만** 상태라고 부르자. 거꾸로 변형 규칙이 충분히 많고 처음에 프랑스에 기호 행렬이 충분히 많다면, 인접한 가능성에서 새 기호 행렬이 생성될 확률이 높다. 이것이 또 다음 단계에서 더 새로운 기호 행렬을 생성할 것이다. 따라서 항상 새로운 기호 행렬이 폭발적으로 생겨날 것이다. 이런 상황을 **초임계** 상태라고 부르자. 그렇다면 X-Y 공간에서 임계 미만 행동과 초임계 행동을 가르는 곡선이 그어진다. 다음 쪽의 그림 11.3이 그런 곡선이다. 대강 포물선인 이 곡선은 규칙이 많고 재생 가능 자원이 적은 상태에서 시작하여 오른쪽으로 둥글게 내려오다가 규칙이 적고 재생 가능 자원이 많은 상태에서 끝난다. 이 곡선은 모형 경제의 행동이 임계 미만과 초임계 사이에서 전환되는 상전이 지점들이다. 내 동료 루디 하넬(Rudi Hanel)과 슈테판 투르너(Stefan Thurner, 1969년~)는 실제로 그런 상전이가 일어난다는 것을 수학적으로 증명했다.

이것은 제한된 종류의 상품들만 창조하는 경제와 폭발적으로 늘 새로운 상품들을 창조할 잠재력이 있는 경제 사이에 상전이가 이뤄질 수 있음을 보여 준 첫 연구였다. 상전이가 일어나느냐 마느냐는 문법표에 포함된 기술 변형 규칙들의 개수와 처음에 주어진 상품의 개수에 달려 있다. 그렇다면 프랑스 경제는 임계 미만이고 독일 경제도 임계 미만이지만 프랑스와 독일 경제를 합하면 초임계 상태일 수도 있다. 재생 가능

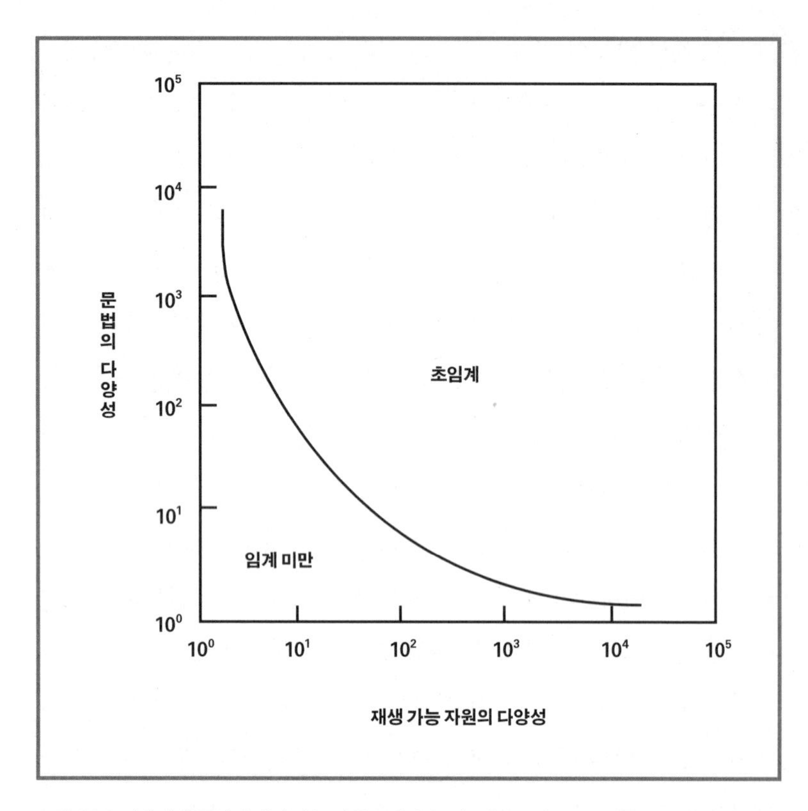


**그림 11.3** 경제계에 주어진 재생 가능 상품들의 수를 가로축으로 놓고, 문법으로 주어진 기호 행렬 쌍들의 수를 세로축으로 놓는다. 기호 행렬 쌍들의 수는 가상의 '대체재와 보완재 법칙들'을 뜻한다. 생산 함수는 보완재들을 서로 이어 준다. 그림에 그려진 곡선을 기준으로 하여 그 아래는 **임계 미만** 국면이고, 그 위는 **초임계** 국면이다. 이 곡선은 수학적으로 확실하게 증명되어 있다. 재생 가능 자원이 더 다양해지거나 문법표의 규칙 수가 더 많아지면 경제는 곡선 위쪽에 놓일 것이다. 그런 경제는 늘 다양한 생산물을 폭발적으로 만들어 낸다. 현실의 세계 경제는 거의 틀림없이 초임계 국면일 것이다. 늘 새로운 상품들과 서비스들이 생성되고, 대개의 경우 상품과 서비스의 다양성도 커지고 있을 것이다. 반면에 많은 지역 경제들은 임계 미만 국면일 것이다. 지난 5만 년의 기술 진화 과정에서 그림 11.2의 문법표 같은 규칙들은 점차 많아졌다. 새로운 상품은 새로운 생산 함수를 만들어 내기 때문이다.

자원이 다양하지 못한 작은 나라나 지역은 계속 임계 미만 상태에 머물지도 모른다. 그 계의 생산 활동은 소규모의 상품 집합을 영원히 넘어서지 못할 것이다. 그 나라는 초임계적 세계 경제의 성장으로부터 영원히

'뒤처지게' 된다. 그런 나라가 세계 경제에 기여하는 바는 아주 작다.

경제학자들은 왜 국가들의 부와 경제 성장 규모에 끈질기게 불균형이 발생하는지 이해하려고 애쓰는데, 임계 미만 행동과 초임계 행동을 구분해 보여 주는 우리의 모형이 어쩌면 경제학자들이 찾는 설명의 일부일지도 모른다. 작은 지역 경제는 계속 임계 미만 상태에 머물지도 모른다. 반면에 다양한 재생 가능 자원들을 더 광범위하게 교역하는 지역이라면, 기술적으로 가능한 새로운 세계를 향해 폭발하듯 끊임없이 성장하면서 끊임없이 새로운 상품들과 서비스들을 만들어 낼 것이다. 미국, 유럽 연합, 일본, 한국, 싱가포르, 대만의 경제는 초임계 상태인 듯하고, 중국과 인도 경제도 빠르게 초임계 상태로 진입하고 있는 것 같다. 물론 전 지구적 경제도 초임계 상태인 듯하다.

이 모형은 경제적 효용의 문제를 배제하고 말한다. 기술적 가능성만을 말할 뿐, 기술적으로 가능하면서 또한 '수익이 나는' 하위 집합이 무엇인지는 이야기하지 않는다. 한편 경제학자 폴 로머(Paul Romer, 1955년~)가 몇 년 전에 내게 제안했던 단순한 경제 모형은 그렇지 않다. 그 모형은 프랑스 왕이라는 한 사람의 소비자를 가정하고, 모든 기호 행렬들이 외부의 '규칙'에 따라 효용을 부여받는다고 가정한다. 그리고 왕은 내일 상품을 갖기보다는 오늘 갖기를 선호한다고 가정한다. 미래의 상품들과 서비스들에 대해서 할인 함수가 적용되는 것이다. 모형은 또 시장의 다른 복잡성들을 모두 무시한 채, 한 사람의 계획가가 있다고 가정한다. 계획가는 몇 년으로 고정된 기간에 대해 계획한다. 계획 기간 내에 생산 가능한 모든 상품들과 서비스들을 미리 내다보고, 그 기간 동안에 왕의 효용이 최적화되는 방향으로 계획을 세운 뒤, 첫해의 계획을 시행한다. 그러면 기술적으로 가능한 상품들과 서비스들 중에서 전체는 아니라도 일부가 생산될 것이다. 그것들은 '수익을 낸다.' 즉 프랑스 왕에게 뭔가 가치 있는 것이 된다.

첫해가 지나면, 계획가는 계획 기간을 미래로 확장해서 이 과정을 반복한다. 그 시점에서 다시 고정된 몇 년의 기간에 대해 계획을 세우는 것이다. 시간이 흐르면 둘 중 한 가지 결과가 나올 것이다. 별다른 일이 벌어지지 않은 채 경제가 임계 미만 상태에 계속 머무르거나, 점점 더 다양한 상품들과 서비스들이 등장하고 사라지는 초임계 경제가 되는 것이다.

이 모형에는 중요한 의미가 있을지도 모른다. 요즘도 세계의 대부분은 가난하다. 우리는 경제 성장을 추진하는 방법을 부분적으로만 알아냈고, 실제로 경제를 성장시키는 데에도 부분적으로만 성공했다. 지방, 지역, 국가, 지구적 경제 그물망은 분명히 실재하고, 그것이 새로운 경제적 생태적 지위들의 탄생과 경제 성장에 깊은 영향을 미치는 것도 분명하다. 경제 그물망을 알고리듬적으로 모형화한 경우에 임계 미만 국면과 초임계 성장 국면이 존재한다는 사실은 이미 숱한 실험들과 수학적 분석 결과들을 통해 확인되었다. 소규모 지역 경제는 임계 미만 국면이라서 영원히 제한된 수준의 경제 성장에 묶여 있을지도 모른다. 캐나다 앨버타 주처럼 석유, 목재, 가축을 왕성하게 수출하는 지역이라도 몹시 다양하고 쉼 없이 변화하는 경제 그물망을 만들어 내는 데에는 실패할지 모른다.

우리가 현실의 경제 그물망이 진화하는 메커니즘을 연구하여 그 내용을 경제 이론에 통합시키면 어떤 정책적 함의를 얻을 수 있지 않을까? 특히 경제 성장 이론에 도움이 되지 않을까? 아직은 알 수 없다. 그러나 이렇게 생각해 볼 수는 있다. 현대는 자유 무역이 각광받는 분위기라서 관세 장벽에 대한 저항이 크지만, 어쩌면 제3세계의 소규모 경제 지역들은 대뜸 경제 문호를 개방하지 말고 당분간 관세 장벽을 세워 두는 편이 좋을지도 모른다. 그 속에서 지역적이고 작고 상호 보완적인 기업들을 키워 냄으로써 먼저 세계 경제 바깥에서 지역적 부와 생산 능력을 키우는 것이 좋을지도 모른다. 그들은 아직 세계 경제 속에서 경쟁할 자본이나 전문성이 없기 때문이다. 게다가 그런 장벽이 있으면 해외 투자가 오히려 쉽게 유치될지도 모른다. 소규모 지역 경제 안에서 손쉽게 수익을 낼 길이 보이기 때문이다. 이것은 새로운 논점이 아니라 이미 흔히 이야기되는 주제이다. 소규모 경제에서 막 번성하려던 새로운 경제 부문들이 관세 장벽 철폐와 함께 죽어 나가는 경우가 왕왕 있기 때문이다. 지속 가능한 세상에서 전 지구적으로 삶의 질을 높이는 방법을 알아내려면, 현재의 경제 이론을 더 보강할 필요가 있다. 노벨 경제학상 수상자이자 세계 은행 수석 경제학자를 지낸 조지프 스티글리츠(Joseph Steiglitz, 1943년~)는 세계 은행이 '워싱턴 합의'라고 알려진 원칙에 따라 모든 이론들을 충실하게 수행했는데도 '개발 도상국' 상태의 많은 나라들을 '선진국'으로 이끄는 데 실패했다고 고백했다. 어쩌면 경제 활동과 경제 성장에서 경제 그물망이 차지하는 역할을 제대로 이해하지 못한 것이 실패의 한 요인이었을지도 모른다.

또한 우리는 자원 고갈에 직면했다. 석유 생산 정점인 피크 오일(peak oil)이 머지않았고, 수자원도 제한되어 있으며, 인구는 늘어나고, 지구는 더워진다. 물론 경제 그물망이 자신의 인접한 가능성으로 나아감으로써 계속 새로운 경제적 생태 지위들과 새로운 부의 가능성을 만드는 과정의 메커니즘을 이해하는 것이 우리에게 현실적으로 어떤 이득이 될지, 지금으로서는 분명하지 않다. 그러나 그런 과정을 잘 이해하고 응용함으로써 세계의 가난을 다만 조금이라도 덜어 낼 수 있다면, 현실적 이득은 어마어마할 것이다.

두 번째 수학적 연구를 살펴보자. 내 동료 슈테판 투르너와 루디 하넬은 앞에서 소개한 단순한 알고리듬적 경제 모형을 놓고서 이렇게 물어보았다. "만약에 무작위로 한 상품이 사라진다면, 얼마나 많은 다른 상품들이 슘페터식 창조적 파괴의 광풍에 휩싸여 함께 사라질까?" 거꾸로 말하면, 하나의 새로운 상품이 등장할 때 얼마나 많은 다른 새로운 상품들이 창조적 건설의 광풍에서 함께 등장할까?

결과는 사뭇 사랑스러웠다. 오래된 상품들이 파괴되는 과정, 즉 멸종되는 과정은 폭발적이었다. 그런데 소규모 폭발, 즉 소규모 사태는 많은 반면에 대규모 사태는 드물었다. 새로운 상품들이 탄생하는 사태도 마찬가지였다. 소규모 사태가 많았고 대규모 사태는 적었다. 데카르트 좌표계에서 사태의 규모를 X축으로 놓고 그 규모에 해당하는 사태의 수를 Y축으로 놓으면, 각 규모에 해당하는 사태들의 수에 대한 분포 그래프가 그려진다. 여기에 수학적 기교를 하나 동원하자. 두 축을 모두 로그 단위로 바꾸는 것이다. X축은 사태 규모의 로그값으로, Y축은 사태 수의 로그값으로 바꾼다. 그러면 오른쪽으로 기울어진 직선이 그려진다. 이것이 멱함수이다. 모형은 창조적 파괴 또는 건설의 광풍이 멱함수 분포를 따른다고 예측하는 것이다.

앞에서 언급했듯이 창조적 파괴는 오스트리아의 경제학자 조지프 슘페터가 유행시킨 개념이다. 그는 경제가 발전할 때 새로운 상품이나 서비스가 탄생하기만 하는 게 아니라 오래된 것이 멸종하기도 한다고 지적했다. 경제학자 브라이언 아서가 이 문제에 관해 했던 말도 앞에서 소개했다. 자동차의 등장과 더불어 마차, 마구 제조업, 조랑말 우편 제도가 사라졌지만 석유, 가스, 도로 포장, 모텔, 교외가 새로 등장했다는 이야기였다. 그것은 거대한 창조적 파괴의 광풍이었다. 새로운 상품과 서비스에 투자한 사람들은 부를 얻었다. 한편 훌라후프는 전혀 광풍을 일으키지 못했다. 우리 모형은 슘페터 식 창조적 파괴의 광풍들이 멱함수 분포에 따라 벌어지고, 그 로그-로그 함수에서 오른쪽으로 기울어진 직선의 기울기는 -1.2라고 예측했다. 그렇다면 실제로 현실에서 멸종의 광풍을 확인할 수 있는 관찰 항목은 무엇일까? 정해진 시간 안에 얼마나 많은 기업들이 사라지느냐 하는 것이다. 기쁘게도 이 관찰 항목의 분포는 정말로 멱함수를 따랐고, 기울기는 약 -1.5였다. 우리 모형은 슘페터 식 창조적 파괴의 광풍이 멱함수를 따른다는 것을 옳게 예측했을 뿐만 아니라 기울기까지 대강 옳게 짚어냈다. 이것은 우리가 혁신의 상세한 내용을 미리 내다볼 수는 없더라도 경제의 진화에 모종의 조직화 법칙이 작용할지도 모른다는 것을 암시하는 단서이다. 세부 사항이 알려지지 않은 계에도 창발 법칙이 있을지 모른다는 것이다.

이 흥미로운 모형에도 한계가 있다. 내가 아는 한 이것은 슘페터 식 창조적 파괴의 광풍들이 어떤 규모로 발생하는지 살펴본 최초의 모형이다. 아마도 이 모형은 실제 경제학적 사실들에 잘 들어맞을 테고, 따라서 흥미롭다. 하지만 숫자 행렬로 이루어진 문법표가 실제 상품이나 서비스의 변이와 같을 수는 없다. 문법표의 진화는 전적으로 알고리듬적이다. 문법표가 주어지고, 최초의 상품들과 서비스들의 집합이 주어지고, 프랑스 왕의 효용 함수가 주어진다면, 그것으로부터 어떤 새로운 상품들이 탄생할지는 알고리듬에 따라 완벽하게 계산할 수 있다. 계획가는 각 시기에 어떤 상품의 하위 집합이 생산될지를 알고리듬적으로 계산할 수 있다. 그러나 현실 경제에서는 그런 계산이 거의 불가능하다. 앞에서 말했듯이 상품들이나 생산 함수들이 바뀌는 실제 진화 과정은 비알고리듬적이다. (알고리듬 과정, 즉 수학적으로 '기계적인' 과정에 대해서는 다음 장에서 더 자세하게 살펴보자.) 트랙터 발명가들이 엔진 블록을 차대로 쓴다는 생각을 떠올린 과정을 생각해 보자. 차대와 엔진 블록을 보면서 갑자기 엔진 블록을 차대로 쓰자는 생각을 떠올리는 것, 그리하여 엔진 블록의 참신한 기능을 발견하는 것은 '기계적으로 유효한 과정'이 아닌 것 같다. 알고리듬에 따르는 과정이 아닌 것 같다. 그리고 기존의 상품이 수행할 수 있는 새로운 용도들을 모조리 나열함으로써 새로운 경제적 생태 지위들을 알아내는 유효 알고리듬 과정도 없는 것 같다. 내 생각대로 현실 경제가 비알고리듬적이라면, 알고리듬 모형을 써서 언제 어떤 상품들이 진화할지를 정확하게 알아내려는 것은 영원히 불가능한 시도이다. 그래도 위에서 소개한 알고리듬적 문법 모형이 전혀 쓸데없는 것은 아니다. 창조적 파괴나 건설의 광풍들이 어떤 규모로 발생하는가라는 의문에 대한 통계적 조직화 법칙을 알려 주기 때문이다. 과학은 구체적이고 세부적인 사항들을 예측하는 데에는 실패할지도 모른다. 과학은 위성통신 때문에 시장에서 밀려난 광섬유 회사의 CEO를 도와주지는 못할 것이다. 그렇지만 우리가 경제 성장과 경제 진화를 이해할 때 꼭 알아야 하는 통계적 속성들을 파악하는 데에는 도움을 줄 수 있다.

사실은 문제가 이것보다 더 까다롭다. 현재의 알고리듬 모형에서는 어떤 상품들과 서비스들이 가능한지는 미리 말할 필요가 없어도 어떤 '규칙'들이 가능한지는 **반드시** 미리 말해야 한다. 문법표의 기호 행렬 쌍들로 표현된 생산 함수들을 모두 미리 말해야 하는 것이다. 이것은 비현실적인 가정이다. 현실에서는 새로운 상품과 서비스가 발명될 때 새로운 생산 함수가 함께 발명되게 마련이다. 후기 구석기 시대의 사람이 공작 기계 산업을 내다볼 수 있었을 리가 없다. 공작 기계 산업은 석기 시대에는 존재하지 않았던 경제적 생산 함수들로 구성된 산업이니까 말이다. 게다가 우리는 주어진 도구를 다른 새로운 방식으로 사용하기도 한다. 그러므로 경제 그물망의 성장을 이끄는 생산 함수들의 집합 역시 비알고리듬적으로 성장한다. 따라서 우리가 경제 그물망의 진화를 더 잘 이해하려면, 비알고리듬적 경제를 알고리듬적으로 파악한 현재의 모형을 더욱 성숙시켜야 한다. 예를 들어 프랑스 땅에서 자라는 기호 행렬들의 수가 고정되더라도 문법 규칙들의 집합이 성장하면 경제가 임계 미만 국면에서 초임계 국면으로 바뀌는 상전이를 이룰지도 모른다. 어쩌면 산업 혁명은 그런 형태의 전이였을지도 모른다.

지금까지 우리는 슘페터 식 창조적 파괴의 광풍을 반영한 현상으로서 망하는 회사들의 수를 활용했다. 새로 설립되는 회사들은 고려하지 않은 채 경제 변화에 따라 사라진 회사들만 헤아린 수치였고, 그 수치들의 분포를 관찰했더니 멱함수 법칙이 드러났다. 나는 어쩌면 이것이 더 깊은 차원의 심오한 법칙을 암시하는 단서일지도 모른다고 말했다. 어쩌면 그 심오한 법칙이 자기 조직적 임계성일지도 모른다. 어쩌면 경제도, 생물권도, 다음 장에서 이야기할 관습법도, 자기 조직적 임계성에 기반하여 스스로의 인접한 가능성으로 진화해 나갈지도 모른다.

1988년에 물리학자 페르 박(Per Bak, 1948~2002년), 차오 탕(Chao Tang), 쿠르트 비젠펠트(Kurt Wiesenfeld)가 발명한 '자기 조직적 임계성' 개념은 물리학계에 큰 충격을 안겼다. 앞에서 나는 임계성을 두 상태 사이의 상전이 또는 경계라고 정의했는데, 이제 물리학자들의 정의를 알아보자. 자성을 띠지 않은 강자성체를 놓고 외부 온도를 '퀴리 온도'라는 임계 온도에 맞추면, 강자성체는 자발적으로 자성을 띠기 시작한다. 자기 스핀들이 모두 같은 방향을 가리키는 구역들이 형성되는 것이다. 임계 온도일 때, 자기 구역들의 크기 분포는 멱함수 법칙을 따른다. 멱함수 분포란 계에 자연적으로 주어진 척도가 없다는 뜻이다. 대조적으로 지수 분포에는 척도가 있다. 지수 분포는 $1/e$의 비에 따라 줄어든다. ($e$는 자연로그의 밑을 말한다.) 다만 어떤 과정이 멱함수 분포를 따른다고 해서 그것이 곧 자기 조직적 임계성 때문이라고 말할 수는 없다. 자기 조직적 임계성이 멱함수 법칙을 낳는 것은 사실이지만, 그밖에도 멱함수 법칙을 드러내는 과정들이 더 있기 때문이다.

박, 탕, 비젠펠트는 '모래 더미 모형'을 개발했다. 상상해 보자. 탁자 위에 일정한 속도로 천천히 모래를 쏟는다. 모래 더미가 점점 커지다가 탁자 가장자리에까지 모래가 쌓일 것이다. 그러다가 모래가 사태를 일으키면서 탁자 밖으로 떨어지기 시작할 것이다. 모래 사태들의 크기 분포를 그래프로 그려 보면, 여기에서도 멱함수 법칙이 드러난다. 이 계의 멋진 점은 외부 온도를 퀴리 임계 온도에 맞춰야 했던 앞의 사례와는 달리, 이 계에서는 모래를 천천히 더하는 것 말고는 다른 조정이 없다는 것이다. 그럼에도 계는 자기 조직적 임계성을 띤다.

언젠가 페르 박이 샌타페이 연구소로 와서 자기 조직적 임계성에 관해 강연했다. 그날 나는 그에게 진화 기록에도 크고 작은 멸종 '사태'들이 존재한다고 말했다. 혹시 생물권도 자기 조직적 임계성을 띨까? 페르, 킴 스네펜(Kim Sneppen), 리카르드 솔레, 그리고 나는 공진화하는 종들의 모형을 개발하는 일에 각자 착수했다. 종들의 멸종 사건들이 마치 무너지는 모래 더미 사태들처럼 등장하고 확산하는 모형이다. 예상대로, 우리가 만든 모형들에 따르면 멸종 사건 역시 멱함수 분포를 따랐다. 그리고 내 모형에 따르면 개별 종의 수명 분포도 멱함수 법칙을 따랐다. 이 내용은 잠시 뒤에 더 이야기하겠다.

실제 멸종 사건들에 대한 진화적 기록을 살펴보아도, 멸종 사건들의 크기 분포가 멱함수 법칙을 따른다고 가정해야 가장 잘 설명되는 듯하다. 그렇다면 생물권은 정말로 자기 조직적 임계성을 띨지도 모른다. 게다가 분류학에서 종 바로 위의 단계인 속 차원에서 생물 집단들의 수명 분포 역시 멱함수 법칙을 따른다는 데이터가 있다. 경제로 돌아와서 살펴보면, 기업들의 수명 분포도 멱함수 법칙을 따른다.

우리는 생물권을 스스로의 인접한 가능성으로 진입하는 공진화 계로 보게 되었다. 내가 지금껏 수없이 지적했듯이, 그토록 근사하고 복잡한 계들이 자기 구축적 공진화를 통해 지속적으로 생겨나는 과정은 우리에게 아직 수수께끼이다. 그런 공동 구축 과정에는 책임자가 없다. 더구나 과정의 일부인 다윈주의적 전적응은 부분적으로 무법적이다. 그런데도 생물권은 스스로를 구축하면서 진화해 왔고, 38억 년 동안 끈질기게 버텨 왔다. 어째서 이 과정이 지속될까? 어째서 계는 더욱 다양한 종들이 존재하는 인접한 가능성으로 계속 확장해 나갈까? 이런 확장을 관장하는 법칙이 있을까? 나는 이런 현상을 '복잡계의 공진화적 조립'이라고 부르는데, 이런 현상을 낳는 조건이 무엇인지는 아직 모른다. 경제 진화 과정에 대해서도 마찬가지 의문이 있고, 다음 장에서 이야기할 영국 관습법의 진화에 대해서도 마찬가지이다. 이것들은 복잡하게 얽힌 계가 아무런 관리도 받지 않는 상태에서 공진화적으로 스스로를 조립한 사례들이다.

나는 『조사』에서 다음과 같은 의문을 던져 보았다. 자기 창조적 복잡계가 인접한 가능성의 공간으로 나아가는 과정을 설명하는 일반 법칙이 존재할까? 나는 그것을 열역학 '제4법칙'이라고 불렀다. 생물권을 비롯하여 모든 그런 계들은 자기 구축적이고 열린 열역학계이다. 그런 계들은 자기 조직적 임계성을 띨지도 모른다. 나는 그것보다 더 대담한 가설도 하나 제기했다. 비에르고드적 우주에서 생물권이 인접한 가능성으로 나아가는 과정은 미래에 발생할 조직적 과정들의 총 다양성을 극대화하는 방향이라는 가설이었다. 7장에서 소개했던 울라노위츠의 생태계 연구도 있고 하니, 이제 나는 여기에서 또 한 발짝 대담하게 나아간 가설을 주장할까 한다. 생물권은 스스로가 수행하는 일의 총량에 일의 다양성을 곱한 값을 극대화하는 경향이 있다는 가설이다. (이때 일이란 에너지를 제한적으로 배출하는 조직적 과정을 말한다.) 나의 제4법칙이 참이라면,

이것은 아마 모든 종류의 자기 구축적 공진화 계들에 일반적으로 적용될 것이다. 비단 생물권뿐만 아니라 경제와 관습법의 계에도. 이런 계들은 모두 자기 조직적 임계성을 띨지도 모른다. 물리학의 '일'을 일반화한 어떤 속성, 간단히 말해서 '활동'이라고도 할 수 있는 속성을 극대화하는 경향을 보일지도 모른다.

내가 수집한 가장 확실한 자료에 따르면, 경제에서 기업들의 수명 분포는 멱함수 법칙을 따른다. 기업들의 멸종 사태 규모도 멱함수 분포를 따른다. 이것은 경제에 자기 조직적 임계성이 있음을 보여 주는 증거이다. 경제계나 생물권 같은 자기 구축적, 공진화적 복잡계들이 스스로의 인접한 가능성 공간으로 나아가는 과정에 임계성이 깊숙이 관계한다는 것을 말해 주는 단서이다. 어쩌면 이 가설이 틀렸을지도 모르지만, 그냥 무시하기에는 너무나 강력한 단서이다. 어쩌면 그 아래에 정말로 공진화적 조립의 원리가 감춰져 있을지도 모르기 때문이다. 정말로 이런 계들에 자기 조직적 임계성 법칙이 적용된다면, 이런 계들은 입자 물리학의 표준 모형에 일반 상대성 이론을 더한 물리학으로 환원될 수 없다. 아니, 물리학의 바닥에 있는 것이 무엇이든, 그것으로 환원될 수 없다. 우리는 환원주의를 한참 넘어선다.

이 장을 맺기 전에 마지막으로 살펴볼 의문이 있다. 경제도 생물권처럼 예측 불가능하고 비알고리듬적이라고 했던 내 가정이 옳을까? 여기에서 알고리듬적이란 유효하게 연산 가능하다는 뜻이다. (**알고리듬적** 과정에 대해서는 다음 장에서 더 자세히 설명할 것이다.)

우리는 경제 그물망에 대한 컴퓨터 모형을 얼마든지 만들어 볼 수 있다. 컴퓨터 언어 중에서 자바(JAVA) 같은 객체 지향 언어들은 말 그대로 객체를 지정한다. 이를테면 카뷰레터(carburetor, 기화기) 같은 객체를 지정하고, 그것이 '~이다.', '~를 한다.', '~를 필요로 한다.' 같은 '행위 유발성

(affordances, 어포던스, 인지 심리학이나 디자인 분야의 용어로, 사용자가 사물에 대해 자연스레 특정 사용 동작을 취하게 되는 것을 말한다. 즉 특정 행위로써 관계를 맺을 가능성이 담겨 있다는 뜻이다. —옮긴이)'을 띤다고 가정한다. 자바 객체로서의 카뷰레터는 이런 행위 유발성을 통해서 자신에게는 엔진의 다른 부속들이 필요하다는 사실을 알아낸다. 내가 운영하는 회사인 바이오 그룹의 연구원 짐 헤리엇(Jim Harriot)은 그런 방식을 써서 자기 조립하는 컴퓨터 모형 의자를 프로그래밍했다. 따라서 좀 더 노력한다면 현재의 경제 그물망을 다 알아내는 것도 가능할지 모른다. 현재 경제에 존재하는 모든 상품들과 서비스들에 대해서 각각의 보완재들과 대체재들을 모조리 나열하는 것이다. 아니면, 그것들의 행위 유발성을 모조리 나열한 뒤에 검색 엔진을 써서 그로부터 보완재들과 대체재들을 '계산'하는 것이다. 실제로 나는 이런 기법에 대한 특허를 갖고 있다. 여담이지만 이것은 과학자가 자신의 전공 분야로부터 얼마나 멀리 나아갈 수 있는지를 보여 주는 사례이다. 내 전공은 철학과 의학이었으니까.

문제는 경제 그물망의 실제 진화 과정을 시뮬레이션하는 것이 과연 가능할까 하는 것이다. 자본 접근성, 기술 도입, 효용 같은 요인들은 제쳐두고 그저 기술적으로 가능한 인접한 가능성만을 고려한다고 하자. 그러면 객체와 행위자에 기반한 모형으로 진화 과정을 시뮬레이션할 수 있을까? 나는 회의적이다.

앞에서 나는 레고 월드라는 세계를 상상한 뒤, 그 세계는 비알고리듬적이라고 주장했다. 그러면 수학의 세계는 어떨까? 힐베르트가 '기계적', 알고리듬적 수학을 구축하려는 포부를 밝히자, 괴델이 나서서 그것은 불가능한 일임을 증명했다. 괴델은 산술계처럼 충분히 풍성한 수학계에는 '참'이지만 주어진 공리들로부터 유도될 수 없는 진술이 반드시 존재함을 증명했다. 우리 이야기에도 괴델의 정리가 적용되는 것이 아닐까?

어떤 경제계이든 기본적으로 주어진 기능들로부터 유도될 수 없는 새로운 기능이 반드시 창발하는 것이 아닐까?

그렇다면 현실의 경제 그물망과 그 성장을 묘사하는 일은 애초의 짐작보다 훨씬 더 어려운 과제가 된다. 레고 월드가 아니라 현실을 생각해 보자. 소박하게, 흔한 드라이버 하나를 생각해 보자. 드라이버의 보완재는 나사이고, 대체재는 못을 박을 때 쓰는 망치일 것이다. 그런데 그밖에 드라이버로 할 수 있는 온갖 일들을 생각해 보자. 우리는 드라이버로 페인트 통을 열 수 있다. 드라이버를 지렛대처럼 여기저기에서 쓸 수 있다. 드라이버를 쑤셔 넣어서 문을 열 수 있다. 드라이버를 문진으로 쓸 수 있다. 강도를 만났을 때 드라이버로 방어할 수 있다. 드라이버로 페인트를 긁어 낼 수도 있다. 나는 실제로 그렇게 해 보았다. 그 전에 이미 드라이버로 페인트 통을 열었기 때문이다. 여러분도 비슷한 경험이 있을 것이다. 이런 용도들이 또 각각의 보완재와 대체재를 끌어들인다. 그런데 어떻게 우리가 가능한 모든 환경들에 대해서 드라이버의 모든 쓰임새들을 일일이 미리 말하겠는가? 무인도에 난파했을 때 드라이버로 코코넛을 열 수 있다는 생각을 해 본 적이 있는가? 돌멩이를 망치처럼 쓴다면, 드라이버와 돌멩이로 작은 나무를 잘라서 쉴 곳을 만들 수도 있다. 드라이버로 작은 덩굴을 잘라서 끈처럼 쓰면 나무들을 한데 묶을 수도 있다. 더 말하지 않아도 여러분은 내 요지를 이해하리라.

사물에 늘 새로운 기능이 가능하기 때문에, 경제가 인접한 가능성으로 흘러갈 가능성은 늘 넓게 열려 있다. 트랜지스터처럼 근본적인 발명만이 아니라 드라이버를 페인트 통 따개로 쓰거나 엔진 블록을 트랙터 차대로 쓰는 것 같은 발명도 마찬가지이다. 이런 참신한 기능을 발명하는 장본인이 사람의 마음이라는 것은 말할 필요조차 없는 사실인데, 다음 장에서 나는 사람의 마음이 항상 알고리듬적으로 작동하는 것은 아니라는 주장을 펼치고 그 근거를 댈 것이다.

기술의 진화 과정에서는 부단한 창조성이 발휘되는 듯하다. 인접한 가능성은 계속 더 새로운 생태적 지위들을 허용하고, 기존의 상품들이 새로운 용도로 쓰임으로써 더 새로운 경제적 생태적 지위들을 낳으며, 사람들은 새로운 기능성을 비알고리듬적으로 포착함으로써 인접한 가능성으로 나아간다. 경제적 진화는 생물권, 문화, 역사의 진화와 마찬가지로 우주의 부단한 창조성의 일부이다. 우리는 환원주의에서 멀리 떠나왔고, 순수 과학에서도 멀리 떠나왔다. 현실 이성, 제한적 합리성, 그 밖에 실제의 경제적 결정에 영향을 미치는 모든 요인들을 다 포함하는 세계로 들어왔다.

마지막으로 틀림없이 진실인 주장 하나와 거의 틀림없이 진실일 듯한 주장 하나를 강조하면서 이야기를 마무리하겠다. 첫째, 경제 그물망이 실제로 존재하며 그것이 늘 스스로의 인접한 가능성으로 성장해 나간다는 것은 틀림없는 진실이다. 경제 그물망의 구조 자체가 부분적으로나마 스스로의 성장을 담당한다는 것은 거의 틀림없는 진실이다. 따라서 경제 그물망의 구조, 그물망이 새로운 경제적 생태적 지위들을 허용하는 방식, 그물망의 다양성과 경제 성장의 비례 가능성 등은 우리가 어떤 수준에서든 경제 성장을 이해하고자 할 때 중대한 의미가 있는 요인들이다. 세계 인구의 많은 부분이 빈곤한 상태임을 감안할 때, 경제 그물망이 부의 창출에 어떤 역할을 하는지 이해하는 것은 실로 시급한 과제이다.

둘째, 생물학의 다윈주의적 전적응과 비슷한 현상이 경제 그물망의 진화에서도 벌어진다. 우리는 그런 현상을 미리 알 수 없고, 그것에 대한 확률적 진술도 할 수 없다. 그렇기 때문에 일반 경쟁 균형 이론, 게임 이론, 합리적 기대 이론을 현실에 적용하는 데에는 한계가 있다. 합리적 경제 주체라는 이상화에도 한계가 있을 수밖에 없다.

셋째, 경제를 사전에 예측할 수 없다는 것이 사실이라면, 사람이 개인으로서 삶을 꾸려 나가고 CEO로서 회사를 이끌어 갈 때는 오직 합리성에만 의지하는 것이 아니라 판단력, 직관, 이해, 발명 등을 모두 조합하여 사용할 것이다. 이것은 기존 과학의 범위를 넘어서는 이야기이다. 기존의 합리성과 '앎'의 범위를 한참 넘어서는 이야기이다. 우리가 삶을 잘 살아 나가려면 인간성의 모든 부분들을 재통합해야 하는 것이다.

이런 한계에도 불구하고 단순 알고리듬 모형은 우리에게 희망을 준다. 우리가 어떤 새로운 상품이 생겨나고 어떤 오래된 상품이 사라질지 구체적으로 예측할 수는 없지만 그래도 그 과정에 대한 조직화 법칙을 발견함으로써 과정을 통계적으로 진술할 수는 있으리라는 희망이다. 그런 지식을 경제 계획에 활용할 수 있을지도 모른다. 경제의 진화가 비알고리듬적이며 세부적으로 예측할 수 없더라도, 알고리듬적 모형을 통해서 경제 성장의 몇몇 유용한 속성들을 파악하고 창발적 법칙들을 밝혀낼 수는 있다는 말이다. 그런 법칙의 한 예가 바로 자기 조직적 임계성이다. 자기 조직적 임계성 가설은 나아가 모종의 공진화적 조립 원리가 존재할지도 모른다는 것을 암시한다. 두 가설이 모두 사실로 확인된다면, 우리는 정말이지 아주 심오한 것을 이해하는 셈이다.

생물권과 마찬가지로 경제는 부단히 창조성을 발휘한다. 인간의 이런 창조성 역시 환원주의의 영역을 넘어선다. 이 창조성은 신성하다.

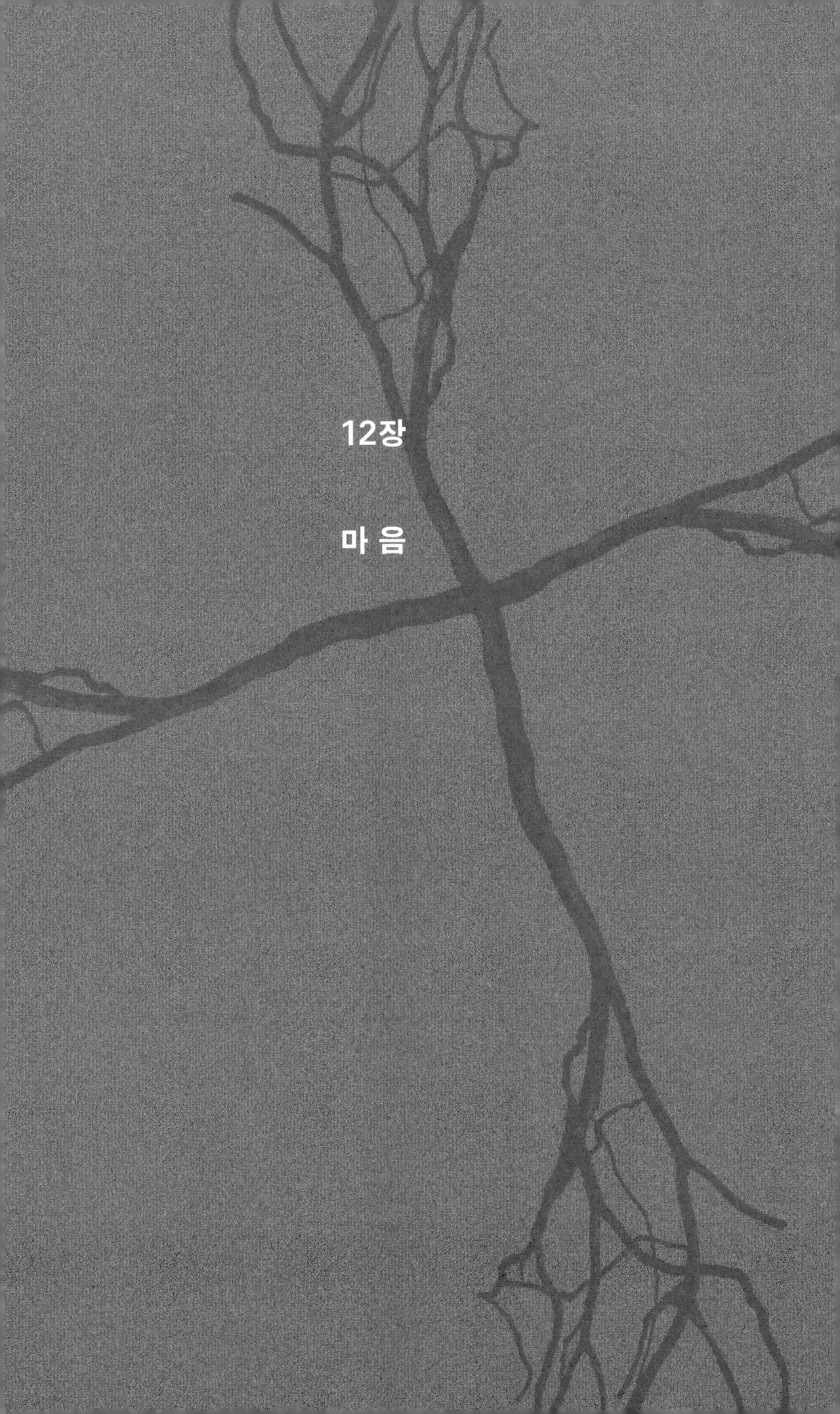

# 12장

## 마 음

마음과 의식은 이 책의 핵심 주제이다. 의식은 인간성의 여러 측면들 중에서 가장 뚜렷하게 환원주의를 넘어서는 현상이자 가장 유명한 현상이다. 의식이야말로 창조주의 존재에 대한 최고의 증거라고 믿는 사람이 많다. 심지어 의식이 곧 창조주에 대한 증명이라고 보는 사람도 있다. 영혼을 믿는 사람들은 의식에 영혼이 들어 있다고 생각하거나, 아예 의식과 영혼을 동일시하는 경향이 있다. 가톨릭 교회가 최근 진화 이론을 수용한다고 선언하면서도 육체의 진화에 대해서만 인정한다고 조심스럽게 한계를 그은 것도 그 때문이다. 마음의 진화는 인정할 수 없다는 것이다. 그런데 정작 의식의 정의에 대해서는 사람마다 해석이 다르다.

나는 이 장에서 마음에 대한 통설을 반박할 것이고, 다음 장에서 의식이 무엇인지 이야기할 것이다. 나는 사람의 마음은 알고리듬이 아니라고 믿는다. 마음은 단순한 '계산 기계'가 아니다. 마음은 계산 기계 **이상**이다. 우리를 통해서 구현되는 마음은 **의미를 만들 줄 알고 행동을 할 줄 아는 하나의 유기적 계**이다. 어떻게 마음이 지금처럼 온갖 의미와 행동을 생성할 수 있게 되었는가는 기존의 이론들로는 설명되지 않는 문제이다.

## ✣ 알고리듬 ✣

우리에게 적절한 마음의 이론이 있을까? 확실히 알 수 없다. 하물며 마음이 알고리듬적이라는 것을 증명한 이론이 있는지는 더욱 알 수 없다. 그런데도 많은 인지 과학자들과 신경 생물학자들은 마음이 늘 알고리듬적으로 작동한다고 믿는다. 이 점을 따져보기 전에 먼저 짚고 넘어갈 문제가 있다. 알고리듬이란 과연 무엇일까? 퍼뜩 떠오르는 정의는 **결과를 계산해 내는 유효한 과정**이라는 것이다. 컴퓨터 프로그램은 알고리듬이다. 나눗셈도 알고리듬이다.

현대의 알고리듬 개념이 수학적으로 정립된 것은 20세기 초반이었다. 수학자 앨런 튜링은 자신이 어떤 계산을 수행해서 결과를 얻을 때 실제로 무슨 일을 하는 것인지 자문해 보았다. 곰곰이 따져보았더니, 그는 종이에 기호들을 적었고, 정교한 일군의 규칙들(수학 규칙들)에 따라서 기호들을 변형시켰고, 계산의 각 단계에 해당하는 새로운 기호들을 적었고, 이 과정을 거듭 수행함으로써 별 탈이 없다면 원하던 답을 얻었다. 튜링은 이 과정을 추상화한 기계를 구상했다. 이 놀라운 기계는 다양한 내부 상태들을 취할 수 있고, 상태는 기호들로 규정된다. 기계에는 무한히 긴 테이프가 딸려 있는데, 테이프는 작은 사각형들로 나뉘어 있고, 사각형 하나하나마다 하나의 기호가 씌어지거나 씌어지지 않는다.

그리고 기호들을 읽어 내는 읽기 헤드가 있다. 헤드가 취할 수 있는 내부 상태도 다양하다. 우선 읽기 헤드가 테이프의 시작 지점에서부터 기호를 읽어 나가기 시작한다. 기호는 테이프에게 이 위치에 머물지, 왼쪽이나 오른쪽으로 한 단계 움직일지 말해 준다. 또 현재의 위치에서 테이프에 새 기호를 쓸지 말지 말해 준다. 이 결정은 기호와 헤드의 내부 상태에 따라 정해지는데, 헤드의 내부 상태 또한 기호에 따라 규정된다. 읽기 헤드는 테이프에 기호를 쓰거나 쓰지 않는 일, 테이프를 움직이거나 움직이지 않는 일을 수행함과 더불어 기계를 새로운 내부 상태로 바꾸는 일도 수행한다. 이 과정은 계속 반복된다. 튜링은 이 튜링 기계가 '유효하게 연산 가능한' 모든 계산들을 다 수행할 수 있음을 증명했다. 요즘은 아예 무엇이 '유효하게 연산 가능한가?'라는 질문에 대해서 튜링 기계로 계산 가능한 것이면 그렇다고 대답한다. 재미있는 사실은 모든 수학이 다 유효하게 계산 가능한 것은 아니라는 점이다. 튜링은 대부분의 무리수가 유효하게 계산 가능하지 않다는 것을 증명했다.

노벨 경제학상을 받은 허버트 알렉산더 사이먼(Herbert Alexander Simon, 1916~2001년)의 예리한 지적에 따르면, 컴퓨터 프로그램은 일종의 '차분' 방정식이다. 차분 방정식은 뉴턴의 미분 방정식과 사촌뻘이다. 다만 미분 방정식에서는 시간이 연속적 변량이지만, 차분 방정식에서는 시간이 연속적으로 흐르지 않고 이산적인 단위로 쪼개져 있다. 차분 방정식은 컴퓨터 계의 현재 상태와 입력들을 사용해서 다음 단계와 출력들을 계산한다. 사이먼의 관점은 마음을 정보 처리 계산을 하는 계로 간주하는 인지 과학과 신경 과학 분야의 두 가지 연구 흐름에 잘 들어맞는다.

지난 50년 동안 인지 과학과 신경 과학이 발전한 데에는 튜링의 기여가 컸다. 튜링의 연구가 사람의 마음도 일종의 계산 기계라는 견해에 이론적 틀을 제공했기 때문이다. 요즘은 대부분의 사람들이 그런 견해를 받아들인다. 튜링의 연구 직후, 수학자 폰 노이만은 현대적인 컴퓨터 구조를 발명했다. 그러자 이제는 마음을 일종의 컴퓨터로 보는 견해가 등장했다. 이런 견해들에 따르면 마음은 알고리듬적이다. 마음의 이론 초기에 또 다른 돌파구를 연 것은 워런 매컬럭(Warren McCulloch, 1898~1969년, 미국의 심리학자, 신경 생물학자 — 옮긴이)과 월터 피츠(Walter Pitts, 1923~1969년, 미국의 인지 심리학자 — 옮긴이)였다. 1943년에 그들은 실제 신경 세포의 속성을 추상화함으로써 신경 세포를 '논리 기기'로 다룰 수 있다고 주장했다. 이 '논리 신경 세포'는 8장에서 이야기했던 불 유전자와 아주 비슷하다. 논리 신경 세포의 상태는 켜지거나 꺼지거나 둘 중 하나이다. 1이나 0 중 하나의 값을 갖는 셈이다. 어떤 사람들은 논리 신경 세포의 켜짐/꺼짐 상태가 단위 명제의 참/거짓을 '의미'한다고 해석하는데, 단위 명제란 '여기에서는 붉은색'이라거나 '지금 A 플랫' 같은 단순한 명제를 말한다. 매컬럭과 피츠에 따르면, 이런 형식 신경 세포들로 구성된 '피드포워드 네트워크(feed-forward network)'는 아무리 복잡한 논리에 따라서 단위 명제들을 조합한 문제라도 원칙적으로 다 계산해 낼 수 있다. 이때 '피드포워드 네트워크'란 신경 세포들 사이에 순환적 연결이 없는 네트워크라는 뜻이다. 두 사람은 마음이 '정보'를 조작하는 컴퓨터와 같다고 결론내렸다. 이때 '정보'는 '논리적 단위 명제들'로 정의되고, 형식 신경 세포의 켜짐/꺼짐 상태가 정보를 암호화한다고 해석된다.

이런 초기 발견들을 시작으로 이후 50여 년간 크게 두 가지 흐름으로 연구가 진행되었다. 첫째는 주로 마음이 기호를 처리하는 방식을 이해하려는 시도였다. 예를 들어 사람의 언어 능력이나 문법 사용 능력, 논리적 추론 능력을 이해하려는 시도였다. 자동 수학 증명 알고리듬을 개발해서 컴퓨터도 수학자처럼 정리를 증명할 수 있음을 보여 주려는 시도도 여기에 포함된다. 그동안 이런 방면의 알고리듬들이 봇물 터지듯 쏟아졌고, 깊이 있게 연구되었다.

두 번째 흐름은 19세기 영국의 '연합주의(associationism)'와 관련이 있다. 이것은 말 그대로 관념들의 연합을 연구하는 것인데, 그 영향력이 실로 대단했다. 요즘은 이런 발상을 보통 '결합주의(connectionism)'라고 부른다. 사실 나는 8장에서 이미 간략하게나마 이 내용을 소개했으므로, 그때 이야기했던 개념들을 거의 그대로 가져오면 된다. 8장에서 이야기했던 유전자 조절 네트워크에 대한 불 모형을 떠올려 보자. 불 모형에서는 켜짐/꺼짐, 즉 1/0의 값을 갖는 이산적 변수가 유전자의 활성화/비활성화 상태에 해당한다고 가정했다. 여기에서 유전자를 신경 세포로 바꾸면 바로 매컬럭과 피츠의 논리 신경 세포가 된다. 다만 두 가지 차이점이 있다. 첫째, 매컬럭과 피츠는 되먹임 루프가 없는 네트워크에 국한하여 이야기했다. 하지만 현실의 뇌와 유전자 조절 네트워크에는 되먹임 루프가 셀 수 없이 많으므로, 우리는 그런 네트워크들까지 활용해야 할 것이다. 둘째, 수학적으로 지엽적인 차이가 있다. 신경 세포를 논리적으로 가장 단순하게 추상화하면, 특정 입력을 받았을 때는 신경 세포 발화가 억제되고 다른 입력을 받았을 때에는 발화가 자극되는 모형으로 묘사할 수 있다. 그런 입력을 *K*개 받는 신경 세포에는 어떤 불 규칙들이 적용될까? 입력이 *K*개인 논리 요소에 적용되는 모든 불 규칙들 중에서 '선형 구분 가능성'이 있는 규칙들이다. 한마디로 8장에서는 유전자 조절 네트워크에 대해서 가능한 모든 불 규칙들을 다 썼지만, 신경 세포 네트워크에 대한 수학 모형은 그러지 않는다. 8장의 이야기를 좀 더 떠올려 보자. 동기화된 불 네트워크는 다양한 상태를 가질 수 있고, 각 상태는 유전자 네트워크 또는 신경 세포 네트워크에 포함된 모든 유전자들이나 신경 세포들의 현재 값들의 총합으로 규정되며, 한 상태의 모든 값들이 동시에 바뀌어 후속 상태로 변한다고 가정했다. 따라서 계가 띨 수 있는 모든 상태들로 이루어진 '상태 공간'에는 상태의 **궤적들**이 존재한다. 계는 한 상태에서 다른 상태로 연달아 바뀌면서 하나의 **상태 순환, 즉 끌개**로 진입한다. 이때 끌개와 그 끌개로 흘러드는 모든 상태들을 통칭하여 **끌개 유역**이라고 부른다. 상태 공간에는 이런 **끌개가 여러 개** 존재하고, 각각의 끌개가 저마다의 끌개 유역을 배수한다. 우리는 이런 상태 공간에서의 상태 전이를 관념들의 연합에 비유할 수 있다. 신경망에 대한 결합주의적 해석은 간략하나마 이쯤 설명하면 될 것이다. **결합주의**라는 단어는 그런 네트워크가 상호 결합된 노드들로 이루어졌다는 뜻일 뿐, 다른 의미는 없다. 물론 신경망의 경우에는 신경 세포가 노드인 셈이다.

8장에서 유전자 네트워크를 이야기할 때, 나는 하나의 상태 순환 끌개를 한 종류의 세포로 해석할 수 있다고 말했다. 서로 다른 끌개들을 사람 같은 다세포 생물의 몸에 존재하는 서로 다른 세포 종류로 해석한 것이었다. 그 모형에서는 네트워크 전체의 유전자들 *N*개가 갖는 켜짐/꺼짐 상태의 특정 조합이 곧 한 종류의 세포였다. 이러한 관점에서 신경망을 단순하게 해석하면, 한 신경 세포의 켜짐/꺼짐 상태는 한 단위 명제의 참/거짓을 '의미한다'. 여기에서 단위 명제란 '여기에서 A 플랫'이라거나 '여기에서 붉은색' 같은 단순한 명제이다. 그렇다면 연결주의적 신경망의 전체 상태는 그 네트워크에 포함된 *N*개의 신경 세포들이 대변하는 N개 단위 명제들의 참/거짓 조합이고, **상태 순환 끌개는 각 상태에 해당하는 N개 참/거짓 단위 명제들의 논리적 조합**이 되는 셈인데, 그것이 곧 **하나의 개념 또는 기억**이라고 할 수 있다. 그렇다면 특정 끌개 유역으로 유입되는 끌개 위의 상태들은 그 개념의 '일반화'에 해당하는 셈이다. 예를 들어 보자. '규범적' 개구리를 의미하는 끌개가 있다면, 그 끌개 위의 여러 상태들은 개구리로 분류될 만한 여러 물체들에 해당한다. 이때 하나의 논리 신경 세포는 하나의 논리적 단위 명제를 뜻하고 논리 신경 세포의 켜짐/꺼짐 상태는 논리적 단위 명제의 참/거짓을 뜻한다는 것을 다시 한번 명심하자. 그렇다면 하나의 끌개는 '개구리'를 의미하는 모든 논리적 명제들의 조합, 또는 조합들인 셈이다. 하나의 '개구리' 끌개 유역에 속하는 여러 상태들은 각기 개구리로 분류될 만한 개체를 암호화한 *N*개 신경 세포들로 대변되는 참/거짓 단위 명제들이 여러 방식으로 조합된 것이다. 끌개 유역이란 끌개가 암호화한 '개구리' 개념을 일반화한 분류인 셈이다. 네트워크는 개구리를 닮은 모든 개체들을 하나의 끌개 유역으로 끌어들임으로써 그것들을 모두 개구리로 분류한다. 한편 다른 끌개는 다른 개념을 암호화할 것이다. 탁자를 암호화한 끌개, 스케이트를 암호화한 끌개가 따로 있을 것이고, 다른 기억을 암호화한 끌개도 있을 것이다.

사실 요즘의 수학적 결합주의 모형들은 이런 단순한 동시적 불 네트워크보다 훨씬 더 정교하다. 신경 세포의 활동 수준이 연속적으로 변한다고 가정하는 모형도 있고, 신경 세포의 발화 행동이 보다 복잡하게 확률적으로 달라진다고 가정하는 모형도 있다. 하지만 중심이 되는 발상은 대개 비슷하다. 다들 **신경 생물학적** 해석의 기본 가정, 즉 신경 세포의 발화는 정보 처리 계산을 수행하는 활동이라는 가정을 깔고 있다. 이때도 신경망의 여러 끌개들은 어떤 개념들이나 분류들, 또는 어떤 기억들, 또는 그보다 더 넓은 무언가를 뜻한다고 해석된다. 그리고 몇몇 신경 세포들이나 신경 세포 군집들이 특정한 방식으로 발화함으로써 하나의 의식적 경험이 생겨난다고 가정한다. 또는 발화 그 자체가 의식적 경험이라고 가정한다. 해당 신경 세포들이나 신경 세포 군집들에 간직된 '신경 세포 암호'가 곧 다양한 경험들인 셈이다. 그렇다면 사람이 정신적 경험을 하는 까닭은 신경 세포들이 경험적 정보를 처리하고, 분류하고, 기억하기 때문이라는 결론이다.

지금까지 뇌의 계산 이론에 존재하는 두 가지 흐름을 살펴보았는데, 두 흐름은 서로 잘 들어맞지 않는다. 기호 처리 모형은 언어 문법이나 논리 증명 활동의 몇몇 측면들을 쉽게 포착하는 반면, '무엇이 개구리인가?' 하는 패턴 인식과 '무엇이 개구리와 비슷한 개체들인가?' 하는 패턴 일반화는 잘 설명하지 못한다. 한편 끌개와 끌개 유역으로 구성된 결합주의 견해는 이런 질문들을 자연스럽게 설명하는 반면, 계산주의 흐름이 쉽게 설명했던 기호 처리 활동은 아우르지 못한다.

기호 처리 방식이든 결합주의 방식이든, 과연 이런 연구들로 정신 활동을 적절하게 설명할 수 있을까? 이제 이 의문을 살펴볼 차례이다. 강조하건대 오늘날의 인지 과학자들과 신경 생물학자들은 대부분 뇌를 일종의 정보 처리 계로 보는 결합주의 계산 모형을 지지한다.

### 마음은 계산하는 계라는 모형을 지지하는 신경학적 증거들

지난 30년 동안 신경 과학자들은 과거에는 불가능하다고 여겨졌던 것들을 성취하고자 매달렸다. 그 과정에서 그들은 마음이 알고리듬이라는 가설을 바탕에 깔았다. 마음은 복잡한 계산계라는 것이다.

이 분야에서 가장 초기의 발견은 '수용 영역'의 발견이었다. 과학자들은 마취한 고양이의 망막에 작은 광원을 대고 움직이면서 망막 신경 세포들의 활동을 기록하는 실험을 통해서, 망막에는 빛 수용기인 막대 세포들과 원뿔세포들이 상당히 많이 몰린 좁은 수용 영역이 있다는 사실을 발견했다. 빛이 수용 영역의 중앙을 때리면 신경 세포들이 더 자주 발화했다. 한편 빛이 수용 영역의 바깥쪽 가장자리를 때리면 신경 세포들의 발화 빈도가 낮아졌다. 이런 형태의 수용 영역을 가리켜 '중심 흥분, 주변 억제' 영역이라고 부른다. 이와 반대로 '중심 억제, 주변 흥분' 영역도 있다. 주목할 점은 중심의 흥분 영역이 막대 모양인 경우가 있다는 것이다. 빛이 막대에 평행하게 들어올 때에는 반응이 강하고, 빛이 막대에 수직으로 들어올 때에는 반응이 약하다. 한편 빛이 수용 영역의 바깥쪽 가장자리를 비추면 중심 영역의 반응이 억제된다. 이런 수용 영역을 '모서리 탐지기(edge detector)'라고 부른다. 과학자들은 다양한 방향의 모서리 탐지기들이 각각 뇌 시각 겉질의 어느 부위로 이어지는지 밝혀 냈고, 아울러 특정 방향의 신경 세포들은 겉질 표면에서 한 줄로 선을 형성한다는 것을 발견했다. 여러 방향의 그런 선들이 겉질의 한 점으로 수렴하는 경우가 있는데, 그런 점을 '특이점(singularity)'이라고 부른다. 이 깔끔한 결과를 볼 때, 우리가 겪는 시각 경험들 중 일부는 분명 일종의 **신경적 계산** 과정이다. 다시 말해 모서리 탐지기들의 통제를 받는 신경 세포들의 활동일 뿐이다.

좋은 예가 기하학적 환시(幻視)인데, 수학자이자 이론 신경 과학자인 잭 코완(Jack Cowan, 1927~2000년)의 연구를 보면 이 현상을 이해할 수 있다. 코완과 동료들은 환시를 겪을 때 시야가 시각 겉질에 투사되는 유형은 특수한 로그 나선 형태임을 밝혀냈다. 그들은 신경 자극이 시각 겉질 표면에서 확산되는 과정을 수학적으로 모형화했는데, 그 모형에 따르면 시야가 로그 나선 형태로 시각 겉질에 대응될 경우에는 신경 파동이 그물망 무늬나 기하학적 무늬를 취할 수 있었다. 과거에 많은 사람들이 보고했던 기하학적 환시 현상을 논리적으로 설명할 수 있는 것이다. 특히 임사 체험을 한 사람들이 보았다는 터널 끝의 환한 불빛도 코완에 따르면 시각 겉질에서 단순한 신경 활동이 퍼짐으로써 생기는 것일 뿐이다. (그 빛이 정말로 영원으로 가는 입구라면 좋겠지만 말이다.)

우리의 신경 세포들이 우리보다 먼저 결정을 내린다는 실험 결과도 있다. 예를 들어 내가 왼쪽 집게손가락을 움직이겠다고 마음먹기도 전에 해당 신경 세포들이 빠른 속도로 발화한다는 것이다. 그런 발화 사건은 손가락을 움직이겠다는 내 의도에 대한 신경적 기반일 것이다. 문제는 내가 의도를 경험하기도 **전에** 신경 세포들이 발화한다는 것이다. 그렇다면 내가 느끼는 의도가 내 손가락을 움직이도록 '지시할' 수 없는 것 아닌가? 어쩌면 내 손가락을 움직이는 것은 신경 세포들의 발화일 뿐, 스스로 결정을 내렸다고 느끼는 내 기분은 실제 움직임과는 무관한지도 모른다. 아직 확실한 결론은 없다.

이런 발견들 때문에, 신경 생물학자들 사이에는 뇌가 고전적 물리계라는 생각이 굳게 자리 잡았다. (양자적 계가 아니라는 것이다.) 아울러 마음은 알고리듬적으로 작동한다는 생각, 즉 마음은 정보를 계산하는 네트워크라는 생각이 자리 잡았다. 철학자 도널드 데이비드슨처럼 모든 인식적 경험을 신경 활동과 연결짓는 법칙은 없을지도 모른다는 '변칙적 인과'를 주장한 사람도 있지만, 그야 어쨌든 정말로 마음은 인과적으로 고전적인 계일지도 모른다. 그렇다고 해서 반드시 알고리듬적이어야 하는 것은 아니다. 결정론적으로 행동하는 동적 계들이 모두 알고리듬 계산에 따라 움직이는 것은 아니기 때문이다. 일례로 태양계의 행성들은 일반 상대성 이론의 법칙에 따라 움직이면서 제 질량으로 공간을 휘고, 휘어진 공간에서 최단 경로를 따라 움직인다. 그러나 행성들이 궤적을 계산하면서 움직이는 것은 아니다. 마찬가지로 풍차가 궤적을 계산하면서 회전하는 것은 아니다. 그러므로 신경 과학자들이 발견한 멋진 결과들을 다 인정하고 마음이 신경 활동을 매개로 삼아서 고전적 인과율에 따라 움직인다는 것까지는 인정하되, 마음이 알고리듬을 계산한다는 결론만 거부할 수도 있다. 그러면 지금부터는 마음이 항상 알고리듬을 계산하는 것은 아니라는 주장에 힘을 보태는 증거들을 살펴보자.

## ✢ 마음의 알고리듬은 없다 ✢

인지 과학자들도 마음을 알고리듬적 계산계로 파악한다. 신경 과학과 마찬가지로 인지 과학도 그간 놀라운 성과를 이뤘다. 이를테면 인지 과학은 행위자와 행위자가 수행할 수 있는 능력이 미리 정의된 문제 환경에서는 알고리듬 과정으로 거뜬히 특정 문제들을 해결할 수 있다는 것을 발견했다. 로봇이 방 안의 물체들을 피해 이동하면서 스스로 전원을 찾아내는 것이 좋은 예이다. 하지만 이런 성공에도 상당한 문제가 남아 있다.

마음이 알고리듬적이지 않을지도 모른다는 단서를 처음 찾은 사람은 쿠르트 괴델이다. 그의 유명한 불완전성 정리를 떠올려 보자. 1931년, 괴델은 **수학이 알고리듬적으로 구성될 수 없다**는 증명을 발표했다. 산술계처럼 충분히 많은 공리로 이루어진 공리계에는 주어진 공리들에 의거할 때 분명 **참**이지만 **그 공리들로부터 연역될 수 없는** 수학적 진술이 반드시 존재한다. 그런 진술을 가리켜 **형식적으로 결정 불가능한** 진술이라고 한다. 그런데도 물론 수학은 성장한다. 덕분에 지금은 많은 수학자가 수학의 성장과 다양화 방식이 **알고리듬적이지 않다**고 믿는다. 예를 들면 19세기에 독일 수학자 게오르크 프리드리히 베른하르트 리만(Georg Friedrich Bernhard Riemann, 1826~1866년)이 비유클리드 기하학을 발견한 것이 그런 경우였다. 비유클리드 기하학에서는 두 평행선이 영원히 서로 만나지 않는다는 유클리드 기하학의 평행선 공리가 부정된다. **유클리드 기하학으로부터 연역적으로 유도될 수 없는** 새로운 공리와 더불어 비유클리드 기하학이라는 새로운 수학 분야가 생겨난 것이다. 새로운 기하학은 일반 상대성 이론의 바탕이 되었다. 리만이 평행선 공리를 부정하면 재미있지 않을까, 그러면 뭔가 중요하고 새로운 수학이 탄생하지 않을까 짐작했던 통찰, 직관, 사고 방식은 결코 알고리듬에 따른 것이 아니었다.

또 다른 인상적인 사례를 살펴보자. 수학자 레온하르트 오일러(Leonhard Euler, 1707~1783년)가 위상 수학이라는 새로운 영역을 개척한 경우이다. 유명한 일화에 따르면, 오일러는 독일의 도시 쾨니히스베르크에 관한 흥미로운 문제에 직면했다. 이런 문제이다. 그 도시에는 강이 흐르고, 강에는 섬이 떠 있으며, 섬과 도시를 연결하는 7개의 다리가 있다. 모든 다리들을 한 방향으로 한 번씩만 건너서 시작했던 위치로 돌아올 수 있을까? 오일러는 도시의 구체적인 지형은 문제가 되지 않는다는 것을 깨달았다. 다리들이 도시와 섬을 어떤 형태로 연결하는가가 중요할 뿐이었다. 오일러는 앞의 질문에 대한 답은 '아니오.'라는 것을 증명했고, 더불어 대상의 구체적인 모양에는 신경쓰지 않는 새로운 기하학, 즉 위상 수학을 발명했다. 그는 기존의 수학으로부터 연역적으로 위상 수학을 이끌어 낸 것이 **아니었다**. 그의 발명이 알고리듬적이라고 생각할 만한 근거가 있을까? 대체 어떤 알고리듬에 따라서 위상 수학을 발명할 수 있겠는가?

마음이 알고리듬적이라는 견해의 문제는 이것만이 아니다. 알고리듬적 마음을 적용하기 어려워 보이는 또 다른 좋은 예는 분류의 문제이다. 사람은 마음속으로 늘 분류를 한다. 이를테면 울새와 펭귄을 하나로 묶어서 새라고 분류한다. 더글러스 메딘(Douglas Medin, 1944년~)의 연구에 따르면, 우리는 우리가 **어떻게** 대상을 분류하는지 사실 잘 모른다. 고전적인 설명은 한 분류의 구성원들이 하나 이상의 '본질적' 속성을 공유한다는 것이다. 이것은 플라톤에서부터 유래한 전통적 견해이지만, 잘못된 생각이다. 한 분류의 구성원들에게 반드시 공통의 속성이 있는 것은 아니라는 점을 처음 지적한 사람은 비트겐슈타인이었다. '게임'이라는 분류를 예로 들면, 모든 게임들이 어떤 하나의 성질을 공유하는 것은 아니다. 게임들이 '가족 유사성'을 띤다고 말할 수는 있겠지만, 모든 게임들이 다 갖고 있는 하나의 성질 같은 것은 없다. 이 점을 해결하기 위한 것이 '확률적' 분류 형성 이론이다. 하나의 분류가 충족시켜야 할 자격들은 여러 가지인데, 그중 일부는 더 핵심적이고 일부는 덜 핵심적이라는 이론이다. 그러나 이 이론도 언제나 잘 들어맞는 것은 아니다.

가장 순진한 분류 개념은 주로 유사성에 의존하는 것이다. 울새와 펭귄은 공통의 성질이 많으니까 서로 비슷하다는 식이다. 하지만 유사성 개념 그 자체에 심각한 문제가 있다. 설령 개체의 여러 속성들 중 어떤 것을 비교해야 할지 미리 합의되어 있더라도, 그 속성이 어떤 상태라야 두 개체가 서로 비슷하다고 말할 수 있는지 모호하기 때문이다. 유사성을 어떻게 정의할까? 언뜻 단순해 보이는 이 개념을 규명하는 것조차 실제로는 엄청나게 어렵다. 문제는 여기에서 그치지 않는다. 비슷한지 아닌지 비교하기에 **알맞은 속성들**을 어떻게 골라낼까? 우리가 비교할 개체를 마구잡이로 고르더라도, 그들에게는 언제나 여러 공통점들이 있다. 쇠지레와 울새에게 유사성이 있을까? 물론이다. 무게가 50킬로그램 미만이라는 점, 지구에 있다는 점, 달에서 38만 4400킬로미터 떨어져 있다는 점. 무한히 많은 속성들 중에서 어떤 것이 분류에 적합한 기준인지 결코 확실하지 않다.

메딘이 말했듯이 아기, 사진첩, 개인 자료, 돈을 한 부류로 묶을 수도 있다. 모두 집에 불이 났을 때 반드시 갖고 나올 것들이다. 그래서 메딘은 모종의 유사성은 여전히 필요하겠지만 분류는 기본적으로 **이론**에 바탕을 둔다고 결론내렸다. 그러나 메딘의 의견을 따르더라도, 분류 활동을 알고리듬적 행위로 설명했다고는 할 수 없다. 메딘이 말한 **이론**은 어디에서 올까? 그것도 알고리듬적으로 유도될까? 리만의 새로운 공리는 알고리듬적으로 유도되었을까? 오일러의 위상 수학은? 그렇다면 끌개와 끌개 유역을 동원하는 **결합주의적** 모형을 끌어들여서 분류를 설명할 수 있을까? 그래도 별반 나을 것이 없다. 이때도 메딘이 말한 이론이 어디에서 오는지 분명하지 않기 때문이다. 설령 어떤 이론이 끌개 유역을 변형시킴으로써 비슷한 사물들을 함께 묶어 준다고 해도, 분류의 바탕인 그 이론은 어디에서 온단 말인가? 그 이론도 알고리듬적일까? 결합주의의 생성물일까? 분류의 바탕이 되는 이론이 알고리듬적으로 생겨난다고 믿을 만한 근거가 있을까? 다시 말하지만 리만이 유클리드의 평행선 공리를 부정함으로써 비유클리드 기하학을 발견하게 된 혁신적 과정은 알고리듬적 과정이 아니었다. 위상 수학의 발견도 마찬가지이다.

그렇지만 문제 환경과 '공간'을 '기술'하여 미리 규정된 문제 공간에서 해답을 풀려면 반드시 분류 작업이 필요하다. 로봇을 예로 들어 보자. 로봇은 미리 규정된 장애물들을 피해 이동하면서 미리 정해진 전원을 찾아 스스로 '충전하라'는 문제를 풀어야 한다. 로봇을 제작하고 프로그래밍한 사람이 이 문제 환경에서 이 문제를 풀려면, 반드시 개체들의 **유효 속성들을 미리 기술해야** 한다. 그런데 앞에서 보았듯이 문제 공간을 미리 기술하는 일은 너무나 어렵다. 예를 들어 유효할 가능성이 있는 로봇의 모든 속성들과 유효할 가능성이 있는 방의 모든 속성들이 어떤 관계를 이루는지도 생각해 보아야 한다. 왜냐하면 아직 완전하게 규정되지 않은 이 문제를 풀 때 방의 속성들도 한 요소가 될지 모르기 때문이다. 물론 우리는 그 관계를 모조리 미리 말할 수 없다. 모든 유효한 관계들을 다 생성해 내는 유효 과정, 즉 알고리듬이 있는 것도 아니다. 그런 알고리듬이 어떻게 '작동'하겠는가?

다른 예를 들어 보자. 트랙터의 엔진 블록을 차대로 써도 좋겠다고 생각해 낸 기술자는 익숙한 문제 공간에서 벗어나 엔진 블록의 새 기능을 찾아냄으로써 문제에 대한 참신한 해답을 찾아냈다. 엔진 블록은 견고함 때문에 새 용도로 쓰이게 되었지만, 원래의 문제 환경에서는 견고함이 엔진 블록의 **유효한 속성**으로 미리 말해지지 **않았다**. 이것을 보면 '틀(frame) 짓기'가 얼마나 까다로운 문제인지 알 수 있다. 인지 과학자들이 사람의 정신적 문제 해결 능력에 대한 컴퓨터 모형을 만들 때, 모형의 틀은 어떻게 주어질까? 거칠게 말하자면 그때의 틀은 그 상황에서 유효한 모든 속성들의 목록이다. 그런데 모든 유효 속성들을 미리 규정한 뒤에도 문제 해결에 한계가 있다면 어떻게 할까? 아무도 모른다. 엔진 블록의 견고함은 트랙터를 만든다는 애초의 공학적 목적에서는 유효 속성으로 발탁되지 않았다. 따라서 엔진 블록의 모든 유효 속성들을 미리 적어 놓은 목록을 바탕으로 작동하는 알고리듬으로는 엔진 블록의 견고함을 차대로 이용한다는 해답을 '발견'할 수 없다. 미리 규정된 유효 속성들의 틀 밖에서 알고리듬적으로 문제를 해결한다는 것은 불가능해 보인다. 그런데도 우리는 매일 그런 일을 해 낸다. 이것 또한 마음이 (항상) 알고리듬적으로 작동하는 것은 아니라는 급진적 결론의 근거이다.

물론 틀이 제한된 컴퓨터 프로그램을 짠 뒤에 사전에 기술한 문제 환경과 미리 기술한 가능성들을 놓고, 이를테면 개체들의 모든 유효 능력들 또는 '행위 유발성'(예를 들어 '~는 ~이다.', '~를 갖는다.', '~를 한다.', '~를 필요로 한다.' 등)들을 놓고서, 알고리듬적 문제 해결을 시행할 수는 있다. 하지만 사람의 마음이 그처럼 제한되어 있을까? 그렇지 않아 보인다. 엔진 블록의 견고함은 기술자들이 처음에 세운 문제 환경 틀에는 포함되지 않았던 '행위 유발성'이다. 트랙터 발명이든 뭐든 현실에서 사람들이 진짜 문제를 풀 때 그런 제한적 '틀'이 없다는 것을 보면, 분명 마음은 알고리듬적으로 작동하지 않는다.

앞 장에서 우리는 레고 장치들의 쓸모를 유한한 목록으로 죄다 나열할 수 없다고 말했다. 그렇다면 우리가 레고 장치들의 쓰임새를 발견하는 과정은 알고리듬적이 아니라는 뜻이다. 역시 앞 장에서 말했던 평범한 드라이버의 예도 떠올려 보자. 드라이버의 일반 기능은 나사를 돌리는 것이다. 하지만 드라이버를 얼마나 많은 참신한 용도로 쓸 수 있는가? 드라이버로 페인트 통을 딸 수 있고, 지레처럼 쓸 수 있고, 꽁꽁 얼어붙은 창문에서 퍼티를 긁어내는 데에 쓸 수 있고, 강도에 대항하여 호신 도구로 쓸 수 있고, 예술 조형물로 쓸 수 있고, 문진으로 쓸 수 있다. 드라이버로 깨끗한 책상에 내 이름을 새길 수 있고, 생선을 꿸 수 있고, 코코넛을 열 수 있고, 섬에 고립되어 오두막을 만들어야 하는 상황이라면 바위를 망치 삼아 나무를 벨 수도 있다. 다양한 환경에서의 다양한 쓰임새들을 모두 미리 말하는 제한된 틀은 없다. 드라이버의 행위 유발성들을 죄다 나열한 유한한 목록은 없다. 그렇다면 가능한 모든 환경들에 대한 드라이버의 모든 쓰임새들을 나열하게 도와주는 유효 과정, 즉 알고리듬은 있을까? 하지만 어떤 환경들은 아직 존재하지도 않는다. 내가 볼 때에는 어디에서부터 손을 대야 할지조차 알 수 없는 상황이다. 또한 우리가 드라이버로 할 수 있는 모든 작업들을 어떻게든 미리 나열했더라도, 이번에는 그렇게 미리 규정된 유효 속성들이 문제 해결에 오히려 제약으로 작용한다. 요컨대 제한된 작업 공간과 '행위 유발성' 공간에서 문제 해결을 하는 모형을 알고리듬적으로 구축할 수는 있지만, 현실에는 그런 제한이 없는 것 같다. 내 말을 못 믿겠다면 제임스 본드 영화를 떠올려 보라. 007은 대영 제국의 안전을 지킨다는 변함없는 사명을 수행하기 위해 손닿는 대로 아무거나 집어 천재적으로 활용한다. 창의적 영웅이라고 하면 맥가이버도 빼놓을 수 없다.

인지 과학자들은 분류 작업, 문제 표상, 잘 정의된 공간에서의 문제 해결 등을 기술하는 문제에서 훌륭한 성과를 올렸다. 근사하게 작동하는 컴퓨터 프로그램을 짜서 사람이 내린 지시를 따르게 할 줄도 안다. 허버트 사이먼이라면 그런 모형들이 정말로 마음의 작동을 반영한다고 주장할 것이다. 나는 사이먼을 깊이 존경하지만, 이 견해에는 철저히 반대한다. 작동의 매 단계마다 심각한 문제가 있기 때문이다. 분류도 문제이고, 분류를 사용해서 문제를 잘 표상하는 것도 문제이고, 문제 해결에 쓰일 개체의 행위 유발성, 즉 능력에 제한을 가하는 것도 문제이다. 사람의 마음은 마치 유령선처럼 언제든 계산의 닻에서 슬쩍 풀려나 자유롭게 항해하려고 한다. 마음은 비알고리듬적이기 때문이다. 이런 자유는 우주의 창조성을 구성하는 한 요소이다. 그것은 우리가 사람이기 때문에 누리는 창조성이다.

나는 경제계에 관한 장에서, 기존의 사물이나 상황의 새로운 쓰임새가 포착됨으로써 혁신이 일어날 수 있다고 말했다. 우주 역사상 전례가 없는 참신한 용도가 그렇게 탄생하고는 한다. 사람의 행동이 어떤 기능이나 용도를 가질지 모조리 미리 말할 수 없다는 주장에 대한 근거가 여기에도 있다. 내가 수표를 현금으로 바꾼다고 하자. 이것은 너무나 평범한 행동이지만, 5만 년 전에는 가능하지 않았던 행동이다. 수표를 현금화하려면 먼저 돈, 예금, 은행, 계약 관계 등 돈을 예금하고 예금한 돈을 찾아서 수표와 교환하는 것과 관련된 사회적 발명들이 있어야 하고, 계약을 집행하는 것과 관련된 법 체계들이 있어야 하고, 법 체계들을 세우고 유지할 능력이 있는 정부가 있어야 한다. 이런 식으로 계속 확장할 수 있다. 수표의 현금화라는 행동은 수백 년 동안 구축되어 온 문화적 발명들의 사회적 맥락 속에서 벌어지는 행위이다. 5만 년 전에, 알고리듬적 과정을 통해서, 내가 오늘날 취할 수 있는 온갖 행동들을 나열할 수 있었을까? 사물들만이 아니라 사회 제도들까지 발명되어야 하는데? 게다가 대부분의 사회 제도들은 드라이버의 새로운 용도와 마찬가지로 알고리듬에 따라 유도된 것이 아니다. 그것들은 창조적으로 발명된 것들이다. 수표의 현금화를 가능하게 하는 문화 전체의 진화 또한 역사적이고,

우연적이고, 혁신적이고, 부단히 참신한 창발성의 한 예이다. 생물권에서 부분적으로 무법적인 다윈주의적 전적응이 발생해서 새로운 기능을 낳고, 그 기능이 그 생물이나 다른 생물들에 새로운 생태적 지위를 부여하고, 그럼으로써 또 다른 적응이나 다윈주의적 전적응이 일어나서 기존의 전적응에 '들어맞는' 것처럼, 그리고 경제 그물망이 진화하여 리모컨을 낳고, 리모컨이 텔레비전과 많은 채널과 게으른 시청자라는 환경에 들어맞는 것처럼, 문화도 자기 구축적으로 스스로 진화하며 다른 문화들과 함께 공진화한다. 이것 또한 우주의 창조성이다. 인간은 매개자로서 그 창조성을 수행할 뿐이다. 우리가 이런 진화를 미리 예측할 수 있었을까?

마음이 항상 알고리듬으로 계산을 수행한다는 견해를 의심해 볼 근거가 또 있다. '제거적 환원주의'가 실패한다는 사실이다. 이런 진술을 생각해 보자. '카우프만은 2006년 7월 7일에 뉴멕시코 주 샌타페이에서 살인 유죄 선고를 받았다.' 이 법적 언어를 이해하려면 어떤 소양이 있어야 할까? 유죄, 무죄, 증거, 법률, 법적 책임 등 상호 연결된 개념들의 집단을 이해해야 한다. 비트겐슈타인이 '언어 놀이'라고 불렀던 것이다. 비트겐슈타인은 법적 언어가 다른 언어의 '줄인 말'이 아니라고 지적했다. 법적 진술의 참/거짓을 고스란히 유지한 채 일상 행동에 대한 진술들의 집합으로 교체할 수는 없다. 법적 진술의 참/거짓을 필요 충분 조건으로서 만족시키는 일상 진술들의 집합을 미리 말할 수 없다는 뜻이다. 제거적 환원주의는 실패이다. 사람들의 일상 행동에 관한 언어에서 법적 대화를 이끌어 낼 수는 없다. 하물며 쿼크나 글루온에 관한 진술들로부터 법적 진술을 이끌어 내기는 더 어려울 것이다. 그렇다면 법적 언어는, 나아가 법 체계 전체는 창발적이다. 그것은 사회 문화의 진화에서 창발한 결실이고, 개인의 행동을 묘사하는 언어나 움직이는 입자에 대한 언어로는 환원되지 않는다.

그런데도 우리는 별 무리 없이 법적 언어를 익힌다. 비트겐슈타인이 옳다면(거의 모든 철학자들이 그렇다고 생각한다.), 일상 행동들에 관한 언어를 바탕으로 해서 알고리듬적으로 법적 언어를 배울 수는 없다. 물론 쿼크와 글루온에 대한 기술로부터 배울 수도 없다. 법적 언어는 사회라는 계에서 창발이 일어난다는 것을 보여 주는 사례이고, 우리가 법적 언어를 쉽게 배운다는 사실은 마음이 비알고리듬적으로 작동한다는 것을 보여 주는 사례이다. 일상 행동들에 대한 대화로부터 법적 언어를 이끌어 낼 수는 없으므로, 일상 행동들에 대한 대화로부터 알고리듬적으로 법적 언어를 배울 수도 없다. 마음은 알고리듬적으로 작동하는 것이 아니다.

하나의 언어 놀이가 다른 언어 놀이로 환원될 수 없다는 비트겐슈타인의 논지는 결합주의 모형에도 똑같이 적용되는 듯하다. 만약에 형식 신경 세포들이나 실제 신경 세포들의 신경 세포 암호가 **일상 행동**의 여러 측면들을 **의미한다**면, 그것이 갑자기 **법적 언어로 훌쩍 뛰어넘을 방법은 없다**. 그것이 유죄, 무죄, 증거, 법적으로 채택 가능한 증거, 법적 책임 능력 등 법 이해에 관련된 개념들의 가족 언어로 바뀔 방법은 없다. 그런데도 우리는 법적 언어를 충분히 이해한다. 결합주의 모형이 제대로 작동하려면, 우리의 경험, 맥락, 상황적 의미, 경험에 대한 이해에 해당하는 신경 세포들 또는 신경 세포 집단들의 **암호**가 더 높은 차원으로 전환되거나, 변하거나, 상승해야 할 것이다. 예를 들어 인체의 자세나 발성에 관한 암호가 일상적인 의도의 행동이나 진술에 관한 암호로 전환되어야 하고, 그것이 또 법적 책임에 관한 암호로 전환되어야 한다. 그런데 논리적 계산 모형은 그 전환 방법을 똑똑히 말해 주지 못한다. 한마디로 특정 신경 세포들이나 신경 세포 집단들의 활동이 곧 특정 경험에 대한 신경적 상관물이라는 견해를 받아들이더라도, 그런 경험들에 대한 논리적 계산으로부터 어떻게 법적 언어 이해 능력이 생겨나는지는 여전히 애매모호하다. "지워져라, 지워져, 이 저주받은 자국아!"라는 맥베스 부인의 대사를 온전히 이해하는 능력, 권력과 살인과 법과 정의와 처벌에 대한 두려움이라는 맥락에서 그 대사의 뜻을 속속들이 이해하는 능력이 대체 어떻게 생겨나겠는가?

우리는 '영국과 독일이 전쟁에 돌입했다.'는 진술을 쉽게 이해하지만, 왜 이해가 가능한지를 제거적 환원주의로는 설명할 수 없다. 앞에서 말했듯이 개인들에 대한 진술들의 집합으로써 영국이 독일에 전쟁을 선포하는 모든 상황들을 필요 충분하게 묘사하는 것은 불가능하다. 전쟁을 일으킬지도 모르는 개인들의 모든 행동 조합을 미리 '계산'할 수는 없다. 왜냐하면 영국과 독일 사이에 전쟁이 터진다는 진술이 참이 될 모든 조건들을 미리 파악할 수 없기 때문이다. 영국과 독일이 전쟁을 한다는 진술은 개인들의 일상 행동에 관한 진술들로부터 알고리듬적으로 유도될 수 없다. 하물며 쿼크와 글루온에 대한 진술들로부터 유도될 수도 없다. 그런데도 우리는 그 진술을 쉽게 이해한다.

마지막으로 재미있는 일화 하나를 소개하겠다. 몇 년 전 나는 우리 집 거실의 낮은 탁자 위에 컴퓨터를 올려놓고 그 앞에 앉아 있었다. 컴퓨터 전선은 바닥의 콘센트에 꽂혀 있었다. 나는 식구들이 오가다가 전선에 발이 걸려 컴퓨터를 떨어뜨릴까 봐, 그래서 컴퓨터가 박살날까 봐 걱정스러웠다. 여러분도 동의하겠지만 그것은 심각한 문제였다. 내가 탁자를 묘사해 보겠다. 상판은 널찍한 판자 세 조각으로 이루어졌고, 통통하고 둥근 다리가 4개 달렸고, 다리들 사이에 가로로 보들이 붙어 있고, 색깔은 붉었으며, 어디라고 할 것도 없이 온데 자잘한 흠이 무진장 많이 파여 있었다. 상판의 가운데 조각에는 쩍 갈라진 곳이 두 군데 있었다. 첫 번째 틈은 폭이 1.25센티미터였고 길이가 30센티미터였다. 첫 번째

보다 폭이 좁은 두 번째 틈은 첫 번째와 대강 평행하게 나 있었다. 탁자는 벽난로에서 2.13미터 떨어져 있었고, 부엌으로부터는 4.57미터 떨어져 있었고, 스토브로부터는 6.70미터 떨어져 있었고, 달로부터는 38만 4400킬로미터 떨어져 있었고……. 이만하면 내가 무슨 말을 하려는지 눈치챘을 것이다. 보잘것없는 탁자 하나를 묘사하는 데에도 이처럼 무한히 많은 속성을 열거할 수 있다. 자, 나는 아까 말한 심각한 문제를 이렇게 해결했다. 나는 상판 가운데 조각의 갈라진 틈들 중 넓은 쪽에 전선을 밀어 넣었다. 전선을 틈에 꼭꼭 끼워 넣은 뒤, 바닥의 콘센트에서 틈까지 이어진 선이 팽팽하게 되도록 바싹 끌어 당겼다. 나는 스스로가 자랑스러웠다. 콩밭에 물주는 기계를 생각해 냈을 때만큼이나 자랑스러웠다. 이것도 일종의 틀 정하기 문제이다. 탁자, 컴퓨터, 전선, 콘센트, 나아가 우주 전체의 속성들에 대해 알고리듬적으로 적절한 틀을 부여할 수 있을까? 내가 이 문제의 해답을 알고리듬적으로 찾아낼 수 있었을까? 아니다. 하지만 어쨌든 나는 문제를 풀었다!

### 의미를 만들고 행동을 하는 계로서의 마음

'마음은 계산하는 계'라는 이론의 가장 큰 실패는 계산 그 자체에 아무런 의미가 없다는 점일 것이다. 계산은 구문론일 뿐이다. 계산에서는 의미론이 배제된다. 이 문제를 살펴보는 데에는 두 가지 길이 있다. 첫째, 평범한 컴퓨터를 생각해 보자. 구체적인 물리적 구조와 메모리 레지스터 등을 갖춘 컴퓨터 말이다. 컴퓨터는 **사용자가** 부여한 프로그램과 입력 데이터에 따라서 비트를 찍어 나가는데, 레지스터에 1이나 0으로 등록되는 비트들 자체에는 **아무런 의미가 없다**. 비트는 그저 비트이다. 실리콘칩의 전자 상태가 대변하는 1이나 0 값일 뿐이다. 물그릇도 비트를 표현할 수 있다. 어쩌면 이 말조차 과장일지도 모른다. 물그릇으로도 비트를 표현한다는 점에서 알 수 있듯이, **물이 어떤 문턱 높이를 넘어설 때와 넘어서지 못할 때를 각각 1과 0으로 규정하여 의미를 부여하는 것은 사실 인간이기 때문이다.** 레지스터에서 서로 다른 전자 상태를 각각 1과 0으로 규정하는 것도 바로 인간이다. 물그릇이나 실리콘 칩은 몇 가지 물리적 상태들을 취하는 물리계일 뿐이다. 그동안 이 책의 논의에서 의미가 끼어든 적이 있었던가? 있었다. 매컬럭-피츠의 형식 신경 세포 네트워크를 이야기할 때였다. 그때 나는 **형식 신경 세포의 켜짐/꺼짐 상태는 '여기에서 A 플랫' 같은 논리적 단위 명제의 참/거짓을 뜻한다고 했다.** 그런데 그런 결합주의 견해에도 마찬가지 문제가 있다. 형식 신경 세포의 켜짐과 꺼짐에 의미를 부여하는 것 역시 사람이기 때문이다.

두 번째로 클로드 섀넌의 유명한 정보 이론을 잠깐 살펴보자. 통신공학자였던 섀넌은 잡음이 많은 채널을 통해 신호를 전달하는 문제를 고민했다. 그는 신호를 1과 0 기호들이라는 최소 형태로 단순화하여 채널로 전달한다고 가정했다. 그는 **얼마만큼의 정보량**이 채널 끝까지 전달되는가를 정량화함으로써 정보를 수학적으로 정식화했다. 이것은 통계역학의 엔트로피를 끌어들여 정보를 수학적으로 정식화하는 접근법과는 달랐다. 어쨌든 섀넌은 정보가 무엇인지는 이야기하지 않았다. 그 의문은 정보 **'수신자'**에게 맡겨 두었다. 정보 해석은 수신자의 몫이고, 수신자가 정보에 의미를 부여한다는 것이다. 섀넌의 이론은 순전히 구문론적이다. 그에게 정보는 기호 행렬 전체나 일부에서 골라낸 몇몇 기호 배열일 뿐이다. 언어학자 놈 촘스키(Noam Chomsky, 1928년~)가 튜링의 연구를 바탕으로 주장한 형식 문법 이론 역시 순전히 구문론적이다. 거기에는 의미가 없다. 기호들에 대한 의미론이 없다.

그렇다면 의미는 어디에서 생겨날까? 나는 앞에서 벌써 답의 실마리를 이야기했다. **의미는 행위 주체성에서 나온다.** 최소 자율적 분자 행위자를 떠올려 보자. 그것은 적어도 하나의 일 순환을 수행하고, 음식과 독에 대한 수용기를 갖고 있고, 음식을 향해서나 독을 피해서 움직일 줄 안다. 먹을 것을 찾아 포도당 농도 기울기 속을 헤엄치는 세균을 떠올려도 좋다. 세균이 포도당 수용기를 써서 탐지하는 포도당 농도는 기울기 위쪽에 더 많은 포도당이 있다는 **신호**이고, 세균은 신호를 **해석**함으로써 **포도당 기울기 속에서 방향을 바꾼다.** 찰스 샌더스 퍼스 식으로 말하자면, 세균이 포도당이라는 신호를 받아들이고 그에 대해 행동함으로써, 그러니까 기울기 속에서 헤엄을 침으로써, 세균에게 포도당이 의미 있는 것이 되었다. 세균이 바로 수신자이다. 그리고 그런 행위를 가능하게 하는 분자 계를 빚어낸 것은 자연 선택이었다.

나는 행위 주체성이 없으면 의미도 없다고 생각한다. 물론 여기에서 인간의 행위 주체성과 의미까지 나아가는 것은 또 먼 길이지만, 분명 컴퓨터를 **사용**해서 **우리**의 문제를 푸는 것은 우리 인간들이다. 물그릇의 물리 상태들이나 실리콘 칩의 전자 상태들에 의미를 부여하는 것도 인간이다. 튜링 기계의 계산에는 그런 의미론적 의미가 없다. 그리고 의미론이 없다면 튜링 기계는 그저 종이에 표기된 기호 같은 몇몇 물리적 상태들, 또는 그릇의 물 높이나 실리콘 칩의 전자적 상태에 지나지 않는다. 그러니 섀넌이 채널을 통해 전달되는 정보에 관해 정량적 이론을 구축하면서 **의미론을 무시**했던 것은 어쩌면 당연한 일이었다. 그는 채널을 통해 전달되는 **정보량**, 즉 구문론적 수량만을 이야기했을 뿐, 정보가 **무엇인가**는 이야기하지 않았다.

의미를 만드는 것은 마음이다. 마음이 이해를 낳는다. 마음이 어떻게 그렇게 하는지는 아직 수수께끼이지만 말이다. 현재까지 우리가 그 수수께끼를 다 파악하지 못했다는 사실은 앞에서 말한 비트겐슈타인 식 언어 놀이를 떠올려 보면 분명해진다. 우리가 인간의 일상 행동에 관한 언어로부터 법적 언어를 논리적으로 끌어낼 수 없는데도 수월하게 법적 의미를 이해한다는 현실을 어떻게 봐야 할까? 우리는 스스로 어떻게 그런 일을 해 내는지 모르는데도 어쨌든 성공리에 해 낸다. 어쨌든 우리는 구체적인 사례를 접했을 때 그 **법적** 의미를 쉽게 '파악'한다.

사람의 몸을 통해 수행되는 행위 주체성의 핵심이랄 수 있는 우리의 마음은 때로는 알고리듬적으로 작동하며 계산을 수행하지만, 때로는 의미 형성이라는 수수께끼 같은 기능도 수행한다. 마음은 엔진 블록에서 차대의 가능성을 읽어 낸다. 마음은 쾨니히스베르크의 다리들에서 새로운 수학 분야를 읽어 낸다. 그러므로 마음을 구문론적, 알고리듬적, 결합주의적으로 이해한 이론은 절반의 진실일 뿐, 결코 온전하지 않다. 설령 특정 신경 세포들의 발화가 특정 경험을 구성한다는 것이 확실해지더라도, 사람이 하나의 통합체로서 어떻게 그 경험을 느끼고 의미를 이해하는가는 여전히 수수께끼이다. 정말이지, 어떻게 우리는 맥베스 부인이 내지른 "지워져라, 지워져, 이 저주받은 자국아!"라는 대사의 의미를 모든 층위에서 이해하는 걸까?

마지막으로 생각해 볼 사례는 양자 중력 이론을 발명하려는 과학자들의 노력이다. 리 스몰린의 책 『물리학의 어려움』에는 물리학의 현 상황이 잘 설명되어 있다. 20세기 물리학의 두 주춧돌인 양자 이론(물리학의 세 가지 아원자적 기본 힘들을 기술하는 이론이다.)과 일반 상대성 이론(네 번째 힘인 중력을 기술한다.)은 서로 완벽하게 들어맞지 않는다. 물리학자들은 양자 중력 이론을 통해서 둘을 하나로 묶고 싶어 한다. 한 가지 문제는 양자 역학이 '선형' 이론이라는 점이다. 슈뢰딩거 방정식은 선형 파동 방정식이다. 따라서 오늘날 양자 컴퓨터에서 응용되는 이른바 '가능성들의 중첩'도 선형적인 현상이다. 선형 파동 방정식들이 '중첩'한다는 것은 파동 A가 선형 파동 방정식에 따라 전파되고 파동 B도 그럴 경우, 두 파동의 합 A+B나 차 A-B도 선형 방정식에 따라 전파된다는 뜻이다. 반면에 일반 상대성 이론은 본질적으로 비선형적이다. 질량은 시공간을 휘고, 시공간의 곡률, 즉 중력이 다시 질량의 움직임을 바꾼다.

이 문제에 대한 한 가지 접근법은 끈 이론이다. 끈 이론은 입자를 0차원의 점으로 간주하는 대신에 양 끝이 열렸거나 닫힌 끈으로 본다. 끈의 여러 진동 양식들이 여러 입자 종류들에 해당한다고 본다. 이것은 사랑스러운 발상이지만, 스몰린이 지적했듯이 아직까지 누구도 끈 이론을 일군의 확실한 방정식들로 적어 내지 못했다. 그렇기는커녕 $10^{500}$가지의 대안적 끈 이론들이 각축하는 것처럼 보인다. 또 다른 방향에서 양자 중력 이론을 추구하는 시도들도 있는데, 예를 들어 스몰린 등이 연구하는 고리 양자 중력 이론(loop quantum gravity)이다. 내가 이 사례에서 지적하고 싶은 핵심은 다음과 같다. 우리는 양자 이론이 반드시 변형되어야 하는지 아닌지, 또는 양자 이론이 더 새로운 다른 이론으로부터 반드시 유도되어야 하는지 아닌지 확실하게 말할 수 없다. 일반 상대성 이론이 더 심오한 다른 이론으로부터 반드시 유도되어야 하는지, 일반 상대성 이론과 양자 역학을 둘 다 아우르는 새로운 이론이 반드시 필요한지도 분명하지 않다. 만약에 더 심오한 이론이 필요하지 않다면, 두 이론이 결국 어떻게든 통합되리라는 믿음은 모호해진다. 한마디로 현재의 물리학은 문제의 정식화, 즉 문제 진술조차 모호한 상태이다. 정말로 언젠가 두 이론이 변형된 형태로 통합될까? 아니면 변형되지 않고 통합되지 않은 채로 영원히 남을까? 입자를 진동하는 끈으로 대체한다는 발상은 40년 전만 해도 아무도 생각하지 못했다. 끔찍하리만치 어렵고 대담한 이 과학적 시도는 알고리듬적 과정일까? 그럴 가능성은 극히 낮아 보인다. 양자 역학과 일반 상대성 이론을 동시에 아우르는 하나의 이론이 무엇인가 하는 문제는 구성 요소가 분명하게 알려지지 않았고, 어떤 정리가 필요한지도 알려지지 않았고, 설명의 틀도 세워지지 않은 상태이다.

우주의 암흑 물질(dark matter)이라는 수수께끼도 있다. 뉴턴의 중력이나 일반 상대성 이론으로는 설명할 수 없을 만큼 은하 외부를 빠르게 회전시키는 수수께끼의 물질이다. 설상가상 이제는 제법 유명한 이름이 된 암흑 에너지(dark energy)도 있다. 우주의 가속적 팽창과 연관이 있다는 에너지이다. 이런 수수께끼들이 양자 중력 이론의 단서가 되어 줄까? 이런 것들을 이해하려는 영웅적 노력은 알고리듬적 과정일까? 현재 $10^{500}$ 가지 버전이 존재하기는 하지만 어쨌든 끈 이론이 궁극의 해답이라고 가정하고, 그런 끈 이론을 낳은 갖가지 발상들과 가공할 만한 수학을 떠올려 보자. 그런 생각들이 알고리듬적으로 생겨났다고 보기는 어렵다.

이런 근거들 때문에 나는 마음이 항상 알고리듬적으로 작동하는 것은 아니라고 믿는다. 마음은 구문론적 차원에서 계산만 수행하는 계가 아니다. 양자 이론과 일반 상대성 이론을 통합하려는 물리학자들의 노력은 틀림없이 의미를 만들어 낸다. 틀림없이 발명을 해 낸다.

지금까지 나는 숱한 난관들 중에서도 최대의 난관인 의식 문제는 꺼내지 않았다. 지금까지 이야기한 마음의 수수께끼만 해도 한두 가지가 아니고, 모두 굵직굵직한 문제들이다. 이를테면 엔진 블록에서 차대를 읽어 내는 능력, 법적 언어를 배우는 능력, 새로운 기회를 포착하고 행동에 나서는 능력은 어떤가? 마음이 정말로 신경 세포 같은 뇌 속 세포들의 물리적, 고전적 활동을 통해 생산되는 것이라고 가정하자. 아니, 세포들의 활동 자체가 '곧' 마음이라고 하자. 마음이 고전적 역학계라고 가정하자. 결정론적 계이든, 잡음이 많은 확률적 계이든 상관없다. 그럴 경우에 우리는 그런 마음이 어떻게 엔진 블록에서 차대를 읽어 내고, 법적 언어를 배우고, 미리 규정된 틀 밖에서 참신한 기회를 포착하고 행동하는지 설명할 길이 없다. 신경 과학자들과 인지 과학자들은 이런 깊은 의문들에 대한 답을 아직 모르는 것 같다.

그런데 의식적 마음이 반드시 고전적 계여야 할까? 양자적 계라거나 양자적 성격과 고전적 성격이 섞인 계일 가능성은 없을까? 의식이 양자적 결맞음 상태(coherence)와 결흩어짐 상태(decoherence)의 중간에 교묘하게 위치한, 아주 특수한 상태일 수는 없을까? 혹시 결흩어짐 현상을 통해서 '비물질적이고, 비객관적인' 마음이 물질에 '작용'하는 것은 아닐까? 대부분의 물리학자들은 이런 발상을 불가능한 일로 여기지만, 최근에는 꼭 그렇지만은 않다고 말하는 이론들과 실험들이 속속 등장하고 있다. 다음 장에서는 그 이야기를 해 보자. 마음이 부분적으로나마 정말 양자적이라면, 언젠가 우리는 마음이 위상 수학을 발명해 내는 메커니즘을 이해하게 될지도 모른다.

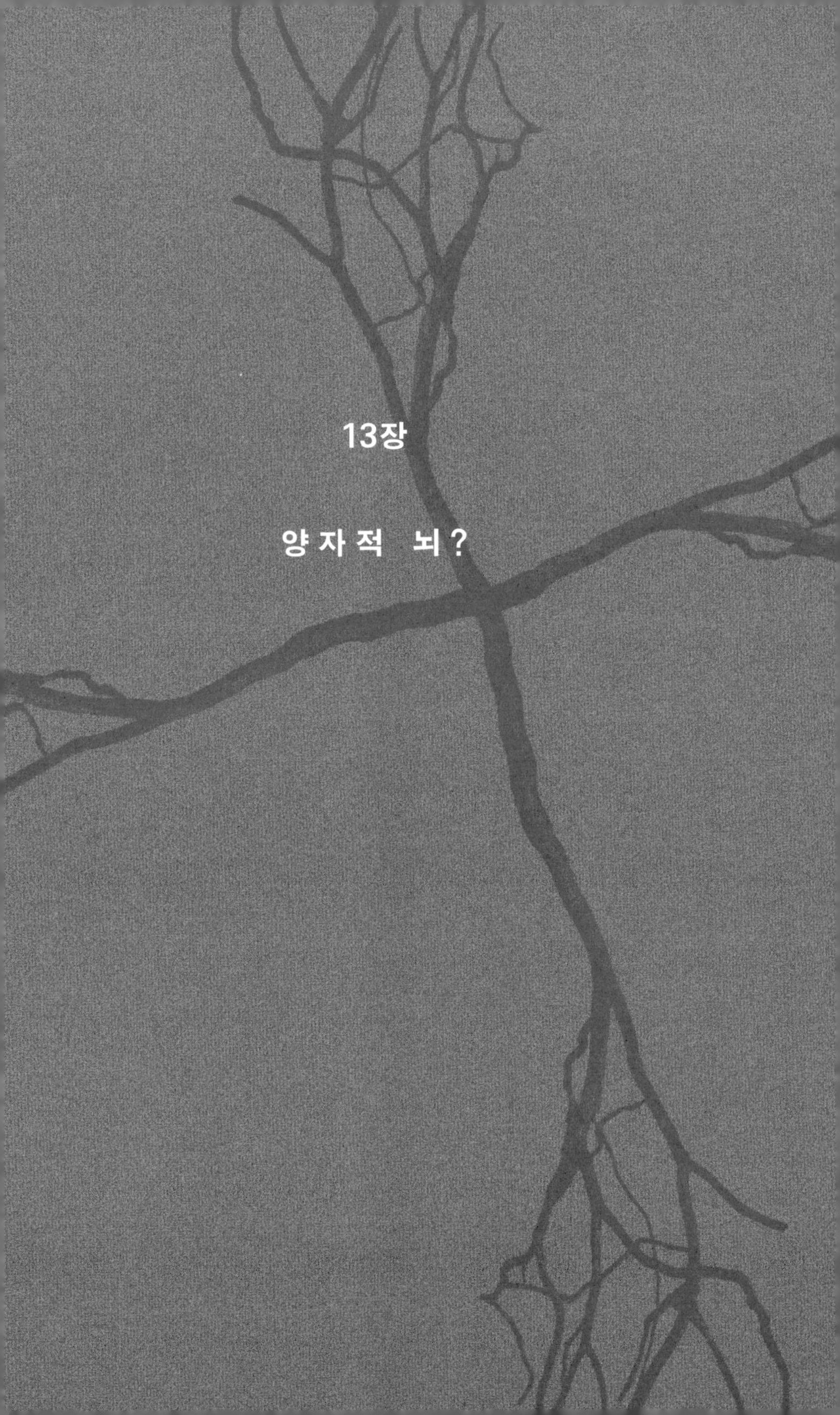

# 13장

# 양자적 뇌?

의식이 양자 현상과 관련 있을지도 모른다는 생각은 내가 처음 한 것이 아니다. 1989년에 물리학자 로저 펜로즈(Roger Penrose, 1931년~)는 『황제의 새 마음(*The Emperor's New Mind*)』에서 의식이 양자 중력 이론과 관계있다는 주장을 펼쳤다. 양자 중력 이론은 일반 상대성 이론과 양자 역학의 통합을 이뤄 줄지도 모른다고 기대되는 이론이다. 이 책에서 나는 그와는 좀 다른 견해를 취할 것이다. 의식은 양자적 '결맞음' 행동과 '결흩어짐' 행동 사이에서 균형을 잡은 상태라는 것이 나의 주장이다. 결흩어짐 행동은 간단히 말해 양자적 가능성들이 '고전적' 실제 사건들로 귀결되는 현상이다. 나는 객관적으로 실재하지 않는 비물질적 마음이 어떻게 실제적이고 고전적이고 물리적인 세계에 영향을 미치는지를 이 가설로 설명할 수 있다고 본다. 경고하는데 이것은 엄청난 논란이 될 만한 내용이다. 내가 책에서 이야기한 모든 내용 중에서 과학적으로 제일 가능성이 떨어지는 가설이다. 그렇지만 이 가설을 진지하게 탐구해 보라고 말하는 듯한 근거들이 있고, 그 근거들도 뒤에서 소개할 것이다.

대부분의 신경 생물학자들은 우리의 의식적 경험이 상호 연결된 신경 세포들의 활동과 관련이 있다고 믿는다. 신경 세포의 활동은 비(非)양자 역학적이다. 전적으로 고전적이다. 신경 세포가 축삭 돌기라는 긴 구조를 따라 흘려보낸 전기 화학적 '행동 전위'는 시냅스라는 신경 세포 사이의 연결을 통해서 다른 신경 세포로 전달되는데, 이 활동이 의식과 상관이 있다는 것이다. 양자 역학이 의식 경험에서 뭔가 역할을 할지도 모른다는 내 가설은 여러 과제를 안고 있는데, 그중 하나가 바로 신경 과학자들이 쌓아 온 탄탄한 연구 성과와 그들이 믿는 '고전적' 신경 세포 활동을 포괄해야 한다는 점이다.

양자 역학이 의식 경험에 깊이 관여하는 게 사실이라면, 우리가 오랫동안 품어 온 네 가지 철학 문제들이 해결될지도 모른다. 첫째는 자유 의지의 문제이다. 간단히 말해서 '인과 닫힘(casual closure)'의 문제이다. 아리스토텔레스가 지적했듯이, 정신적 사건이든 물리적 사건이든 모든 사건에 대해 선행하는 원인이 존재한다면 이른바 '최초의 운동자(원동자)'가 있을 수 없다. 하지만 사람들은 자유 의지가 바로 그런 최초의 운동자라고 생각한다. 자유 의지란 무엇이든 자유롭게 선택할 수 있다는 뜻이니, 자신의 행동에 대해 '별도의 원인이 필요하지 않은 정신적 원인'이 되어 준다는 것이다. 17세기의 철학자 바뤼흐 스피노자(Baruch Spinoza, 1632~1677년)를 필두로 한 후대 철학자들이 자유 의지를 망상에 지나지 않는 것으로 규정한 것도 이 때문이었다. 이 문제는 오늘날의 신경 생물학적 이론으로 설명할 수 없다. 의식 경험을 고전적이고 인과적인 신경 세포들이나 신경 회로들의 행동으로 파악하는 견해를 가지고도 자유 의지 문제는 해결되지 않는다. 마음-뇌의 행동이 전적으로 인과적이라면, 어떻게 원동자나 다름없는 자유 의지가 존재할 수 있단 말인가?

두 번째 문제도 자유 의지에 관한 것이다. 우리가 자유 의지에 따른 선택을 원하는 까닭은, 그래야만 스스로의 행동에 도덕적 책임을 질 수 있기 때문이다. 의식이 결정론적으로 규정된다면 우리에게는 도덕적 책임이 부과되지 않을 것이다. 의식이 확률적으로 작동해도 역시 우리에게 도덕적 책임을 물을 수 없을 것 같다. 이것은 아주 까다로운 문제이지만, 양자적 의식 가설을 받아들이면 이 문제에 대한 그럴싸한 해법을 비로소 생각할 수 있다. 부분적으로 양자적인 의식과 마음은 결정론적이지 않고 확률적이지도 않기 때문이다. 그것은 그저 부분적으로 자연 법칙을 넘어선 상태라고 보아야 할 것이다.

세 번째 문제는 정신적 인과 작용의 문제이다. 대부분의 신경 생물학자들이 믿듯이 의식과 고전적 신경 활동이 동의어라면(이것이 이른바 '마음-뇌 동일론'이다.), 그리고 **신경 활동의 인과 작용으로 후속 신경 활동을 충분히 설명할 수 있다면**, 어떻게 '마음의 내용'이나 정신적 경험이 물리적 사건을 일으킨단 말인가? 그런 정신적 인과 작용이 가능하기 위해서는 모종의 '유령 같은' 인과 과정이 있어야 할 것이다.

네 번째는 부수 현상의 문제이다. 뇌의 신경 상태가 정신 상태와 관련이 있거나 아예 동일하다면, 게다가 전적으로 고전적이고 인과적인 신경 세포의 활동으로 신경 세포의 후속 활동을 충분히 설명할 수 있다면, 정신적 경험이란 그저 부수 현상에 지나지 않는 것 아닐까? 신경 세포의 인과적 활동으로 인해 '어쩌다가 생겨났을' 뿐, 스스로는 아무런 인과적 효력도 지니지 못하는 현상이 아닐까?

만약에 의식이 부분적으로 양자 역학적이라면, 네 가지 문제들이 모두 해소될 것 같다. 예를 들어 자유 의지란 망상에 불과하다는 인과 닫힘 문제는 즉각 해소된다. 왜냐하면 의식적 경험과 자유 의지에 대한 양자 역학적 설명은 **전적으로 비인과적**이라서, **원동자 자체가 필요 없기 때문이다. 양자적 행동은 비인과적이다.** 따라서 인과 닫힘 문제가 아예 제기되지 않는다. 앞으로 하나씩 살펴보겠지만, 의식이 부분적으로 양자 역학적이라는 관점을 적용하면 도덕적 책임, 정신의 인과 작용, 부수적 현상이라는 나머지 세 철학 문제들도 아예 사라지거나 적어도 해결 가능성이 있을 것으로 보인다.

이런 문제들이 해소되더라도, 우리에게는 가장 핵심적이고 어려운 문제가 남는다. 인식 그 자체의 문제이다. 우리가 푸른색을 푸르다고 경험하는 문제, 철학자들이 '감각질(qualia)'이라고 부르는 것에 대한 문제이다. 모든 사람들에게 의식이 있다는 것이 과연 사실일까? 남들의 마음에 철학 문제를 적용해도 되는 것일까? 나는 당신의 감각질을 공유할 수 없는데, 어떻게 당신에게도 감각질이 존재한다는 사실을 알까? 뒤집어 생각하면 당신에게 감각질이 없다는 것을 내가 또 어떻게 알까? 경험은 사적인 '일인칭' 현상이다. 따라서 나는 남들의 의식에 대해서는 논하지 않을 것이다. 그러면 이야기가 너무 길어진다. 하지만 세상에서 오직 내게만 의식이 있다고 해도, 내 감각질의 문제는 여전히 유효하다. 내 마음이 어떻게 물질에 작용하는지, 그것이 부수 현상인지 아닌지 하는 문제는 여전히 유효하다.

근대적인 마음의 철학을 창시한 것은 데카르트였다. 그는 세상의 모든 것을 의심해 보았지만, 결국 자신이 의심한다는 사실만큼은 의심할 수 없었다. 그래서 "나는 생각한다, 고로 나는 존재한다."라는 말이 나왔다. 데카르트는 최초의 '이원론자'였다. 그는 우주의 '재료'에 두 종류가 있다고 했다. 하나는 사유하는 실체, 즉 경험이고, 다른 하나는 연장된 실체, 즉 물질적 재료이다. 오늘날에는 거의 모든 철학자들과 신경 과학자들이 다양한 이유에서 이런 이원론을 배격하지만 말이다.

데카르트 이후 400년 동안 이어진 의식 논쟁을 여기에서 다 소개할 수는 없다. 그렇지만 마음-뇌 동일론만은 잠깐 설명하겠다. 그것이 현재 의식에 관해서 가장 널리 받아들여지는 철학적 견해이고, 의식에 관한 신경 생물학적 연구들이 대부분 그 이론에 바탕을 두고 있기 때문이다. 더욱 문제적인 내 가설, 양자적 결맞음/결흩어짐 마음 가설도 그 이론에 바탕을 둔다. 마음-뇌 동일론에 따르면, 우리의 정신 상태, 즉 감각질이란 신경들이 취하는 특정 상태와 같다. 따라서 이 이론은 데카르트의 마음-몸 이원론을 배격하고, 부수 현상론도 배격한다. 마음과 뇌는 둘 다 실재하는 것이며 사실 같은 것이나 마찬가지라고 주장한다. 나는 이 이론을 받아들인 상태에서 논의를 진행하겠지만, 사실 여기에는 매우 심각한 문제들이 있다. 앞에서 지적한 자유 의지 문제, 정신의 인과 작용 문제이다. 게다가 신경 세포들이라는 '살 덩어리'가 어떻게 경험 그 자체와 **동등**할 수 있는가 하는 의문은, 이렇게 말해도 될지 모르겠지만, 기절초풍할 만큼 까다로운 난제이다. 그렇지만 마음-뇌 동일론의 다른 대안들을 살펴보아도 다들 심각한 문제가 있기는 마찬가지이다. 예를 들어 데카르트 이원론은 어떻게 마음이 물질에 작용하는지 전혀 설명하지 못한다. 한편 아일랜드의 철학자 조지 버클리(George Berkeley, 1685~1753년) 주교가 주장했던 극단적 관념론에 따르면, 마음과 사상은 실재하는 것인 반면에 물질은 그저 하느님의 마음속 경험으로서만 '승인'된다. (새뮤얼 존슨(Samuel Johnson, 1709~1784년, 영국의 작가, 평론가 — 옮긴이)은 돌멩이를 걷어차는 행동으로 간단히 이 견해를 반박할 수 있다고 말했다.) 버클리와 정반대 입장을 취한 것은 성 아우렐리우스 아우구스티누스(Aurelius Augustinus, 354~430년)였다. 아우구스티누스는 물질은 실재하는 것인 반면에 물질에 대한 인식은 하느님과의 직접적인 교감에 의해서만 가능한 현상이라고 보았다. 이쯤 되면 철학자 존 설의 말이 옳은 것 같다. 그는 우리가 의식이 '무엇인지' 모르는 것은 물론이려니와, 의식이 무엇인지 아는 게 어떤 것인지조차 모른다고 했다. 나는 양자적 의식이라는 꽤 엉뚱한 가설로 의식의 문제에서 조금이나마 진전을 이루고 싶지만, 그것보다 더 근본적인 감각질의 문제에서는 한 발짝도 진전을 이루지 못할 것임을 인정할 수밖에 없다.

오래전에 옥스퍼드에서 철학을 공부하는 학생이었을 때, 나는 의식적 경험은 존재하지 않는다고 주장하는 책들을 많이 읽었다. 그것이 당시의 유행이었다. 철학자 길버트 라일(Gilbert Ryle, 1900~1976년)의 책 제목을 인용하자면 의식적 경험은 한낱 "기계 속의 유령"일 뿐이라는 견해였다. 라일은 사람의 행동을 일종의 '성향(disposition)'으로 해석했다. 자극과 행위가 규칙적으로 연관된 현상일 뿐이라고 했다. 이런 '논리적 행동주의(logical behaviorism)'는 심리학적 행동주의의 철학적 사촌이라고 부를 만했다. 모든 것을 자극과 행위의 규칙적 연관으로 설명함으로써 의식을 제거하려는 시도였다. 행동주의자들은 의식이나 경험을 비롯한 모든 내적 정신 상태들을 제거하고자 했다. 그러나 내적 정신 상태들이 어떻게 생겨나는지 알 수 없다고 해서 우리가 의식적 존재이고 우리에게 내적 정신 상태가 있다는 사실조차 부인할 수는 없다. 그것은 엄연한 사실이기 때문이다.

한편 패트리샤 처칠랜드(Patricia S. Churchland, 1943년~) 같은 철학자들은 의식이 하나의 통합된 실체가 아니라고 주장한다. 철학자 오언 플래너건(Owen Flanagan, 1949년~)도 의식에는 감각, 인식, 기분, 감정, 명제 태도 상태, 절차적 지식, 거대 내러티브 구조 등이 포함되어 있다고 말했다. 플래너건은 그러면서도 이 모든 영역들을 아우르는 하나의 통합된 의식

이론이 가능할지도 모른다고 말하면서, 왜 그렇게 생각하는지 여러 이유를 들어 설명했다.

### ✢ 의식에 대한 강한 인공 지능 이론 ✢

강한 인공 지능 이론의 주장은, 계산 요소들이 충분히 복잡한 망을 형성하면 그 망에서 자연적으로 의식이 생겨난다는 것이다. 뇌를 계산하는 계로 보고 이 주장을 적용하면 상당히 설득력 있게 들린다. 충분히 많은 신경 세포들이 연결되어 일정 수준의 복잡성을 넘어서면 거의 자동으로 의식이 생겨난다는 견해이니까. 이것은 어쩌면 진실일지도 모른다. 언젠가는 경험적으로 시험해 볼 수도 있을 것이다. 신경 세포를 계산 요소로 간주하는 점만 봐도 알 수 있듯이, 이 견해는 신경 생물학자들의 관점과 비슷하다. 그런데 강한 인공 지능의 주장은 네트워크의 물리적 구성 요소가 무엇이냐 하는 문제와는 무관하다. 신경 세포이든 조립식 장난감이든, 계산 능력만 있다면 뭐든 일정 수준 이상의 복잡성에서는 반드시 의식을 갖게 된다는 주장이다.

나는 그런 주장에는 회의적이다. 필립 앤더슨의 다중 플랫폼 논증을 떠올려 보자. 계산은 그것을 수행하는 물리적 도구가 무엇이든 그것과는 무관하다는 논증이었다. 양동이에 물을 채운 것으로 계산한다면 어떨까? 물이 찬 상태는 1이고 빈 상태는 0이라고 정의한다면? 수백만 개의 양동이들이 서로 물을 쏟아 붓는 계를 상상해 보자. 그런 계도 충분히 복잡해지면 의식을 갖게 될까? 그래서 경험이란 것을 하게 될까? 나는 아니라고 본다.

물 양동이 계는 심지어 튜링 시험을 통과할 수 있을지도 모른다. 컴퓨터를 벽 뒤에 숨기고 출력 결과만 공개했을 때 평범한 사람 관찰자가 그것이 진짜 사람의 수행 결과인지 아닌지 구분할 수 없다면, 그 컴퓨터는 튜링 시험을 통과한 것이다. 사실 나는 양동이 계에게 경험이 불가능하다는 가설을 증명할 수 없다. 그래도 나는 그것이 가능하리라고는 도저히 못 믿겠다.

튜링 실험은 의식의 척도나 기준으로 이야기되고는 한다. 설이 제안한 중국 방 사고 실험을 떠올려 보자. 그가 좁은 창문이 난 방에 들어가 있다. 그에게는 완벽한 영어-중국어 사전이 있다. 바깥의 '관찰자'가 그에게 창문 틈으로 복잡한 영어 문장을 건네면, 그는 영어 문장에 해당하는 중국어 문자들을 사전에서 찾은 뒤에 그 결과를 관찰자에게 건넨다. 관찰자에게는 그가 중국어를 아는 것처럼 보일 것이다. 그가 직접 영어를 중국어로 번역한 것 같아 보일 것이다. 그러나 사실 그는 중국어를 전혀 모른다. 그는 기계적으로 사전을 활용한 것뿐이다. 나는 이 논증을 좋아하지만, 내 동료가 지적한 문제점에 동의할 수밖에 없다. 설에게 '시간은 화살처럼 흘러가지만, 과일 파리들은 바나나를 좋아한다.' 같은 문장을 중국어로 번역하라고 하면, 설은 이 귀엽고 까다로운 문장을 어떻게 사전으로 번역할까? (원래 문장은 "Time flies like an arrow, but fruit flies like a banana"로, 사전에 따르면 'fly'에 '흘러가다'와 '파리'라는 두 뜻이 있고 'like'에 '~처럼'과 '좋아하다'라는 두 뜻이 있는데 맥락에 따라서 어느 쪽을 택하느냐 하는 것이 결코 자명한 문제가 아님을 강조하는 것이다. — 옮긴이) 설의 중국 방 논증은 훌륭한 단서이지만 흠이 있다.

인지 과학자들을 비롯한 오늘날의 과학자들은 일정 수준 이상의 계산적 복잡성에서는 의식이 저절로 생겨난다는 강한 인공 지능 논증을 널리 받아들인다. 내가 의혹을 제기하기는 했지만 이것은 충분히 논리적인 주장이다. **하지만 강한 인공 지능 견해는 알고리듬적 마음을 가정한다.** 그리고 앞에서 나는 마음이 알고리듬적이지 않다고 주장했다. 적어도 분류 작업에 대해서는, 그리고 그것보다 더 일반적인 틀 짓기 문제에 대해서는 틀림없이 그렇다. 양자 중력 이론을 구축하려는 시도에 대해서는 더 말할 것도 없다. 내 주장이 옳다면 강한 인공 지능 견해는 심각한 문제에 빠진다. 마음이 비알고리듬적으로 작동할 때가 많다면, 그리고 순전히 구문론적인 계산계와는 달리 마음이 의미를 만들 줄 안다면, 의식의 신비가 제한적 계산 능력으로부터 생겨난다고 구태여 믿을 이유가 없지 않은가? 마음은 이미 그 수준을 능가한 셈이니 말이다.

## 고전적 신경 생물학

앞 장에서 마음이 고전적 물리계이면서도 알고리듬적으로 작동하지 않을 수 있다는 내 생각을 이야기했다. 몇몇 신경 생물학자들도 그렇게 믿는다. 행성이 태양 주위를 돌 때 알고리듬을 수행하는 게 아니듯이, 마음이 정말로 뇌의 고전적, 인과적 행동에서 생겨났거나 심지어 그런 행동과 동의어라고 해도 항상 알고리듬적으로 행동할 필요는 없다. 마음을 알고리듬으로 보는 견해에서는 뇌를 복잡한 고전 역학계로 취급한다. 잡음을 포함한 계의 역학적 행동이 다양한 의식 경험들의 기반일 뿐만 아니라, 아예 의식 경험들과 직접 관련된다는 것이다. 코완이 흔한 환시 현상에 대응하는 신경 활동을 찾아낸 것은 물리적이고 고전적인 신경 활동이 의식 경험을 일으킨다는 견해, 또는 그런 활동 '자체가' 의식 경험이라는 견해와 일맥상통하는 발견이었다. 이중 후자의 견해가 바로 마음-뇌 동일론이다.

신경 생물학자들의 연구 목표는 (아주 간략하게 설명하면) 의식 경험에 해당하는 특정 신경 세포들이나 신경 세포들로 구성된 특정 회로들을 찾는 것이다. 그 신경 세포들의 발화 빈도와 방식이 어느 문턱을 넘어설 경우에 곧 의식 경험이 된다고 보기 때문이다. 크리스토프 코흐(Christof Koch, 1956년~)는 이것을 '의식의 신경 상관물(neural correlates of consciousness)'이라고 불렀다. 모름지기 의식 이론이라면 왜 모든 신경 발화 사건들이 아니라 일부 사건들만이 의식의 신경 상관물인지 설명할 수 있어야 한다. 코흐는 나아가 의식적 경험의 창발성을 주장했다. 의식의 신경 상관물로부터 창발적으로 의식이 생겨난다는 주장이다. 현재 진행되는 연구들 중에서 눈에 띄는 것을 꼽자면, 단 하나의 신경 세포 발화가 경험의 특정 측면에 연관될 수 있다는 발견이 있다. 단 하나의 신경 세포 활동이 이를테면 의자의 붉은색을 감지하는 것과 같은 경험에 연관되는 듯하다는 말이다. 그것이 사실이라면, 단 하나의 세포도 의식의 신경 상관물이 될 수 있는 셈이다. 그런데 뇌의 여러 영역에서 여러 세포들이나 회로들이 저마다 다른 경험의 측면을 낳는다면, 신경 생물학자들은 이른바 '묶기의 문제'에 직면한다. 묶기의 문제란 어떻게 뇌의 서로 멀리 떨어진 영역들에서 생겨난 다양한 인식들이 하나로 묶여서 단일한 의식 경험을 구성하는가 하는 문제이다. 해답으로는 여러 가능성이 있다. 신경 세포들이 어떻게든 하나의 회로로 연결되어 있을 가능성, 의식 자체가 경험의 다양한 속성들에 주의를 쏟게 만듦으로써 묶기를 달성할 가능성, 넓은 영역의 신경 세포들이 빠르게 율동적으로 활동하여 다양한 인식들을 단일한 의식 경험으로 묶어 낼 가능성.

신경 생물학자들은 신경 '암호'가 과연 무엇인가 하는 문제를 놓고도 토론을 벌인다. 암호는 특정 경험에 연관된 신경 세포들의 평균 발화 빈도인가? 아니면 발화의 보다 미묘한 다른 속성인가? 아니면 신경 세포들 사이의 시냅스 영역에서 배출되는 신경 전달 물질의 화학 활동인가? 이중 평균 발화 빈도를 암호로 보는 견해가 가장 인기 있다.

어떤 형태의 의식 이론이든, 신경 생물학자들의 과거 연구 결과를 다

수용해야 마땅하다. 의식의 신경 상관물을 탐색하는 것은 명백한 과학 활동이자 최첨단의 기예이다. 하지만 의식 경험이 신경 세포나 신경 세포 회로의 발화에서 창발한다고 보는 시각으로는 의식이 '무엇인지', 어떻게 '창발하는지' 설명할 수 없다. 게다가 고전적인 신경 생물학은 자유 의지, 정신의 인과 작용, 부수 현상이라는 예의 철학 문제들에 정면으로 맞닥뜨린다.

## ✣ 의식과 양자 역학 ✣

펜로즈와 나는 둘 다 의식이 뭔가 특수한 종류의 물리계에서만 가능하리라고 보는 입장이다. 의식을 낳는 계산계의 물리적 기반이 무엇이든 상관하지 않는 강한 인공 지능 가설과 달리, 우리는 아주 특수한 물리계에서만 의식이 발생한다고 생각한다. 신경 생물학자들 중에도 우리와 입장이 같은 사람들이 많다. 그들은 의식 현상이 물리적으로 고전적인 신경 세포들에서만 생겨난다고 믿으니까 말이다. 그러나 나와 펜로즈는 의식이 차라리 부분적으로 양자 역학적인 계에서 생겨날 것이라고 믿는다.

마음이 비알고리듬적이라는 생각에서 한 발 더 나아가면, 마음이 인과적인 '기계'가 아닐지도 모른다는 짐작이 든다. 마음이 **비인과적일지도 모른다는 가능성**이다. 그리고 우리가 아는 과학 이론 중에서 비인과적인 것은 양자 역학뿐이다. 따라서 마음은 부분적으로 양자 역학적일지도 모른다. 사실 이것은 추론이라기보다는 가설이다. 비알고리듬적이라는 것이 곧 비인과적이라는 말은 아니기 때문이다. 이미 지적했듯이, 태양을 중심으로 궤도 운동을 하는 행성은 알고리듬을 수행하지 않지만 틀림없는 고전적 물리계이다. 그러니 마음이 비알고리듬적인 듯하다고 해서 그러니까 **틀림없이** 양자 역학적일 것이라고 말할 수는 없다. 마음은 어디까지나 고전적 인과를 따르되 비알고리듬적일지도 모른다. 정말로 그렇다면 우리는 어떤 종류의 고전적 계라야 마음이 해 내는 일들을 너끈히 해 낼까라는 심각한 의문을 토론해 봐야 한다. 레고 월드의 개체나 드라이버의(또는 다른 어떤 물체의) 가능한 기능들을 모두 미리 말할 수 없다고 했던 것을 기억하는가? 그런데 어떻게 우리는 끊임없이 새로운 기능을 발견할까? 어떻게 우리는 법적 언어와 일상 행동의 언어처럼 서로 다르고 서로 환원 불가능한 비트겐슈타인 식 언어 놀이들을 잘 이해하며 잘 가지고 '놀까'? 부분적으로 양자적인 의식의 이론도 물론 이런 질문들에 답해야 한다.

내가 부분적으로 양자 역학적인 의식을 제안하게 된 계기는, 영속적 **가능성들**만이 존재하는 양자 세계에서 **실제 물리적 사건들**이 벌어지는 고전 세계로의 **전이**가 가능하다는 생각 때문이었다. 조금 뒤에 자세히 설명하겠지만, 양자 역학의 슈뢰딩거 파동 방정식은 시공간을 가로질러 전파되는 결정론적 방정식이다. 그런데 양자 역학에 대한 코펜하겐 해석과 보른 확률 법칙에 따르면, 그 파동의 진폭, 즉 높이의 제곱은 사건의 '가능성'에 해당한다. 따라서 슈뢰딩거 파동은 가능성들의 전파를 묘사하는 파동이다. 역시 보른 법칙과 코펜하겐 해석에 따르면, 진폭의 제곱은 그 양자 과정이 발생할 **확률**이다. 양자 현상은 고전적 측정 도구로 관찰할 수 있다. 광자의 편광을 측정하는 것이 그런 경우이다. 슈뢰딩거 파동이 측정을 겪지 않고 그저 전파되고 있을 때는, **실제 사건**은 전혀 일어나지 않는다. 그저 가능성들만이 어떤 진폭을 띠고 확산할 뿐이다. 이 해석에 따르면 양자 역학은 전적으로 **비인과적**이다. 이를테면 방사성 붕괴 현상처럼 실제로 측정되는 특정 사건에 대한 '원인'을 말하지 않는다. 어떤 사건이 측정될 경우 언제 어디에서 그것이 발생하겠는가 하는 비인과적 확률만을 말한다.

하지만 순수한 가능성들에 지나지 않는 양자적 계가 어떻게 실제 고전적 사건을 일으킨단 말인가? 코펜하겐 해석에 따르면, 물리학자가 **고전적** 측정 도구를 사용하여 사건을 측정하는 순간, 예를 들어 광자의 위치를 측정하는 순간, 가능성들의 '파동 함수'가 실제 사건으로 **붕괴한다**. 이때 파동 진폭의 제곱이 그 사건의 확률이다. 코펜하겐 해석은 세상을 양자 영역과 고전 영역으로 양분하는 셈이다. 고전적 세계가 측정을 통해서 양자 세계에 작용하고, 덕분에 양자적 가능성들이 붕괴하여 하나의 구체적인 고전적 사건을 낳는다. 물론 이 설명은 충분하지 않다. 우주의 근본이 양자적이라면 처음에 어떻게 고전적 세계가 등장했는지 말할 수 없기 때문이다. 예를 들어 우주 역사의 극히 초반에는 아마도 모든 것이 순전히 양자적이었을 것이다. 그런 상황에서 어떻게 고전적 세계가 생겨났을까? 많은 사람이 이 문제를 두고 고민하는데, 현재까지 가장 많은 지지를 받는 대답은 '양자적 위상 결흩어짐(quantum phase decoherence)'을 통해서라는 것이다. 이 개념은 아래에서 곧 설명할 것이다.

양자 역학에 대한 해석으로 코펜하겐 해석만 있는 것은 아니다. '다세계(many worlds)' 해석도 있다. 이 해석에서는 우주가 양자적 측정의 매 순간마다 2개의 평행 우주로 갈라진다고 본다. 한편 미국 출신의 양자 물리학자 데이비드 봄(David Bohm, 1917~1992년) 해석에서는 양자적 행동이 결정론적이라고 간주하면서, 다만 예측될 수 없다고 본다. 이것은 양자적 행동의 비인과성을 부인하는 시각이다. 그러나 이런 대안들을 받아들이는 과학자는 거의 없다. 현재 표준으로 인정되는 것은 **비인과적** 해석인 확률적 해석이다. 고전적 측정에서 도출된 결과의 확률은 계산할 수 있지만, 사건에 대한 근본 원인 같은 것은 없다는 해석이다. 사건은 그저 벌어질 뿐, 원인은 없다.

몇 년 전 나와 샌타페이 연구소에서 함께 일했던 머리 겔만이 내게 양자 역학을 아느냐고 물었다. 나는 대답했다. "잘 모릅니다." 그가 대꾸했다. "꼭 알아야 합니다." 그래서 나는 양자 역학을 배우기로 결심했다. 그런데 여기에서 잠깐, 캘리포니아 공과 대학에서 겔만과 동료였던 작고한 리처드 필립스 파인만(Richard Phillips Feynman, 1918~1988년)의 유명한 사고 실험을 이야기하면서 양자 역학의 핵심 수수께끼를 느껴 보는 것도 괜찮겠다. 이중 슬릿 실험과 양자 간섭에 관한 사고 실험인데, 양자 간섭은 우리가 의식을 탐구할 때에도 꼭 필요한 개념이다.

벽에 2개의 작은 슬릿이 뚫려 있다고 하자. 벽 이쪽에는 광원이 있다. 이를테면 광자들을 벽으로 쏘아 보내는 '광자 총' 같은 것이다. 벽 너머에는 빛을 탐지하는 표면, 이를테면 필름이나 그것보다 더 기발한 뭔가가 있다고 하자. 우선 슬릿을 한쪽만 가리고 다른 쪽은 열어 두는 경우를 생각해 보자. 그러면 우리가 충분히 예상했던 결과가 나올 것이다. 광자들이 열린 슬릿을 '통과'해 빛을 감지하는 감광 표면을 때림으로써, 마치 모래 더미처럼 가운데가 가장 밝은 광자 수용 '더미'가 만들어질 것이다. 이때 파장이 같은 광자들은 에너지가 같은 것은 물론이려니와 사실상 동일한 개체들이라는 것을 기억하자. 그래서 그들은 같은 크기의 점을 만든다.

이제 첫 번째 슬릿을 가리고 두 번째 슬릿을 열자. 그리고 광자 총을 쏘자. 이번에도 두 번째 슬릿 너머에 광자 수용 사건들의 더미가 쌓일 것이다. 역시 모래 더미처럼, 가운데로 갈수록 밝고 가장자리로 갈수록 희미한 더미이다.

두 슬릿을 다 열면 어떻게 될까? 환상적인 일이 벌어진다. 광자 총을 쏘되 한 시간에 하나씩 드문드문 쏜다면, 빛 탐지 표면에는 밝고 어두운 곡선들이 등장하기 시작한다. 마치 잔잔한 호수에 자갈 2개를 동시에 던졌을 때 돌들로 인한 두 파동이 서로 교차하며 퍼져 나가는 모습과 비슷하다. 이런 밝고 어두운 영역들의 파동 간섭 패턴을 가리켜 **양자 간섭**(quantum interference)이라고 한다. 고전 이론으로는 이 현상을 절대 설명할 수 없다.

한편 선형 파동 방정식인 슈뢰딩거 방정식으로는 이 기묘한 행동을 설명할 수 있다. 광자 총에서 나온 파동에는 일정한 '진폭'이 있다. 물결파를 예로 들어 생각해 보자. 평행한 물결파들이 두 슬릿을 향해 다가가다가 슬릿을 통과하면, 슬릿들 너머에서는 파동들이 반원형으로 퍼지기 시작하여 저 멀리 해안을 향해 나아갈 것이다. 두 물결파는 서로 간섭한다. 어느 지점에서는 마루들끼리 만나서 파동이 더 높아지고, 어느 지점에서는 마루와 골이 만나서 서로 상쇄한다. 파동들이 해변에 도착할 무렵에는 이런 식으로 만들어진 간섭 패턴이 뚜렷하게 드러나 있을 것이다. 마찬가지로 슈뢰딩거 파동은 두 슬릿을 통과한 뒤에 2개의 반원형 파동이 되고, 그것들끼리 서로 간섭한 패턴이 빛 탐지기에 새겨진다. 그런데 파인만이 지적했듯이, 얄궂게도 빛 탐지기의 반응은 광자 하나가 부딪혔을 때에도 똑같다. 그렇다면 하나의 광자가 두 슬릿을 동시에 통과하면서 파동인 동시에 입자로 행동한다고 생각해야 간섭 패턴을 설명할 수 있다. 광자가 파동으로서 두 슬릿을 동시에 통과할 수 있기 때문에 간섭 패턴이 생기는 것이다. 파인만은 '경로 합(sum over histories)'이라는 멋진 이론을 제안하여 이 현상을 설명했다. 광자를 입자로 간주하되, 그것이 빛 감지기로 가는 모든 가능한 경로들을 동시에 다 밟는다고 가정하는 이론이다. 그 경로들끼리 양자 역학적으로 보강 간섭과 상쇄 간섭을 일으켜 우리 눈에 보이는 간섭 패턴을 만들어 낸다는 것이다.

같은 이야기를 좀 더 수학적으로 표현해 보자. 물결파에는 진동수라는 속성이 있다. 두 마루 사이의 거리를 파동 속도로 나눈 값이다. 파동의 주기적 행동에 '위상'이 있다고 보면 되는 셈인데, 위상은 파동의 진행 상태에 따라 주기적으로 달라진다. 슈뢰딩거 방정식에서도 진폭을 위상으로 규정한다. 물결파들이 상호 작용하여 파동을 북돋우거나 잦아들게 만드는 것처럼, 슈뢰딩거 방정식도 그렇다. 이를테면 이중 슬릿 실험을 떠올려 보면, 파동의 마루들끼리 만나 더해지거나 마루와 골이 만나 상쇄됨으로써 빛 감지기에 보강 간섭과 상쇄 간섭 패턴이 드러난다. 마루와 골의 중첩 유형, 즉 위상 정보를 지닌 파동의 패턴이야말로 양자적 행동의 요체이다. 양자 간섭이 일어나려면 빛 감지기의 모든 지점들에 대한 위상 정보가 주어져야 한다. 그래야만 파동의 마루와 골이 적절히 포개져서 간섭 패턴을 형성할 수 있다. 앞으로 양자적 행동이 고전적 행동으로 바뀌는 과정에 대해 이야기할 때 이 점이 중요한 요인으로 작용할 것이다.

물리학자들은 양자적 행동에서 고전적 행동으로의 전이에 관해서 깊고 풍성하게 논쟁해 왔다. 현재로서는 양자적 가능성의 세계가 고전적 실제 사건의 세계로 넘어가는 현상을 설명할 유력한 후보자로 '결흩어짐' 이론이 꼽힌다. 결흩어짐은 위상 정보가 소실되는 것에서 비롯되는 현상이다.

결흩어짐 이론의 역사는 20년쯤 되었다. 이 이론에 따르면, 양자계가 양자 진동자들의 '수조(bath)'와 같은 모종의 양자적 환경과 상호 작용하는 과정에서 계의 위상 정보가 환경과 얽힌다. '양자 얽힘(quantum entangled)' 같은 현상 때문에 그렇게 되는 것인데, 양자 얽힘에 대해서는 뒤에서 설명하겠다. 계의 위상 정보가 환경과 얽히면 **위상 정보가 소실되고**, 일단 소실된 정보는 재조립되지 않는다. 위상 정보를 잃은 계에서는 더는 양자 간섭이 일어나지 않는다. 대신에 확산하는 가능성들의 '안개'에 지나지 않았던 곳에서 고전성이 생겨난다. 즉 뭔가 실제적인 물리적 사건이 솟아난다. 어떻게 보면 양자계와 환경의 상호 작용은 코펜하겐 해석에서 고전적 측정 도구가 맡았던 역할과 비슷하다. 양자적 환경이 양자계를 부분적으로 측정함으로써 위상 정보가 부분적으로 손실되고, 양자 결맞음이 깨지고, 양자 간섭 가능성이 사라지며, 결국 서서히 결흩어짐이 진행되는 것이다. 여기에서 '서서히'라는 것은 1000조분의 1초인 펨토초 단위이거나 그것보다 좀 더 긴 시간을 말한다. 구체적인 시간은 양자계가 양자적 환경과 얼마나 강하게 결합해 있었느냐에 따라 다르다. 결흩어짐이 실제 존재하는 현상이라는 것은 실험을 통해 충분히 확인되었다. 요즘 양자 컴퓨터를 개발하는 사람들에게는 결흩어짐이 큰 골칫거리이다.

나는 결흩어짐을 통해 고전적 행동이 나타나는 현상을 도구로 삼아서, 가능성들로만 이루어진 양자적 결맞음 상태의 의식적 마음이 어떻게 물리계의 실제적, 고전적 결과를 낳는지 설명할 것이다. 즉 어떻게 마음이 물질에 영향을 미치는지 설명할 것이다. 내가 '어떻게 마음이 물질에 작용하는가?'라고 말하지 **않는다**는 점에 주목하자. 내 주장은 양자적 마음이 결흩어짐을 통해 고전계에 어떤 결과를 낳을 수 있다는 것인데, 결흩어짐은 그 어떤 고전적 의미에서도 결코 **인과적이지 않다**. 양자적 결맞음 상태인 마음은 결흩어짐을 통해 고전계에 어떤 **결과**를 등장시킬 뿐 **물질계에 인과적으로 작용하는 것은 아니라는** 것이 나의 주장이다. 그렇게 생각하면, 어떻게 비물질적 마음이 물질에 인과력을 미치는가 하는 걱정을 아예 하지 않아도 된다. 정신의 인과 작용이라는 오래된 문제도 피할 수 있다. 그러면서도 어떻게 마음이 물질에 '작용'하는가 하는 문제에 대한 해답을 제공하는 셈이다. 이것은 아직 과학적으로는 그럴싸해 보이지 않을지 몰라도 가능성 있는 해답이다.

이 대목에서 한 가지 지적해 둘 점이 있다. 다수의 양자적 변수들이 상호 작용을 하는 양자계가 어떤 과정을 통해 결흩어짐을 겪는지는 과학자들도 아직 잘 모른다는 점이다. 결흩어짐의 구체적 과정은 우리 논의에서 중요한 주제일 뿐만 아니라 물리학의 첨단 과제이다. 현재까지 알려진 바로는 이렇다. 만약에 양자적 환경이 양자 진동자들로 구성된 '수조'일 경우, 결흩어짐 결과는 사실상 거의 완벽하게 고전성에 접근한다. 양자 진동자 수조란 마찰 없는 추들이 많이 모여 있는 환경이라고 상상하면 된다. 반면에 환경이 이른바 양자 스핀 수조일 경우에는, 계가 결흩어짐을 겪어도 고전계로 바뀌지 않는다. 양자적 결맞음이 어느 정도는 늘 남기 때문이다.

요약하자면 모든 것은 결흩어짐이 어떻게 일어나느냐에 달려 있다. 그 결흩어짐은 양자적 물리계의 속성에 달려 있고, 계와 상호 작용하는 양자적 환경 또는 양자성과 고전성이 혼합된 환경의 속성에도 달려 있다. 수학적 결흩어짐 모형에 따르면, 양자 진동자 수조에서의 결흩어짐은 사실상 거의 완벽하게 고전적 행동을 낳지만, 양자 스핀 수조에서는 꼭 고전적 행동이 등장한다고 확신할 수 없다. 결흩어짐 현상은 이제서야 조금씩 이해되고 있다. 그리고 어떤 이론가들은 양자계가 반드시 환경과 상호 작용해야만 결흩어짐을 겪는 것은 아니라고 본다. 어쩌면 결흩어짐은 계의 내재적 속성일지도 모른다. 시공간의 상대 곡률이나 $10^{-33}$센티미터라는 플랑크 길이 규모에서의 사건들 때문에 생기는 현상일지도 모른다.

나는 양자계가 양자적 환경, 또는 양자성과 고전성이 혼합된 환경과 상호 작용함으로써 결흩어짐이 발생한다는 견해를 채택할 것이다. 아마도 양자 진동자 수조와 비슷한 환경일 것이다. 그 과정에서 위상 정보가 소실되고, 그럼으로써 사실상 거의 완벽한 고전적 행동이 등장한다는 견해를 취할 것이다.

내 이론의 기본 가정은 이렇다. **의식적 마음은 지속적으로 균형을 유지하고 있는 양자적 결맞음-결흩어짐 계이다. 이 계는 양자적 결맞음 행동을 영원히 전파시키지만, 한편으로는 언제든 결흩어짐을 통해서 고전적 행동을 낳을 수 있다.** 이 이론이 성립하기 위해서 어떤 조건들이 필요한지는 뒤에서 이야기하겠다. **마음은, 의식은, 데카르트의 사유적 실체는, 곧 양자적 결맞음 상태를 취한 비물질적 가능성들이다. 또는 부분적 결맞음 상태일지도 모른다. 양자적 결맞음 상태의 마음은 결흩어짐을 통해서 고전적 행동에 무한히 가깝게 근접한다. 마음이 고전적 상태를 취함으로써 실제 물리적 사건을 발생시킬 수 있는 것이다. 따라서 사유적 실체는 확장적 실체에 영향을 미친다! 비물질적 마음은 물질에 영향을 미친다.**

내가 제안할 양자적 결맞음-결흩어짐 중간 상태의 분자 생물학적 계에서는, 양자적 결맞음의 가능성들이나 부분적 결맞음의 가능성들이 파동처럼 언제까지나 비인과적으로 확산된다. 한마디로 정신 과정이 또 다른 정신 과정을 낳는 셈이다.

물리학자들 중에는 내가 양자 현상을 **비물질적**이라고 표현하는 것에 반대하는 사람들이 있을 것이다. 그들은 차라리 양자 현상이 바위와는 달리 "객관적으로 실재하지 않는다."라고 표현하기를 바랄 것이다. 나는 이 지적을 기꺼이 받아들인다. 그러니까 내가 **비물질적**이라고 말할 때에는 '객관적으로 실재하지 않는다.'는 뜻임을 명심하기 바란다.

양자계와 고전계가 의식에서 어떻게 상호 작용하는가 하는 문제에 대해서도 여러 가설들이 있다. 일례로 펜로즈와 스튜어트 해머로프(Stuart Hameroff, 1947년~)는 세포의 미세 소관에서 벌어지는 양자 현상이 그 핵심이라고 주장했다.

한편 이제부터 내가 자세히 설명할 초기 단계의 내 이론에서는, 양자적 결맞음 상태인 비물질적 마음이 물질의 행동에 어떤 결과를 일으킬 수 있다고 본다. 사유적 실체와 확장적 실체가 하나의 물리학/생물학 이론으로 통합되는 것이다. 생각해 보자. 전자와 광자가 상호 작용하면, 둘 다 양자 상태를 유지한다. 이것이 유명한 양자 전기 역학(QED) 이론의 근간인데, 이 이론은 소수점 아래 11자리 수준까지 정확하게 알려져 있다. 한편 두 바위가 충돌하면 둘 다 고전 상태를 유지한다. 돌멩이를 줄줄이 이중 슬릿으로 던져 봐야 양자 간섭은 결코 일어나지 않는다. 그렇다면 부분적으로 양자적 결맞음을 유지하는 상태가 가능할까? 슈뢰딩거 파동이 '단일하게' 전파되는 상태와 철저한 결흩어짐 상태 중간에서 균형을 잡는 계가 가능할까? 그런 계가 진화할 수 있을까?

일부는 양자적 결맞음 상태를 유지하여 슈뢰딩거 선형 파동으로서 계속 확산하고, 일부는 결흩어짐을 겪어서 고전적 행동을 낳음으로써 세상에 실제 사건을 일으키는 계. 그 중간 상태를 영원히 유지하는 물리계가 가능할까? 그런 균형을 유지하는 계가 가능할까? 그런 계가 아무 온도에서나 존재할 수 있을까? 절대 온도 0도 근처에서도 존재할까? 양자적 변수들이 많은 계, 즉 양자적 자유도가 높은 계에서도 그런 상태가 가능할까? 혹시 다양한 양자 과정들이 조밀하게 존재하는 상황에서만 그런 행동이 가능한 것은 아닐까? 예를 들어 뇌세포처럼 복잡한 계에서만 가능할까? 우리는 이런 의문들을 모두 탐구해야 한다. 양자적 결맞음과 결흩어짐 사이에 머무르는 계가 과연 존재하는가가 첫 번째 의문이라면, 두 번째 의문은 그런 계가 실온에서도 가능한가 하는 것이다. 대다수 물리학자들은 불가능하다고 대답할 것이다. 양자적 결맞음이 실온에서 지속될 수는 없고, 거의 당장 결흩어짐이 벌어진다고 말할 것이다. 그렇다면 결맞음과 결흩어짐 중간 상태를 유지하는 계는 불가능할까?

최근에 이 문제에 관한 충격적인 증거가 하나 등장했다. 광합성 과정,

즉 식물이 햇빛을 포획해서 화학 에너지로 바꾸는 과정에 개입하는 분자들에 관한 연구였다. 식물에서 광자 포획을 담당하는 엽록소 분자는 '안테나 단백질'이라는 단백질에 붙들려 있다. 최근의 발견에 따르면, 광자를 흡수한 엽록소가 뛰어난 효율을 발휘하여 빛 에너지를 화학 에너지로 바꿀 때, 엽록소는 아주 오랫동안 **양자적 결맞음 상태를 유지한다**. 오랫동안이란 화학 결합의 진동 주파수와 비교할 때 아주 긴 시간이라는 뜻이다. 화학 결합의 진동수는 1~1.5펨토초인데, 엽록소가 양자적 결맞음 상태를 유지하는 시간은 약 750펨토초였다. 식물과 세균이 그토록 효율적으로 빛을 화학 에너지로 바꿀 수 있는 것은 이런 양자적 결맞음 상태가 중재하기 때문이었다. 더 충격적인 사실은 **엽록소를 붙잡은 안테나 단백질이** 결흩어짐을 막아 **양자적 결맞음 상태를 유지하도록 돕는다**는 점이었다. 안테나 단백질은 엽록소 분자에서 결흩어짐이 일어나려는 부분에 대해 결흩어짐을 **막거나 다시 결맞음을 일으킨다**. 광합성 과정의 효율이 생명에 중대한 과제라는 점을 감안하면, 자연 선택이 안테나 단백질에 작용해서 양자적 결맞음 상태를 지탱하는 능력을 발전시켰을 가능성이 매우 높다. 그렇다면 양자적 결맞음 상태가 실온에서 오래 지속될 수 있다는 가설을 단순히 불가능한 것으로 치부할 수 없다.

세 번째는 이런 계가 실제 뇌에서 어떤 형태로 구성되어 있는가 하는 문제이다. 네 번째는 그 계가 어떻게 진화했는가 하는 문제이다. 아직은 아무도 이런 문제들에 대한 답을 모른다. 하지만 **실제로** 엽록소와 안테나 단백질이 진화했다는 점을 잊지 말자.

지금부터는 양자적 결맞음/결흩어짐 중간 상태의 마음 이론을 지지하는 증거들을 살펴보자. 그 이론이 성립하려면 어떤 조건들이 갖춰져야 하는지 나열해 보겠다.

첫째로, 양자 역학의 코펜하겐 해석에서 자주 언급되는 '상자' 속 전자를 생각해 보자. 고전적 상자에 갇힌 양자적 전자의 비인과적 행동을 살펴보자. 이때 상자는 전자의 행동을 기술하는 슈뢰딩거 방정식을 풀기 위해서 수학적으로 이상화한 환경이다. 상자라는 수학적 경계 조건이 양자적 전자를 구속하는 상황이다. 여기에는 특정 양자계를 고립시킬 수 있다는 가정이 깔려 있는데, 사실 이것은 거짓이다. 보이치에크 주렉(Wojciech Zurek, 1951년~, 폴란드 출신의 미국 양자 물리학자 — 옮긴이)이 지적했듯이 실제로는 어떤 양자계이든 절대 '고립'시킬 수 없다. 상자 속의 정보가 양자적 터널링을 통해서 상자 밖으로 항상 '누설'되기 때문이다. 그러나 이 점은 잠시 잊자. 수학적 경계 조건을 규정하여 문제를 푸는 것은 물리학의 일반 기법이니까. 이 사례에서는 상자 가장자리와 그 가장자리에서의 파동 진폭이 수학적 경계 조건이다. 다음으로 물리학자들은 슈뢰딩거 방정식을 풀어 상자 내 여러 위치에서 전자의 진폭을 알아내는데, 방정식에는 저마다 고유한 해밀턴 함수가 딸려 있다. 전자가 상자를 탈출하는 일은 없다고 가정하므로, 방정식을 풀면 유한한 공간적 분포를 띠는 고유 함수(eigenfunction)들이 도출된다. 고유 함수들은 서로 다른 수준의 에너지를 갖고 있고, 서로 이산적으로 구별된다. 다음으로 물리학자들은 각 지점에 대해 진폭의 제곱을 계산한다. 그 값이 곧 우리가 전자를 고전적 도구로 측정할 때 그 지점에서 전자가 발견될 확률이다. 이 확률은 전적으로 비인과적이다. 전자가 그곳에 있어야 할 근본적인 이유는 없다. 슈뢰딩거 진폭을 제곱함으로써 얻어지는 확률만이 존재할 뿐이다. 양자 역학의 표준적 해석은 이처럼 비인과적이다. 내 이론은 주로 이 사실에 바탕을 둔다.

둘째로, 계가 양자적 결맞음 상태와 결흩어짐 상태 중간을 유지하려면, 그리고 전체 계의 '자유도'('자유도'는 상황이 여러 방식으로 변화할 수 있다는 것을 말하는 물리학적 언어이다.)가 유한하다면, 자유도의 일부가 결흩어짐을 일으키려는 찰나에 그것에 '조작'을 가해서 양자적 결맞음 상태로 되돌릴 수 있어야 한다. 그런 조작이 논리적으로 물리적으로 가능해야 한다. 그렇지 않고 결흩어짐이 비가역적이라면, 결국 모든 자유도가 결흩어짐을 겪을 것이고 양자적 결맞음 상태는 깡그리 사라질 것이다.

최근에 양자 컴퓨터 분야에서 등장한 정리를 참고하자면, 부분적으로 결흩어짐 상태가 된 자유도가 온전한 결맞음 상태로 돌아가는 일이 정말 가능할지도 모른다. 대강 설명하면 이렇다. 양자 컴퓨터는 큐비트(qubit)라는 양자 비트로 만들어진다. 큐비트는 이온 트랩에 사로잡힌 원자나 이온이다. 양자 컴퓨터의 역학상 일부 큐비트들은 환경과 상호 작용을 하므로 결흩어짐을 겪고, 그 때문에 양자 계산에 오류가 생길지도 모른다. 그런데 새로운 정리에 따르면, 계산에 중복성이 있는 경우에는 그 오류를 수정할 수 있을지도 모른다. 예를 들어 계산이 큐비트를 하나만 쓰는 게 아니라 5개를 쓰는 경우, 그중 하나가 결흩어짐을 시작하려는 순간에 즉시 그것을 결맞음 상태로 돌려놓는 것이다. 그러려면 우리는 우선 양자계 전체에 대해 오류를 측정해야 한다. 다시 말해 결흩어짐 상태의 자유도가 얼마나 되는지 측정해야 한다. 이것은 계산 그 자체를 측정하는 것이 아니기 때문에, 이 측정을 하더라도 계산의 파동 함수가 붕괴할 우려는 없다. 다음으로 계에 **정보**를 주입하여, 결흩어짐을 겪으려는 큐비트나 자유도를 결맞음 상태로 되돌려 놓는다. 그러면 오류를 수정할 수 있다. 이것은 일단 결흩어짐을 겪기 시작한 양자적 자유도라도 다시 결맞음으로 돌아갈 수 있다는 뜻이다. 정말로 그렇다면, '대체로' 결맞음 상태인 양자적 변수들과 부분적으로 결흩어짐 상태인 양자적 변수들 사이에서 계속 균형을 유지하는 계가 실제 가능할지도 모른다. 게다가 양자 컴퓨터를 연구하는 물리학자들의 지적처럼 언제나 결맞음 상태로 보호되는 자유도가 일부 있을지도 모른다. 그런 자유도 덕분에 전체 계가 결맞음 상태를 지속하는 것인지도 모른다.

양자 컴퓨터 이론가들은 어떤 방법으로 양자적 오류를 수정하고 있을까? 그들은 양자 컴퓨터의 큐비트들에 외부의 양자 컴퓨터 회로를 결합하는 방법을 생각해 냈다. 외부 회로로 양자 컴퓨터의 오류를 수정함으로써 결흩어짐이 외부 회로로 옮겨지게 만드는 것이다. 캐나다 물리학자 필립 스탬프(Philip C. E. Stamp)는 심지어 실제 분자에서도 그런 회로가 가능할지 모른다는 것을 보여 주었다. 그러니 부분적 결맞음 상태인 분자 계에 대해 양자적 오류 수정을 시도하는 실험이 현실에서 가능할지도 모른다.

또 다른 근거는 '양자 제어(quantum control)'라는, 오늘날 각광받는 물리학 분야에서 찾을 수 있다. 이것은 펄스 레이저를 양자계에 쏘아서 양자계의 위상을 바꾸려는 연구이다. 적어도 이론적으로는 펄스 레이저 같은 에너지와 정보를 양자계에 더해서 그 위상을 바꿀 수 있는 셈이니, 어쩌면 결흩어짐의 '수정'이 가능할지도 모른다.

셋째로, 정말로 우리가 결흩어짐을 겪으려는 양자적 변수에 정보를 주입하여 결흩어짐을 방지하거나 결맞음 상태로 돌려놓을 수 있다면, 실온에서 양자적 행동이 유지될까 하는 문제에 대한 단서도 잡을 수 있다. 우리가 양자계에 정보를 주입할 수 있다는 것은 그 계가 물질과 에너지에 열역학적으로 열려 있다는 뜻이다. 세포는 그런 열린 열역학적 계이다. 물질과 에너지와 정보가 세포 안으로 흘러든다. 그렇다면 세포가 진화를 통해서 완전한 결맞음 상태나 부분적 결맞음 상태를 유지하는 능력을 발달시켰을지도 모른다. 어느 물리학자가 내게 인정했듯이, 실온에서 양자적 행동이 오래 지속될 가능성을 이론적으로 완전히 배제할 수는 없는 셈이다.

넷째로, 엽록소와 안테나 단백질이 결맞음 상태를 오래 유지한다는 최신 증거를 볼 때, 실온의 결맞음 유지는 실제로 가능하다. 적어도 77켈빈에서 750펨토초쯤은 가능하다. 엽록소의 높은 효율성에 결맞음이 기여한다는 것도 거의 틀림없는 사실이다. 슈뢰딩거의 선형 파동 방정식에 대한 해답들은 모두 중첩되어 있기 때문에, 엽록소 계는 들뜬 상태에서 낮은 에너지 상태로 가는 **모든 가능한 경로들을 동시에 병렬 처리할 수 있다**. 엽록소가 추구하는 저에너지 상태를 '반응 중심(reaction center)'이라고 하는데, 바로 그 지점에서 광자의 에너지를 활용하는 ATP 합성 반응이 일어난다. 엽록소가 정말로 저에너지 상태로 가는 모든 길들을 동시에 병렬 탐색할 수 있다면, 그것은 처음의 들뜬 상태에서 마지막 반응 중심 상태로 가는 모든 길들을 한 번에 하나씩, 순차적으로, 고전 물리학적으로, 중간 단계들을 일일이 거쳐서 탐색하는 것보다 당연히 훨씬 더 효율적일 것이다. 엽록소가 95퍼센트라는 놀라운 효율을 자랑하는 까닭은 에너지 풍경에 대한 탐색을 병렬적으로, 동시에, 양자적으로 처리할 수 있기 때문이 아닐까? 우리가 이 능력을 배워 기술에 적용할 수 있다면 전 지구적 에너지 문제를 풀 수 있으리라.

그러나 엽록소의 결맞음 유지 시간이 길다고는 해도 고작 750펨토초일 뿐이다. 1펨토초는 수천조분의 1초이다. 활동 전위 같은 신경 활동들은 수백만 배 더 느리다. 따라서 양자적 결맞음으로 의식을 해설하려면 밀리초보다 더 오래 결흩어짐을 억제하거나 결맞음을 복구시키는 메커니즘이 있어야 한다. 외부 회로와의 결합이든 다른 어떤 방법이든 말이다. 양자적 결맞음과 결흩어짐의 중간 상태로 존재할 수 있고 결흩어짐을 겪으려는 자유도에 다시 결맞음을 도입할 줄 아는 분자계라면, 이론적으로 그만큼 오랫동안 양자적 결맞음을 유지할 수 있을 것이다. 아직은 그런 계가 하나도 발견되지 않았지만, 그 존재를 부정하는 물리 법칙이 있는 것은 아니다. 그런 계의 발견은 그야말로 과학의 개가일 것이다. 아래에서 나는 양자적 결맞음이나 부분적 결맞음 상태를 오래 유지하는 듯한 세포계 하나를 후보로 소개할 것이다. 물론 더 많은 이론과 실험이 필요하다. 그러나 현실의 신경 세포들은 이미 그 일을 해 내고 있을지도 모른다.

다섯째로, 과학자들은 마음의 모형을 구축할 때 언제나 당시로서 가장 복잡한 계를 사용하는데, 현재 가장 복잡한 계는 양자적 계산계이다. 양자 컴퓨팅의 두 가지 핵심 개념은 다음과 같다. (1) 고전적 컴퓨터는 한 번에 하나의 해답을 계산하지만, 양자 컴퓨터는 슈뢰딩거 방정식에 따라 생겨나는 여러 상태들의 중첩을 한 번에 처리하기 때문에 **가능한 모든 해답들을 동시에 '계산'할 수 있다.** 큐비트가 $N$개 있고, 각각 두 가지 양자적 상태 중 하나를 취한다면, 계는 $2^N$개의 해답들을 동시에 계산한다. (2) 양자적 알고리듬은 양자적 파동들이 서로 더해지는 보강 간섭과 서로 소멸되는 상쇄 간섭을 활용하여 **올바른 해답 근처에서의 진폭을 증가시킨다.** 즉 양자 컴퓨터의 알고리듬은 모든 가능한 해답들을 동시에 병렬 처리할 뿐만 아니라 올바른 해답이 발견될 확률을 증폭시킨다. 어쩌면 양자적 마음도 이것과 비슷한 방식을 씀으로써 고전계에서 몇몇 바람직한 해답으로 폭을 좁혀 가는지도 모른다.

양자 계산의 특징이 이러하므로, 양자-고전 마음 계는 파동 방정식의 모든 합들과 차들을 동시에 처리하는 것은 물론, 최종 결과로 바람직해 보이는 고전적 행동들의 확률을 증폭시키는 방향으로 간섭을 조정할지도 모른다. 마음이 방대한 가능성들의 공간을 탐색하여 '옳은' 물리적 반응을 끌어내는 셈이다.

여섯째, 결흩어짐은 분명 실제적인 현상이고 내 이론의 핵심일 뿐만 아니라 물리학의 최첨단 주제이다. 현실의 다양한 물리학적, 생물학적 계들에서 결흩어짐이 어떻게 벌어지는지 과학자들은 아직 잘 모른다.

현재는 결흩어짐을 연구하는 물리학자들이 각자 다른 방정식 집합을 사용한다. 그중 하나인 양자 진동자 수조 모형에서는 결흩어짐의 한계 상황이 뉴턴 방정식에 근사하므로, 진폭들과 확률들이 붕괴해서 고전적 행동이 등장한다. 하지만 결흩어짐은 물리계의 세부 사항에 의존한다는 것을 잊지 말자. 양자 진동자 수조가 아닌 양자 스핀 수조와 결합된 양자계는 부분적으로 결흩어짐을 겪을 뿐, 결코 고전적 행동으로 붕괴하지 않는다. 이밖에 마르코프 결흩어짐 모형(Markov model of decoherence)이라는 것도 종종 사용된다.

흥미롭게도 물리학자들과 양자 화학자들은 가끔 '속임수'를 쓴다. 계의 일부에는 양자적 결맞음 모형을 적용하고, 나머지 부분에는 고전적 모형을 사용한 뒤, 두 부분을 수학적 고무줄 같은 것으로 묶는 것이다. 양자 화학에서 흔히 사용되는 그런 모형에서는 **결흩어짐에 대한 언급이 한마디도 없다**. 그러나 결흩어짐은 버젓이 실제로 벌어지는 현상이므로, 양자 화학은 앞으로 결흩어짐을 포함하도록 수정되어야 할 것이다. 이것은 양자 화학의 새로운 분야가 될지도 모르고, 더 일반적으로 양자 역학에서도 새로운 분야가 될지도 모른다. 사실 양자 역학에서도 다입자 양자계의 결흩어짐 현상은 이론이나 실험에 제대로 통합되지 않은 상황이다. 어쩌면 결흩어짐을 포함하더라도 현재의 예측들을 살짝 수정하는 수준에서 그칠지도 모르지만, 극단적으로 새로운 예측들이 생겨날 가능성도 배제할 수 없다.

엽록소-안테나 단백질 계는 그런 계에 대한 모형으로서 현재 제시된 것 중 가장 훌륭하다. 우리가 복잡한 분자계의 결맞음과 결흩어짐 활동에 대한 적절한 이론을 개발한다면, 안테나 단백질이 어떻게 결흩어짐을 억제하는가를 비롯한 여러 주제들을 탐구할 수 있을 것이다. 또한 어쩌면 단백질이나 지질의 계를 포함한 모든 유기 분자들의 구조를 예측할 수 있을 것이고, 양자적 결맞음 상태를 오래 지속시킬 수 있을 것이며, 단백질이나 지질이나 신경막이나 세포 내 고분자 구조들을 조사하여 그것들이 양자적 결맞음 상태를 취하는지 확인할 수 있을 것이고, 양자적 결맞음 상태의 유기 분자나 고분자 계를 설계하여 실온의 세포에서 그 활동을 조사해 볼 수 있을 것이고, 열린 열역학적 비평형 세포계에서 양자적 결맞음과 결흩어짐의 중간 상태가 어떻게 유지되는지 밝힐 수 있을 것이다.

일곱째로, 세포에 대한 기존 지식과 양자 화학 분야의 최근 이론을 고려할 때, **양자적 결맞음이나 부분적 결맞음 상태의 자유도들이 이룬 방대한 네트워크가 세포에서 많은 부피를 차지할 가능성**이 있다. 이것은 열린 열역학적 비평형 계에서 양자적 결맞음과 부분적 결흩어짐의 중간 상태가 가능할지도 모른다는 내 가설을 지지하는 근거이다. 자, 지금부터 이 이야기를 자세히 설명할 텐데, 절반은 이미 알려진 과학적 사실이고 절반은 나의 개인적 추론이라는 점에 주의하면서 읽기 바란다. 그렇지만 내 이론은 충분히 달성 가능하고, 원칙적으로 시험도 가능하다. 우선 세포가 엄청나게 붐비고 조밀한 구조임을 알 필요가 있다. 세포에는 무수히 많은 단백질, 그밖의 고분자, 물, 이온, 작은 분자 등이 조직적으로 배치되어 있다. 그런데 고분자 근처에서는 물 분자들이 일정 거리까지 질서 있게 **정렬되어** 있다. 밝혀진 바에 따르면, 단백질이 자기 안의 빈 공간에 물 분자를 하나 이상 가둘 수 있고, 그런 물 분자들 사이에 수소 결합이 생김으로써 물 분자들이 정렬된다. 뜻밖에도 이 구조가 양자적 결맞음 상태를 뒷받침할지도 모른다. 양자 화학적 계산에 따르면, 단백질에서 전자 주개(donor)에 해당하는 부분에서 받개(acceptor)에 해당하는 부분으로 전자가 이동할 때, **정렬된 상태의 물 분자들을 활용함으로써** 양자적 결맞음 상태로 이동할 수 있다. 이것은 이중 슬릿 실험과 마찬가지이다. 여기에서도 경로가 두 갈래이고, 전자가 동시에 두 길을 밟을 수 있으므로, 양자적 결맞음 행동이 벌어진다. 단백질 분자에서 양자적 결맞음 상태의 전자 전달이 벌어진다는 것은 적어도 양자 화학적 계산에서만큼은 사실로 확인되었다. 그리고 역시 양자 화학적 계산에 따르면, 두 단백질 모형을 놓고 그 사이의 거리에 따라 전자 전도성이 어떻게 달라지는지를 조사해 보았더니 멋진 결과가 나왔다. 우리가 원자나 분자를 다룰 때 적절한 거리 단위는 $10^{-10}$미터인 옹스트롬이다. 만약에 두 양자 화학적 모형 단백질들의 거리가 12~16옹스트롬이라면, 두 단백질 사이에 정렬된 물 분자들을 끼워 넣는다고 가정하여 계산했을 때 실제로 양자적 결맞음 상태의 전자 전달이 가능하다. 전자 전도성은 두 단백질의 거리가 12~16옹스트롬일 때 최댓값으로 거의 일정하게 유지되었다. 그러나 거리가 16옹스트롬을 넘어서면, 두 단백질 사이에 물 분자들이 너무 많이 끼어들어 수소 결합에 의한 정렬이 유지되지 못했다. 물 분자들은 액체 상태의 물처럼 행동했다. 따라서 전자 전도성은 두 단백질의 거리가 멀어짐에 따라서 기하 급수적으로 감소했다. 이것은 두 단백질의 거리가 12~16옹스트롬일 때 그 틈에 낀 정렬된 물 분자들 덕분에 양자적 결맞음 상태의 전자 전달이 일어난다는 견해를 지지하는 증거이다.

지금까지 한 이야기는 이론적으로 정립된 사실이고, 이제부터 소개할 침투 이론(percolation theory)도 잘 정립된 사실이다. 상상해 보자. 흰색의 정사각형 타일들이 촘촘히 깔린 바닥이 있다. 그 타일들 중 몇 개를 무작위로 골라 검은색 타일로 교체하는데, 검은색 타일의 비율이 1퍼센트가 되게 하자. 이때 검은색 타일만 디디면서 바닥을 가로질러 건널 수 있을까? 물론 불가능하다. 반대로 타일이 죄다 검은색이라면, 검은색 타일만 밟고 바닥을 가로지르는 건 식은 죽 먹기일 것이다. 그렇다면 무작위로 깔린 검은색 타일의 비율을 1퍼센트에서 50퍼센트로, 또 59퍼센트로 서서히 높여 보자. 단위 넓이당 59퍼센트라는 임계적인 '침투' 문턱값에서, 마술처럼 갑자기 검은색 타일만 밟고 바닥을 가로지를 수 **있는** 길이 생겨난다. 그런 길이 적어도 하나 등장하는 것이다. 그렇게 하나로 이어진 검은 타일 덩어리를 '군집'이라고 정의한다. 검은 타일의 비율이 59퍼센트라는 문턱값을 넘지 못할 때에는 바닥이 넓어져도 최대 검은색 군집의 규모가 따라서 커지지 **않는다**. 반면에 59퍼센트 이상일 때에는 바닥의 넓이에 따라서 최대 군집이 함께 **커진다**. 그러니 아주 넓은 바닥이라면 검은 타일들의 '방대한' 네트워크가 바닥을 몽땅 **차지한다**. 다시 말해 속속들이 **침투한다**. 물론 흰 타일들도 좀 있겠지만 말이다.

이제 내 과학적 추론을 소개할 차례이다. 이것은 이론적으로 확인해 볼 여지가 충분하고 어쩌면 실험의 여지도 있는 발상이다. 세포 속은 단백질, 기타 고분자, 이온, 무질서한 물 분자 등으로 빽빽하게 차 있다. 이때 단백질 같은 고분자들 사이의 평균 거리가 12~16옹스트롬이라고 가정하자. 이 가정은 당장이라도 확인해 볼 수 있다. 세포에 동결 할단법(freeze fracture method, 조직을 액체 질소나 프레온 기체로 얼린 뒤 진공 속에서 깨뜨려 그 단면을 전자 현미경 등으로 관찰하는 방법 — 옮긴이)을 쓴 다음에 원자 현미경으로 확인하면 된다. 단백질은 물 분자보다 훨씬 크다. 그러니까 임의의 두 단백질 사이에 아주 많은 물 분자가 질서정연한 배열로 끼어 있다고 상상하자. 이때 정렬된 물 분자들을 통해서 두 단백질의 서로 다른 부분들 사이로 전자가 전달되는 길, 즉 **양자적 결맞음 상태의 전자 전달 경로**가 몇이나 될지 양자 화학으로 계산해 보자. 양자적 결맞음 상태의 전자 전달 경로를 단백질 사이의 '다리'라고 부르고, 머릿속에서 그 다리들을 붉은색으로 칠해 보자. 단백질 한 쌍당 붉은 다리가 몇 개나 있을지 실제로 확인할 수는 없지만, 양자 화학적으로 계산할 수는 있다. 무수히 많은 단백질 쌍에 대해 계산을 수행하여, 두 단백질 사이의 붉은 다리 개수에 대한 분포를 얻자. 그 분포에 침투 이론을 적용하면, **세포 속 고분자 쌍들을 잇는 다리들이 하나의 방대한 침투 네트워크로 이어져 있는지의 여부를** 계산할 수 있다.

한 가지 지적할 점은 전자 전달에 '방향성'이 있다는 사실이다. 전자는 산화 환원 전위에 따라 결정된 주개에서 받개로 전달된다. 그러나 환경의 국소 변화, 즉 단백질 곁사슬이 움직인다거나 하는 일 때문에 주개와 받개 쌍 주변의 전자 '구름' 속 전하 분포가 바뀌고는 한다. 그래서 주개가 받개로, 받개가 주개로 변하기도 한다. 그러면 전자는 반대 방향으로 흐르려 할 것이다. 그렇다면 우리는 붉은 다리에 전자 흐름 방향을 나타내는 화살표를 그려 넣어야 할 텐데, 화살표의 방향은 주변의 전자 구름 환경에 따라 뒤집힐 수 있는 상황이다. 이런 요동 때문에 원칙적으로 전자 전달 경로가 순환 구조를 이룰 가능성도 존재한다.

다음으로 단백질을 가로지르는 양자적 결맞음 상태의 전자 전달 경로가 **한 단백질 안에서 다리 끝끼리 만날** 가능성을 생각해 보자. 한 단백질 안에서 양자적 결맞음 상태의 전자 전달이 가능하다는 것은 이미 사실로 확인되었다. 만약에 양자적 결맞음 경로에 해당하는 붉은 다리 2개가 한 단백질 안에서 이어진다면, 단백질 내부의 그 경로도 붉게 칠하자. 자, 단백질들 사이에서는 물론이고 단백질 내부에까지 뻗친 양자적 결맞음 상태의 전자 전달 경로 네트워크, 방대하고 붉은 그 네트워크는 세포의 전체 부피에서 얼마를 차지할까? 네트워크는 아무리 부피가 크더라도 하나의 파동 함수를 띨 것이고, 그 속에서 전자는 항상 양자적 결맞음 상태로 행동할 것이다.

다음으로 정렬된 물 분자들이 움직일 수 있다는 사실을 감안하자. 분자들은 보통 수십억분의 1초 단위에서 움직인다. 다시 흰 타일과 검은 타일 바닥을 떠올리자. 검은 타일을 일정한 속도로 떼어내고 그 자리에

즉시 흰 타일을 끼운다고 하자. 그런 뒤, 정렬된 물 분자가 움직이는 데 걸리는 시간인 수십억분의 1초 단위에서, 방금 바꿔 낀 흰 타일을 검은 타일로 다시 교체한다. 이것은 한 위치에 정렬되어 있던 물 분자가 이동하고 다른 물 분자가 그 자리를 차지하는 화학 현상과 비슷하다. 여기에서 일정 정도의 교체율이 주어진다고 하자. 다시 말해 어느 순간에 존재하는 붉은 다리들의 수가 그 교체율에 비례해 줄어드는 상황이다. 이때에도 양자적 결맞음 상태의 전자 전달 경로 네트워크가 세포에 두루 침투해 있을까? 정렬된 물 분자, 단백질들이나 기타 고분자들, 그리고 그밖에 모형에 포함시키지 않았지만 양자적 결맞음 경로에 한몫 할지도 모르는 다른 작은 분자들도 모두 다 움직이므로, 결맞음 네트워크는 끊임없이 변할 것이다. 물 분자들이 끊임없이 새로 정렬될 테니까 말이다. 그래도 방대한 양자적 결맞음 네트워크가 세포에 두루 침투해 있을 가능성은 여전히 높다.

지금까지는 모두 별 무리 없이 계산할 수 있는 내용이었다. 마지막으로, 결흩어짐 현상과 결맞음 재도입 현상까지 포함시키자. 열린 열역학적 비평형 세포계에서 어떤 식으로든 양자적 오류 수정이 이뤄진다고 가정하자. 아마도 양자 제어 메커니즘을 통해서일 것이다. 세포라는 복잡한 계가 어떻게 그 일을 해 내는지 우리는 대강 알 뿐이다. 세포에서는 단백질, 고분자, 물, 이온 등이 끊임없이 움직이고, 수많은 전자들로 구성된 전자 구름의 분포가 끊임없이 바뀐다. 어쨌든 우리는 하나의 양자적 결맞음 네트워크가 세포에 두루 침투해 있을 확률을 이론적으로 확인해 보고 싶다. 분자들이 움직이고 결흩어짐이 일어나는 환경일 때, 그리고 양자적 오류 수정 메커니즘이나 양자 제어 메커니즘이 존재하거나 존재하지 않는 환경일 때, 각각 어떤지 알고 싶다. 네트워크가 세포의 일부만을 아우르는지, 전체를 아우르는지, 전혀 아우르지 않는지, 아니면 몇몇 단백질들과 고분자들과 물 분자 다리들과 그밖에도 양자적 전달의 '통과 공간'으로 기능하는 요소들이 작은 군집을 이루고 있어서 그 속에서만 양자적 결맞음 상태의 전자 전달이 벌어지는지. 우리에게 적절한 결흩어짐 이론이 있고 더 나아가 결맞음을 재도입할 방법까지 있다면, 일부는 결맞음 상태이고 일부는 결흩어짐 상태인 채 하나로 연결된 네트워크가 세포 전체에서 그 중간 상태를 오래 유지하는 게 가능할까 하는 질문을 살펴볼 수 있을 것이다. 중간적 네트워크가 형성과 재형성을 반복하면서 항상 존재하는 것일까? 아니면 물 분자, 단백질, 기타 고분자와 이온이 모두 움직여도 부분적 결맞음 상태의 연결이 오래 유지되는 것일까? 이런 질문들도 살펴볼 수 있으리라.

다만 전자 전달이 독특한 현상은 아니라는 점을 명심할 필요가 있다. 다른 양자적 변수들을 얼마든지 생각해도 좋다. 전자 스핀도 좋고, 음향 양자 또는 음자(音子)라고도 불리는 포논(phonon)도 좋다. 그밖에도 양자적 자유도로서 다른 자유도들과 강하거나 약하게 결합하여 빠르거나 느린 결흩어짐을 겪는 변수라면 뭐든지 예로 들어도 좋다. 그런 변수들에도 세포 내 양자적 결맞음 네트워크에 대해 던졌던 질문들을 똑같이 던져 볼 수 있다.

이 대목에서 한 가지 중요한 문제가 떠오른다. **부분적 양자적 결맞음 상태를 유지하는 계의 물리학은 어떤 형태일까?** 물리학자들이 이제야 겨우 결흩어짐 연구를 시작했기 때문에, 일부는 결맞음 상태이고 일부는 결흩어짐 상태로 오래 지속되는 양자계에는 손도 대지 못하고 있다. 그런 계의 물리학에 대해서는 아직도 알아내야 할 것이 많다.

세포에서 분자 밀도가 아주 높다는 점을 감안하면, 실제로 단백질 안팎에서 양자적 결맞음 상태의 전자 전달이 가능할지도 모른다. 그렇다면 침투 이론으로 방대한 양자적 결맞음 네트워크를 해석하려는 내 시도를 어떻게 평가해야 좋을까? 아직은 뭐라고 확실히 말할 수 없지만, 추구해 볼 만한 가치가 있는 것만은 분명하다. 앞에서 말했듯이, 세포를 동결 할단법으로 처리해서 원자 현미경으로 조사하면 세포 내 단백질 같은 고분자들 사이의 거리 분포를 잴 수 있을 것이다. 거리가 평균 12~16옹스트롬이라면, 그것은 세포의 양자적 결맞음 네트워크가 자연 선택을 통해 극대화되었다는 증거일지도 모른다. 안테나 단백질의 결흩어짐 억제 능력이 자연 선택을 통해 극대화되었을지도 모르는 것처럼.

또 전자 전달이 양자적 결맞음 상태로 일어난다는 가정에 대한 직접적인 증거를 얻을 수 있을지도 모른다. 세포의 전자 전도성을 실험으로 측정해 보는 것도 한 방법이다. 내 가정이 옳다면, 세포를 저삼투압 용액에 담가 물에 담근 양상추처럼 부풀어 오르게 하면 분자들 사이의 평균 거리가 늘어나서 결맞음 행동이 사라질 것이다. (**저삼투압** 용액은 간단히 말해서 단위 부피당 물 분자의 개수가 세포보다 더 많은 용액이다. 세포가 저삼투압 용액에 노출되면 세포 속으로 물이 더 많이 확산해 들어가 세포가 부풀어 오른다.) 두 단백질 모형의 거리를 늘려 가면서 전자 전도성을 양자 화학적으로 계산해 보면, 12~16옹스트롬에서는 전도성이 거의 일정하게 유지되다가 이후에는 기하 급수적으로 떨어진다. 이런 '평탄기'는 양자적 결맞음 상태의 전자 전달 때문에 생긴다. 그렇다면 저삼투압 용매에 담겨 부풀어 오른 세포 속 고분자들의 평균 거리에도 비슷한 평탄기가 있을 것이다. 오렐리앙 드 라 랑드(Aurélien de la Lande)가 이 문제에 대해 나노 기술을 활용한 몇 가지 실험을 제안하기도 했지만, 내가 제안한 고전적 확인 방법도 충분히 가능할 것이다.

요점을 말하자면, 양자적 결맞음 네트워크나 부분적 결맞음 네트워크가 오래 지속될 가능성을 물리적으로 불가능하다고 쉽게 기각해서는 안 된다. 이 가설은 조사해 볼 가치가 있다. 이 네트워크 이론에 따르면, 양자적 결맞음 행동이 엽록소의 750펨토초보다 훨씬 더 오래 지속될 가능성이 충분하다. 양자적 결맞음 현상이 신경학적으로 의미가 있으려면 적어도 밀리초는 지속되어야 하는데, 이 이론이 그 가능성을 말해 줄지도 모른다.

심오한 문제가 하나 더 있다. 신경 세포처럼 좁은 영역에서의 양자적 결맞음이 어떻게 먼 거리에 영향을 미칠까? 현실 공간에서 그런 신기한 원거리 관계를 맺어 주는 양자 역학적 속성이 존재한다. 어쩌면 이 속성이 신경 세포를 비롯한 실제 세포에 적용될지도 모른다. 양자적 입자들은 쌍으로, 또는 그것보다 더 많은 수가 '양자적으로 얽힐' 수 있다. 일단 서로 얽힌 입자들은 광속에 가까운 속도로 움직여 멀리 떨어지더라도 계속 얽힌 상태를 유지한다. 그리고 그중 한 입자에 대해 우리가 어떤 성질을 '측정하면', 그 순간 상대 입자도 그것에 상응하는 성질을 드러낸다. 아인슈타인에게는 이 신비로운 양자 역학적 속성이 깊은 걱정거리였다. 아인슈타인이 보리스 포돌스키(Boris Podolsky, 1896~1966년), 네이선 로젠(Nathan Rosen, 1909~1995년)과 함께 1930년대에 발표한 논문을 보면 알 수 있다. 그러나 요즘은 그런 순간적 교신이 가능하다는 사실이 실험으로도 확인되었다. 이 현상을 '비국소성 원리(nonlocality)'라고 부른다. 단 살아 있는 세포나 세포 내부 회로에서도 양자 얽힘을 통한 원거리 교신이 가능한지의 여부는 아직 모른다.

사실 우리는 다양한 양자 과정들이 조밀하게 벌어지는 세포 같은 공간에서 어떻게 얽힘과 결흩어짐이 벌어지는지 거의 모른다. 어쨌든 확실한 점은, 양자적 결맞음 상태인 국소계에서 주변 환경이나 우주로 양자적 위상 정보가 퍼져 나갈 때, 양자 얽힘이 부분적으로나마 그 과정에 관여한다는 사실이다. 다시 말해 국소적 양자계에서 결흩어짐이 일어나는 것은 얽힌 입자들이 계를 빠져나감으로써 위상 정보가 소실되기 때문이다. 소실된 정보는 다시 회복되지 않는다. 예를 들어 보자. 전자들은 서로 광자를 교환한다. 그런데 양자적 결맞음 네트워크에 속하는 한 전자가 자신과 얽힘 상태에 있는 광자를 우주 저 멀리 광속으로 날려 보낸다면, 세포는 그 광자를 다시 회수할 방법이 없다.

만약에 신경 세포에서 양자적 결맞음 활동과 부분적 결맞음 활동이 발견된다면 어떨까? 시냅스로 이어진 신경 세포들의 회로, 시냅스 소포, 시냅스 이전 신경 세포를 자극하거나 시냅스 이후 신경 세포를 억제하는 신경 전달 물질을 모두 포함하는 전체 신경 세포에서 그런 활동이 발견된다면? 그래도 우리에게는 크리스토프 코흐가 지적했던 문제가 남는다. 신경 세포들 중 일부만이 의식의 신경 상관물이고 나머지는 아닌 것처럼 보인다는 문제이다. 물론 양자적 결맞음-결흩어짐 마음 모형도 이 문제에 답해야 하는 것은 마찬가지이다.

마지막으로 '고전적' 신경 활동이 양자적 결맞음 네트워크의 활동과 짝을 이룰 가능성을 짚어 보자. 신경 세포에서 활동 전위가 발생하면, 세포막의 채널 하나당 1밀리초마다 약 8,000개의 이온들이 드나든다. 한편 결흩어짐 현상은 그보다 100만 배는 더 빠른 펨토초 수준에서 벌어진다. 계산해 보면 이온이 약 1억 펨토초마다 한 번씩 세포를 드나드는 셈이므로, 그동안 양자적 결맞음 네트워크나 부분적 결맞음 네트워크가 세포에서 여러 번 형성과 재형성을 반복할 수도 있을 것 같다. 주로 나트륨과 칼륨으로 구성된 다양한 이온들이 드나들면 네트워크의 양자적 결맞음 활동이나 부분적 결맞음 활동이 조금씩 바뀔 것이고, 따라서 결흩어짐 과정도 바뀔 것이다.

지금까지 나는 여러 논의를 제시했다. 내 가설은 분명 흥미로운 구석이 있고 어쩌면 시험 가능할지도 모르지만, 지금으로서는 물리적으로 가능성 있는 수준에 불과하다. 설령 내 가설이 참이라도, '신경 암호' 문제나 '묶기'의 문제 등은 달라진 맥락에서 여전히 제기된다. 이 가설이 책 전체에서 과학적으로 가장 의심스러울 만한 발상이라는 점을 다시 한번 강조하고 싶다. 하지만 어쩌면 이와 비슷한 내용이 정말 사실일지도 모른다.

### ✣ 양자적 중간 상태의 마음 가설과 다시 살펴보는 철학 문제들 ✣

의식이 양자적 결맞음 상태와 결흩어짐 상태의 중간을 유지하는 계와 상관이 있다고 하자. 결맞음 또는 부분적 결맞음이 의식에 관여하는 게 사실이라면, 어떻게 비물질적 마음이 고전적이고 물리적인 결과를 낳는지 설명할 수 있을지도 모른다.

설명이 가능하다고 본다는 점에서 이것은 환원주의적인 생각이다. 하지만 앞에서 이야기했듯이, 물리학은 우리가 속한 구체적 생물권에서 심장이 진화하리라는 사실을 미리 예측할 수 없다. 물리학자는 특정한 다윈주의적 전적응의 발생을 추론할 수 없고, 특정한 분자 구조의 진화적 창발을 연역할 수 없다. 물리학자는 효율적인 양자 역학적 활동을 통해 햇빛을 당으로 바꾸는 엽록소 같은 기관이 등장할 것이라고 미리 말할 수 없다. 마찬가지로 물리학은 뇌라는 특정한 다입자계에서 양자적 결맞음-결흩어짐 중간 상태의 계가 진화할 것이라고 미리 예상하거나 설명할 수 없다. 따라서 그런 중간적 계는 존재론적으로 창발적이다.

특정 양자적 결맞음 상태(이 논의에서는 고전적 상태라고 해도 무관하다.)가 특정 의식 경험에 해당한다는 것을 어떻게 확인할 수 있을까? 코흐 등이 현재 시도하듯이, 의식 경험에 대한 신경 상관물을 찾아보는 것이 한 방법이다. 그런데 사실은 '해당한다.'는 표현 자체가 벌써 특정한 철학적 입장을 취한 셈이다. 뇌의 특정 상태가 곧 개개인의 일인칭 경험이라고 보는 '마음-뇌 동일론'을 받아들이는 입장이다. 어쨌든 그렇다면, 우리는 뇌의 특정한 양자적 결맞음 상태와 특정한 경험 사이의 상관성, 또는 뇌나 인체에 벌어지는 특정한 고전적 사건과 특정한 결흩어짐 사건 사이의 상관성을 찾아보아야 한다. 만약에 우리가 단백질 이온 채널이나 지질 막, 아니면 둘 다, 아니면 전혀 다른 뭔가를 조사하여 그것이 공간적으로 양자적 결맞음 상태를 오래 유지한다는 것을 밝혀낸다면, 이를테면 엽록소와 안테나 단백질이나 신경 세포에 양자적 결맞음 네트워크나 부분적 결맞음 네트워크가 존재한다는 것을 발견한다면, 비로소 사람들은 이 이론을 믿기 시작할 것이다. 그리고 결흩어짐 현상과 결맞음 재도입 현상이 신경 세포들에 어떤 영향을 끼치는지 살펴보기 시작할 것이다. 하나의 세포가 의식 경험의 특정 측면을 담당할 수 있다는 사실이 이미 밝혀진 것처럼 하나의 양자적 결맞음과 결흩어짐 현상이 특정 의식 경험을 담당하는 의식의 신경 상관물이라는 사실이 밝혀진다면, 더불어 결흩어짐이 뇌와 인체의 고전적 측면에 영향을 미친다는 사실이 밝혀진다면, 정말로 압도적인 증거가 갖춰지는 셈이다. 그런 연구를 상상하지 못할 이유가 없다.

나는 이 장의 도입부에서 양자적 의식 이론을 그저 말도 안 되는 생각으로 치부할 수 없는 이유를 말했다. 양자계가 엄격한 고전계보다 더 강력할지도 모른다는 게 한 이유였고, 고전적 입장에서는 해결할 수 없었던 몇 가지 심오한 철학 문제들을 이 가설로 해소할 수 있을지도 모른다는 게 다른 이유였다. 마음에 대한 이론들이 흔히 그렇듯이, 마음-뇌 동일론에도 심각한 문제가 많다. 줄잡아 다섯 가지 문제가 있다. 그중 적어도 하나는 지금으로서는 도저히 풀 수 없다.

첫째, 마음이 정말로 물질에 작용하는가? 이른바 정신의 인과 작용 문제이다. 내가 경험하는 의도가 정말로 내 손가락의 움직임에 대한 인과로 작용하는가? 표준적이고 고전적인 마음-뇌 동일론은 신경망 같은 고전적 물리계의 상태 **자체가** 곧 물질에 작용하는 의식적 마음이라고 본다. 그렇다면 질문에 대해 "그렇다."라고 답하고 싶어진다. 하지만 어떤 철학자들은 그것이 논리적 모순이라고 주장한다. 고전적 상태를 물리적 측면과 정신적 측면으로 나눠 보자. 둘 중에서 물리적 측면만으로도 뒤이은 물리적 측면을 충분히 인과적으로 설명할 수 있다면, 대체 어떻게 정신적 측면이 물리적 측면에 '작용'한다는 말인가? 알 수 없다. 물리적 측면만으로도 인과 요인이 충분하다면 물질에 대한 마음의 작용은 필요 없으니까. 심지어 마음의 작용이 존재하는 편이 더 혼란스럽다. 따라서 이 논증으로는 마음의 의도가 물리계에 작용하는 방식에 대한 이론을 세울 수 없다. 막다른 골목이다. 그렇다면 우리는 하는 수 없이 마음이 물리적 뇌의 부산물에 불과하다고 보는 부수 현상론으로 후퇴해야 할까? 이것은 인체의 모든 사건은 신경망의 고전적 활동에서 생겨나는데, 하필이면 뇌의 그런 활동이 '덩달아' 정신적 경험을 일으킨다는 견해이다. 정신적 경험은 뇌 활동의 결과일 뿐, 그 자체로는 물리계에 아무런 영향력이 없다는 것이다. 우리의 의도는 물리적 활동이나 정신적 활동에 아무런 영향을 못 미친다는 것이다.

어떻게 마음이 물질에 작용하는가가 정신적 인과 작용에 관한 첫 번째 문제라면, 두 번째 문제는 어떻게 마음이 마음에 작용하는가 하는 것이다. 마음-뇌 동일론은 생각이 생각을 낳는 현상을 어떻게 설명할까? 이때도 마음-뇌 동일 상태를 정신적 측면과 물리적 측면으로 분리했을 때 물리적 측면만으로도 뒤따르는 물리적 측면을 인과적으로 충분히 설명할 수 있다. 그렇다면 어떻게 정신적 측면이 뒤따르는 정신적 측면을 일으켜서 의식의 흐름을 낳을까? 정신이 정신에 영향을 미쳐 의식의 흐름을 만들어 내려면, 이때도 역시 뭔가 유령 같은 인과 작용을 가정해야 한다.

그런데 사실은 '정신의 인과 작용'이라는 진술 자체가 **고전적 진술이다. 그것은 고전적 인과 관계에 관한 진술이다. 어떤 상황에 대해서라도 충분 조건에 해당하는 인과 요인이 선행하고, 그래서 인과 닫힘이 이뤄진다는 가정에 기반한 진술이다.** 그렇다면 마음은 물질에 작용할 수 없다. 뇌가 이미 충분히 작용하기 때문이다. 마음은 할 일이 없다. 뭔가 일을 하려고 해도 마땅한 방법이 없다. 뇌의 특정 상태가 뇌의 후속 상태에 대한 인과 요인으로 충분하다면, 마음이 물질에 작용해서 수행할 일이 전혀 없다. 할 일이 있더라도, 뭔가 유령 같은 방법을 동원하는 수밖에 없을 것이다.

그러나 마음-뇌 동일론을 받아들이되 의식을 부분적 양자적 결맞음 상태로 보면, 앞의 논리가 적용되지 않는다. 양자적 결맞음을 표현하는 슈뢰딩거 파동은 **가능성들의 파동**일 뿐 **인과 요인**이 아니기 때문이다. 코펜하겐 해석에 따르면 파동은 전적으로 **비인과적**이다. 우리가 마음-뇌 동일성을 받아들이면, '물리적' 측면의 인과 닫힘이 있어야 하지 않느냐는 의문은 아예 제기할 필요가 없다. '정신의 인과 작용' 문제는 그저 용어의 혼란으로 축소된다. 왜냐하면 **양자적 결맞음 상태의 마음은 물질에 인과적으로 '작용'하지 않기 때문이다. 양자적 결맞음 상태는 대신에 결흩어짐을 통해서 고전적 물리계에 모종의 결과를 낳는다.** 마음-뇌 동일성을 이런 식으로 해석하면, 양자적 가능성들을 간직한 '물리적' 뇌이든 '마음'이든, 뉴턴이나 라플라스 식으로 물리계에 후속 사건을 **일으키는** 것은 아니다. 대신에 마음이 결흩어짐을 통해 고전성을 드러냄으로써 물리계에 어떤 결과가 **생기는** 것이다. 순전히 양자적 가능성들에 불과하다는 의미에서의 '비물질적'인 마음이 결흩어짐을 통해서 물질계에 영향을 미친다.

앞의 견해가 옳다면, 정신이 물리계에 인과 작용을 미칠 수 없다는 논리 때문에 마지못해 부수 현상론을 채택할 필요도 없다. 아예 그런 인과 작용 자체가 없기 때문이다. 양자적 뇌는 경험을 부산물로 빚어내지 않는다. 양자적 뇌는 비인과적이기 때문에 그 어떤 것도 덤으로 '빚어내지' 않는다. 마음-뇌 동일성을 받아들이되 의식이 부분적으로 결맞음 상태라는 이론을 함께 받아들이면, 정신적 요인이 유령 같은 방식으로 물리적 사건을 일으킨다고 가정하지 않아도 정신이 물리계의 사건에 영향을 미치는 현상을 설명할 수 있다. 마음은 결흩어짐이라는 실재적 현상을 통해서 물질계에 영향을 미친다. 결맞음-결흩어짐 중간 상태의 양자계는 뭔가를 '억지로' 빚어내지 않는다. 그것은 전적으로 비인과적인 계이기 때문이다.

정신적 인과 작용의 두 번째 의미, 즉 정신적 측면이 더 많은 정신적 측면을 일으켜서 생각이 꼬리에 꼬리를 무는 현상은 어떻게 봐야 할까? 신경 세포에 대해서나 마음-뇌 동일성에 대해서 고전적 입장을 취하면, 이 문제는 막다른 골목에 몰린다. 고전적 마음-뇌를 물리적 측면과 정신적 측면으로 나눠서 물리적 측면만으로도 후속 물리적 측면을 인과적으로 충분히 설명할 수 있다면, 마음이 어떻게 마음에 영향을 미치는지 통 알 수 없기 때문이다. 그러나 마음-뇌 동일성을 채택하되 의식을 부분적 양자적 결맞음 상태로 보면, 마음-뇌 계를 '물리적 측면'과 '정신적 측면'으로 나누거나 말거나 계 자체가 인과적이지 않다. **정신적 측면은 양자적 결맞음 상태 자체를 전파시킴으로써 더 많은 정신적 측면을 비인과적으로 낳는다. 아마도 양자 알고리듬처럼 보강 간섭을 통해서 바람직한 해답에 대한 양자적 확률을 높이는 방식일 것이다. 그런 정신 활동의 전파에는 다른 기발한 메커니즘이 필요 없다.** 그도 아니라면, 일부는 결맞음 상태이고 일부는 결흩어짐 상태인 계가 모종의 과정을 겪음으로써 정신 과정에서 새로운 정신 과정을 일으킬지도 모른다. 예를 들면 보스-아인슈타인 응축에 등장하는 유형의 **비선형 양자적 되먹임**을 통해서 양자 위상 정보를 제어할 수 있을지 모른다는 가능성이 있는데, 이것이 그런 과정일지도 모른다. 이런 과정들은 전부 고전적 과정이 아니기 때문에, 정신 활동의 전개를 설명하기 위해서 따로 이상한 메커니즘을 생각해 낼 필요가 없다.

양자적 결맞음 상태의 마음이라는 가설은 현재로서는 과학적 설득력이 부족한 게 사실이다. 하지만 이 가설이 정신의 의식 작용이나 부수 현상에 관한 알쏭달쏭한 문제들을 풀어 줄지도 모른다는 것 또한 사실이다. 이 가설을 받아들이면, 우리는 어떻게 비물질적 마음이 물질에 영향을 미치는가 하는 질문에 답할 수 있다. 여기에서 비물질적이라는 것은 양자적 가능성들로만 존재한다는 뜻이다. 마음은 고전적 인과가 아니라 결흩어짐을 통해서 그 일을 해 낸다. 이 가설은 또 어떻게 비물질적 마음이 스스로 경험을 생성하며 흘러가는가 하는 질문에도 답한다.

두 번째이자 철학적으로 더 심오한 문제는 경험 그 자체, 감각질의 문제이다. 어떤 사람들은 이것을 '어려운 문제'라고 부른다. 내가 주장한 양자적 결맞음 상태의 마음은 어떻게 의식적 경험을 낳을까? 솔직히 이 문제에 대해서는 내 가설도 아무런 진전을 이루지 못한다. 코완이 특정 환시에 상응하는 특정 신경 활동을 찾아냈음에도, 또한 우리가 코흐가 말한 '의식의 신경 상관물'처럼 특정 경험에 상응하는 특정 고전적 신경 활동이 존재한다고 인정하더라도, 이 문제는 남는다. 양자적 마음 가설로도 '어떻게' 양자적 뇌 사건이 일인칭 경험을 낳는지 설명할 수 없다. 일인칭 경험이 과연 '어떤' 것인지를 설명할 수 없는 것이다. 도널드 데이비드슨은 마음이 변칙적 인과 작용을 수행한다고 주장했는데, 그 점을 염두에 두자면 우리는 양자적 현상과 경험 사이에 확연한 상관 관계가 있는 사례를 아주 단순한 것으로 고작 몇 개 찾아내는 데 그칠지도 모른다. 그것이 우리가 밝혀낼 수 있는 한계일지도 모른다. 설령 내 바람대로 풍부한 사례들이 발견되더라도, 어떻게 살아 있는 뇌에서 일인칭 감각질이 생겨나는가 하는 문제에 대해서는 여전히 속수무책일 공산이 크다. 나는 앞에서 '살 덩어리'로서의 뇌를 마음과 동등하게 보는 견해를 설명할 때, '살 덩어리'와 정신적 경험이 동등하다는 것이 솔직히 기절초풍할 일로 느껴진다고 고백했다. 마음이 고전적인 '살 덩어리'가 아니라 양자적 결맞음 상태의 뇌에 존재하는 양자적 가능성이라고 하면 좀 나을까? 나는 뇌에 간직된 양자적 가능성과 경험을 동일시한다는 생각에는 좀 덜 기절초풍할 것 같다. 하지만 서둘러 첨언하건대, 내가 기절초풍하느냐 마느냐는 과학적 의미에서든 철학적 의미에서든 아무런 기준이 되지 못한다. 그렇지만 분명 내가 보기에는 후자의 시각이 좀 더 그럴 듯하다. 왜냐하면 우리가 '진정한' 경험이 무엇인지 모르는 것처럼, '진정한' 양자적 가능성이 무엇인지도 모르기 때문이다. 내가 이 견해를 선호하기는 하지만, 당연히 이것은 '어려운 문제'에 대한 답은 아니다. 적어도 현재까지는 아니다. 언젠가는 이것이 대답의 일부가 될지도 모르지만.

세 번째 문제는 '자유 의지'의 문제이다. 이것은 인과 닫힘 때문에 생기는 논리적 문제이다. 인과 닫힘이란 세상의 모든 사건에 대해 선행하는 충분 조건이 존재한다는 명제이다. 사람들이 '자유 의지'라고 말할 때에는 보통 '원동자'를 의미하는데, 쉽게 말해서 무엇이든 원하는 대로 선택할 수 있다는 뜻이다. 그렇다면 자유 의지는 인과 닫힘에 위배된다. 원동자를 움직일 방법이 없으니까. 내가 볼 때 이것은 전적으로 고전적인 걱정이다. 모든 사건에 선행하는 원인이 존재한다는 생각에서 비롯한 걱정이기 때문이다. 만약에 마음이 양자 역학적이고 비인과적이라면, '원동자' 개념은 무의미해진다. 세상에는 오직 양자적 결맞음/결흩어짐 계에서 비롯된 고전적 사건들이 존재할 뿐이다. 가능성들의 파동인 슈뢰딩거 파동의 양자적 결맞음 행태에는 아무런 원인이 없다. '동자'

가 없으니, '원동자'도 없다. 인과 닫힘은 적용되지 않는다. 따라서 고전적이고 인과적인 의미에서의 최초의 동자를 자유 의지로 간주하는 데서 오는 문제가 애초에 제기되지 않는다. 그렇다면 의식을 부분적 양자적 결맞음 상태로 파악하는 이론은 자유 의지를 품을 수 있다. 앞에서 말했듯이, 스피노자는 바로 이 원동자 문제 때문에 자유 의지는 결국 망상이라고 결론내렸다. 우리가 마음-뇌 동일론을 받아들이되 의식은 양자적 결맞음 상태이고 의식의 결흩어짐 결과가 고전적 사건이라는 가설을 채택한다면, 스피노자의 결론이 반드시 참일 이유가 없다.

자유 의지에 관한 문제가 또 하나 있다. 양자적 마음-뇌 동일론이 이 문제를 해소할 수 있을지 없을지는 잘 모르겠지만, 어쨌든 언급해야 할 문제이다. 사람들이 자유 의지를 원하는 것은 그것이 인과 닫힘을 벗어난 현상이기 때문만은 아니다. 자유 의지가 있어야만 우리가 스스로 의도한 행동에 대해 책임을 질 것 같기 때문이다. 그렇다면 마음-뇌 동일성을 받아들이는 입장에서는, 마음을 고전적 계로 보든 양자적 결맞음과 결흩어짐의 계로 보든, 마음의 의도에 해당하는 계가 뇌에 반드시 존재해야 한다. 마음의 의도에 해당하는 계가 이를테면 결흩어짐 방식을 바꿔 놓음으로써 물질계의 사건에 영향을 미쳐야 할 것이다.

이 문제가 철학적으로 고민거리인 까닭은 다음과 같다. 만약에 마음이 결정론적이라면, 우리에게는 자유 의지가 없는 셈이니까 도덕적 책임도 없다. 만약에 자유 의지가 확률적이라면, 우리의 선택은 순전히 우연일 뿐이니까 역시 도덕적 책임이 없다. 나는 이 대목에서 전혀 다른 가능성을 제기할까 한다. (이 장의 마지막 주석에서도 이야기할 것이다.) 다양한 양자적 과정들이 충분히 조밀하게 벌어지는 다입자계와 환경이라면, 또는 양자성과 고전성이 섞인 계와 환경과 우주라면, 그러니까 예를 들어 뇌세포 같은 계라면, **위상 정보가 환경으로 소실되는 과정이 매번 독특할지도 모**

**른다. 하나하나가 우주 역사에서 유일한 사건일지도 모른다. 그러나 그렇다면 우리는 결흩어짐 과정의 모든 세부 사항들을 압축적으로 기술할 수 없다. 따라서 구체적인 결흩어짐 과정을 기술하는 자연 법칙은 존재하지 않는다. 게다가 우리가 스스로의 의도에 따라 무언가를 선택함으로써 자유 의지가 객관적, 실재적 고전계에 영향을 미치는 과정에 바로 그 구체적인 결흩어짐 방식이 중요한 영향을 미칠지도 모른다.** 부분적 결맞음 상태로서의 마음에 대해서도 아마 이런 짐작이 적용될 것이다.

저마다 독특한 결흩어짐 과정들에 대해서는 빈도적 확률 해석이 무의미하다. 애초에 확률을 부여할 수 없기 때문이다. 라플라스 식으로 N개의 문들 중에서 어느 것인지 '모른다.'라는 의미의 확률 역시 적용할 수 없다. 표본 공간인 N을 모르기 때문이다. 오히려 마음은 부분적으로 무법적일지도 모른다. 우연적일지도 모른다. 그렇다면 결정론적 마음이나 확률적 마음에 대해서 도덕적 책임을 물을 수 없다는 철학적 고민에 우리는 적어도 작은 쐐기 하나쯤을 박아 넣은 셈이다. 그리고 뇌의 양자적 과정은 결흩어짐을 통해 고전적 행동을 낳음으로써 뇌-마음 계의 고전적 측면을 변화시킬 수 있다. 이것이 다시 부분적 결맞음 상태인 양자적 마음의 고전적 경계 조건을 바꿔 놓을지도 모르고, 그래서 고전계에 대한 양자계의 영향력과 행동이 달라질지도 모른다. 7장에서 이야기했던 일 순환과 비슷한 것이 부분적 양자계에 구축되는 셈이다. 일 순환을 상기해 보자. 세포가 일을 수행함으로써 에너지 배출에 제약이 되는 경계 조건을 구축하고, 그 조건이 더 많은 일을 하게 만들고, 그 일이 에너지 배출에 대한 더 많은 경계 조건을 구축하는 상황이다. 이것이 칸트가 말했던 확산적 과정 조직화이다. 우리가 이 현상을 단서로 삼아 부분적으로 우연적이고 부분적으로 양자적인 과정에 대한 이론을 좀 더 다듬는다면, 언젠가 책임 있게 작용하는 자유 의지를 발견할지도 모른다.

이제 책 전체를 아우르는 거시적 관점으로 돌아가자. 의식은 실재한다. 의식은 놀랍다. 우리가 아는 한 의식은 진화를 통해 창발했다. 이제 우리는 어떻게 의식이 자연적으로 생겨났을까 하는 의문에 대한 몇 가지 잠재적 설명을 갖게 되었다. 모두 창조주를 끌어들이지 않는 설명들이다. 지금까지 우리는 환원주의의 한계를 확인했다. 생명, 행위 주체성, 의미, 가치의 기원에 대한 그럴듯한 이론을 살펴보았다. 생물권, 경제, 사람의 마음, 인류의 역사성, 심지어 의식조차도 부단한 창조성을 발휘한다는 것을 살펴보았다. 이 모두가 창조주 없이 생겨났다는 게 나의 주장이다. 만약에 내 주장이 옳다면 이런 현상들에 대한 경외감과 감탄이 줄어드는가? 이런 현상들의 신성함이 사라지는가?

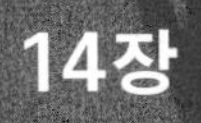

# 14장

## 수수께끼 속에서 살아 나가기

지난 300여 년 동안, 환원주의 모형은 물리학은 물론이고 그 너머의 영역에서도 여러 획기적인 이론들과 성공들을 만들었다. 나는 환원주의를 넘어서려 하지만, 그렇다고 해서 과학에 큰 도움이 되는 그 힘을 완전히 포기하려는 것은 아니다. 나도 와인버그와 마찬가지로 여전히 최종 이론의 꿈을 꾼다. 하지만 그 이론으로는 진화나 다윈주의적 전적응, 경제적 진화, 문화적 진화, 인류 역사를 설명할 수 없을 것이다. 환원주의적 물리학자가 보기에 이 세상에는 움직이는 입자들만이 존재할 뿐이다. 현대 물리학의 표준 이론과 일반 상대성 이론은 그런 시각을 갖고 있다. 끈 이론도, 이 이론이 결국 성공할지는 모르겠지만, 마찬가지이다. 그 관점에서는 오직 사건들과 사실들이 있을 뿐이다. 환원주의자들은 우리에게 와인버그 식의 무의미한 우주를 직시하라고 말한다. 그것은 설명의 화살표들이 항상 저 아래 물리학을 가리키는 우주이다. 그러나 생명과 행위 주체성이 등장하고 진화한 과정, 뒤이어 가치와 의미가 진화한 과정은 물리학으로 환원될 수 없다. 아직은 우리가 의식의 진정한 의미를 이해하지 못했지만, 의식이 전적으로 자연적 현상이라고 믿을 만한 이유는 충분하다. 게다가 양자적 결맞음 상태와 결흩어짐 상태를 띠도록 특수하게 진화한 뇌의 유기 분자 계가 곧 의식이라는 내 가설이 만에 하나 옳다면, 그 진화한 조직과 행동은 진화한 심장과 마찬가지로 존재론적으로 창발적이다. 그런 존재가 우주에서 진화한 사실을 물리학으로 환원하여 설명할 수는 없을 것이다.

더군다나 우리는 진화하는 생물권이 스스로를 구축하며 부단히 창조성을 발휘한다는 것을 확인했다. 다윈주의적 전적응이 거기에 한몫한다. 기술 진화에서도 다윈주의적 전적응에 해당하는 현상이 있다. 이런 전적응들은 예측 불가능하다. 앞으로 일어날 일을 미리 압축적으로 기술한 것이 자연 법칙이라고 정의한다면, 이런 진화는 '자연 법칙'으로 완전하게 기술되지 않는 셈이다. 내가 주장한 새로운 과학적 세계관에 따르면, 우리가 사는 우주는 부단한 창조성을 발휘하는 창발적 우주이다. 그 안에서 생명, 행위 주체성, 의미, 의식, 윤리가 등장한다. 윤리에 대해서는 다음 장에서 더 이야기하겠다. 인간 종 전체의 역사적 발달, 우리의 다양한 문화들, 우리에게 내재된 역사성 등은 자기 일관적이고, 자기 구축적이고, 창발적이고, 예측 불가능하며, 늘 진화한다. 우리의 역사, 발명, 사고, 행동은 모두 창조적 우주의 일부이다.

자기 구축적인 생물권, 경제, 문화의 진화 과정에서는 끊임없이 새로운 하위 계들과 과정들이 모습을 드러낸다. 하위 계들은 좀 더 새로운 기능, 또는 완전히 새로운 다양한 기능들을 지닌다. 하위 계들은 대체로

매끄럽게 서로 어울리고, 더 큰 계에도 들어맞는다. 그렇기 때문에 모든 계들은 상당히 오랫동안 끈질기게 존재하면서 공진화한다. 생물에서는 기관들과 그 작동 과정들이 갈수록 다듬어지면서 함께 공진화하여 새로운 기능들을 만든다. 기능들은 진화하는 생리학에 잘 들어맞고, 그 생리학은 한편으로 생물의 생명을 지탱하면서 다른 한편으로 늘 진화한다. 생태계를 구성하는 종들도 이와 비슷하다. 생태계에서는 자기 일관적인 공동체들이 꾸준히 새로 조직된다. 그럼으로써 종들과 비생물적 환경이 새로운 생태적 지위들을 형성하고, 종들은 그 생태적 지위를 차지한 상태에서 한편으로 서로의 생명을 지탱하면서 다른 한편으로 늘 진화한다. 공진화하는 기술 요소들도 이것과 비슷하다. 자동차, 휘발유, 모텔, 교외 같은 기술적 보완재들과 대체재들은 끊임없이 서로 맞물리면서 경제 활동을 지탱하고, 다른 한편으로 늘 진화한다. 진화하는 사회와 문화에서 개별 역할들과 규칙들이 생겨나는 현상도 이것과 비슷하다. 사회 문화는 사회 역할들을 만들어 내고, 사회 활동을 뒷받침하는 요소이자 제약하는 요소이기도 한 사회 규칙들을 스스로 구축하고 공진화시킨다. 그 속에서 우리의 문화가 존속하고 변화한다. 우리 삶의 의미들은 대부분 문화 속에서만 존재한다. **이런 자기 일관적, 자기 구축적 과정이 상세하게 변천해 가는 모습을 자연 법칙으로는 전혀 기술할 수 없다. 그러나 그런 과정들은 실제로 늘 벌어진다.**

자연은 법칙의 '지배를 받지만' 부분적으로 자연 법칙을 넘어선다. 자연은 자기 일관적이고 자기 구축적이다. 그런 자연이 세상의 모든 것을 빚어낸다. 어떤 사람들이 초월적 창조주의 작품으로 여기고 싶어 하는 모든 것을. 그렇다면 우리는 우주의 창조성에 신이라는 이름을 붙여도 좋을 것이다. 우리 우주, 모든 생명과 생명의 진화, 인류 문화와 마음의 진화를 경외하고 경탄하는 마음으로 바라보자. 우주의 무엇을 신성이라고 여길 것인가는 전적으로 우리의 선택에 달린 문제이다.

토머스 스턴스 엘리엇은 존 던을 비롯한 16세기 형이상학파 시인들이 인간의 감각에서 이성을 떼어냈다고 말했다. 그 말이 사실이라면, 그것은 인간성에 심오한 영향을 미치는 분열이었을 것이다. 앞에서 우리는 생물권과 인류 문화의 창조성을 과학으로 설명하는 데에 심각한 제약이 있다는 것을 여러 이유들을 들어 살펴보았다. 정말로 우리가 주변 환경을 부분적으로만 이해할 수 있다면, 그래서 앞으로 벌어질 일을 전혀 모를 때가 많다면, 그런데도 어떻게든 행동하며 살아가야 한다면, 우리는 인간성 전체를 재고해 보는 게 좋을 것이다. 무지에 직면한 우리가 어떻게 살아 나가야 할지를 따져 보아야 하는 것이다. 우리 스스로를 자연에서 진화한 존재로 새롭게 파악하는 작업은 문화적 작업이다. 예술과 인문학, 법적 추론, 경제 활동, 현실적 행동의 역할을 죄다 다시 생각해 보아야 하기 때문이다. 동시에 이것은 신성을 재발명하는 작업이다. 우리가 부분적으로나마 그 형성에 기여하고 있는 우리 우주의 창조성과 어떻게 더불어 살아갈 것인가 하는 문제이다. 우리는 미래를 알지 못하면서도 어떻게든 살아가야 하므로, 수수께끼 속으로 걸어 들어가는 것이나 마찬가지이다. 우리는 스스로가 어떻게 그렇게 살아가는지를 더 잘 알 필요가 있다. 삶의 이 심오한 성질을 이해함으로써 어떻게 더 잘 살지 배워야 한다. 플라톤은 인간이 진, 선, 미를 추구한다고 말했다. 플라톤이 가리킨 방향은 옳은 방향이었다.

이성과 인간성의 다른 측면들을 재통합하는 과제는 내 전문 분야를 한참 넘어선다. 그러나 내가 지금까지 설명한 새로운 과학적 세계관에 비추어볼 때, 우리는 반드시 그런 노력을 해야 한다.

인류가 지난 2,500년 동안 과학적 앎에 대해 품었던 생각의 대부분은 아리스토텔레스가 첫 기틀을 닦았다. 그는 과학적 앎이 보편적 전제에서 종속적 전제를 거쳐 결론으로 나아가는 연역 과정을 통해 가능하다고 주장했다. 이런 식이다. 모든 사람은 죽는다. 소크라테스는 사람이다. 따라서 소크라테스도 죽는다. 뉴턴의 법칙들과 이후의 물리학은 이 원칙을 완벽하게 받들었다. 물리학의 경우에는 자연 법칙들이 보편적 전제이다. 종속적 전제는 초기 조건과 경계 조건이다. 여기에서 연역되는 결론은 계의 미래 진화에 대한 예측이다. 그러나 이 모형은 다윈주의적 전적응을 통해 진화하는 생물권에는 적용되지 않는다. 자기 구축적이고 부분적으로 무법적인 생물권의 진화에는 적용되지 않는다. 또한 전적응과 유사한 현상을 통해 뜻밖의 새로운 기능을 발견하며 진화하는 기술과 경제에도 적용되지 않는다. 이런 생물권의 '변천 조건'을 생각하다 보면, 부분적으로 무법적인 자기 구축 원리가 비생물적 우주에도 존재하는지 궁금해진다. 그런데 머리 겔만의 말마따나 과학 법칙이 앞으로 펼쳐질 일의 규칙성을 미리 압축적으로 기술한 것이라면, 전적응을 통한 생물권의 진화이든 전적응과 비슷한 현상을 통한 경제의 진화이든 '법칙'으로 기술할 수 없기는 마찬가지이다. 사실은 일찍이 아리스토텔레스도 그 점을 지적했다. 그는 과학 지식으로는 현실적인 인간 행동을 설명하지 못한다고 보았다. 그래서 세상의 인과 원인에는 네 가지가 있다고 주장하면서, 형상인, 작용인, 질료인과 더불어 목적인도 반드시 필요하다고 말했다. 그런 아리스토텔레스도 인간이 지식의 본질적 한계에도 불구하고 어떻게든 행동하며 살아간다는 것이 어떤 의미인지는 논하지 않았다. 현실적 행동에 대한 우리의 기술은 너무나 불완전하다. 그런데도 우리는 매일을 살아 나간다.

바로 그 점 때문에 중세에는 법적 추론을 인간의 모든 이성들 중 가장 고귀한 형태로 여겼다. 그러던 것이 뉴턴의 성공 이후에는 과학적 추론에게로 그 지위가 넘어갔다. 법적 추론은 현실의 행동을 담당한다. 우리가 구체적인 상황에서 어떤 이유와 동기로 행동하는지 판결한다. 그 근거는 판례나 법률, 또는 둘 다에 따라 오랫동안 성문화되고 해석된 규칙들이다. 1215년의 대헌장에서 시작된 영국의 관습법을 생각해 보자. 법률들의 진화적 총체라고 할 수 있는 그것은 인류가 집단적으로 이뤄낸 대단한 성취이다.

내 친구의 아들 부부인 너새니얼과 새러에게는 7개월 된 아기가 있다. 푸른 눈동자가 동그랗고 예쁜 퀸이라는 아기이다. 일전에 우리는 함께 신년 전야를 보냈다. 새러는 사람들 사이에 오가는 대화에 다 참여하면서도, 어린 아들이 보내는 사소한 신호들을 즉각 알아차렸다. 나는 어머니와 아들이 마치 춤을 추듯이 서로 감쌌다가 놓았다가 하는 광경을 지켜보았다. 새러가 아들을 이해하고 아들의 요구를 파악하는 능력은 도저히 정량화할 수 없다. 그것은 젊은 어머니의 인간성 전체를 반영하는 능력이다. 그것은 아들을 활동하고 자고 웃고 우는 아기라는 한 인간으로서 이해하는 능력이다. 그런데 새러의 인간성은 과거 500만 년의 원인 진화를 반영한 것이고, 더 멀게는 포유류의 진화를 반영한 것이며, 아마도 그것보다 더 멀리까지 거슬러 올라가는 역사를 반영할 것이다. 생후 몇 달 동안에 어머니와 아기의 유대가 제약되면 아이에게 심각한 애착 문제가 생길 수 있고, 그 영향이 아이의 먼 미래에까지 미칠 수도 있다. 아마도 우리는 어머니나 이모나 누이나 형이나 아빠가 아이를 생후 6개월이나 그보다 더 오랫동안 보살펴 주는 씨족에서 진화했을 것이다. 그렇다면 오늘날 여러 선진국 사람들의 양육 방식은 우리의 심리적 진화 역사를 무시하는 셈이다. 경제적으로 발달한 오늘날의 사회에서는 아기를 예전보다 더 고립시켜 키우는 경향이 있으니까 말이다.

우리의 포유류 친척들은 새끼 돌보는 법을 잘 안다. 곰이나 늑대가 새끼와 함께 있는 광경을 찍은 다큐멘터리를 보라. 그들은 언어가 없지만 깊이 이해할 줄 안다. 포유류의 그 진화적 유산을 새러도 공유한다. 감정적으로 잘 적응한 수십억 명의 새러들이 이 땅에 없다면, 우리의 아이들은 심리적으로 큰 흠을 입을 것이다.

유명한 정신 분석학자 카를 구스타프 융(Carl Gustav Jung, 1875~1961년)은 인간의 감각을 사고, 감정, 감각, 직관으로 나눴다. 나는 이런 용어들의 의미를 명확하게 알지는 못하지만, 우리가 미래를 모르는 상태에서 어떻게든 결정하고, 행위하고, 행동하며 미래를 향해 살아 나갈 때 이런 감각들이 도구가 되어 주는 것은 분명하다. 이것은 지속적인 무지에 직면한 상황에서도 어떻게든 현실적 행동을 할 수 있도록 진화가 우리에게 갖춰 준 설비이자 도구이다.

사람의 언어에는 비유가 있다. 나는 우리가 왜, 어떻게 비유를 쓰는지는 궁금했다. 혹시 우리는 아는 것에서 한 발짝 더 나아가 알 수 없는 것까지 포괄함으로써 어떻게든 현실적 행동에 대한 갈피를 잡기 위해서 비유를 쓰는 것일까? 감정이나 직관을 자극할 요량으로 비유를 쓰는 것일까? 나는 앞에서 양자 중력 이론을 발견하려고 애쓰는 과학자들을 잠깐 언급했다. 그런 탐색 과정은 전적으로 합리적인 과정일까? 유명 물리학자이자 융의 친구였던 폴 에이드리언 모리스 디랙(Paul Adrien Maurice Dirac, 1902~1984년)은 과학에서 가장 심오한 기쁨을 맛보는 순간은 자신이 마음속 깊이 품고 있던 이미지에 대한 해석을 찾아냈을 때라고 말했다. 나도 그런 경험을 한 적이 있다. 대학생이었던 1950년대 어느 날, 다트머스 대학 서점의 진열창에서 새 책들을 바라보던 나의 머릿속에 갑자기 언젠가 내가 복잡하게 연결된 화살표들과 점들이 가득한 책을 쓰게 될 것이라는 생각이 떠올랐다. 입체파 그림처럼 복잡하고 신비로운 구조들이 가득 그려진 책 말이다. 그것이 암시하는 질서와 이해가 당장이라도 선명하게 눈앞에 떠오를 것만 같았지만, 확실히 알 수는 없었다.

결국 화살표로 연결된 점들은 내 연구 경력의 대부분을 차지하게 되었다. 사람들이 과학자로서, 학자로서, 사업가로서, 법률가로서, 예술가로서 일상적으로 체험하는 질서와 이해를 밝혀내는 것 또한 내 연구의 핵심이었다. 소용돌이처럼 문득 생겨나는 이런 이미지와 발상의 정체는 대체 무엇일까? 얼마나 많은 사람이 무의식 상태에서 그런 창조적 능력을 경험했을까? 나는 직관력이 엄청나게 뛰어난 과학자를 몇 아는데, 반면에 똑똑하면서도 직관이 부족한 과학자도 많이 보았다. 적어도 내가 평가하기로는 그랬다. 직관은 예지가 작동하는 것으로 보일 만큼 합리성이 신속하게 발휘되는 현상일 뿐일까? 아니면 뭔가 다른 것일까? 이를테면 비유적 이미지를 통해서 미지의 것까지 포괄하는 능력일까? 나는 답을 모른다. 하지만 이런 의문들은 우리로 하여금 스스로에 대해 잘 모르는 점들을 꺼내 보게 한다. 우리가 어떻게 매일 통합된 인간성을 발휘하며 살아 나가는가를 묻게 한다.

어떻게 우리는 무지한 상태에서도 어떻게든 행동할까? 우리는 어떤 수단을 통해서 삶을 이어 가고 있을까? 키르케고르의 말마따나 우리는 어떻게 "미래를 향해 살아 나갈까?" 답이 무엇이든 우리는 분명 그러고 있다. 위성 통신의 발명으로 광섬유 회사들이 망한 것처럼 가끔 실패할 때도 있지만, 사람들은 끈질기게 또 나아간다. 증기 자동차 제조업자들은 휘발유 엔진에 주도권을 빼앗겼다. 미국에서는 석유 회사들과 자동차 회사들이 압력을 넣어 도로 건설을 추진했기 때문에, 철도 산업의 성장이 제한되었다. 니체가 말했듯이 "우리는 마치 미래를 아는 것처럼 살아간다." 우리는 신비 속으로 살아 나간다. 하지만 대체 어떻게?

우선 우리는 동물이었던 과거를 총동원한다. 진화가 우리에게 선사한 이성, 감정, 직관, 이해, 경험, 비유, 발명 능력, 그리고 인접한 가능성에서 기회를 포착하고 거머쥐는 능력을 총동원한다. 둘째로, 11장과 12장에서 보았듯이, 우리가 직관하고, 느끼고, 감각하고, 이해하고, 행동하는 과정은 대체로 비알고리듬적이다. 우리는 우리의 비알고리듬적 마음이 스스로의 작동에 대한 이론을 세운다는 것이 과연 어떤 일인지 아직은 잘 모르고 있다.

체스라는 단순한 사례에서 탐색을 시작해 보자. 체스는 현실 세계와는 다른 점이 많다. 체스에서는 선수들, 말의 움직임, 승패의 규칙이 미리 규정되어 있다. '적법한' 움직임이 미리 정의되어 있다. 현재의 판세가 어떻든, 선수들이 자기 차례에 취할 수 있는 적법한 말의 움직임에는 한계가 있다.

체스는 분명 알고리듬적으로 수행된다. IBM의 슈퍼컴퓨터 빅 블루(Big Blue)는 상대의 현재 말 위치를 파악한 뒤에 미래의 위치들을 모조리 따져 보는 어마어마한 계산을 수행하여 체스의 세계 챔피언 개리 카스파로프(Garry Kasparov, 1963년~)를 이겼다. 우리는 빅 블루가 어떻게 체스 두는 법을 익혔는지를 안다. 빅 블루의 프로그램을 우리가 짰기 때문이다. 그러나 빅 블루와 대결한 카스파로프의 행동이 알고리듬적이었는가는 별개의 문제이다. 어쨌든 체스는 현실 세계와 다르다. 현실 세계에서는 가능한 움직임들이 규정되어 있지 않고, 사람의 행동이 전혀 알고리듬적이지 않을 가능성이 있다.

## 자연적 합리성은 제한되어 있다

나는 빈스 달리(Vince Darley)와 함께 일하는 행운을 누렸다. 그는 케임브리지 대학교 수학과에서 수석을 거머쥔 뒤에 샌타페이 연구소와 하버드에서 내 학생으로 있었고, 지금은 유로바이오스라는 회사의 핵심 직원이다. 빈스와 알렉산더 아우트킨(Alexander Outkin)은 둘 다 한때 바이오스그룹(BiosGroup)이라는 회사에서 나와 함께 일했다. 바이오스그룹은 복잡성 이론을 현실의 기업 문제들에 적용하기 위해 내가 세운 회사이다. 두 사람은 얼마 전에 바이오스그룹에서 6년 동안 수행한 연구 결과를 책으로 발표했는데, 제목이 『나스닥 주식 시장(*NASDAQ Stock Market*)』이다. 그들이 책에서 소개한 주식 시장 모형은 이제까지 만들어진 어떤 모형보다도 세련된 것이었다.

앞에서도 언급했던 단순한 경제 모형들을 다시 소개해 볼까 한다. 현실 세계와는 달리 그런 모형들에서는 '움직임'이 미리 규정되어 있다. 내가 왜 다시 경제 모형을 이야기하는가 하면, 미래의 일을 모르는 상태에서 우리가 어떻게 살아 나가는가 하는 문제와 관련이 있기 때문이다. 특히 우리가 남들과 함께 행동할 때에는 아주 단순한 행동이라도 비정상 상태를 이룬다는 점이 중요하다. 비정상 상태란 끊임없이 변화한다는 뜻이다. 우리는 남들의 행동을 쉽게 예측할 수 없다. 그것을 전혀 모르는 상태로 살아간다. 그것에 대한 합리적인 확률적 진술은 가능할까? 이렇듯 구체적으로 설정된 모형에서조차 불가능한 듯하다. 그렇다면 경제 활동 모형에 대해서 우리가 물을 질문은 이렇다. 우리는 어떻게 그것을 해 낼까?

내가 소개할 단순한 경제 모형은 합리적 기대 이론에서 파생했다. 합리적 기대 이론은 11장에서 이미 소개했지만, 간략하게 다시 설명해 보자. 일반 경쟁 균형 이론에 따르면, 모든 주식들에는 기본 가치가 있다. 만약에 모든 사람들이 주식 가치를 잘 안다면, 주식 시장에서는 거래가 거의 일어나지 않아야 한다. 그러나 현실은 그렇지 않다. 나스닥 같은 실제 주식 시장에서는 늘 대량의 거래가 발생한다.

합리적 기대 이론은 왜 투기 거품이 발생하는지 설명하려는 시도에서 탄생했다. 예를 들어 몇백 년 전에 네덜란드에서 이국적인 튤립 종자에 대한 투기가 확 부풀었다가 사그라든 '튤립 투기 거품 사건' 같은 것을 설명하려고 한다. 합리적 기대 이론은 또 주식 시장의 활황을 설명하려고 한다. 기본 개념은 이렇다. 모든 경제 구성원들은 경제의 움직임에 대해서 몇 가지 신념들을 공유하며 그 신념들에 따라 행동한다. 덕분에 구성원들이 믿는 바로 그 형태의 경제가 유지된다. 한마디로 합리적 기대가 실현된다. 그런 자기 일관적 신념들이 단기적 투기 행동을 부추긴 결과가 바로 투기 거품이다. 그러나 이 이론으로는 왜 대량의 거래가 벌어지는지 설명할 수 없다. 모든 사람들이 정확하게 같은 기대를 품고 있다면, 왜 주식을 사고팔겠는가? 주가가 얼마이든 그 값은 사람들이 적당하다고 믿는 수준보다 높거나 낮을 텐데, 그렇다면 대체 누가 거래에서 '손해 보는 쪽'을 맡겠는가? 이것보다 더 심각한 문제도 있다. 합리적 기대들의 '균형'이 '안정한가' 하는 문제이다. 균형은 사람들이 경제적 행위자로서 서로에게 무엇을 기대하는가, 그리고 함께 만들어 가는 경제에게 무엇을 기대하는가 하는 이론적 기대들의 공간에서 달성된다. 그렇다면 사람들이 서로에게 품는 기대가 요동칠 때에도 균형이 안정적으로 유지될까? 아래에서 설명할 단순한 모형에 따르면 그렇지 않았다. 서로에 대한 기대에 요동이 있으면 균형은 안정적으로 유지되지 않는다. 설상가상으로 모든 행위자들이 성공하려고 애쓰는 상황에서는 원칙적으로 그런 요동이 발생하게 마련이다. 이 모형이 옳다면 합리적 기대 이론은 좀 더 다듬어야 한다. 또한 그 연장선에서 합리적인 확률적 진술조차 불가능할 때가 많다는 것을 보게 될 것이다.

노벨 경제학상을 받은 허버트 알렉산더 사이먼은 이른바 '제한적 합리성(bounded rationality)'을 주장했다. 그것은 일반 경쟁 균형 이론이 가정하는 초합리적 '경제적 인간(economic man)'에 대비되는 개념이다. 초합리적 인간은 모든 기일 조건부 재화들의 확률적 가치를 계산할 줄 안다.

그렇기에 일반 경쟁 균형 이론에서는 미래가 어떻게 펼쳐지든, 모든 계약들이 성립하고 균형이 생겨난다. 사이먼은 사람이 초합리적이지 않다는 점을 지적했다. 우리는 어느 정도에서 만족한다. 최적화를 추구하지 않고 '이만하면 됐다.' 싶은 수준에서 멈춘다. 초고속 컴퓨터로도 계산하기 버거울 만큼 복잡한 최적의 해답을 찾는 대신, 대강의 성공 기준에 따라 대강 만족한다. 사이먼의 말은 옳다. 하지만 그의 생각은 수학적으로 표현하기가 까다롭다. 모든 기일 조건부 재화들이 미리 서술된 세상에서는 완벽하게 합리적인 해답이 딱 하나뿐이지만, 완벽하게 합리적인 수준보다 조금 못한 수준을 달성하는 길은 무한히 많기 때문이다.

사이먼이 말한 제한적 합리성이나 우리가 모든 것을 **알 수 있는** 세계에서의 적당한 만족을 논외로 하더라도, 앞에서 확인했듯이, 어떤 사건들에 대해서는 원칙적으로 확률적 평가마저 불가능하다. 트랙터나 위성통신의 발명 같은 사건들이 그런 예이다. 그것은 우리가 알 수 없는 미래이다. 다윈주의적 전적응과 마찬가지로 그것은 인접한 가능성의 영역이므로, 우리가 알 수 없는 미래 세상이다. 사실 경제학자들도 이 문제를 알고 있다. '나이트의 불확실성(Knightian uncertainty)'이라는 이름까지 붙여 두었다. 그러나 경제학에서는 이 요소가 별다른 역할을 하지 못한다. 경제학자들은 이것이 근본적인 불확실성이라는 것, 생물권과 경제에서 발생하는 다윈주의적 전적응의 부분적 무법성 때문에 생기는 불확실성이라는 것을 아직 깨닫지 못했다.

빈스 달리와 내가 증명하고 싶었던 것은, 합리적 기대에 기반한 경제 균형은 경제 주체들의 행동에 작은 변화만 생겨도 단박에 불안정해진다는 가설이었다. 나이트의 불확실성을 고려하지 않더라도, 원칙적으로 우리가 모든 것을 **알 수 있는 세상**에서도 말이다. 우리는 현실 세계와는 달리 모든 가능한 행동들이 미리 규정된 상황이라도 합리성은 제한적이라는 것을 보여 주고 싶었다.

우리의 모형은 이렇다. 우리가 향후 20개월 동안 매달의 밀 가격을 안다고 하자. 그것을 바탕으로 21개월째의 밀 가격을 예측하고 싶다. 수학자 장 바티스트 조제프 푸리에(Jean Baptiste Joseph Fourier, 1768~1830년)가 보여 주었듯이, 다양한 파장의 사인파와 코사인파 각각에 적절한 가중치를 주어 합산하는 기법을 쓰면 칠판에 아무렇게나 구불구불 그린 곡선이라도 훌륭하게 기술할 수 있다. 따라서 우리도 푸리에 급수를 쓰면 지난 20개월의 밀 가격 데이터에 근사하게 들어맞는 곡선을 얻을 수 있다. 그런 기법을 써서 다음 달의 밀 가격을 예측한다고 하자. 우리는 푸리에 공식을 하나만 쓸 수도 있다. 예를 들어 지난 20개월의 가격을 평균 내는 공식 하나만을 쓸 수도 있다. 물론 그렇게만 해서는 21개월째의 가격을 정확하게 예측할 수 없을 것이다. 아니면 우리는 1,000가지 푸리에 공식들, 즉 파장들을 쓸 수도 있다. 그러면 아마도 전달의 가격에서 거의 직선으로 이어지는 선이 그어질 것이다. 그런데 이 모형도 다음 달의 가격을 잘 예측하지 못하기는 마찬가지이다. '평균' 공식 하나만 쓴 경우에 예측이 벗어나는 까닭은 데이터에 대한 '과소 적합 상태'이기 때문이다. 지난 20개월의 밀 가격 정보를 충분히 다 활용하지 않았다는 뜻이다. 반면에 1,000개의 공식들을 쓴 경우는 데이터에 대한 '과잉 적합 상태'이다. 데이터의 잡음까지 다 맞추려고 하기 때문에 제대로 예측하지 못한다는 뜻이다.

과소 적합/과잉 적합 문제는 유효한 데이터가 유한하게 주어진 경우에 흔히 발생하는 보편적인 문제이다. 어떻게 이 문제를 피해서 최적의 적합도를 달성할까? 답은 적당한 개수의 푸리에 공식을 쓰는 것임이 수학적으로 이미 증명되었다. 우리 사례에서는 이를테면 네 가지 파장을 동원해야 한다고 하자. 요컨대 최적의 예측을 얻기 위해서는 이론의 복잡성이 제한되어야 하는 것이다. 푸리에 공식을 서너 개쯤 써야지, 하나나 1,000개를 써서는 안 된다. 달리와 나는 이런 의미에서 자연적 합리성이 제한되어 있을 것이라고 생각했고, 계에 대해 복잡성이 제한된 모형을 세우는 경우를 조사하기로 했다. 우리는 제한된 수의 푸리에 공식을 씀으로써 지난 20개월의 밀 가격에 제법 가까운 정도로 들어맞고 다음 달의 밀 가격을 제법 가까운 정도로 예측하는 모형을 개발했다.

다음으로 우리는 다음 달의 밀 가격을 예측하는 작업이 수학자들의 말마따나 '정상 시계열' 구축 작업이라고 가정했다. 정상 시계열이란 밀 가격이 긴 기간에 걸쳐 요동치기는 하겠지만 평균값은 변하지 않는다는 뜻이다. 게다가 요동의 변화율, 즉 변이 정도도 달라지지 않는다고 본다.

이제 우리의 모형을 확장해 보자. 두 사람이 참가해서 각자 보상을 얻는 게임을 상상하자. 두 사람의 행동에는 제한이 있다. 체스에서 말의 행동이 제한되어 있는 것과 마찬가지이다. 이 게임에서는 오직 두 가지 행동이 가능하다. 오른팔을 들어 올리는 행동과 내리는 행동이다. 게임을 시작한 두 참가자는 각자 상대의 행동에 대한 이론을 구축하고, 그 이론에 따라 자신의 행동을 선택한다. 여기까지는 '합리적 기대' 단계이다. 만약에 이것이 일관되고 안정된 세상이라면, 두 참가자의 행동과 이론은 영원히 원래 위치에 머물 것이다. 즉 **합리적 기대 균형**이 이뤄질 것이다. 두 명으로 구성된 작은 경제 모형에 대한 이론들이 그 이론을 받아들인 참가자들의 행동을 통해 일관되게 구현되는 세상이다. 하지만 달리와 나는 게임이 그렇게 진행되지 않을 것이라고 짐작했다.

게임이 진행되면, 두 참가자는 상대의 행동에 대해 점점 더 긴 시계열을 알게 된다. 밀 가격으로 말하자면 20개월의 자료가 아니라 200개월의 자료를 알게 되는 상황이다. 참가자는 자신이 받을 보상을 높이기 위해, 게임 초기에 짧은 시계열에 의거해 구축했던 모형보다 **더 복잡한 모형**

**을 상대에 대해 구축**한다. 즉 더 많은 푸리에 공식을 사용한다. 실제로 상대에 대해 더 많이 알게 되었으므로, 상대의 행동을 더 정확하게 예측할 수 있다.

다음에는 어떻게 될까? 참가자가 상대의 행동에 대해 점점 더 정확한 모형을 구축하고 모형이 점점 더 정확하게 상대의 행동을 예측하므로, **모형은 그 향상된 정확도 때문에 반증하는 증거에 더 취약해진다! 복잡한 모형일수록 더 취약하고, 반증에 접했을 때 더 쉽게 무너지기 때문이다.**

어느 시점에 한 참가자가 상대의 정확한 모형에 들어맞지 않는 행동을 한다고 하자. 상대인 두 번째 참가자는 그 부적합한 데이터를 무시할 수도 있고, 아니면 첫 번째 참가자에 대한 자신의 모형을 수정할 수도 있다. 두 번째 참가자가 첫 번째 참가자에 대한 자신의 모형을 수정했다고 하자. 두 번째 참가자는 첫 번째 참가자에 대한 새로운 모형에 기반하여 다른 방식으로 행동할 것이다. 그러면 이제 두 번째 참가자가 다른 방식으로 행동하기 때문에 첫 번째 참가자의 모형도 맞지 않게 되어 버린다! 그래서 첫 번째 참가자도 두 번째 참가자에 대한 새로운 모형을 개발한다. 여기에서 요점은 팔을 올리고 내리는 두 가지 행동으로만 이뤄진 극히 단순한 게임에서도 참가자들이 상대의 행동에 대한 확률적 진술을 구사할 수 없다는 것이다. 극히 단순한 상황에서조차 참가자들은 **무지하다.** 최적화할 수 없다. 수수께끼에 직면한 채 살아가야 한다.

한마디로 사람들은 서로에 대한 모형들과 행동들의 공간에서 살아가는데, 그 모형들과 행동들은 시간에 따라 공진화하고 바뀌게 되어 있다. 사람들이 서로에 대해 구축한 모형이 바뀌면 그 모형에 바탕을 두고 수행해 왔던 스스로의 행동도 바뀌므로, 이후에는 행위자들의 행동에 안정된 장기 시계열이 존재할 수 없다. 모두들 상대에 대해 2개월이나 20개월 범위 안의 밀 가격을 알 뿐, 2,000개월 동안의 가격 변동을 알 수는 없다. 이 상태에서 계속 게임이 진행되면, 참가자들은 예전의 상세한 모형보다 훨씬 단순한 모형을 세우게 된다.

행동이 이런 식으로 변한다면 시계열은 결코 정상 상태로 존재할 수 없다. 참가자들이 손을 드는 횟수의 평균값과 변이값은 게임의 이전 '국면'과는 다른 형태로 바뀔 것이다. 이렇게 시계열 패턴이 변하는 까닭은 더 정확한 모형일수록 더 취약하기 때문이다. 참가자들이 서로에 대해 구축하는 모형이 두 형태 사이에서 왔다 갔다 하기 때문이다. 단순하지만 튼튼해서 일정 기간 동안 일관된 행동을 낳는 일시적인 합리적 기대 모형과, 점점 더 복잡해져서 점점 더 취약해지는 바람에 결국 반증되어 새로운 행동 패턴을 낳는 모형 사이에서 말이다. 그러니 행동 패턴이 비정상 상태일 수밖에 없다.

이것이 우리 이론의 핵심이다. 이 이론의 의미를 해석해 보건대, 우리는 보통 서로에 대해 중간 정도로 복잡한 모형을 구축할 것이다. 예를 들어 푸리에 공식 서너 개쯤으로 구성된 모형일 것이다. 모형은 갈수록 복잡해져서 공식을 10개 넘게 포함하게 되겠지만, 그 때문에 점점 반증에 취약해진 탓에 결국 다시 공식 서너 개의 모형으로 붕괴할 것이다. 우리는 비정상 상태의 시계열을 구축할 것이다. 비정상 상태란 우리가 서로에 대해 안정적인 행동을 취하는 기간이 늘 적당한 수준으로 제한된다는 뜻이다. 안정된 데이터 기간에 대한 과소 적합이나 과잉 적합을 피하기 위해서 늘 중간 정도로 복잡한 모형만을 만든다는 뜻이다. 이 모형은 보기 좋게 잘 작동한다.

또한 이 모형은 주식 거래 활동에 변이가 큰 시기와 작은 시기가 존재할 것이라고 예측한다. 실제로 주식 시장에는 하루 중 거래의 변동성이 높은 시기와 낮은 시기가 있다. 이것을 '이질적 분산(heteroscadisity)'이라고 하는데, 주가 변동성이 높고 낮은 시기가 존재한다는 뜻이다. 현재로서는 이질적 분산을 적절하게 설명하는 이론이 없다. 우리 모형이 이제 막 기반을 제시했을 뿐이다. 합리적 기대 이론은 왜 주식 시장에 상당한 양의 거래가 발생하는지 설명하지 못하지만, 우리 이론은 상당한 거래량을 **예측한다**는 점에 주목하자. 우리의 단순한 모형이 보여 주듯이, 합리적 기대에 기반한 시장 균형 경제 모형은 불안정하므로, 사람들이 상호 작용할 때 본질적으로 비정상 시계열을 낳는 경향성이 있다는 사실을 포함하도록 확장되어야 한다. 흥미롭게도 우리의 작은 모형은 주식 거래자들이 익히 아는 한 가지 현상에도 잘 들어맞는 듯하다. 주식 시장에서는 흡사 '규칙'처럼 보이는 것들이 등장해서 한동안 투자를 이끌어 주지만, 그것들이 짧은 기간 동안만 '유효'한 현상 말이다. 투자자들은 단기 이론을 갖고 있다. 그러나 그것은 곧 해체되고, 다른 단기 이론이 등장한다. 이론이 변함에 따라 투자 활동이 변하고, 시계열은 비정상 상태로 유지된다. 물론 이런 현상이 존재한다고 해서 나와 달리의 모형이 주식 시장을 정확하게 기술한다는 데 대한 증명이라고 할 수는 없지만, 적어도 여기에서부터 더 적절한 이론을 개발해 나갈 수 있을 것이다. 내가 알기로는 아직 이런 방향의 연구가 더 수행되지 않았다.

이 모형은 여러 이유에서 중요하다. 모형이 참가자들의 행동을 일정하게 제약했다는 것을 명심하자. 참가자들은 팔을 올리거나 내리는 행동만을 할 수 있었다. 반면에 현실 세계에서는, 예를 들어 역사적 선택이나 정책 결정이나 경제나 일상 생활에서는, 참가자들이 다음 단계에서 취할 행동에 근본적인 한계가 없다.

참가자들의 모형과 행동이 공진화하고 그에 따라 비정상 시계열이 구축되기 때문에, 참가자들은 서로의 행동에 대해 합리적인 확률적 진술조차 말할 수 없다. 시계열은 쉼 없이 변한다. 팔을 올리고 내리는 유형에 관련된 통계적 속성들도 시시각각 변할 것이다. 확률적 진술은 기껏해야 정상 행동의 '시대' 내에서만 의미가 있을 테고, 사실은 그마저도 장담할 수 없다. 왜냐하면 서로에 대한 모형이 쉼 없이 바뀌는 상황에서는 어떤 시간 규모에서든 시계열이 비정상 상태일 테니까 말이다. 만약에 그렇다면 확률을 빈도로 해석하든 라플라스 식 *N*개의 문에 기반한 베이지안 접근법으로 해석하든, 어차피 확률적 진술이 불가능하다. 참가자들은 정말로 모른다. 하지만 어떻게든 행동해야 한다. 이런 모형에서도 우리는 수수께끼에 직면해 살아간다.

사실 우리의 현실적 행동들 중에는 미리 서술할 수 있을 듯한 행동도 없지 않다. 현실에서 사업 기회를 포착하는 행동은 어떨까? 하버드 대학교에서 MBA를 받았고 현재 바이오스그룹의 회장으로 일하는 밥 맥도널드(Bob MacDonald)는 정기적으로 새로운 사업 기회를 탐색하고, 발명하고, 발견한다. 레고 기계의 여러 행위 유발성들이 늘 새로운 방식으로 사용될 수 있듯이, 맥도널드는 그것과 비슷한 우연한 방식으로 사업 전략을 빚어 나간다. 한번은 내가 맥도널드에게 어떻게 그런 사업적 결정들을 내리느냐고 물었다. 대답을 들어 보니, 그의 결정에는 결과에 대한 두려움 같은 여러 감정들, 과거의 사건과 결과가 현재의 환경과 얼마나 비슷하고 얼마나 다른지 판단하게 해 주는 경험들, 그리고 발명적 요소들까지 간여하는 게 분명했다. 우리는 어떤 식으로든 과거의 경험과 현재의 상황 사이에서 유사점과 차이점을 읽어 낸다. 유사성을 확인한다는 것은 정확하게 어떤 일일까? 앞에서 지적했듯이 '유사성' 개념부터가 분명하지 않거니와, 어떤 속성이 비교 대상으로 '유의미한지' 선택하는 것도 까다롭다. 반드시 비교해야 할 속성들을 유한한 목록으로 나열할 수 있을까? 어떻게 그 목록의 한계를 정할까? 서로 다른 사례들 사이의 '거리'를 재는 기준은 뭘까? 어떻게 그 기준을 세울까? 어떤 근거에서 유사성이나 차이점이 '합리적'이고 적절하다고 '받아들일까?' 이따금 우리는 과거의 경험을 현재와 비교함으로써 결정을 내린다. 그러나 어떤 때에는 전혀 다르게 행동한다. 철저하게 새로운 해답을, 과거에 유사한 경험이 전혀 없었던 해답을 발명할 때도 있다. 니체가 말했듯이 "우리는 미래를 아는 것처럼 살아간다." 허우적대며 헤쳐 가든, 탁 트인 길을 신나게 달려가든, 언제나 마치 미래를 아는 것처럼 살아간다. 이것 역시 인류 문화가 발휘하는 창조성이다.

인접한 가능성이 무엇으로 구성되어 있는지 늘 분명히 아는 것은 아닌데도, 어쨌든 우리는 사업적, 법적, 과학적, 예술적, 개인적 상호 작용에서 늘 인접한 가능성의 기회를 인식하고 포착하며 살아간다. 우리는 잘 모르는 것을 그저 흐릿하게 바라보고 평가하면서도 어떻게든 행동한다. 양자 중력 이론을 구축하려는 노력도 이런 면에서 관계가 있다. 과학자들은 자신이 찾는 해답이 어떤 형태일지조차 **확실하게 정식화하지 못한** 상태이다. 내가 주장했듯이 그들의 탐색은 비알고리듬적인 듯하다. 과학자들은 대체 어떻게 그런 탐색을 해 나갈까?

몇 년 전에, 경제학자 존 밀러와 나는 샌타페이의 내 집 근처에서 발견한 외면 긁개(석시 시대의 도구 중 하나 — 옮긴이)를 함께 살펴보고 있었다. 갑자기 존이 그것을 가슴께로 들어 올리더니 엄지로 격렬하게 눌러 대기 시작했다. 나는 그가 그것을 리모컨처럼 만지고 있다는 사실을 재깍 알아차렸다. 우리는 껄껄 웃음을 터뜨렸고, 뉴멕시코 북부의 아나사지 문명이 몰락한 이유에 대한 새로운 학설을 개발했다. 우리의 학설에 따르면, 1250년에 아나사지 문명은 텔레비전 리모컨을 발명했다. 텔레비전이 발명되려면 700년은 더 있어야 했는데 말이다. 그들은 종교적 고집 때문에 계속 리모컨을 제작했고, 그 바람에 결국 문명이 경제적으로 붕괴했다. 존과 나는 이 이론을 사랑하지만, 고고학자들은 그렇지 않을 것이다. 그러나 실제로 아나사지 문명의 붕괴를 연구하는 고고학자들이라고 해서 얼마나 더 많이 알겠는가? 이 일화는 기회가 무엇인지, 기회를 제때 포착한다는 게 무엇인지 보여 주는 사례이다. 존은 외면 긁개에서 농담의 가능성을 읽어 냈고, 그것을 제때 포착했다. 그는 자신이 단순한 돌 조각을 격렬하게 눌러 대면 내가 그 뜻을 단박에 이해할 것이라고 기대했다. 여기에서 심리학적 행동주의 이론의 한계가 드러난다. 내가 자발적으로 웃음을 터뜨린 일을 자극 상황에 대한 학습된 반응이라고 설명할 수는 없을 테니까.

오늘날 경제의 첨단에는 새로운 기회들이 있다. 실로 다양한 기회들이다. 리모컨처럼 충분히 예견될 만한 방식으로 경제 그물망을 인접한 가능성으로 인도하는 기술적 발명품도 있고, 엔진 블록의 견고함처럼 결코 예견할 수 없는 듯한 방식으로 경제 그물망을 인접한 가능성으로 인도하는 다윈주의적 전적응도 있고, 드라이버의 갖가지 쓰임새들처럼 그 쓰임새에 대한 새로운 보완재를 창조함으로써 경제 그물망을 더 확장할지도 모르는 기회도 있다. 새로운 조직 형태도 이런 기회에 해당한다. 예를 들어 월마트 같은 할인점들이 과거의 소매업을 거의 대체했다. 이제 소매업은 경쟁이 되지 않는다. 할인점의 발명 또한 누군가 기회를 감지하고 포착했기에 가능했다. 많은 소매업자들이, 할인점이 자기 사업에 그만한 충격을 안길 것이라고는 미처 내다보지 못했다. 어떤 상품이나 서비스에 대해서 어떤 새로운 보완재들과 대체재들이 가능한지를 모조리 미리 말할 수 있을까? 충분히 예측 가능한 방식으로 설계된 신상품들은 물론이고 근본적으로 혁신적인 발명품들까지 다 포함해서 말이다. 우리는 경제의 진화가 언제, 어떻게 펼쳐질지를 미리 말할 수 있는가의 문제로 돌아온 셈이다. 원유 생산량이 최고조에 달하는 해를 가리키는 피크 오일이 이미 닥쳤거나 곧 닥칠 것이라고 보는 사람들이 많다. (피크 오일 이후에는 생산량이 감소한다.) 피크 오일은 우리에게 어떤 영향을 미칠까? 우리는 막연히 추측할 뿐이다. 영향이 미약할지, 파국적인 결과가 닥칠지, 새로운 에너지원이 발견될지, 산업 사회와 후기 산업 사회가 완전히 새로 재편될지, 우리는 모른다.

우리는 기회를 읽어 내고 그것을 취한다. 마치 다 아는 것처럼 행동하지만 사실 모르고 행동한다. 우리는 자기 행동의 장기적 결과를 모른다. 그래도 물론 현명하게 행동하기를 바란다. 그런데 결과를 계산할 수 없는 상황에서 현명하게 행동한다는 게 무슨 뜻일까? 이 주제는 지구 윤리를 이야기하는 장에서 다시 논하자.

가끔은 선택의 범위가 아주 좁아서 기회가 분명히 드러나 보일 때가 있다. 그래서 우리는 그 과정이 알고리듬적일지도 모른다고 생각한다. 오늘날의 인지 과학자들이 성공할 수 있는 영역은 그처럼 완벽하게 틀이 지워진 상황이다. 그러나 또 가끔 우리는 스스로의 행동을 모르고, 스스로 탐색하는 공간을 모르고, 어떤 요소들이 쓸모 있을 것인지를 전혀 모른다. 양자 중력의 경우처럼 말이다. 심지어 내가 무엇을 설명하고 싶은지조차 확실히 모를 때가 있다. 내가 포착하려는 기회가 무엇인지조차 모를 때가 있다.

우리가 부분적으로만 알고 이해하는 상황에서 경제적, 정책적 인접한 가능성으로 흘러 들어가는 것, 그럼으로써 진화하는 경제나 역사 전체를 변화시킬지도 모른다는 것. 이것은 일반적인 문화 진화에서도 발생하는 현상이다. 어쩌면 우리는 앞으로의 가능성을 막연하게만 알 수 있는 상태라도 그 지식을 길잡이 삼아 조금이나마 더 잘 살아갈 수 있을 것이다. 설령 그 이상 다른 이유가 없더라도, 우리는 반드시 공통의 지구 윤리를 발명해야 한다. 지구 윤리를 길잡이 삼아 우리가 바람직하다고 생각하는 형태로 지구 문명을 빚어 나가야 한다. 인류 역사상 최초로, 우리에게는 지구 윤리를 세워야 하는 필요성과 그러는 데 사용할 도구들이 다 주어져 있다. 지구 윤리가 필요한 까닭은 전 지구적 통상과 통신으로 인해 다양한 문화들이 서로 충돌하게 되었기 때문이다. 우리가 지닌 도구들은 전 지구적 통신과 국제적 토론을 통해서 정부 차원이든 비정부 차원이든 두루 사용할 수 있는 것들이다. 우리는 그 도구들을 통해서 부분적으로나마 미래를 조각할 수 있다.

문화, 과학, 경제, 지식, 행동, 발명이 지속적으로 변천하는 것은 우리가 온전한 인간으로서 끊임없이 스스로를 만들어 나가기 때문이다. 그것이 곧 우리가 삶에서 의미를 만들어 나가는 과정이다. 그것은 창발적 과정이다. 그것은 창조적인 생물권만큼이나 멋지고, 경이롭고, 존경할 만한 과정이다. 나는 우리가 창조적 우주, 생물권, 문화 속에서 스스로를 바라볼 때 온전한 인간성이라는 통합된 틀로써 스스로를 파악하기를 바란다. 생명, 앎, 행동, 이해, 발명을 모두 아우르는 온전한 인간성 말이다. 우리가 삶을 살아가는 방식을 묘사하기에 어울리는 단어는 **신념**(faith)이다. 신념은 앎이나 이해보다 더 큰 단어이다. 우리에게는 어쨌든 삶을 살아가겠다는 굳건한 용기가 필요하다. 신념과 용기로 어떻게 더 좋은 삶을 살 것인가라는 문제는 고대 그리스까지 거슬러 올라가는 오래된 철학의 핵심 문제였다. 플라톤은 여기에 대해서 말하기를 인간은 진, 선, 미를 추구한다고 했다. 철학자 오언 플래너건은 『정말로 어려운 문제(*The Really Hard Problem*)』에서 이 철학적 전통을 이으면서 우리가 과학, 예술, 법, 정치, 윤리, 영성을 포함하는 여러 의미 영역들, 즉 '의미 공간(meaning space)'에서 삶의 의미를 만들어 낸다고 주장했다. 플래너건이 옳다. 우리는 모든 의미 공간들을 두루 건드리면서 의미를 만들어 낸다. 우주는 무의미하되 인간의 선택과 행동은 의미를 만들어 낸다는 주장은 환원주의를 반박하는 한 가지 대응법이었다. 환원주의에 따르면 우주는 온통 무의미하다. 그러나 생명도 우주의 일부이다. 우리가 새롭게 바라보게 된 우주, 생물권, 인류 문화는 끊임없이 창조성을 발휘한다. 그 속에서 생명, 행위 주체성, 의미, 가치, 행동, 의식이 끊임없이 창발하고, 우리도 그것들의 탄생에 힘을 보탠다. 이런 세상이라면 비로소 우리는 스스로를 의미 있는 존재로 여길 수 있다. 우리도 창발적 우주의 핵심적 구성 요소가 된다. 창조주를 믿는 사람이든, 동양적 전통을 믿는 사람이든, 무신론적 세속주의자이든, 우리는 다들 좋은 삶을 살기 위해서 온갖 방법들을 동원하면서 어떻게든 삶의 의미를 만들어 내고 있다. 우리는 모든 것을 다 알지 못하는 상태에서 어떻게든 행동한다. 우리는 무지에 직면한 상태에서 어떻게 행동해야 좋을까? 어떻게 행동할 수 있을까? 이것은 삶과 죽음을 놓고 선택하는 것이나 다름없다. 삶을 선택하는 이상, 우리는 신념과 용기를 품고 알 수 없는 미래를 향해 살아가야 한다. 이것은 부분적으로 무법적이고 자기 구축적인 이 우주, 생물권, 인간 사회에서 생명 그 자체가 우리에게 부여한 명령이다.

많은 사람이 이런 알 수 없음에 직면하여 신에게 의지한다. 신을 믿음으로써 안정을 찾으려고 한다. 그러나 우리는 창조주 하느님을 끌어들이지 않고 온전히 인간이 책임질 수 있는 것들만 가지고 무지와 마주할 수도 있다. 알아야 할 것을 다 알지 못하는 상황이라도 말이다. 곰곰이 생각해 보면, 불확실성에 직면하여 어떻게든 행동해 나간다는 것은 실로 숭고하기까지 한 일이다. 우리의 신념과 용기는 신성하다. 우리는 생명 그 자체를 위해서 끊임없이 신념과 용기를 선택할 것이다.

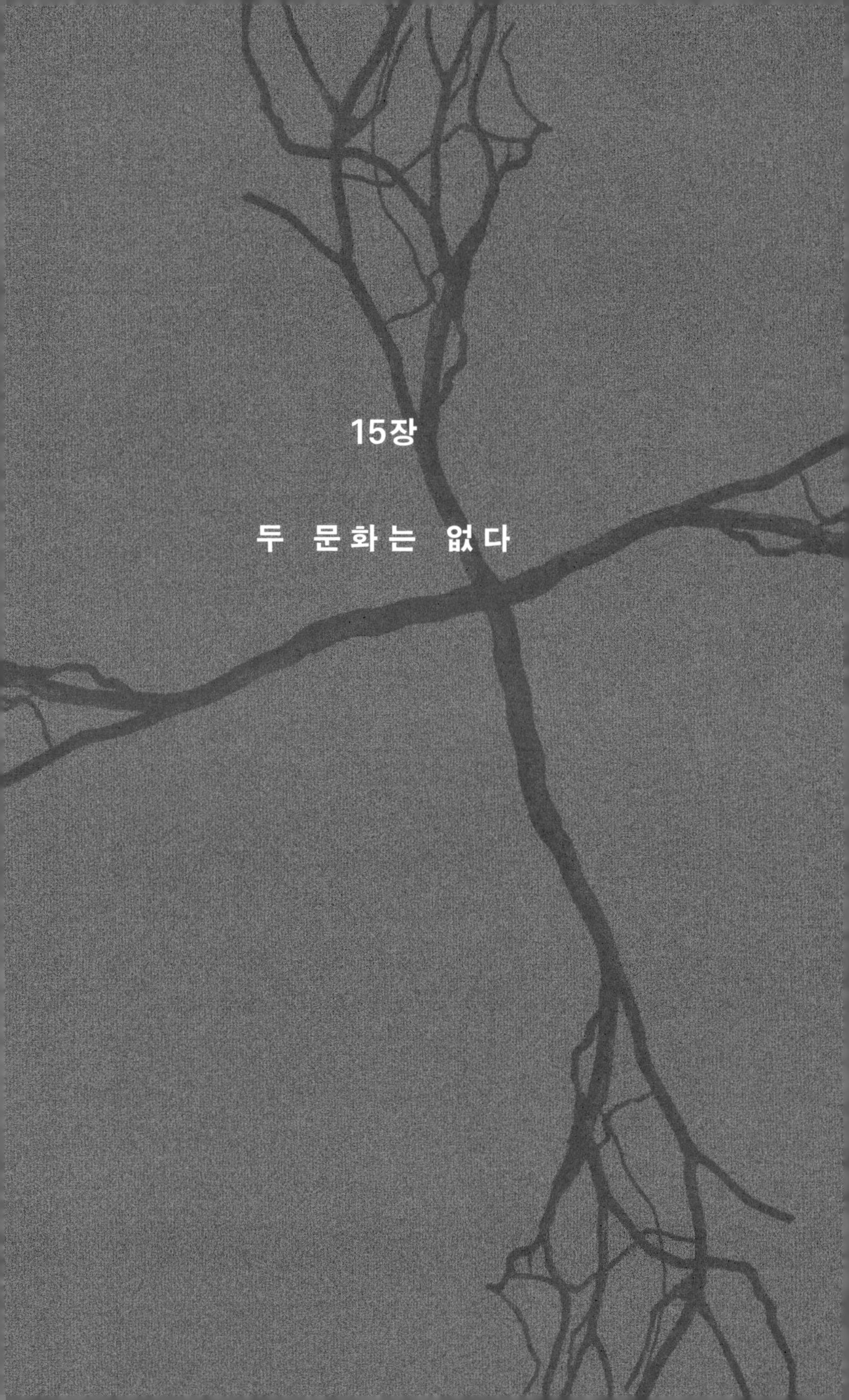

# 15장

# 두 문화는 없다

토머스 스턴스 엘리엇의 말마따나 정말로 16세기 형이상학파 시인들이 서구인의 마음에서 이성과 나머지 인간 감각들을 분리한 최초의 장본인이었는지는 모르겠지만, 어쨌든 분열은 오늘날에도 여전히 우리 문화의 심장부에 존재한다. 우리는 그 간극을 치유해야 한다. 에이브러햄 링컨(Abraham Lincoln, 1809~1865년)이 말했듯이 "내부적으로 분열된 집은 버티지 못한다." 인간성의 집은 분열되어 있다. 적어도 서구 문화에서는 분명히 그렇고, 대부분의 현대 세속 사회에서 그렇다. 어쩌면 이성과 나머지 감각들의 분열은 그보다 더 넓게 퍼진 현상일지도 모른다. 다른 문명들에서도 그렇고, 심지어 서구인들 중에서 신앙을 갖고 있는 사람들에서도 그럴지 모른다. 인간성의 집을 구성하는 여러 부분들을 재조립해서 하나의 기틀에 세운다는 것은 무슨 뜻일까? 솔직히 말하자면 우리는 아직 모른다. 역사는 반복되지 않는다. 우리는 인류 문화의 중대 국면에 역사상 처음으로 직면해 있다. 다행히 우리에게는 소통의 도구들이 있으므로, 그것으로 이 분열을 공동으로 점검하고, 의식적으로 이해하고, 치유할 수 있을 것이다. 바라건대 우리는 다채롭고 부단히 창조적인 전 지구적 문명을 뒷받침하는 지구 윤리를 발명할 수 있을 것이다. 우리는 신에 대해서 적어도 하나의 동일한 관점을 받아들인 채 살아갈 수도 있을 것이다. 우주의 창조성으로서의 신, 우리가 스스로 발명한 존재로서의 신, 신념과 용기를 품고 미래를 향해 살아가는 우리의 인간성을 인도해 줄 신을. 지구 윤리를 발명하고 우리 시대에 어울리는 신성을 재발명하는 것은 곧 인간 개개인과 인류 집단의 삶을 형성하는 우주의 창조성에 신이라는 상징을 부여하기로 결정하는 문제일지도 모른다.

우리가 이런 문화적 단계들을 반드시 밟아야 하는 논리적 이유가 있을까? 없다. 우리가 논리적으로 꼭 그래야 할 필요는 없다. 이런 조치들은 내가 지금까지 주장한 새로운 과학적 세계관으로부터 문화적으로, 자동적으로 연역되는 것이 아니다. 이것은 창조적인 조치들이다. 다만 나는 우리가 새로운 과학적 세계관의 초청을 받아들여서 이런 문화적 조치들을 취하게 되기를 바랄 뿐이다. 초청이라는 주제는 앞으로 중요하게 다룰 주제인데, 그 또한 윤리적 추론의 일부이다. 이 이야기는 뒤에서 다시 하자.

1장에서 언급했듯이 1959년에 찰스 퍼시 스노는 이성과 나머지 인간 감각들의 분열상에 관한 멋진 글을 썼다. 그는 두 문화가 존재한다고 말했다. 예술, 문학, 연극, 음악을 포함하는 인문학과 과학이다. 두 문화는 갈라져 있다. 스노가 볼 때 예술은 고급 문화의 영역이었고, 과학은 문화적으로 뒤처진 영역이었다. 그러나 지금은 양자의 처지가 역전된 듯하다. 아인슈타인이냐 셰익스피어냐 둘 중 하나를 고르라는 말은 많지만, 둘 다를 하나의 틀에서 이야기하는 경우는 드물다. 이 얼마나 갈갈이 찢긴 상황인가. 이 얼마나 그릇된 상황인가. 이제는 새롭게 바라볼 때가 되었다. 인간은 미래의 일을 모른 채 살아가는데도 새러가 어떻게든 어린 아들을 이해하는 것을 볼 때, 우리가 어떻게든 현실적인 행동으로 무지를 헤쳐 나가며 인간적으로 살아가는 것을 볼 때, 예술과 인문학은 삶의 그런 측면들을 탐색하는 기예인 것이 분명하다. 아인슈타인과 셰익스피어는 공통의 틀에 담겨야 한다. 그 틀은 환원주의를 넘어서는 우주여야 하고, 부단히 방대한 창조성과 창발성을 허용하면서 인접한 가능성을 탐색하는 우주여야 한다. 사실 셰익스피어의 세계는 아인슈타인의 세계를 확장한 더 큰 세계의 일부이다. 셰익스피어의 세계는 아인슈타인의 일반 상대성 이론이라는 고전 물리학적 결정론을 넘어서는 것은 물론이려니와, 그 이론이 성공적으로 수행한 환원주의마저 넘어선다. 셰익스피어의 세계는 행위자들이 행동하는 세계이다. 물론 배우들이 행동하는 세계이기도 하다. 이야기와 내러티브는 그런 행동들을 이해하게 해 주는 한 방편이다.

지난 350년 동안의 서구 문화와 오늘날 전 세계 문화의 대부분에서 인문학과 예술은 과학의 그림자에 가려 있다. 때로는 그들이 스스로를 바라보는 관점마저 그렇다. 뉴턴의 『프린키피아』가 법적 추론을 대신하여 이성의 가장 뛰어난 형태로 자리매김한 이래, 과학은 지식으로 가는 가장 탁월한 길이자 자체적인 교정 능력이 있는 길로 여겨져 왔다. 과학이 걸어 온 길을 분석하는 것은 지금 이 자리에서 할 일은 아니다. 과학이 꾸준히 점진적으로 지식을 축적하든, 토머스 쿤(Thomas Kuhn, 1922~1996년)이 40여 년 전에 『과학 혁명의 구조(*The Structure of Scientific Revolutions*)』에서 주장했던 것처럼 "정상 과학"과 과학 "혁명"의 시기를 번갈아 겪든 말이다. 쿤 이래 과학 철학을 토론하는 사람들 사이에서는 과학 혁명 이전의 개념을 혁명 이후의 개념으로 번역하는 것조차 불가능하다는 극단적인 견해도 등장했고, 그것보다는 좀 부드러운 견해들도 나왔다. 그러나 경로야 어쨌든 과학은 '진리'로 가는 길에서 암묵적 헤게모니를 장악했다.

뉴턴은 시(詩)를 가리켜 "독창적인 헛소리"라고 비난했다. 그것은 과학과 예술의 분열로 가는 한 걸음이었다. 이런 분열이 정말로 실재한다면, 이제 우리가 반드시 메워야 한다. 예술은 언제나 과학에 강한 반응을 보여 왔다. 화려한 수상 경력을 가진 캐나다 시인 크리스천 보크(Christian Bok, 1966년~)는 『파타피직스(*Pataphysics*)』라는 책에서 과거 수백 년에 걸친 시와 과학의 관계를 파헤쳤다. 이때 **파타피직스**란 물리학에 대한 장난스러운 비난을 뜻한다. 보크의 장난스러운 접근법은 우리 시대가 과학에 반응하는 여러 방식들 중 하나이다. 보크의 방식이 독특하기는 하지만, 시가 과학에 반응해야 한다고 보는 점에서는 그도 남들과 다르지 않다.

어느 아이비리그 대학에서 영문학 교수로 일하는 내 친구가 내게 인문학의 정당성에 대한 깊은 혼란을 고백한 적이 있다. 그녀는 서구 인문학이 포스트 모던적 혼란에 빠져 있는 것처럼 느껴진다고 했다. 나는 또 우리 대학의 영문학과 학과장과 이 책의 주제들에 관해 대화한 적이 있는데, 인문학의 중요성이나 우리 스스로 선택하는 신성의 정당성에 대해서 우리 둘의 의견이 일치하는 것을 확인하고는 깜짝 놀라 눈물을 터뜨릴 뻔했다. 이런 것을 볼 때, 새로운 신성을 선택하는 일은 우리 모두가 함께해야 하는 문화적 과정이 될 것이다. 어쩌면 우리가 초자연적 창조주를 배제한 채 스스로 의미 있는 삶을 살아가며 기꺼이 책임을 지는 데에는 나름의 자유로움이 있을지도 모른다.

보크에 따르면 서구의 인문학은 지난 350년 동안 과학에 다양한 입장들을 취하면서 언제나 과학을 반영해 왔다. 18세기 초의 서양 예술은 과학을 찬양했다. 시인 알렉산더 포프(Alexander Pope, 1688~1744년)의 뉴턴 숭배는 달리 따를 자가 없었다. 보크에 따르면 18세기 초의 그런 과학 숭배는 존 에이킨(John Aikin, 1747~1822년)에게서 일부 유래한 것으로 보이는데, 그와 그의 후배들은 시가 반드시 과학을 기반으로 삼아야 한다고 생각했다. "진리를 기반으로 하지 않고서는 무엇도 진정으로 아름다울 수 없기" 때문이라고 했다. 시가 과학에게서 직접 진리를 배워야 한다는 시각이었다. 시가 과학에 종속되는 셈이었다.

19세기 초, 새뮤얼 테일러 콜리지(Samuel Taylor Coleridge, 1772~1834년)의 시대에는 시가 독자적인 입장을 취하려고 노력했다. "시는 …… 과학과 …… 대비된다. 시가 직접적인 목표로 추구하는 것은 진리가 아니라 즐거움이라는 점에서 그렇다." 윌리엄 워즈워스(William Wordsworth, 1770~1850년)는 "시인의 지식과 과학하는 사람의 지식은 둘 다 즐거운 것이다."라고 말함으로써 과학과 시를 어떻게든 엮어 보려고 했다. 한 시대를 살았던 두 위대한 영국 시인들의 견해가 이처럼 갈라지는 것을 보면, 과학에 대한 시인들과 예술가들의 반응이 그간 얼마나 갖가지였는지 짐작할 수 있다.

얼마 뒤에 등장한 19세기 낭만파들은 과학을 적대했다. 존 키츠(John Keats, 1795~1821년)는 뉴턴을 비난했다. 키츠는 뉴턴의 "차가운 철학"이 "모든 신비에 줄자를 들이댐으로써 그것을 정복한다."라고 말했다. 윌리엄 블레이크(William Blake, 1757~1827년)도 뉴턴을 비난했다. "거대한 뱀 같은 논증들"이 "철로 만든 회초리를 앨비언(Albion, 영국, 특히 잉글랜드를 가리키는 옛말 — 옮긴이) 위로" 드리운다고 말했다. 한편 19세기 말의 매슈 아널드(Matthew Arnold, 1822~1888년, 영국의 시인, 비평가 — 옮긴이)는 시에 담긴 가치들 덕분에 가치 없는 사실의 세계인 과학 세계가 풍성해진다고 말했다. 과학은 우주에서 사실만을 발견하지만, 시를 비롯한 예술들은 가치를 끄집어낸다. 그 가치들은 초월적 창조주 하느님이 부여했을지도 모른다고 여겨지는 가치들을 대체한다. 사실 뉴턴의 성공 이후 원래 초월적 창조주가 앉았던 자리에는 손수 완성한 우주의 운영을 뉴턴의 법칙에게 맡긴 자연신이 앉게 되었지만 말이다.

20세기부터 현재까지도 실로 다양한 반응들이 등장했다. 초현실주의자들은 과학에 엄한 반응을 보였고, 자크 데리다(Jacques Derridas, 1930~2004년)를 비롯한 해체주의자들은 언어와 의미의 모호성을 강조하는 해석학을 믿었다. 크리스천 보크처럼 토머스 쿤 식의 과학을 받아들인 사람들도 있었다. 과학이 한계에 다다르면 하나의 개념 체계가 상호 번역이 불가능한 다른 개념 체계로 교체된다는 것이다. 예를 들어 동시성과 시간에 대한 아인슈타인의 개념은 동시성과 시간에 대한 뉴턴의 개념과 양립할 수 없다는 것이다. 그렇다면 과학과 시는 각자의 언어로 놀이를 한다는 측면에서 사실 우리 생각보다 훨씬 더 비슷한지도 모른다. 보크도 그 말을 하고 싶었던 것 같다. 그러나 그런 보크마저도 찰스 퍼시 스노의 유산을 물려받았던지, 자신의 시를 포함한 모든 시의 목적은 놀라움과 감탄을 일으키는 것이라고 말했다.

나는 친구이기도 한 보크에게 이렇게 말하고 싶다. "당신은 당신이 쓰는 시의 가치를 과소 평가하고 있습니다. 당신은 10만 년 전, 어쩌면 500만 년 전까지 거슬러 올라가는 서사 전통의 일부입니다. 시를 비롯하여 이야기나 음악 등 모든 예술은 우리가 스스로를 알아내는 방법입니다." 내 말이 의심스럽다면, 약 3만 년 전과 1만 4000년 전 사이에 라스코를 포함한 프랑스 남부 곳곳과 스페인에서 동굴 벽화를 그렸던 크로마뇽 인을 떠올려 보라. 당신은 그들의 인간성에 공감할 수 있을 것이다. 그것이 **논리적으로** 강요된 일인가? 물론 아니다. 그렇다면 인간적으로 이끌린 일인가? 그렇기를 바란다.

과학에 대한 옛 시인들의 반응은 이처럼 가지각색이었지만, 과학이 진리의 수호자로 군림한다는 사실을 인정한 점에서는 모두 같았다. 환원주의적이고 몰가치적인 과학이라고 해도 말이다. 과학은 이성의 최상위 형태로 여겨졌고, 이성은 인간성이 추구하는 부동의 탁월한 목표로 찬양되었다. 이것은 플라톤이 말한 "철학자 왕"을 갈구하는 일인지도 모른다. 철학자야말로 이성의 왕이므로, 플라톤이 철학자를 왕으로 주장했던 것은 그냥 한 말이 아니었다. 그러나 현명한 플라톤은 거기에서 멈추지 않았다. 그는 진, 선, 미의 추구야말로 인간의 목표라고 했다. 플래너건이 『정말로 어려운 문제』에서 말했듯이, 우리는 과학만이 아니라 예술, 정치, 윤리, 영성이 모두 포함된 의미 공간에서 인간적 의미를 찾아낸다.

예술과 과학을, 나아가 인문학과 과학을 연결하려는 노력이 꼭 필요한 일일까? 따져 보자. 내 주장이 사실이라서, 다윈주의적 전적응을 통해 진화하는 자기 일관적이고, 자기 구축적이고, 부분적으로 무법적인 생물권에 대해서 과학이 이렇다 할 설명을 못 내놓는다면 어쩌겠는가? 늘 새로운 기능이 발견되는 기술의 진화를 과학이 예측하지 못한다면? 자기 구축적으로 공진화하는 인류 문화와 우리가 스스로 빚어내는 인류의 역사성을 과학이 예측하지 못한다면? 융은 인간이 세상을 발견하는 감각에 네 가지가 있다고 했는데, 정말로 이성은 그중 하나일 뿐이라면 어쩌겠는가? 이성만으로는 우리가 미래를 향해 살아가는 데 충분한 안내가 되지 못한다면? 그렇다면 우리는 예술과 인문학을 재점검해야 할 것이다. 플래너건이 말했듯이 그것을 과학, 현실적 행동, 정치, 윤리, 영성과 재통합시켜야 할 것이다.

우리가 세상을 완벽하게 알지 못하는 상태에서 어떻게든 행동해야 한다면, **수사학**이 논리만큼이나 중요해진다. 이때 수사학이란 그저 말장난이 아니라 삶의 불확실한 국면들에 지혜를 적용하는 능력이다. 불확실성에 직면한 상황에서 행동의 필요성을 역설하는 설득 능력이다. 아리스토텔레스의 『수사학(*Rhetoric*)』이 아테네의 민주주의를 배경으로 씌어진 것은 우연이 아니었다. 민주주의 정치와 일상 행동에는 설득이 꼭 필요했기 때문이다. 수사학은 인문학의 정당한 일부이고, 인간의 감각들 중 하나이다.

어쩌면 시와 시적 지혜는 참이자 실재일지도 모른다. 셰익스피어는 "지워져라, 지워져, 이 저주받은 자국아!"라는 맥베스 부인의 대사를 통해서 우리에게 인간성의 일면을 보여 주었다. 맥베스 부인은 남편이 저지른 살인의 증거를 필사적으로 없애고 싶어 한다. 우리는 곤란한 인간적 상황에 처한 그녀를 깊이 이해한다. 셰익스피어는 인간적 행동, 인간적 감정, 인간적 동기, 인간적 이유에 대한 진리를 드러내 보였다. 셰익스피어 학자인 해럴드 블룸(Harold Bloom, 1930년~)은 셰익스피어가 인간 본성을 "발명했다."라고까지 말한다. 또는 셰익스피어가 자신의 짧은 일생을 통해서 역사상 다른 어떤 극작가보다도 더 깊이 있게 인간성의 심연을 드러내 보였다고 해도 좋을 것이다. 셰익스피어가 몇백 년 동안 줄곧 읽히며 현재의 우리에게까지 전달된 것은 단순히 그에게 극작의 재능이 있었기 때문만은 아니다. 그 재능이 우리에게 스스로에 대한 사실들을 가르쳐 주고 또 가르쳐 주기 때문이다. 그런데도 시가 그저 즐거움을 위한 것이라고 말할 수 있을까? 시가 그저 감탄과 놀라움을 위한 것일까? 절대 그렇지 않다. 숭고한 시, 숭고한 문학은 우리로 하여금 우리 스스로를, 우리 인생을, 우리 세상을 들여다보게 하는 렌즈이다. 그것은 우리에게 진리를 보여 준다.

그런데도 오늘날, 진리의 기준은 과학일 때가 많다. 내가 인문학자가 아니라 과장해서 느낀 것인지는 몰라도, 인문학이나 예술에 종사하는 내 친구들이 스스로를 이류 시민으로 묘사할 때가 많다는 것은 놀라운 일이다. 어떤 인문학자들은 자신의 학문을 '연성 과학(soft science)'이라고 부른다. 약간의 경멸을 담아 폄하하는 표현이다. 하지만 나는 과학이 인문학보다 더 높은 권좌에 앉아야 한다고 생각하지 않는다. 나는 지금 심오한 상상력과 현실적 행동이 가득한 내 직업을 사랑하는 현역 과학자로서 이 말을 하고 있다. 우리는 세상 전체를 알고, 이해하고, 감상하고, 살아 낼 필요가 있다. 인문학자가 시를 읽고 토론할 때, 예를 들어 이 책의 첫머리에 인용했던 존 던만큼이나 광대한 전망과 압축된 표현력을 자랑하는 어느 멕시코 시인의 시를 읽는다고 할 때, 그것을 가장 잘 이해하는 통로가 반드시 과학이어야만 한다고 우길 이유가 있을까? 과학만으로는 생의 풍부함, 의미, 이해를 다 말할 수 없다. 우리는 이 점을 이미 잘 알지만, 과학을 또 하나의 창의적, 인간적, 문화적 활동으로 간주하여 나머지 활동들과 통합함으로써 인간 스스로에 대한 하나의 통일된 전망을 구축하는 데까지는 이르지 못했다. 더구나 현재로서는 통일된 전망이 어떤 것일지 짐작조차 못 하는 형편이다. 우리가 왜 균열을 감내한 채 살아야 하는가? 우리는 과학을 하나의 인간적 활동으로 바라보는 것에서부터 통합을 시작할 수 있다. 과학이 예술, 법, 사업, 의학, 공예, 성직 등 인간의 창조성이 다채롭게 표현된 다른 영역들, 인간이 불확실성 앞에서 추구하는 다른 활동들과 크게 다르지 않다고 보아야 한다. 우리의 총체적 인간성은 우리 눈앞에 놓여 있다. 플래너건의 말이 옳다. 우리는 과학, 예술, 정치, 윤리, 영성의 공간을 모두 아우르며 의미를 찾는다. 오래전 플라톤의 말도 옳았다. 우리는 진, 선, 미를 추구한다.

고대 그리스 인들은 음악이 다른 자극들과는 전혀 다른 방식으로 우리에게 영향을 미친다는 것을 간파했다. 최근의 연구들에 따르면, 음악을 처리하는 뇌 영역은 다른 형태의 청각 자극을 처리하는 영역과 별도로 존재한다. 우리가 모차르트를 감상할 때 느끼는 미학은 과학적 지식이든 다른 형태의 지식이든 하여간 사실적 지식보다는 좀 못한 무언가일까? 실재냐 아니냐 하는 점에서, 또는 세상에 대한 이해라는 점에서 미학이 사실적 지식보다 열등할까? 그러나 사실적 지식은 그저 사실에 대한 지식일 뿐이다. 그것만으로는 가치도, 의미도, 생명도 없다.

음악은 전체 인간성의 일부이다. 플라톤이 말한 진, 선, 미의 일부이다. 음악은 다른 모든 예술들처럼 우리의 세상을 넓혀 준다. 막대기, 돌, 바퀴, 컴퓨터 같은 도구들이 우리의 세상과 지식과 현실적 행동을 넓혀 준다면, 예술은 우리의 앎과 이해를 넓혀 준다. 다시 셰익스피어를 가져와 말하자면, 그의 예술은 우리로 하여금 인간성을 새로운 방식으로 바라보게 한다. '이해'가 가장 적절한 단어일지도 모른다. 셰익스피어 덕분에 우리는 인간성을 확장된 방식으로 이해한다. 우리가 어떻게든 삶을 살아갈 때, 세상에 대한 사실적 진술 형태의 진리로 충족되는 부분은 일부에 지나지 않는다. 그렇다면 시가 진리로 가는 길이라는 오래된 견해가 옳을까? 그렇다. 예술은 그저 감상과 놀라움만을 위한 것이 아니다. 예술은 진리일 수 있다.

나는 모차르트의 「레퀴엠」이 숭고하다고 느낀다. 그것은 죽음이고, 신이고, 상실이고, 영광이고, 고통이다. 그것들도 은하에 대한 진술만큼이나 어엿한 삶의 일부이고, 삶에 대한 이해의 일부이다. 우리가 「레퀴엠」에서 반드시 숭고함을 느껴야 할 논리적 이유가 있을까? 물론 없다. 그것은 전혀 논리의 문제가 아니다. 「레퀴엠」을 경험하는 능력은 우리 전체 인간성의 일부이고, 세상에 거하는 우리 존재의 일부이다. 세상에 거한다는 것은 세상을 인식한다는 것만은 아니다. 인간성, 상상력, 발명, 사고, 느낌, 직관, 감각 전부와 감각적 자아 전부를, 그밖에 우리가 내면으로 끌어들이는 모든 것을 완전히 통합한 상태이다. 우리는 그 모두를 다 갖지 않고서는 길을 찾을 수 없다. 모차르트는 물론이거니와 그 앞에 살았던 바흐와 비발디도, 그 뒤에 살았던 베토벤과 브람스도, 모두 창조적 문화의 일부였고, 음악이라는 문화가 하나의 예술 형식으로서 진화한 과정의 일부였다. 인상파도 그랬고, 기술적, 법적, 도덕적 진화도 그랬다. 형이상학파 시인들이 이성을 다른 인간적 감각들에서 떼어놓았다는 엘리엇의 말이 옳다면, 그리고 2,000년 전의 그리스 인들은 그것을 떨어뜨려 생각하지 않았다는 것도 사실이라면, 과거 350년의 눈부신 과학 발전을 경험한 우리가 이제 균열을 치유해야 한다. 그 노력에 우리의 삶이 달려 있다.

프랭크 게리(Frank Gehry, 1929년~)나 프랭크 로이드 라이트(Frank Lloyd Wright, 1867~1959년) 같은 건축가들은 근사한 건물을 상상하고 지었다. 파르테온도 여전히 근사하다. 1,400년 전의 라스코 동굴 벽화도, 세잔도, 반 고흐도, 피카소도 다들 우리에게 더 넓은 세상을 보여 주었고, 세상과 세상 속 우리 존재에 대한 이해를 넓혀 주었다. 전쟁이 잘 이해되지 않는다면 피카소의 「게르니카」를 보라. 인간이 얼마나 살육을 좋아하는 존재인지를 완벽하게 이해할 수 있을 것이다.

"진리는 곧 아름다움이고 아름다움은 곧 진리이다." 키츠의 말이다. 우리는 인간성 전체를 끌어안아야만 비로소 키츠의 말을 이해할 수 있다. 키츠의 말은 우리가 과학의 그림자에 너무나 오래 덮여 있었던 나머지 한심해져 버렸다는 사실을 지적한다. 물론 나는 과학을 사랑해 마지않지만 말이다.

산다는 것은 알고, 판단하고, 이해하고, 행동하고, 보살피고, 주의를 쏟고, 공감하며, 연민하는 것이다. 그것을 해 내는 방식이 과학이든, 사업이든, 법이든, 인문학이든, 예술이든, 스포츠이든, 다른 어떤 것이든 상관없다. 문화는 우리 스스로 창조한 것이고, 우리가 경험하는 것이며, 의미 있는 것이고, 예측 불가능한 것이다. 이런 문화에 경이감을 느끼지 않는다는 것은, 우리가 손수 창조하고서 신을 대신하여 찬양할 수 있는 신성의 일부를 놓치는 것이다. 수백 년 전에 과학이 법적 추론을 밀어내고 이성의 모범 자리에 올랐다는 이유만으로 우리가 지금껏 그 견해를 고수할 필요는 없다. 과학이 아무리 근사할지언정, 우리가 스스로 한계를 지울 필요는 없지 않는가?

내가 아는 명석한 젊은 친구, 매리너 파드와(Mariner Padwa)는 많은 고대 중앙 아시아 언어들을 안다. 그가 내게 해 준 말에 따르면, 사료 편찬가들은 때때로 자신들의 노력이 아무런 의미가 없을지도 모른다고 의심을 한단다. 예의 그 연성 과학 운운이다. 모종의 자연 법칙을 찾아내고 그로부터 연역하는 것만이 학자의 지적 추구에 걸맞은 유일한 작업이라는 편협한 시각 때문에 그런 의혹이 생겨난다. 얼마나 불행한 일인가. 인류의 문화적, 역사적 과거는 우리가 하나의 종으로서 세상을 창조해 온 과정이다. 그 과정에 대한 지식과 이해를 찬양하지 않을 까닭이 뭐란 말인가. 주로 회고적인 이해라서 예측력을 발휘할 경우가 거의 없더라도, 그것이 실패는 아니다. 그것은 그저 우리가 살아 내는 창조성이 참으로 예측 불가능하다는 사실을 증거할 뿐이다. 오히려 감탄하며 바라볼 만한 일이다. 어쨌든 이해하게 되었으니까. 사료 편찬학에 과학과 동등한 정당성을 부여하지 말아야 할 이유가 뭐란 말인가? 그것은 충분히 정당한 작업이다. 그런 주제들에도 풍부한 연구 자금을 쏟아 마땅하다.

얼마 전에 나는 젊은 역사학자를 한 명 만났다. 그의 연구 주제는 포르투갈이 브라질을 식민화한 과정이었다. 원래 브라질은 나라를 건설하고 방어하고 유지할 만한 인구가 없었다. 당시 포르투갈 사람들은 브라질 토착 원주민을 시민으로 대우하지 않았다. 그 상황에서 한 포르투갈 지도자가 기회를 엿보고 잽싸게 포착했다. 브라질 토착민을 떳떳한 시민으로 인정하도록 정책을 바꾼 것이다. 덕분에 새로운 식민 국가를 유지할 만한 인구가 생겼으니, 정책적 '묘수'는 성공이었다. 그 지도자는 요즘도 브라질에서 존경받는 인물이다. 그가 처음 문제를 인식하고, 해답을 발견하고, 기회를 포착하고, 성공을 이룬 과정에는 어떤 형태의 지식과 이해와 판단과 발명이 개입했을까? 그의 정책은 역사를 바꿨다. 그의 정책은 지구와 우주를 바꿨다. 왜냐하면 그 정책이 낳은 무수한 결과들 중 하나가 슬프게도 오늘날 아마존 열대 우림이 파괴되는 현상이기 때문이다. 문화는 창조적으로 진화한다. 하지만 문화와 역사 진화의 모든 측면들이 플라톤의 선에 해당한다고 변호할 사람은 없을 것이다. 나는 브라질 사람들이 전 지구적 경제 그물망을 통해서 현명한 대안을 찾기를 바란다.

바라건대 몇 안 되는 이 사례들이 조금이나마 단서가 되어, 우리가 스스로의 삶과 문화를 새롭게 파악한다면 좋겠다. 우리는 부단히 삶과 문화를 창조하며, 아직 형체가 모호한 전 지구적 문명을 향해 나아간다. 우리는 세상을 창조하고 있다. 우리 스스로의 발명품인 생산적인 문화의 창조성을 온전하게 인정하는 것, 이 또한 신성을 재발명하는 작업이다. 세상 속의 우리 존재를 총체적으로 바라보는 작업이다. 이것은 환원주의를 넘어서는 것은 물론이고, 과학 자체를 넘어선다. 두 문화는 갈라져 있을 필요가 없다.

# 16장

# 부러진 뼈가 없어지는 세계

세상을 새로운 방식으로 살아가고 싶고, 정말로 그럴 방법이 있으며, 그러기 위해서 꼭 해야 할 탐색과 작업을 기꺼이 받아들일 의지가 있다면, 인간은 먼저 스스로를 한때 홍적세에 살았던 원인 계통의 동물로서 이해해야 한다. 인간은 다른 포유류와 척추동물의 계통에서 갈라져 나왔다. 사람의 본성은 홍적세 때 진화했다. 물론 본성은 바뀌지만, 진화는 느린 과정이다. 인간에게는 엄청난 일들을 해 낼 능력이 있지만, 또한 필설로 형용할 수 없을 정도로 잔혹한 일들도 저지를 수 있다.

전 지구적으로 수자원이 제한되어 있고, 아마 곧 피크 오일이 닥칠 것이라고 하며, 지구 온난화도 진행되고 있다. 더구나 우리에게는 기능적이고, 지속 가능하고, 늘 진화하는 경제를 꾸릴 책임이 있다. 현재의 세상이 직면한 그런 과제들에 더불어, 인간에게는 이익과 권력과 제국을 갈망하는 오래된 성향이 있다. 그래서 오늘날 인간이 지혜롭게 올바른 길을 찾는 것은 너무나 어려운 일이고, 미래에도 영원히 어려운 일일 것이다. 제러드 다이아몬드(Jared Diamond, 1937년~)의 『문명의 붕괴(*Collapse*)』에는 우리의 과거 실패들이 연대기적으로 낱낱이 기록되어 있다. 미래의 실패를 암시하는 힘들도 더없이 강력하다. 오늘날 인간의 상황은 과거 어느 때와도 다르다. 오늘날 우리는 더 많이 알고, 과거의 실패들을 낱낱이 안다. 오늘날 우리는 서양, 이슬람, 터키, 유교, 일본 등의 문명으로 나뉘어 다양한 지구 공동체를 꾸리고 있으나, 역사상 어느 때보다도 넓게 소통할 수 있다. 그러니 오늘날 길은 정말로 우리 모두에게 달려 있다. 이번에 실패한다면 우리는 살아남지 못한다. 다양한 문명들의 경계에서 문화 전쟁이 벌어지도록 보고만 있을 수는 없다. 우리는 미래를 모르지만 어떻게든 행동해야 한다.

원인 선조들의 뼈는 부러진 채 발견될 때가 많다. 그런 유골을 연구하는 학자들이 내놓은 여러 해석들 중 하나는 아마도 전쟁으로 인한 부상의 결과라는 것이다. 씨족들이나 부족들 사이의 전쟁은 요즘도 흔하다. 침팬지들은 가끔 서로를 죽인다. 그것도 아주 잔인하게. 사람들은 신의 이름으로, 국가의 이름으로, 자기 방어의 이름으로 남을 죽이기 위해서 수조 달러를 들여 무기 체계를 개량해 왔지만, 정작 스스로가 등 뒤에서 남들을 유린한다는 사실은 쉽게 잊는다. 현재 미국에서는 이라크에서 매일 미군 병사들이 죽어 나간다는 뉴스가 자주 보도되지만, 이라크 사람들이 얼마나 죽는지 보도되는 경우는 드물다. 우리는 인류 역사 내내 '타자(他者)'의 인간성을 말살했다. 우리는 두 눈을 똑똑히 뜨고 우리 안의 이런 성질을 직시해야 한다.

지난 100년 동안 인류는 두 번의 세계 대전을 일으켰고, 수천만 명이 죽었다. 20세기 초에는 터키 사람들이 아르메니아 사람들을 대량으로 학살했고, 홀로코스트가 있었고, 스탈린이 제 동포 수백만 명을 죽였으며, 보스니아 내전, 르완다 내전, 사담 후세인, 폴 포트 등이 있었다.

나는 내가 설립한 회사들 중 하나인 바이오스그룹을 통해서 미국 합동 참모 본부에 자문을 준 적이 있다. 덕분에 당시 미국 해병대의 서열 3위였던 폴 밴 라이퍼(Paul van Riper, 1938년~) 대장을 비롯하여 여러 합동 참모 본부의 막료들을 알게 되었다. 그때 내가 만난 장교들은 다들 현대의 테러리즘으로 인한 비대칭 전쟁을 우려했다. 모두들 전쟁을 방지하려고 애쓰지만, 때로는 '타자'가 자신에게 포악한 행위를 저지를 징후가 있다는 것만으로도 전쟁이 용납될 때가 있음을 역사는 말해 준다.

인간은 잔혹한 행위를 저지를 수 있는 존재이다. 국력을 강화한답시고 공격을 감행할 때도 있다. 독일 제3제국이 그랬고, 핀란드를 침공한 러시아가 그랬고, 이라크를 침공한 미국도 아마 그런 경우일 것이다. 또한 인간은 다른 부족을 정복하기 위해서 공격을 감행한다. 20세기의 르완다 내전이 그랬다. 인간은 신의 이름으로 기꺼이 사람을 죽인다. 전쟁하고 정복하려는 충동은 변하지 않을 것이다. 그것은 인간이 물려받은 유물의 일부이다. 권력을 추구하는 일반적인 충동도 변하지 않을 것이다. 그러니 문명과 문화가 변해서 인간의 살인 충동을 눌러야 한다. 물론 이것은 말은 쉽지만 실천은 가늠할 수 없을 정도로 힘들다. 문제는 바야흐로 새로운 종류의 전 지구적 문명이 등장하려는 지금, 우리가 변화의 의지와 방법을 찾을 수 있는가 하는 것이다. 아무도 답을 모를 테지만, 어쨌든 우리는 최대한 그 점을 의식하고 있어야 한다. 나보다 더 많은 기술과 수련과 경험을 지닌 이들이 이런 주제에 사람들의 노력을 끌어 모으기를 바랄 뿐이다. 세계적 학자들, 법률가들, 각종 군사적, 국가적, 국제적, 비정부 조직들이 매일 이런 의문에 직면한다.

신성을 재발명하는 것은 부단한 창조성을 내뿜는 이 창발적 우주에서 우리가 무엇을 신성하다고 여길 것인가 선택하는 일이다. 전능하고 선량한 유일신 창조주 하느님을 믿는 사람들은 악(惡)의 존재라는 신학 문제에 직면한다. 전지전능한 사랑의 신이 어떻게 세상에 악을 허용한단 말인가? 이 의문에 대한 대답은 같은 아브라함 유일신의 전통 내에서도 제각각이다. 요즘 예수회의 일부 구성원들은 신이 시공간 바깥에 존재한다고 생각한다. 그 신은 우리 우주를 생성한 장본인이지만 전지전능하지 않다. 이것도 악의 문제에 대한 한 가지 대답일 것이다. 우리가 세상의 멋진 창조성은 물론이고 현실 세계의 일부인 우리 자신까지 다 포함하여 신성을 재발명하고 싶다면, 우리의 손이 때로 악을 저지른다는 사실을 인정하는 수밖에 없다. 물론 통제 불능의 원인들로 발생하는 악도 있겠지만 말이다. 신의 이름으로든 다른 어떤 이유에서든, 한 명이든 수백만 명이든, 사람을 죽이는 일에 신성 따위는 없다. 따라서 우리가 창조할 문명에는 완고한 종교적 원리주의의 자리는 없다. 기독교 원리주의건, 이슬람 원리주의건, 요즘 한창 떠오르는 힌두 원리주의건 마찬가지이다. 원리주의자들은 생각의 다양성을 좀처럼 용인하지 않기 때문에, 또는 자신의 견해를 바꾼다는 것을 좀처럼 생각하지 못하기 때문에, 온 지구의 원리주의자들을 다 포괄한 채 다양한 문화들을 공진화시킨다는 것은 그야말로 어마어마한 도전 과제이다. 아직은 누구도 그 과제를 만족시키는 방법을 모른다. 우리가 다 함께 공유할 만한 세계관을 창조하지 못한다면 어떻게 될까? 환원주의를 넘어서고, 가치와 의미로 가득하고, 영원히 열려 있고 영원히 진화하며, 우리 공통의 지혜들 중 가장 좋은 것들만을 포함한 세계관을 창조하지 못한다면? 그러면 다양한 문명들이 충돌하면서 사람들이 점점 더 원리주의로 끌리는 바람에 우리의 좋은 면들이 압도당할지도 모른다. 우리는 더 새롭고 더 첨예한 문명의 충돌에 직면해 있다. 기존의 정치적, 경제적 권력 추구는 말할 것도 없다. 이런 이야기를 드러내 놓고 하는 사람이 거의 없지만, 사실 우리는 문명들의 전선에서 전쟁이 발발할지도 모르는 다양한 문명들의 세상에 안착할 것인지, 아니면 모두가 공유할 수 있으되 충분히 다채로운 세계관을 창조함으로써 플래너건이 말한 '의미 공간'에서 함께 공존할 것인지, 그 선택지 사이에서 전 지구적 줄다리기를 하고 있다. 나는 바란다. 모두가 공유할 의미, 집단적인 행동들, 진화하는 문화들, 우리 스스로 발명한 신의 개념을 사용하는 것. 머지않아 우리가 이런 것들에 기꺼이 책임을 지고 나서기를. 우리가 계속 뼈를 부러뜨릴 것인가 말 것인가는 결국 우리가 집단적으로 선택할 문제이다.

타인을 살해하는 성향은 인간 유산의 일부이기 때문에, 미래에 출현할 전 지구적 문명은 그것이 어떤 형태이든 유토피아와는 한참 거리가 멀 것이다. 그러므로 정치적, 군사적, 경제적으로 합법적이고 분별 있는 권력이 등장해서 우리가 저지를지도 모르는 유혈 사태를 방지해야 할 것이다. 적어도 억제하기라도 해야 할 것이다. 언제가 되었든, 미래에는 정말로 그런 권력이 필요할 것이다.

경계할 게 하나 있는 것 같다. 언뜻 생각하기에는 세계 정부를 세워서 전 지구적 권력을 부여하는 것이 괜찮아 보이지만, 최선의 정치 체제라도 항시 전복될 수 있는 법이다. 개인적으로는 과도하게 강력한 세계 정부가 두렵다. 미국 건국의 아버지들도 지나치게 강력한 중앙 정부를 두려워했기에 중앙의 세력을 견제할 수 있도록 연방제를 발명했다.

그리고 대중 사이에서 풀뿌리처럼 솟아나는 수많은 비정부 조직들이 있다. 그들 역시 균형 세력이 될 수 있다. 폴 호큰(Paul Hawken, 1936년~)의 『축복받은 불안(*Blessed Unrest*)』은 국제 권력의 심각한 타락에 맞서서, 또는 타락의 가능성에 맞서서 비정부 풀뿌리 조직들이 창발하는 현상을 소개했다. 그의 이야기에 진지하게 귀 기울일 필요가 있다.

우리는 앞날을 모르는 상태에서 어떻게든 행동하는 것일 뿐이니, 겸손을 잃지 말아야 한다. 우리는 그야말로 무지하다. 무릇 겸손은 관용을 이끌어 낸다. 우리가 구축해야 할 지구 윤리에는 편협이 설 자리가 없다. 우리가 새로운 길을 찾아 신성을 재발명할 수 있다면, 그리하여 여러 전통들이 현명하게 공진화할 수 있다면, 편협이 사라지고 관용이 구축되는 날이 올지도 모른다.

# 17장

# 진화하는 윤리

이 장에서 나는 윤리라는 방대한 주제를 짧게 논할 것이다. 오직 사건들만 존재하는 세상에 사는 환원주의자에게는 윤리가 무의미하다. 하지만 이미 살펴보았듯이 이 우주에는 행위 주체성이 등장했고, 그와 더불어 가치, 행동, 의미가 생겨났다. 우리가 윤리의 뿌리를 찾아 나가면, 결국 우주에 가치가 등장한 지점까지 거슬러 올라갈 것이다. 그런데 행위 주체성은 생명과 생명 진화의 일부이고, 앞에서 보았듯이 진화는 물리학에서 유도될 수 없고 물리학으로 환원될 수도 없다.

나는 서양의 현대 윤리학을 구성하는 양대 산맥이 도덕적 추론의 기반이 되기에는 부족하다고 생각한다. 양대 산맥이란 '도덕률(moral law)'에 기반한 **의무론**(deontology)의 전통과 선택의 결과에 기반한 결과주의

(consequentialism)의 전통이다. 생물학적 진화도 내 주장을 뒷받침하는 듯한데, 특정한 방식으로 뇌 손상을 입은 사람들은 비교적 의무론적이었던 도덕적 추론에서 결과주의적 추론으로 태도를 바꾸는 것이 관찰되었기 때문이다. 이 신기한 현상을 보건대, 틀림없이 자연 선택이 사람의 도덕성을 조절해 왔을 것이다. 나는 현대 윤리학의 두 흐름보다는 차라리 아리스토텔레스의 윤리학이 우리가 필요로 하는 윤리에 가깝다고 주장할 것이다. 게다가 도덕적 추론은 문명과 더불어 진화하므로, 우리는 어떻게 해야 도덕적 추론을 **현명하게** 진화시킬 수 있는지도 이해해야 한다. 영국의 관습법 같은 법률 체계의 진화가 좋은 모형이 되어 줄지도 모른다.

자연 선택을 통해 행위 주체성과 가치가 등장하고, '당위(ought)'가 등장하고, 그리하여 사회적인 고등 영장류가 자연스레 진화한 과정을 살펴보면, 오늘날 우리가 지닌 도덕성의 기초가 어떻게 진화했는지 알아낼 수 있을지도 모른다. 도덕률을 하사하는 창조주 하느님을 가정할 필요는 없다. '도덕 감정(moral sentiments)'은 부분적으로는 진화에서 빚어졌고, 부분적으로는 문명의 역사에서 유도되었다. 그런데도 창조주가 없으면 도덕성이 무너져 버릴 것이라고 믿는 사람들이 여전히 많다. 사실이자 과학으로서의 진화에 저항하는 사람들 중 많은 이들은 신이 우주를 창조하고 도덕률을 제정한 것이 아님을 인정하는 순간 서구 문명 전체가 붕괴할까 봐 걱정한다. 나도 그 두려움에는 공감하지만, 그것은 근거 없는 걱정이다. 진화는 윤리의 적이 아니라 윤리의 첫 발상지이다.

신성을 재발명한다는 것이 우주의 창조성에서 우리가 신성하게 여길 만한 측면들을 골라내는 일이라면, 신의 창조가 아니라 바로 이런 자연적 신성에서 도덕성의 뿌리와 정당성을 찾아야 옳다. 전 세계 여러 문명들이 따르는 도덕 원칙에는 상당히 비슷한 것이 많다. 생명의 거룩함을 믿는 것도 한 예로서, 전혀 다른 종교들이 공통으로 믿는 원칙이다. 창조주를 믿는 사람도 믿지 않는 사람도 다 함께 공유할 만한 평온한 영적 공간을 구축할 수 있다면, 우리는 서로 죽이지 않고도 함께 도덕성을 논하면서 서로 설득할 수 있을 것이다. 우리에게는 종교적 원리주의가 필요 없는 것처럼 도덕적 원리주의도 필요 없다.

## 도덕성의 진화적 기원

꼬리감기원숭이를 대상으로 한 멋진 실험이 하나 있다. 나란히 붙은 두 우리에 각각 원숭이를 넣되, 우리 사이에 칸막이를 세워서 원숭이들이 서로 못 보게 한다. 근처에 또 다른 우리가 있고, 그 안에 세 번째 원숭이가 있다. 이 원숭이는 앞의 두 원숭이를 모두 볼 수 있다. 실험자가 두 원숭이 중 한 마리에게만 사과나 바나나 같은 먹을 것을 주고, 다른 한 마리에게는 찌꺼기를 준다. 세 번째 관찰자 원숭이는 충분히 잘 먹고 있다. 그러다가 어느 시점에 관찰자 원숭이에게 음식을 넘치게 준다. 원숭이는 어떻게 할까? 원숭이는 찌꺼기만 받은 원숭이에게 남는 음식을 주었다. 원숭이들에게는 공정함에 대한 감각이 있는 것이다.

꼬리감기원숭이 외에도 공정함을 인식하는 듯한 동물들이 꽤 있다. 프란스 드 발(Frans de Waal, 1948년~)은 『선한 본능(*Good Natured*)』에서 그런 사례들을 소개했다. 과학자들은 이런 실험들을 수행하며 동물의 감정을 연구했고, 프란스 드 발을 비롯한 여러 학자들은 사람의 감정과 꼬리감기원숭이 같은 다른 동물들의 감정에 놀랄 만큼 비슷한 점이 많음을 입증했다. 감정에는 진화적 뿌리가 있다. 윤리도 마찬가지로 진화적 뿌리가 있다.

프란스 드 발은 사람의 도덕성에 핵심 요소로 작용하는 갖가지 경향성들과 능력들을 나열한 뒤, 다른 동물들도 그것들 중 상당수를 공유한다는 것을 보여 주었다. 인지적 공감 능력처럼 공감에 관련된 속성들, 규범적 사회 법칙처럼 규준에 관련된 특징들, 거래 행위 같은 상호성, 공동체 차원에서 바람직한 관계를 신경 쓰는 것 같은 사교성 등이 그런 요소들이다.

타인에 대한 공정함이 어떻게 진화했을까? 이것은 생물학이 응당 물어야 할 심오한 질문이다. 진화 이론은 이 질문의 가장 핵심적인 측면에 초점을 맞춘다. 자연 선택이 생물 개체 차원에 적용된다는 것이 달리 말해 후손을 더 많이 낳는 생물을 선호하는 것이라면, 꼬리감기원숭이처럼 친척이 아닌 생판 남에게 이타성을 발휘하는 생물이 어떻게 자연 선택에 의해 진화했을까? 개체 선택에만 의존하는 고전적 진화 생물학에 따르면 가장 중요한 일은 내 아이를 돕는 것이고, 그다음은 나와 유전적 관련성이 높은 순서대로 다른 친척들을 돕는 것이다. 이것이 '친족 선택(kin selection)'이다. 이런 형태의 친족 선택에서는 친척이 아닌 타인에게는 이타성이 발휘되지 않는다. 하지만 이것은 타인에 대한 이타성으로 가는 징검다리가 될 수는 있다.

지난 40여 년 동안 몇몇 생물학자들은 이른바 '집단 선택(group selection)'에 대한 증거를 조금씩 쌓아 왔다. 대강 이런 이론이다. 한 종 안에 서로 다른 집단들이 있다고 하자. 만약에 그중 한 집단에서만 타인에 대한 이타성을 선호하는 유전자가 등장한다면, 그 집단은 '이타성' 유전자를 지니지 않은 집단에 비해 집단 차원에서 선택적 이득을 누릴지도 모른다. 대부분의 진화 생물학자들이 이론으로서 집단 선택에 논리적인 문제가 없다는 데에는 오래전부터 동의했지만, 집단 선택이 실제 진화에서 한몫을 맡을 만큼 충분히 자주 벌어지느냐는 의문시해 왔다.

그런데 최근 들어 집단 선택이 실제로 어떤 역할을 수행한다는 쪽으로 서서히 의견이 기우는 듯하다. 아직 그 영향력을 정량적으로 말하기는 어렵지만 말이다. 어쨌든 우리는 집단 선택의 역할을 인정하자.

집단 선택이 유효하다면, 자연 선택이 이타성을 선호하는 것은 완벽하게 합리적인 일이다. 고등 영장류들이 정의나 공정함에 대한 감각을 진화시킨 것도 이해가 된다. 꼬리감기원숭이 실험이나 드 발이 보고한 다른 사례들을 볼 때, 집단 선택은 사실일 가능성이 높다. 그렇다면 우리 선조였던 원인에게 최초로 도덕성을 부여한 것은 바로 진화였던 셈이다. 진화는 도덕성의 적이기는커녕, 인간의 도덕성을 일부나마 직접 빚어낸 장본인이다. 그것이 가능했던 까닭은 도덕성이 집단에 선택적 이점을 제공했기 때문이다. 여기에서 한 가지 지적할 중요한 문제가 있는데, 그런 집단에서는 배신자가 진화하기도 쉽다는 문제이다. 남들이 제공하는 이타성을 받아들이면서 자신은 이타성을 제공하지 않는 개체가 진화하기 쉽다. 집단 선택 이론가들의 모형에 따르면, 개체들에게 배신자를 **가려낼** 능력이 있을 경우, 집단에는 금세 추방 제도 같은 규범이 진화한다. 5만 년 전의 씨족 사회에서 추방 제도는 얼마나 큰 힘을 발휘했을까? 추방은 곧 죽음이었다. 따라서 추방 제도 같은 행동이 등장하면, 타인에 대한 이타성을 유지하는 방향으로 선택압이 가해졌을 것이다. 상세한 진화 과정은 아직 모르지만, 사람의 윤리 행동들 중 일부는 집단 선택될 만한 이유가 있어서 진화했다. 그러나 한편으로는 윤리적이고 도덕적인 추론이 진화 이론의 설명 범위를 넘어선다는 것 또한 엄연한 사실이다.

### ✢ 고대와 현대의 서구 윤리 이론들 ✢

아리스토텔레스는 『니코마코스 윤리학(*Nicomachean Ethics*)』에서 윤리적 담론의 정당성을 인정했다. 20세기 철학자들 중 일부는 여기에 강력하게 의혹을 제기했지만 말이다. 아리스토텔레스는 나아가 인간의 윤리적 추론을 이해하려고 노력했다. 윤리란 인간의 행동에 관계된 문제이고, 모름지기 모든 행동에는 이유나 의도나 의식적 인식이나 이해가 있다는 가정을 깔고 있다. 그리고 아리스토텔레스가 지적했듯이, 자발적 행동과 강요된 행동은 구분된다는 가정도 깔고 있다. 자유 의지에 도덕적 책임이 따른다는 개념은 아리스토텔레스에게는 물론이고 오늘날의 법정에서도 중요하다. 이것은 13장에서도 했던 이야기인데, 기억하겠지만 아리스토텔레스는 폭풍에 직면한 선장을 예로 들었다. 배가 가라앉을지도 모르는 위급한 상황이 되자 선장은 짐을 바다에 버리기로 결정했다. 아리스토텔레스는 선장의 선택과 행동이 자발적인 것인지 강요된 것인지 물었고, 자발적 행동이라고 결론내렸다.

아리스토텔레스의 윤리학은 '덕의 윤리학(virtue ethics)'이라고도 불린다. 그는 도덕성의 모든 측면들을 일관되게 생성하는 하나의 통일된 '도덕률' 집합은 없다고 생각했다. 서로 다른 사람들은 서로 다른 가치들을 갖고 있으며, 삶과 도덕적 추론은 아주 복잡한 것이라고 생각했다. 나 역시 윤리에 관한 논의 끝에 결국 이런 아리스토텔레스적 견해로 돌아올 것이다. 내 관점에서는 의식적 인식, 행동에 대한 도덕적 책임, 온전한 행위 주체성이 모두 존재론적으로 실재하는 현상들이다. 그런 속성들의 진화적으로 등장한 과정은 물리학으로 환원되지 않고, 물리학에서 연역되지도 않기 때문이다.

그리스와 로마 시대부터 계몽주의 시대 직전까지의 서구 문화에서는 '자연법(natural law)' 개념이 도덕 추론의 주춧돌 역할을 했다. 자연법이란 간단히 말해서 우주에 질서가 존재한다는 시각으로, 그리스 철학에서 유래했다. 우주 질서와 조화를 이루며 사는 것이 올바른 삶이고, 사람의 올바른 행동에 그 질서가 반영된다는 시각이었다.

자연법에 반기를 든 것은 계몽주의 시대의 철학자들이었다. 특히 스코틀랜드의 계몽주의자들이 앞장섰다. 앞에서 언급했듯이 현대의 서구 윤리학은 그 뿌리가 데이비드 흄에게 닿는다. 흄은 '존재'에서 '당위'를 논리적으로 연역해 낼 수 없다고 주장했다. 여성이 아기를 낳는다는 사실로부터, 그러니까 마땅히 여성은 아이를 사랑해야 한다는 당위를 연역해 낼 수는 없다는 것이다. 그런 연역이 가능하다고 착각하는 것을 '자연주의적 오류'라고 부른다. 흄 이래 서구의 윤리학은 그가 지적한 자연주의적 오류를 곱씹거나 반대하는 내용으로 가득했다.

흄의 말은 절반만 옳다. 6장에서 나는 우주에 행위 주체성이 등장함과 더불어 가치, 의미, 행위, 행동, 목적이 등장한다고 말했다. 생물학은 물리학으로 환원되지 않는다. 따라서 생명의 표현인 행위 주체성도 물리학으로 환원되지 않는다. 물리학은 순수한 사실의 언어일 뿐, 가치, 목적, 기능이라는 개념은 물리학에 없다. 생물학과 행위 주체성이 물리학으로 환원되지 않는다는 것은 '존재'에서 '당위'를 끌어낼 수 없다는 흄의 주장을 지지하는 근거인 셈이다. 행위 주체성과 생물학을 물리학으로 환원할 수 없다는 점에서는 흄의 말이 옳다. '당위'와 '존재'는 서로 다른 형태의 추론을 요구한다.

흄의 주장 때문에 많은 도덕 철학자들이 도덕적 추론의 '진리 지위'에 의문을 품었고, 도덕적 추론의 정당성마저 의심했다. 도덕적 진술의 진리 지위를 의심한다는 것은 도덕적 진술이 물리적 세상에 대한 가치 중립적, 사실적 진술과 동등한 수준에서 참인지를 의심한다는 말이다. 물론 두 진술은 동등하지 않다. 물리학에서는, 즉 '존재'하는 것에서는 가치를 끌어낼 수 없기 때문이다. 20세기의 철학자 조지 에드워드 무어(George Edward Moore, 1873~1958년)는 그 대안으로 도덕적 언어의 '정서 이론(emotive theory)'을 개발했다. 예를 들어 '살인은 나쁘다.' 같은 진술은 '으으.' 같은 감정적 혐오의 표현과 동등하다는 이론이다. 이런 관점에서는 도덕적 추론 자체가 유효하지 못한 것이 된다.

그러나 무어의 이론은 옳지 않다. 생명, 행위 주체성, 가치, 나아가 '당위'는 우주에 실재한다. 따라서 가치에 대한 인간의 추론도, 더불어 감정, 직관, 경험 같은 그밖의 감각들도 유효하다. 그것은 감정적 발화나 사실에 대한 진술에 지나지 않는 게 아니라, 실제로 가치를 논의하는 행위이다. 현실의 구체적인 상황에서 우리가 어떻게 행동해야 하느냐를 논의하는 것은 삶에서 큰 부분을 차지한다. 도덕적 추론은 미래를 향해 살아가는 삶의 진정한 한 측면이고, 와인버그의 물리학으로 환원되지 않는 측면이다.

계몽주의와 흄의 자연주의적 오류 이후, 일관성 있는 윤리학을 세우려는 서구 철학자들의 시도에는 크게 두 가지 학문적 흐름이 있었다. 그중에서도 가장 대담하고 지적으로 가장 아름다운 시도는 철학자 임마누엘 칸트의 이론이었다. 칸트의 『순수 이성 비판』은 엄청난 영향력을 발휘했는데, 그 책에서 칸트는 실천적 판단에는 전혀 관심을 쏟지 않았다. 그는 순수 이성으로는 결코 행동에 대한 '우선 순위(priority)'를 세울 수 없다고 말했다. 내 식으로 표현하자면 가치를 세울 수 없다는 말이고, 칸트의 용어로 표현하자면 "목표" 혹은 목적을 세울 수 없다는 말이다. 이것은 흄이 지적한 자연주의적 오류를 다시 강조한 것이나 마찬가지였다. '존재'에서 '당위'를 연역할 수 없다는 것을 재차 강조한 것이었다. 위대한 두 철학자의 말은 옳다. 칸트는 이어 이렇게 주장했다. 일단 우선 순위가 주어지면, 우리는 실천 이성을 동원하여 '만약-그렇다면' 진술들을 엮어 나감으로써 가치 있는 목표를 성취할 수 있다. 예를 들어 가게에 가려면 어떻게 해야 할까 하는 방법을 쉽게 생각해 낼 수 있다. 하지만 우선 순위 자체는 어쩌면 좋을까? 행동의 '목표'는 어쩌면 좋을까? 칸트는 우리 안에 의무론적 논리, 법칙적 논리가 존재하여 우리를 인도한다고 보았다. 이것이 유명한 정언 명령이다. "네 행동의 준칙이 항상 보편 타당하도록 하라."라는 명령이다. 교과서적인 예를 하나 들어 보자. 거짓말은 나쁘다. 왜? 내가 진실만을 말할 때에는 내 행동의 준칙이 언제까지나 보편 타당하다. 내가 계속 진실만을 말한다면 아무런 자기 모순이 발생하지 않는 것이다. 반면에 거짓말은 대부분의 사람들이 진실을 말하는 맥락에서만 효과가 있다. 따라서 거짓말은 보편화될 수 없다. 내가 늘 거짓말을 하면 언젠가는 거짓말로 남을 속일 수 없을 테니 말이다. 그런 집단 행동은 자충수나 다름없다. 거짓말은 행동의 준칙으로서 지속적으로 보편 타당할 수 없다.

내가 아는 한 칸트의 정언 명령은 의무론적 윤리학의 논리를 세우려는 숱한 시도들 가운데 가장 탁월했다. 하지만 그것으로 충분할까? 다음의 질문을 상상해 보자. 칸트 이야기를 할 때 늘 따라붙는 질문이다. 내 아내를 죽이려고 작정한 살인마가 집으로 침입해 내게 아내의 행방을 묻는다. 나는 이 구체적인 상황에서도 진실만을 말해야 할까? 칸트라면 그렇다고 대답했을 것이다. 대부분의 사람들은 아니라고 대답한다. 논리적으로 일관된 윤리학을 세우려고 했던 칸트의 탁월한 시도도 이런 점에서 결국 실패라고 결론내리는 사람이 많다. 흄 이래 모든 의무론적 도덕 철학자들은 이런 반례에 골머리를 썩였다. 그렇다면 결국 아리스토텔레스의 말이 옳은지도 모른다. 모든 도덕적 행동들을 이끌어내는 **하나의 도덕률**, 또는 하나의 도덕적 공리 집합은 **없는** 것 같다.

계몽주의 이래 세속 윤리학의 두 번째 전통은 공리주의였다. 공리주의를 도덕 철학의 결과주의적 입장까지 다 포함하는 것으로 보는 경우도 있다. 공리주의의 목표가 어떤 면에서는 결국 최적의 결과를 얻는 것이기 때문이다. 제러미 벤담(Jeremy Bentham, 1748~1832년)과 존 스튜어트 밀(John Stuart Mill, 1806~1873년)은 공리주의적 도덕 철학의 핵심 개념이 최대 다수의 최대 행복 추구라고 처음으로 주창했다. 하지만 이것으로 충분할까? 사람마다 '행복'이나 '효용'의 양을 각자 다르게 매길 테고 그 양을 정량화하기가 까다롭다는 문제는 잠시 잊더라도 말이다. 이런 상황을 상상해 보자. 살인자가 인질 100명을 잡고 있다. 살인자는 우리더러 인질들 중 아무나 한 사람을 고르라고 한다. 그 사람만 죽이고 나머지는 다 풀어 주겠다고 한다. 벤담과 밀이 자신들의 논리를 철저히 따르자면, 이런 선택이 도덕적으로 허용된다고 보아야 한다. 그러나 대부분의 사람들은 여기에 도덕적 반감을 느낀다. 최대 다수의 최대 행복 역시 보편적 도덕 원칙은 될 수 없다.

흥미롭게도 최근 공리주의 이론의 취약성을 보여 주는 신경학적 실험들이 등장했다. 연구자들은 배쪽안쪽이마엽겉질이라는 뇌의 좁은 영역에 손상을 입은 환자들의 도덕적 추론 능력을 점검해 보았다. 환자들은 다른 면에서는 어떤 기준으로 보나 정상이었다. 우리가 앞의 인질 문제를 보통 사람들에게 물어보면, 대부분은 아무나 한 사람을 골라서 죽이는 것은 도덕적으로 잘못된 일이라고 대답한다. 우리가 그런 상황에서 어떻게든 결정을 내리려면 복잡하게 얽힌 여러 도덕적 문제들을 풀어야 할 것이다. 그런데 감정을 담당하는 계와 이성을 담당하는 계를 잇는 것으로 보이는 배쪽안쪽이마엽겉질에 손상을 입은 환자들은 잠시도 주저하지 않고 한 명을 죽여 나머지를 살려야 한다고 대답했다. 환자들은 훌륭한 공리주의자가 된 듯했다. 이 임상적 발견은 지금 내가 하는 이야기와 관련이 있다. 특정 신경 구조가 파괴되면 도덕적 추론 방식이 바뀔 수 있음을 보여 주는 증거이기 때문이다. 이 발견은 사람의 도덕적 추론에 감정과 이성이 통합적으로 관여한다는 것을 강력하게 암시한다.

나아가 **도덕적 추론에서 감정과 이성이 통합된 상태는 아마도 자연 선택에 따라 진화했을 것임을 암시한다.** 진화는 분명 윤리의 적이 아니라 그 기반이다. 우리는 순수한 공리주의자로 진화하지 않았다. 우리의 도덕적 추론에서는 이성, 감정, 직관이 모두 역할을 한다. 신경 과학은 우리 행동의 이런 측면을 이제서야 하나씩 이해하기 시작했다.

공리주의를 유일한 도덕 지침으로 삼기 어려운 이유가 하나 더 있다. 앞에서 거듭 설명했듯이 우리는 스스로의 행동이 어떤 결과를 가져올지 완벽하게 알지 못할 때가 많다. 거의 항상 모른다고도 말할 수 있다. 미래의 사건에 대해서 합리적인 확률적 진술조차 말하지 못할 때가 많다. 따라서 우리는 '최대 다수의 최대 행복'을 계산할 수 없다. 이것이 공리주의의 현실적 한계이다. 우리는 자신의 행동이 장기적으로 어떤 결과를 낳을지 알 도리가 없다. 도덕적 추론은 이 현실과 씨름해야 한다. 결과를 모르는 상황에서도 어떻게든 도덕적으로 최선을 다해야 한다. 특히 요즘처럼 기술 변화가 빠른 시대에는 도덕적 추론의 한계가 더욱 심각한 문제가 된다.

모종의 연역적 논리에 따라서 우리의 도덕적 선택을 일관되게 이끌어 주는 단 하나의 '도덕률'이나 도덕 공리 집합은 없는 듯하다. 현실의 구체적인 도덕적 상황에서는 우리의 필요, 가치, 목표, 권리가 서로 충돌하게 마련이고, 그렇기에 도덕적 추론이 개입하는 수밖에 없다. (어떤 공리계이든 주어진 공리들로부터 유도되지 않는 수학적 참의 진술이 있게 마련이라는 괴델의 정리를 떠올릴 때, 도덕적 추론에서도 모든 도덕적 진리들을 이끌어 내는 일관된 도덕률들의 집합, 즉 도덕적 공리들의 집합이 없는 것이 어쩌면 당연할지도 모른다.)

## ✢ 최고선은 하나가 아니다 ✢

현실의 도덕적 추론은 계몽주의 이후 도덕 철학의 주장보다는 아리스토텔레스의 그림에 더 가까운 듯하다. 내 생각에 '전역적 파레토 최적성(global pareto optimality)'이라는 수학 개념을 여기에 끌어다 쓰는 게 유용할 것 같다. 서로 겹치되 같지 않은 다양한 도덕적 가치들이 있다고 하자. 그리고 서로 대안이 되는 여러 도덕적 행동 경로들의 집합이 있다고 하자. 일종의 도덕적 정책의 '공간'이 존재하는 셈이다. 이 공간에서 어떤 정책의 도덕적 '적합도'는 특정 도덕적 목표에 대한 '높이'로 측정된다고 하자. 도덕적 목표들 중 일부는 칸트가 말했던 수단으로서의 목표, 즉 도구적 의무일 것이다. 한편 목표 그 자체의 목표, 즉 자체적 도덕 목표도 있을 것이다. **자체적 도덕 목표들에 대해서는, 각 목표의 상대적 중요성을 평가할 방법이 없다.** 이처럼 상대 비교가 불가능한 가치들에 대해서 찾아낸 최적의 해답이 '전역적 파레토 최적' 집합이다. 다시 설명하면 이렇다. **어떤 도덕적 정책이 전역적 파레토 최적 상태에 있다면, 그 정책에 아주 작은 변화만 생겨도 특정한 자체적 도덕적 목표에 대한 정책의 '적합도'가 다른 목표들에 대한 적합도보다 상대적으로 낮아진다.** 즉 상대적 가치를 말할 수 없는 여러 도덕적 목표들에 대해서 도덕적 정책들이 전역적 파레토 최적 상태라는 것은, 한 정책의 도덕적 가치를 바꾸려면 반드시 다른 정책의 도덕적 가치를 희생해야 하는 상태이다. **보통은 전역적 파레토 최적 정책이 하나만이 아니라 여러 가지일 것이다. 그런데 여러 도덕적 목표들의 상대 가치를 따질 수 없다고 했으므로, 우리는 전역적 파레토 최적 상태에 있는 여러 도덕적 정책들 중에서 어떤 것을 고를지 선택할 수도 없다.** 그러나 실제로 우리는 도덕적 추론을 도구로 삼아서 전역적 파레토 최적 상태에 있는 다양한 도덕 정책들 중에서 무엇을 고를지 고민하므로, 우리가 구체적으로 어떻게 그 고민을 풀어 나가는지 알아보는 것도 흥미로울 것이다. 어쩌면 법 체계의 진화 과정이나 다양한 판례들이 하나의 구체적 사례에 영향을 미치는 과정을 살펴보면 그 고민을 이해할 수 있을지도 모른다. 이 이야기는 뒤에서 다시 하겠다.

내가 보기에는 전역적 파레토 최적 상태에 있는 도덕적 정책들을 추구하는 것이 곧 도덕적 추론이라는 견해는 꽤 쓸 만하다. 이 견해에 따르면, **우리는 그리스 사람들처럼 하나의 지고한 '최고선'을 찾으려고 노력하는 게 아니라, 구체적 상황에 대한 전역적 파레토 최적 상태에 있는 도덕 정책을 하나 이상 찾으려고 노력한다.** 이 견해는 유일한 도덕률은 없다고 했던 아리스토텔레스의 견해와 일맥상통할 뿐만 아니라, 도덕성에 대한 의무론적 견해와 결과주의적 견해를 모두 아우른다. 왜냐하면 그런 견해들은 모두 자체적 도덕적 목표나 도덕적 추론에 관한 이야기인데, 그것에 대한 자연적인 '해답들'이 바로 전역적 파레토 최적 상태의 도덕 정책들이기 때문이다. 그리고 하나의 구체적 상황에서든 더 넓은 맥락의 상황에서든 자체적 도덕적 목표에 대한 전역적 파레토 최적 상태의 해답이 하나 이상 존재하는 경우라면, 그리스 사람들처럼 **하나의** 최고선을 찾겠다는 시도는 실패할 것이 뻔하다.

지금까지 한 이야기에서 도덕적 가치들이 문명의 진화에 발맞추어 변천한다는 사실에 모순되는 내용은 전혀 없었다. 도덕적 추론은 분명 진화한다. 지금부터는 그 이야기를 해 보자. 나는 도덕적 목표들이 현명하게 진화하는 것도 가능하다고 믿는다.

## 도덕성의 진화

샘 해리스(Sam Harris, 1967년~)의 책 『기독교 국가에게 보내는 편지

(*Letter to a Christian Nation*)』에는 십계명 중 하나인 '도둑질하지 마라.'라는 계율에 관한 신랄한 비평이 있다. 모세가 시나이 산에서 십계명이 새겨진 석판들을 받았던 당시, 이 법률은 모름지기 유대 인이라면 이웃의 재물을 훔치지 말아야 한다는 뜻이었다. 해리스가 지적했듯이, 재물에는 이웃의 노예도 포함되어 있었다. 그러니까 4,500년 전에는 신의 법률이 노예제를 공공연히 인정했던 것이다. 반면에 요즘의 우리는 노예제를 인정하지 않는다. 도덕성은 진화한다. 구약 성서 초기에는 '눈에는 10개의 눈'이었던 것이, 이후 '눈에는 눈'이 되었고, 예수에 와서는 '적을 사랑하라.'로 바뀌었다. 도덕성은 정말로 진화한다. 도덕성이 문명과 역사와 더불어 진화한다는 것을 우리는 잘 안다. 그 사실을 받아들이지 않은 채 까마득한 과거에나 의미가 있었던 도덕적 입장에 갇혀 사는 것은 어리석은 짓이다. 과거의 윤리를 떠받드는 원리주의는 압제적 체제가 될 수 있다. 그렇다면 도덕성이 어떻게 진화하는지 말해 줄 모형을 만들어 보는 것도 괜찮겠다. 다만 **현명한** 진화를 담보하는 모형이어야 할 것이다.

도덕적 추론의 진화를 고민하다 보면, 법률의 진화가 그 모형이 될지도 모르겠다는 생각이 든다. 법 체계는 바야흐로 전 지구적 문명이 등장하려는 현 시점에 어떻게 하면 우리가 여러 도덕적 전통들을 공진화시킬 수 있을까 하는 물음에 대한 좋은 모형일지도 모른다. 법 체계 모형의 장점은 축적된 지혜를 사용한다는 점, 사회가 변하고 새로운 문제들이 생겨남에 따라 함께 변한다는 점, 전체주의적 윤리를 거부하는 경향이 있다는 점 등이다. 법 체계는 다양한 상황의 도덕적 문제들을 겪으면서 서로 엇갈리는 법적 논증들을 진화시켰고, 그것들을 구체적인 사례에 적용해 왔다. 그 결과는 상충하는 판례들이다. 법적 논증들이 서로 엇갈리는 내용일 때가 많은 까닭은 현실에서 우리의 도덕적 논증들이 서로 교차하는 내용일 때가 많기 때문이다. 서로 엇갈리는 법적 논증들이 등장하는 것은 서로 대안적이고 통약 불가능(incommensurate, 합의 기반이 없어 서로 우열을 가리거나 할 수 없는, 전혀 다른 패러다임이라는 뜻의 토마스 쿤의 용어 — 옮긴이)하지만 모두 전역적 파레토 최적 상태인 여러 도덕적 선택지들을 놓고 우리가 늘 고민하기 때문이라고도 말할 수 있다. 정말 그렇다면, 법률이 어떤 방식으로 진화하여 자체적 도덕적 목표들의 진화를 따라잡는지 살펴보는 것이 유익하리라.

법률이란 한마디로 도덕적 추론을 정제된 형태로 표현한 것이다. 영국의 관습법을 예로 들어 보자. 관습법은 현실적이고, 구체적이고, 상황적인 특정 사례들에 적용되는 법적/도덕적 추론들로 구성되어 있으며, 늘 진화하는 현재 진행형의 제도이다. 관습법은 존 왕이 대헌장을 승인한 13세기부터 만들어지기 시작했다. 이 영국적 제도의 아름답고 지적인 면모는 매력적이다. 이것이 수백 년 동안 예측 불가능한 방식으로 차곡차곡 쌓임으로써 창발적으로 진화했다는 점이 특히 그렇다. 이것이 어째서 창발적이었는가 하면, 수백 년간 수많은 판사들이 상충하는 판례들을 적용하는 과정에서 무엇이 판결의 대상이 될 만한가라는 관점이 줄곧 진화했고, 다양한 주제들에 대응하는 법률도 함께 진화했기 때문이다. 관습법은 공진화한 집단 지혜(collective wisdom)이다. 그토록 복잡하게 얽힌 논리들, 선례들, 판례 특수성들, 상충하는 이해 관계들을 법률이 판결한다는 것은 놀랄 만한 일이다. 관습법은 사람들이 1215년 이후로 얼마나 복잡한 삶을 살아왔는가를 충실하게 보여 주는 증거이다. 법적 추론은 과학적 추론만큼이나 강력할지도 모른다.

관습법은 누구도 예측하지 못했던 뜻밖의 방식으로 돌변할 때가 있다. 크롬웰이 왕 대신 영국을 다스리던 시기에, 폐위된 찰스 1세는 왕좌에 복귀하려고 두 번의 내전을 일으켰지만 두 번 다 졌다. 크롬웰은 왕을 재판하고 싶었다. 그러나 당시의 관습법에 따르면 왕은 법률을 넘어선 존재였기 때문에 의회가 왕을 재판할 수 없었다. 크롬웰은 변호사 수십 명을 뒤진 끝에 찰스 1세에 대한 고발을 기꺼이 수행해 줄 변호사를 찾아냈다. 웨일스 출신의 그 변호사를 웨스트라고 부르기로 하자. 폭정이라는 죄목으로 찰스 1세에 대한 재판이 열린 첫날, 웨스트는 자리에서 일어나 고소장을 읽기 시작했다. 왕은 웨스트의 옆에 앉아 있었다. 왕은 지팡이를 들어 웨스트의 어깨를 치기 시작했다. "그만둬!" 왕은 외쳤다. 웨스트는 계속 고소장을 읽어 내려갔다. "그만두란 말이다!" 왕이 또 소리쳤다. 웨스트는 계속 읽었다. "그만두라고 하지 않는가!" 왕이 이렇게 말하면서 웨스트의 어깨를 세게 내리치는 바람에, 지팡이 끝에 달려 있던 은색 쇠붙이가 바닥에 떨어졌다. "저걸 집어!" 왕은 웨스트에게 명령했다. 웨스트는 그저 고소장을 읽어 내려갈 뿐이었다. "내가 명령하지 않는가, 저걸 집으란 말이다!" 왕이 다시 말했다. 웨스트는 계속 고소장을 읽었다. 무시를 당한 찰스 1세는 참담한 심정으로, 직접 허리를 굽혀 쇠붙이를 집었다.

그 순간 의원들은 숨을 삼켰다. 왕이 의회 앞에 허리를 숙임으로써, 의회의 권위에 굴복한다는 뜻을 상징적 행동으로 표한 꼴이 되었기 때문이다. **자신 역시 사법의 대상**이라는 사실을 왕이 상징적으로 인정한 셈이 되었다. 그날 이후 영국은 물론이고 영어를 사용하는 모든 나라에서, 왕이든 대통령이든 다른 어떤 권력자이든 모두 사법의 대상이 되었다. 찰스 왕이 무심코 허리를 굽히는 바람에 법의 역사가 엄청난 변화를 겪은 것이다. 법률이 창발적 생명체처럼 진화하여 문명인들의 삶을 규제하게 되기까지, 얼마나 많은 뜻밖의 역사적 반전, 사건, 전통의 축적, 정치적 입법과 선심성 법 집행, 명예로운 입법 등이 있었겠는가? 우연하고, 현명하고, 케케묵고, 참신한 그 진화를 누가 미리 예측할 수 있었겠는가?

도덕성도 법률도 고정된 것이 아니다. 둘 다 진화한다. 그렇다면 과연 어떻게 진화할까? 몇몇 단서들이 있다. 영국 관습법에서는 판례가 굉장히 중요하다. 판례들 중에는 이후에 거의 인용되지 않는 것들도 있고, 기념비적인 결정으로 이후에 널리 인용되어 법 체계에 큰 변화를 일으키는 것들도 있다. 법 체계는 판사들이 특정 사례에서 과거의 판례들을 인용하는 과정을 통해서 부단히 변화하는 문화에 적응하며 진화한다. 도덕성도 마찬가지이다. 일례로 오늘날 낙태의 권리에 대한 논쟁은 이렇게 뜨거운 것이 당연하다. 그것은 도덕적으로 복잡한 문제이고, 찬반 양쪽이 모두 강력한 도덕적 논증을 제기할 수 있는 문제이기 때문이다.

어떻게 자기 확산적이고 자기 구축적인 복잡계가 아무 책임자도 없는 상황에서 스스로 공진화할까 하는 것은 과학자로서 내가 늘 궁금하게 여기는 문제이다. 관습법이 그런 사례이고, 경제계도, 생물권도 그렇다. 이런 계들을 책임진 사람은 없다. 나는 또 판례 인용 횟수의 분포가 어떤지도 늘 궁금했다. 정말로 대부분의 판례들은 거의 인용되지 않는 반면에 소수의 판례들은 무척 자주 인용되고 있을까? 인용 횟수를 X축에 표기하고 각각의 횟수만큼 인용된 판례들의 수를 Y축에 표기하면 분포 그래프가 그려진다. 그런 다음 X축과 Y축을 모두 로그값으로 변환하면, 혹시 오른쪽으로 기울어지는 직선이 얻어지지 않을까? 그것은 멱함수 법칙의 증거이다. 내 직관에 따르면 틀림없이 그럴 것 같다. 정말로 그렇다면, 관습법은 법 체계를 심각하게 변화시키는 소수의 판례들과 그것보다 훨씬 온건한 다수의 판례들을 통해 진화한다는 뜻이다. 그건 또 왜일까?

어쩌면 복잡계가 환경에 적응하며 공진화적으로 스스로 조립해 나가는 과정을 묘사하는 보편 법칙이 있을지도 모른다. 생태계에서 경제계까지 두루 적용되는 법칙이 있을지도 모른다. 다양한 종들을 포함한 생태계에서 멸종 사건들의 분포가 그런 멱함수 법칙을 따른다는 것은 이미 사실로 확인되었다. 나와 동료들은 경제계에서 멸종하는 회사들의 분포도 그와 비슷한 멱함수 법칙을 따를 것이라고 예측했고, 11장에서 이야기했듯이 우리의 예측은 실제 관찰 결과와 일치했다. 영국 관습법에도 같은 법칙이 적용된다면 어떨까? 생물 군집이 일관된 전체를 유지하면서 한편으로 종들이 공진화하는 것처럼, 또는 어떤 시기의 경제이든 통합된 경제 활동을 유지하면서 기술들이 공진화하는 것처럼, 판례들도 어떻게든 일관된 '전체'를 유지하면서 공진화한다면? 어쩌면 우리는 흥미로운 공진화 조직화 법칙을 발견한 것일지도 모른다. 그런데 명심할 점이 있다. 그런 법칙을 발견하는 것은 물론 엄청나게 멋진 일이지만, 멱함수 형태이든 다른 어떤 형태이든 하나의 법칙으로 법률과 경제와 생물권 진화의 세부 사항들을 일일이 예측하기란 거의 불가능하다는 점이다.

정말로 생물권, 경제, 관습법에 두루 적용되는 멱함수 분포가 있다면, 아마도 그것은 자기 조직적 임계성 덕분일 것이다. 어쨌든 그것이 물리학으로 환원된다고 믿을 만한 근거는 어디에도 없다. 어쩌면 그 법칙은 생물권, 경제, 문화 같은 자기 구축적 비평형계들이 스스로의 인접한 가능성으로 확장해 나아가는 과정까지 관장할지도 모른다.

관습법의 진화는 사회 변천에 따라 도덕성도 진화한다는 것을 간접적으로 보여 주는 최선의 증거일지도 모른다. 우리는 구체적으로 어떤 판례가 법 체계를 극적으로 바꿀지 정확하게 예측할 수 없다. 찰스 왕과 지팡이의 사건을 미리 예측할 수는 없다. 그렇지만 법의 진화를 통계적으로 예측할 수 있을지는 모른다. 경제와 마찬가지로 법의 진화도 예측 불가능한 과정이고, 틀림없이 비알고리듬적 과정일 것이다. 이런 짐작들은 도덕적 추론의 진화에도 고스란히 적용될 만하다. 도덕적 '규칙들'과

사상들 또한 생물 종들처럼, 기술들처럼, 법적 판례들처럼 복잡하게 서로 의존하여 공진화하기 때문이다.

우리는 아브라함의 하느님이 십계명을 내려 주었다는 단순한 해석보다 훨씬 더 심오한 지점까지 왔다. 도덕성은 진화한다. 그럴 만한 이유가 충분하다. 도덕성은 변화하는 문화에 적응해야 한다. 법 체계에서는 바로 그런 문제들을 보살피라고 미국 연방 대법원에 권한을 주었다. 그러나 도덕적 추론에 대해서는 연방 대법원처럼 진화 과정을 보살펴 줄 사람이 없다. 그런데도 도덕적 추론은 언제나 심오하고, 생기 넘치고, 역동적이다. 따라서 우리는 영원히 변치 않으며 모든 도덕적 의문들에 일관된 해답을 내려 주는 하나의 도덕적 공리 집합을 찾아 헤매서는 안 된다. 그런 노력을 했던 칸트에게 축복 있기를. 차라리 우리는 변화하는 문화와 상황에 발맞추어 끊임없이 대화해 나가야 한다. 법과 마찬가지로 도덕적 추론은 부단히 변화하며 영원히 창조적이다. 역시 법과 마찬가지로 현재의 도덕적 사고에서 일부는 까마득한 고대의 것이다. 그런 것은 앞으로도 아마 변하지 않을 것이다. 그것이 진화 과정에서 집단 선택이 작용한 탓이든, 오래도록 통용될 만한 지혜라서 그렇든, 충분한 이유가 있을 테니까. 그리고 도덕성의 진화를 말하는 것은 맹목적인 도덕적 상대주의를 끌어들이는 일이 아니다. 오히려 선조의 도덕적 지혜를 존중하는 일이고, 전통적인 도덕적 판시를 선뜻 바꾸지 못하도록 주저하게 만드는 일이고, 그러면서도 새로운 사실에 적응하도록 유연성을 열어 두는 일이다.

이제까지는 대체로 독자적인 문명들에서 여러 법 체계들이 각자 진화해 왔다. 그러나 오늘날은 전혀 새로운 전 지구적 문명의 도래를 눈앞에 두고 있으므로, 우리는 국제 법정이나 국경을 넘어 활동하는 비정부 기관 같은 새로운 제도들을 계속 발명해야 한다. 그럼으로써 다양한 전통들의 경계를 넘어 우리의 법률들을, 법률들에 조금이나마 간직된 우리의 도덕성을 다 함께 진화시켜야 한다.

도덕적 추론이 진화한다는 사실에는 굉장히 중요한 의미가 있을지도 모른다. 다음 장에서 지구 윤리를 이야기하면서 다시 말하겠지만, 윤리는 부분적으로는 스스로 진화하고 부분적으로는 우리가 지혜를 동원해 끊임없이 발명하는 것이다. 지구 윤리를 발명하는 것은 인류 공통의 틀을 개발하려는 노력이다. 재발명된 신성을 통해서 인류를 하나로 통합할 틀, 인류가 앞으로 건설할 전 지구적 문명을 하나로 단단히 묶어줄 틀 말이다.

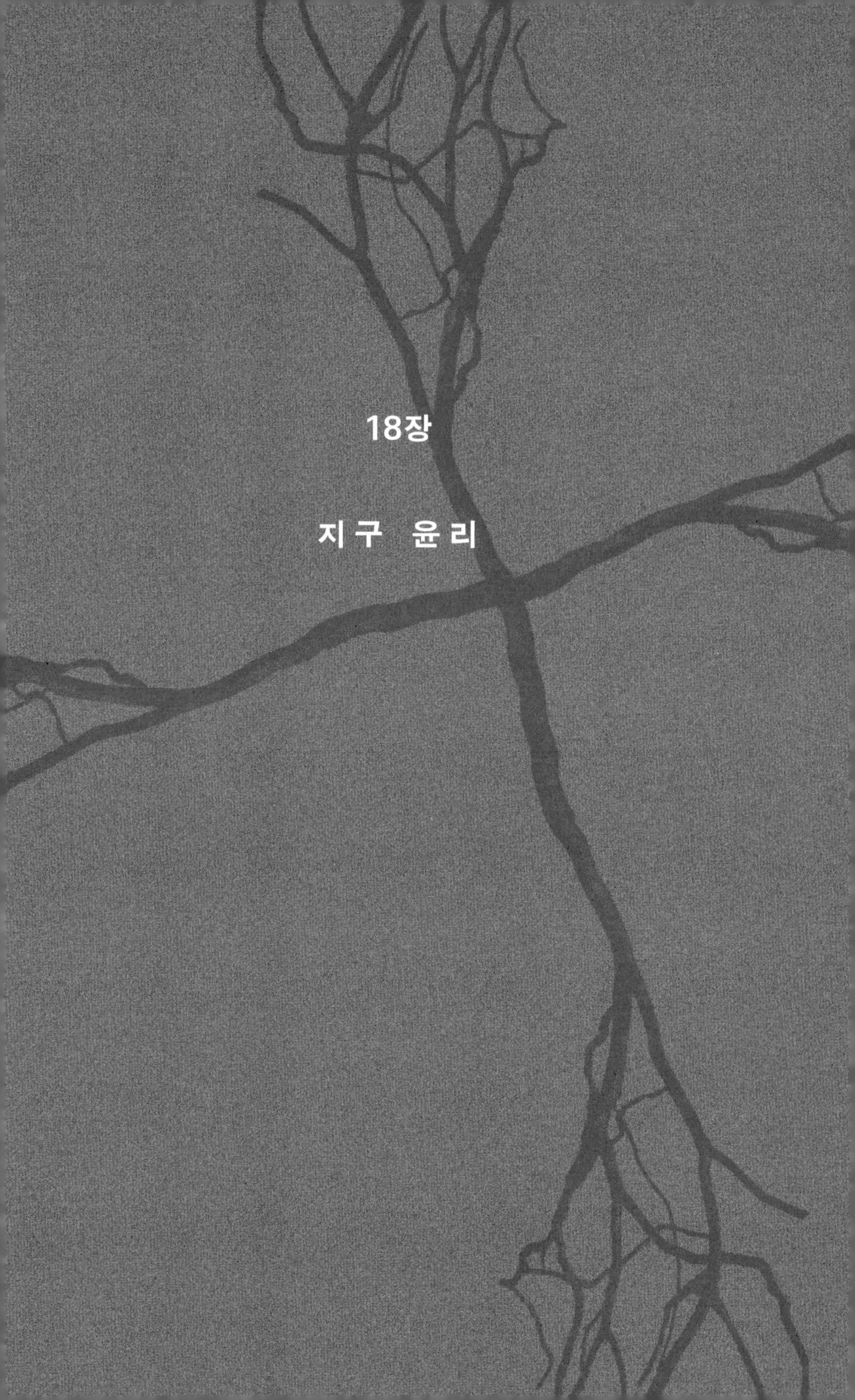

# 18장

# 지구 윤리

현재 우리에게는 지구 윤리가 없다. 우리는 전 지구적 문명을 맞이하려는 참이다. 영원히 다양성을 유지하면서 영원히 진화한다면 좋을 것 같은 그 문명에 대비하기 위해서, 또한 그 문명의 형태를 부분적으로나마 우리가 빚기 위해서, 우리는 먼저 지구 윤리를 구축해야 한다. 내가 '부분적으로'라고 말한 까닭은 설령 우리가 벌인 행동에 대한 결과라도 우리가 미래의 사건을 속속들이 알 수는 없기 때문이다. 우리는 용기와 신념을 품고서 미래를 향해 살아간다.

지구 윤리는 지구의 다양한 문화들, 문명들, 전통들을 모두 품어야 한다. 그것은 우리에게 방향을 일러 주는 틀이어야 한다. 그것은 우리가 스스로 구축하고 선택하는 것이어야 한다. 그것은 또한 현명한 방식으로 진화해야 한다. 완고한 윤리적 전체주의는 다른 어떤 원리주의만큼 이나 맹목적일 수 있다.

최근에 나는 영광스럽게도 조지아 주 애틀랜타의 초교파 신학 센터(Interdenominational Theological Center, ITC)가 주최하는 작은 토론회에 초대받았다. 초교파 신학 센터는 아프리카계 미국인들이 세운 여섯 종파가 공동으로 사용하는 거점이다. 센터의 운영은 신탁인들 중 한 명인 폴라 고든(Paula Gordon)이 맡고 있다. 센터의 목표는 신학과 생태학을 결합시키는 것으로, 그런 활동을 신학 생태학(TheoEcology)이라고 부른다. 센터가 내게 미리 고지한 바에 따르면, 이틀에 걸친 모임에서 토론자들이 집중적으로 이야기할 내용은 새로운 '에덴(Eden)'의 원칙을 세우는 것이었다. 멋진 주제였다. 나는 에덴이라는 개념에 친숙하지 않은 문명의 사람들에게도 새로운 에덴을 찾는 일이 반갑게 받아들여지기를 바란다. 나는 이 모임의 제안에서 지구 윤리의 시작을 읽을 수 있었다.

새로운 에덴을 위한 원칙들

윤리적 상상력에서 나왔으며, 인류를 미래로 이끌어 줄 원칙들:

세상은

하나이고

열려 있다

그곳에서는

생명이 번성하고,

우리는

정의와 존중과 겸손을 서로 요구하고

변화를 받아들이고

책임을 기꺼이 지고

쓰레기와 낭비를 바꾸려 애쓰고

차이를 인정하고

자연과 다시 화해하고

사회와 공동체를 우선으로 여긴다.

그리고 우리의 행동에 활력을 주는 것은

중립적 언어를 사용한 진취적 대화와

반응

품위, 지혜, 다중적 구심점들이다.

새로운 에덴. 이것은 강력한 이미지이다. 기독교 전통에서는 아담과 이브가 선악과를 먹는 원죄를 저지르는 바람에 최초의 에덴에서 쫓겨났다고 한다. 그러나 지식은 죄가 아니다. 우리에게는 새로운 에덴이 필요하다. 우리가 적어도 일부나마 머릿속에 그려 볼 수 있는 에덴, 그것을 향해서 서서히 나아갈 수 있는 에덴이 필요하다. 지구 윤리는 그 탐색에 필요한 기본 규칙들이다. 우리는 전 지구적 문명을 앞두고 있으므로, 그러한 수색을 꼭 해야만 하는 입장이다. 그러지 않는다면 지구적 문명은 우리의 선택을 벗어나서 되는 대로 자라 버릴 것이다.

현재 우리의 상황은 어떨까? 세속주의자들은 가족과 친구에 대한 사랑, 윤리, 민주주의 등에 대해 신념을 가지고 있다. 또는 시장의 지혜를 믿는다. 시장 에서는 우리가 모두 소비자이다. 한편 다양한 종교적 전통들을 믿는 사람들은 그 전통 속의 도덕적 지혜를 따른다. 사려 깊은 이슬람 학자들은 서구의 물질주의(materialism)를 비난하는데, 이때 서구란 사실상 세속 사회의 거의 대부분을 아우르는 넓은 의미에서의 서구를 말한다. 가톨릭 교회도 마찬가지로 물질주의를 비난한다. 물질주의가 지구 경제를 지탱하고 인류가 그 경제에 의존하는 것은 사실이지만, 그 때문에 우리는 지구적 한계에 직면했다. 인구, 물, 석유, 대량 멸종, ……. 우리는 현재의 가치 체계를, 지구 경제를, 삶을 바꿔야 하는 처지에 놓였다. 그러나 우리에게는 인류 전체 또는 거의 대부분이 기꺼이 찬동하고 공유할 만한 상위의 가치 집합이 거의 없다. 어떻게 그런 가치들을 발견하고 선택할까? 과연 그런 가치들이 지구 경제의 '효용 함수'를 바꿀 수 있을까? 그리하여 지구를 지속 가능하게 만들고 우리로 하여금 의미 있는 일을 하도록 만들 수 있을까? 어떻게 그런 윤리를 진화시킬까? 한 방법은, 모두가 하나의 지구 공동체로서 최선을 다해 이야기를 나누고 고민하는 것이다. 어쩌면 전 지구적 문명과 더불어 새로운 지구 윤리가 창발할지도 모른다. 그 유기적 창발을 우리는 부분적으로만 확인할 수 있을 것이다. 우리는 스스로의 행동을 완벽하게 알 수 없기 때문이다. 어쨌든 우리가 지구 윤리를 향해 나아가려면, 공동으로 지구적 문명을 구축하는 작업에는 공동으로 지구적 문화를 구축하는 작업이 포함되지 않을 수 없을 것이다.

우리는 생존을 위해 동물을 사냥하는 원주민들의 태도에서 지구 윤리의 단서를 얻을 수 있다. 거의 예외 없이 모든 원주민들은 자기가 죽인 동물의 영혼에 감사를 표하는 의식을 치른다. 영혼을 자연으로 되돌림으로써 사람이 취한 것을 다시 풍성하게 채우는 의식이다. 왜 그런 행동을 할까? 합리적인 이유는 하나뿐이다. 사람은 모든 생명 그 자체에서 신성을 느끼기 때문이다. 정말로 우리 안에 그런 신성의 감각이 존재한다면, 그것을 다시 끄집어내면 될 것이다. 우리는 보통 식료품점의 살균된 공간에서 먹을거리를 구입한다. 저녁 식탁의 고기는 수축 포장된 고통 덩어리일 때가 많다. 우리는 식사 뒤에 감춰진 고통스러운 삶들과 끔찍한 죽음들로부터 아주 멀리 떨어져 있다. 에릭 슐로서(Eric Schlosser, 1959년~)의 책 『패스트푸드의 제국(*Fast Food Nation*)』에는 인간의 편의를 위해서 동물들을 대량 사육하고 '가공'하는 기법이 얼마나 끔찍한지 잘 묘사되어 있는데, 정말로 말문이 막힐 지경이다. 그러면 어떻게 해야 할까? 유기농 시장도 한 가지 답이다. 유기농 운동이 대중적으로 인기를 얻는 것을 보면 요즘 사람들도 어느 정도는 일정 비용 내에서 신경을 쓰는 것이 분명하다.

우리가 신성을 재발명해서 우주, 생물권, 인류 역사, 문화의 경이로운 창조성 자체를 신성으로 여기게 되면, 결국 모든 생명들과 그것을 지탱하는 지구를 존중하게 되지 않을까? 인간의 생태적 발자국은 전 지구에 걸칠 정도로 방대하다. 그 결과 많은 종이 멸종하고 있다. 우리는 마땅히 존중해야 할 생물권의 창조성을 도리어 파괴하고 있다. 어쩌면 생물 다양성을 신의 작품이라고 말할 수도 있겠지만, 초자연적 창조주 하느님이 아니라 자연의 창조성 그 자체인 자연적 신의 작품이다. 사실 우리 각각에는 다른 모든 생명들이 담겨 있다. 우리는 아마도 20억 년 전이나 그보다 더 이전의 공통 선조로부터 진화했고, 그 공통 선조는 또 변이를 수반한 유전과 자연 선택을 경험했던 지구 최초의 생명으로부터 진화했다.

내가 여러분에게 자연의 창조성에서 신성을 발견하고 그것에 따라 지구 윤리를 세우자고 논리적으로 '강요'할 수 있을까? 그럴 수는 없다. 흄의 말이 옳다. '존재'가 '당위'를 내포하지는 않는다. 그 '당위'가 창발적이고, 자연적이고, 환원 불가능한 생명과 행위 주체성이라고 해도, 그 '존재'가 우주의 창조성이라고 해도. 아니, 나는 논리적으로 여러분에게 강요할 수 없다. 하지만 내가 여러분을 초청할 수는 있다. 우주의 창조성이, 우리가 공유하며 부분적으로 함께 빚어 나가는 우주의 해방적 창조성 전체가, 여러분을 초청할 수 있다. 그 창조성은 우리가 뉴턴 이래 경험하지 못했던 어마어마한 자유이고, 우주와 생물권과 인간의 삶이 함께 공유하는 자유이다. 초대를 수락하는 것은 모두에게 좋고 현명한 일일 것이다. 다만 우리가 사악한 행위를 충분히 저지를 수 있고 실제 저지르는 존재라는 인식도 잊지 말아야 한다.

창발하는 지구 윤리는 모든 생명들과 지구를 존중하는 윤리일 것이다. 그런데 이 윤리의 성격은 서구의 여러 종교 전통들의 성격과는 반대된다. 예를 들어 경제학에서 자신의 '효용'을 극대화하는 합리적 경제 주체란 다름 아니라 아담의 연장이다. 하느님이 아담을 위해서 다른 생물들을 창조했다고 하니 말이다. 온 세상에 대한 지배권을 인간에게 쥐어 주다니 얼마나 친절한 하느님인가. 정말로 인간에게 지배권이 있다고 믿다니 얼마나 교만한 인간들인가. 사실은 그렇지 않다. 우리가 세상에 속하는 것이지, 세상이 우리에게 속하는 것이 아니다.

인간이 아무리 지구상에서 가장 머릿수가 많은 대형 동물이 되었기로서니, 우리에게 그런 지배권을 감당할 지혜가 있다고 믿는 것은 착각이다. 우리가 산불을 막겠다고 취한 조치들이 어떤 결과를 낳았는지 생각해 보라. 사람들이 자연적으로 발생하게 마련인 작은 산불들까지 막은 결과, 숲의 낮은 층에서 식물이 마음껏 자라게 되었다. 그래서 이제는 일단 산불이 발생하면 처참할 만큼 크게 번진다. 생태계는 우리 생각보다 훨씬 더 섬세하다. 반면에 우리는 스스로가 무슨 일을 하는지 모를 때가 많다. 생물권은 믿기 힘들 만큼 창조적이고, 믿기 힘들 만큼 복잡하다. 그러니 앞으로 진화할 지구 윤리는 인간이 우주에 대해 아는 바가 거의 없으니 겸손이 현명한 자세라는 퀘이커교 교도들의 사고 방식을 일부 포함해야 할 것이다. 그러나 우리는 늘 새로운 상품을 발명하고 그것을 마구 찍어낸다. 단박에 오존층의 구멍을 떠올리는 사람이 있을지도 모르겠다. 아메리카 원주민들은 늘 여섯 세대 앞을 생각했다는데, 우리는 후세에 미칠 결과를 생각하지 않고 늘 '기술적으로 쾌적한' 것을 추구한다. 스스로의 행동이 가져올 결과를 온전히 알 수 없지만 어떻게든 행동해야 한다는 것, 이 현실을 우리는 잠자코 받아들여야 한다. 앞으로 창조될 지구 윤리는 우리가 어쩔 수 없는 무지 속에서 미래를 향해 살아간다는 사실을 인정해야 할 것이다.

그런데 지구와 생명과 문화의 어마어마한 복잡성을 인정하는 지구 윤리 안에서도 어차피 우리는 선택을 해야 한다. 물론 겸손은 현명한 자세이지만, 우리는 결과를 다 알 수 없는 상태에서도 어떻게든 행동하고 결정해야 한다. 따라서 제한적인 지혜로도 현명하게 행동하는 방법을 궁리하는 것 또한 창발하는 지구 윤리의 일부여야 한다. 어떻게 겸손과 현실적 행동을 결합시킬까?

뉴멕시코 주 샌타페이 북쪽에는 미국에서 가장 넓은 사시나무 서식지가 있다. 매년 가을마다 일대는 찬란한 황금빛이 된다. 몇 년 전에 그곳에 천막벌레나방들이 침범해 오자, 사람들은 방대한 서식지가 다 죽을지도 모른다고 걱정했다. 그러나 그렇게 되지 않았다. 나방들 스스로가 환경에 배출한 쓰레기 때문에 결국 나방의 개체수는 일정한 수준에서 유지되었다. 사람도 이들과 다르지 않다. 우리는 자원을 '최고 최선의' 경제적 용도로 이용하려고 한다. 그래서 종종 끝도 없이 자원을 착취한다. 베네치아 사람들이 배를 만들려고 달마티아 해변 숲에 쓰레기를 쌓았던 것처럼, 마야 사람들이 토지를 지나치게 개간했던 것처럼. 제러드 다이아몬드가 『문명의 붕괴』에서 지적했듯이, 대부분의 문명들은 자원을 남용했다. 이스터 섬에 남은 최후의 나무를 베어 버린 사람은 대체 무슨 생각이었을까? 역사의 가르침과 그것보다 더 큰 지혜로 무장해 자원 남용과 지구 파괴를 예방하지 않는다면, 우리도 그 사람처럼 최후의 나무 한 그루까지 베어 버릴지도 모른다. 지구 윤리는 전 지구적 이해관계와 광범위한 도덕성을 갖춰야 할 것이고, 우리를 초청해서 모든 생명들과 지구를 껴안게끔 만들어야 할 것이다.

비록 합리성이 제한되어 있지만, 인류 역사상 처음으로 우리는 함께 생각하고 행동할 수 있는 여건에 놓여 있다. 대부분의 사람들은 인간이 지속 가능한 경제를 달성해야 한다는 사실을 안다. 경제를 통해서 의미 있는 일을 해야 한다는 것도 안다. 인간이 모든 생명들과 지구를 존중하려면, 지금 주어진 도구를 사용해서 점진적으로 경제를 재편해야 한다. 법률, 탄소 배출권 같은 경제적 유인책, 가치 체계의 변화가 그런 도구들이다. 가치 체계가 바뀌면 소비자들의 효용 함수가 바뀔 것이고, 경제는 달라진 가치를 충족시키면서도 '이윤을 내도록' 바뀔 것이다. 에너지 활용이나 농장 동물들에 대한 처우 분야에서는 벌써 변화가 진행되고 있다. 우리는 발전하고 깨우치는 중이다.

지구 윤리는 모든 생명과 일체감을 느끼고 지속 가능한 지구를 지키는 것에서 그치지 않는다. 지구 윤리는 전 지구적 문명의 등장으로 점점 접촉이 잦아질 상이한 문화들 사이의 충돌 문제도 다룬다. 서구 문명은 이누이트 문명을 사실상 깡그리 파괴했다. 뉴멕시코 북부의 히스패닉들은 백인 문화가 만연하는 요즘에도 300년 넘게 유지되어 온 자신들의 생활 방식을 지키려고 애쓰고 있다. 세상이 점점 더 좁아짐에 따라, 점점 더 많은 문화와 문명이 가까워진다. 미국의 정치학자 새뮤얼 헌팅턴(Samuel Huntington, 1927~2008년)의 말마따나 냉전 이후 세계에서 문명의 충돌이 갈수록 더 많이 발생한다고 해도 놀랄 일이 아니다. 서양, 이슬람, 터키, 유교, 러시아, 페르시아, 힌두, 일본 문명이 서로 부딪친다. 현대적인 문명도 있고, 그렇지 않은 문명도 있다. 사람들이 점점 더 자신의 문명과 자신의 정체성을 결부시키고, 자신의 문명이 제공하는 종교적 유산과 자신의 정체성을 결부시키는 것은 어쩌면 당연하다. 문명들끼리 만나는 경계에서 전쟁이 발발하는 것도 어쩌면 당연하다. 그래서 원리주의가 강화된다. 원리주의가 득세하는 속도보다 더 빨리 공통의 기반이 구축되지 않는다면, 우리는 더 많은 전쟁을 걱정해야 할 것이다. 전 지구를 아우르는 공통의 영적, 윤리적, 도덕적 공간을 발견하는 것은 시급한 과제이다.

어떻게 보면 이 책도 세속 사회와 종교 사회의 충돌을 보여 주는 증거이다. 물론 내가 그 속에서 제3의 길을 찾으려고 노력하고 있지만 말이다. 분명 현재는 종교적 원리주의를 비롯하여 온갖 형태의 원리주의들이 득세하고 있지만, 기독교 복음주의자들 중에도 지구 온난화를 막고 지구 생태계를 보전해야 한다고 주장하는 사람들이 있다. 우리가 전 지구적 문명을 진화시켜 나가면서 한편으로 위협적이지 않은 생활 방식을 찾아낼 수 있다면, 또한 안전하고 신성한 공간들을 찾아낼 수 있다면, 또한 다 함께 공동의 지구 윤리를 건설할 수 있다면, 우리는 원리주의자들에게도 손을 뻗을 수 있을 것이다. 희망이 아니라 두려움 때문에 원리주의로 뒷걸음치려는 그들에게 공동 행동을 통한 새 희망을 제공할 수 있을 것이다. 두려움이 아니라 나름의 희망과 특정한 신념에 기초한 원리주의자들은 어떻게 할까? 나는 자연의 창조성을 신성으로 간주하는 새로운 개념을 통해서 그런 사람들까지도 다 포함하는 공통의 신성한 공간을 만들 수 있다고 본다.

어떻게 그런 공진화를 달성할 것인지는 아직 알 수 없지만, 가능할 것이다. 성공의 단서도 몇 있다. 미래의 전 지구적 문명에서 큰 부분을 차지할 현재의 선진국들에서는 실제로 새로운 공통의 형식들이, 새로운 관습, 새로운 요리, 새로운 어휘, 새로운 음악, 새로운 사업 관행, 새로운 법, 새로운 기술, 새로운 존재 양식이 진화하고 있다. 이런 변형이 일어날 때, 거기에 참여하는 사람들은 가벼운 위협감과 재미가 뒤섞인 기분을 느낄지도 모른다. 개인적으로 나는 요즘 뉴욕에서 맛볼 수 있다는 중국-쿠바 퓨전 요리의 발상을 좋아한다. 우리가 서로의 생활 방식을 위협할 가능성이 적은 요리의 영역에서 새로운 퓨전 요리를 공유하듯이, 더 넓은 전선에서도 공통의 방식을 찾아낼 수 있을까?

창발하는 전 지구적 문명과 지구 윤리의 일부로서, 우리에게는 다음과 같은 질문이 던져져 있다. 티베트, 싱가포르, 칠레, 유럽, 우즈베키스탄, 중국, 일본, 북아메리카, 중동 등을 어떻게 잘 뒤섞어 공진화시킬까? 그러면 무엇이 탄생할까? 모두가 맥도날드 햄버거를 먹고 영어를 말하게 될까? 아니면 중국-쿠바 퓨전 요리를 대규모로 확장한 것처럼 계속 새로운 형식과 문화의 결합들이 풍성하게 솟아날까? 나는 후자이기를 간절히 바란다. 다양성에 대한 관용이 자리 잡고, 사람들이 다양성에 즐거움을 느끼고, 영원히 다양성이 펼쳐지기를 바란다. 우리가 함께 무엇을 창조할지 누가 알겠는가? 우리는 다양하면서도 전 지구적인 문명을 가져 본 역사가 없다. 인류는 이런 도전에 직면해 본 역사가 없다. 우리는 어떻게 하면 성공할지 아직은 모른다. 하지만 여기에는 어마어마한 것이 걸려 있다. 전쟁 아니면 평화가 걸려 있다.

지구 윤리에는 인간의 권력 추구 욕망을 다스리는 방법도 포함되어야 한다. 권력 추구 본능은 때로 공동의 선을 위해 쓰이지만, 때로 편협한 사익 추구에 쓰인다. 우리는 권력 문제를 잘 해결해 본 적이 한 번도 없다. 사실 과거의 모든 제국들과 세계의 역사는 죄다 이 이야기였다고 해도 과언이 아니다. 국가, 지역, 문명 차원의 권력 구조들은 앞으로도 계속 권력 추구에 매진할 테고, 거기에는 그럴 만한 심오한 이유가 있을지도 모른다. 그렇더라도 최악의 측면을 제약하고 최선을 끌어낼 방법이 전혀 없는 것은 아니다. 흥미롭게도 이제 여러분에게도 익숙한 개념일 자체 촉매적 계가 종종 권력에 결부되어 이야기되고는 한다. 생태학자 로버트 울라노위츠가 내게 해 준 말을 빌리자면, 분자계이든, 경제계이든, 문화계이든, 자체 촉매적 계들은 공통의 자원을 놓고 경쟁을 벌여 자신에게 자원을 끌어오려는 경향이 있다. 역사적 사실을 봐도 그렇다. 미국의 자동차 제조업체들은 전국의 전차 회사들을 다 사들여 문을 닫게 만들었다. 운송 분야에서 같은 고객들을 놓고 경쟁할까 봐 염려했던 것이다. 50여 년 전에 아이젠하워 대통령이 경고했던 군산 복합체가 오늘날 융성하고 있으며, 이윤 추구를 위해서 약탈 행위를 저지를 때도 있다. 그리고 역시 울라노위츠의 발견에 따르면, 자체 촉매적 생물들로 구성된 성숙한 생태계는 총 에너지 흐름에 에너지 흐름의 다양성을 곱한 값이 극대화되는 방향으로 균형을 이루는 경향이 있다. 성숙한 생태계는 다양한 종들의 다양한 권력 요구들 사이에서 균형을 잡을 수 있다. 모든 종들은 자신이 만들어 낸 생태적 지위들을 메워 줄 상대방을 필요로 한다. 어쩌면 우리도 문화적-경제적-군사적으로 그것과 비슷한 체제를 이룩할 수 있을지 모른다. 현실에서 종종 목격되는 지나친 권력 남용을 견제하고, 서로 더욱 긴밀하게 얽히면서도 한편 독립적인 관계를 이루고, 그러면서도 견고하고, 유연하고, 적응력 높은 체계를 이룰 수 있을지 모른다. 하나의 지구적 문명, 하나의 지구 윤리, 그것에 수반되는 법률들과 관습들이라는 하나의 안정된 틀 속에서 각자 타고난 권력 추구 속성을 충족시킬 수 있을지도 모른다.

이런 주제들 중에서 몇 가지는 우리가 기억하는 한 태초부터 존재했다. 권력 추구욕 같은 것이 그렇다. 어떤 주제들은 새롭다. 문명들이 하나의 전 지구적 문명을 향해 빠르게 나아가는 상황이 그렇다. 또 어떤 주제들은 문화에 결부된 주제들이다. 즉 다양성을 지키면서도 인류를 하나로 통합하는 문제에서는 큰 의미를 지니지 못하는 주제들일 수도 있다. 또 어떤 주제들은 새롭게 발명된 신성 속에서 새로운 의미를 갖게 될 것이다. 우리의 다양한 이해 관계들을 혼합하는 방식에는 현명한 방법과 어리석은 방법이 있을 것이다. 따라서 상충하는 이해 관계에서 타협을 이끌어 내는 정치적 기법, 즉 민주주의는 전 지구적 문명이 등장하는 과정에서도 정치적 절차로서 아주 유용할 것이다. 지구 윤리는 우리가 창조해야 하는 것이다. 우리가 신성을 재발명하고, 지구 윤리를 발명하고, 힘을 합치고, 존경심을 찾아 나간다면, 즉 모두가 공유하는 이 세상 속에서 경외감, 놀라움, 방향 감각, 책임감을 찾아 나간다면, 다 함께 올바른 방향으로 나아가는 데 큰 도움이 될 것이다. 내가 여러분에게 논리적으로 이 주장을 강요할 수 있을까? 그럴 수 없다. 우주의 창조성이 여러분을 초청할 수 있을까? 물론, 가능하다. 그저 귀 기울여 들어 보라.

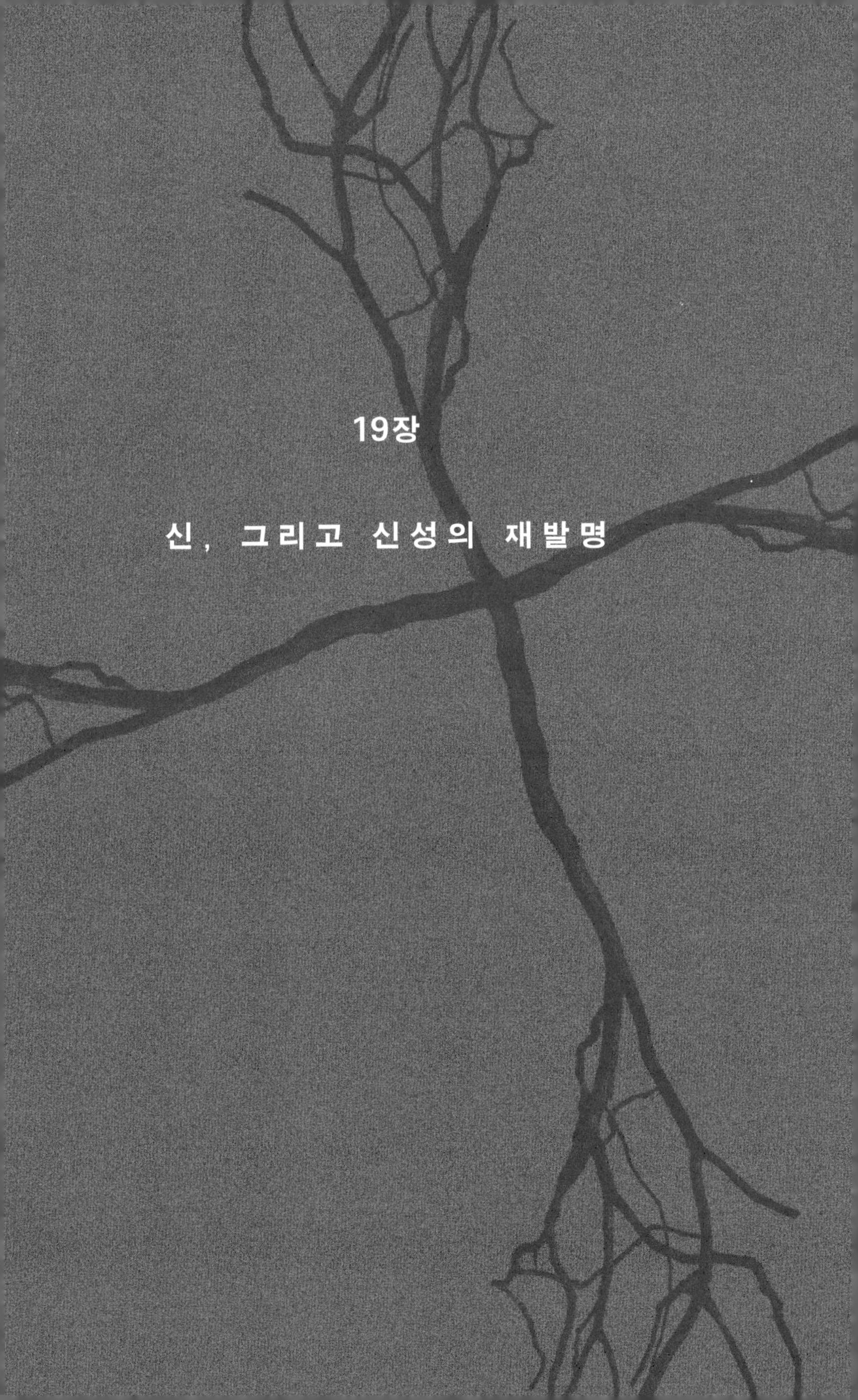

# 19장

# 신, 그리고 신성의 재발명

이 책의 핵심 목표는 현실 세계에 대한 새로운 전망을 찾고 그 속에서 우리의 자리를 찾는 것이었다. 과학과 종교의 공통 기반을 찾아서 다 함께 신성을 재발명하는 것이었다.

우리는 환원주의를 넘어섰다. 생명, 행위 주체성, 의미, 가치, 나아가 의식과 도덕성은 거의 틀림없이 자연적으로 생겨난다. 생물권, 경제, 인류 문화는 더없이 창조적인 방식으로 진화한다. 그 방식은 미리 예측될 수 없거니와, 심지어 부분적으로 무법적인 듯 보인다. 이 사실은 오늘날의 과학에 크나큰 도전이다. 자연 법칙들로 만물을 충분히 설명할 수 있다는 400년 역사의 믿음, 내가 갈릴레오의 주문이라고 이름 붙인 믿음에 정면으로 대립하기 때문이다. 부분적으로 자연 법칙을 넘어서는 창발성과 부단한 창조성을 인정하는 것은 정말로 새로운 과학적 세계관이고, 이 세계관에서는 과학에 한계가 있다. 얄궂게도 그 한계는 과학이 스스로 찾아냈다. 부분적 무법성은 심연이 아니다. 그것은 유례없는 자유이고, 유례없는 창조성이다. 우리는 생물권, 경제, 문화의 진화를 사후적으로만, 역사적 관점에서만 이해할 수 있다. 어쨌든 우리는 부분적으로만 파악할 수 있는 미래를 향해 살아 나가야 한다. 그때 이성은 혼자만으로는 충분한 길잡이가 될 수 없기 때문에, 우리는 인간성을 온전하게 재통합해야 한다. 우리가 선택한 궁극의 가치들을 길잡이 삼아 수수께끼 속에서 살아가려면, 결국 우리는 신성을 재발명해야 한다. 결국에는 우리가 스스로를, 우리의 삶과 행동, 가치, 문명, 전 지구적 문명을 온전히 책임져야 하기 때문이다.

이런 토론이 충분히 가치 있는 것이어서 앞으로 세월의 시험을 견딘다면, 우리는 마침내 스스로에 대해서, 인간성에 대해서, 우리가 부분적으로 건설에 참여하는 이 세상에 대해서 새로운 관점을 갖게 될 것이다. 그 관점에서 보면, 그동안 사람들이 초자연적 신에게서 찾으려 했던 것들의 대부분이 사실 우주의 창발적 창조성이 빚어낸 자연적 현상들이다. 이런 이미지를 상상해 보자. 지난 38억 년 동안 지구에서 벌어진 모든 일들은 태양이 지구에 빛을 쬐었고, 그밖의 자유 에너지가 좀 더 공급되었고, 그리하여 오늘날 우리 주변에 있는 모든 생명들이 스스로 알아서 생겨났다는 하나의 이미지로 요약된다. 어떻게 이 사실을 깨닫고도 경외감에 사로잡히지 않을 수 있을까?

그런데 나는 그 이상을 꿈꾼다. 이 책의 이야기가 하나의 씨앗이 되어, 전 지구적 대화가 펼쳐지기를 바란다. 우리 세대와 다음 세대들이 대화를 통해 하나의 지구 윤리를 구축하기를 바란다. 우리가 대화를 통해 전 지구적 문명의 전망과 실체를 만들어 나가기를 바란다. 영원히 다양하고 창조적이고 관용적인 문명을, 새로운 에덴을, 새로운 계몽 시대를. 이런 전망에서는 도덕성도 우리 손에 달려 있고, 우리가 저지르는 악한 행위들을 통제하는 것도 우리 손에 달려 있다.

신성을 '재발명'한다는 생각은 창조주 하느님이나 여타의 신을 믿는 사람에게는 신성 모독으로 보일지도 모른다. 그들의 신앙에서는 신이 실존한다. 신의 존재와 법률의 표현이 곧 신성이다. 그렇다면 신성을 '재발명'한다는 것은 있을 수 없는 일이다. 그렇기 때문에 '신성을 재발명하자.'라는 주장은 격노에 가까운 격한 반응을 일으킬 우려가 있다. 오늘날 원리주의가 만연하는 것은 여러 문명들이 전 세계적 통신과 사업과 여행의 세계로 돌입함으로써 기존의 생활 방식이 위협받을 위기에 처했거나 실제로 위협받기 때문이다. 신성을 선택적으로 재발명할 수 있다는 생각은 너무 위협적이라 차마 끌어안을 수 없는 생각, 또는 무의미한 생각으로 보일지도 모른다. 수십 억의 신앙인들에게는 물론이고 세속적 인문학자들에게도 말이다. 사실 창조주를 믿지 않는 사람들, 계몽주의의 자식인 세속주의자들, 수십억 명까지는 아니라도 수백만 명은 너끈히 될 이들은 **신성**과 **신**이라는 단어가 철저히 타락했다고 느낄 때가 많다. 이들은 신의 이름으로 자행되는 살육과 일부 종교적 원리주의자들이 과시하는 지나친 확신에 반발을 느낀다. 세속주의자들은 '신성'에도 두려움을 느낀다. 그것이 전체주의를 낳을 수 있다는 정당한 두려움 때문이다.

우리가 우주의 창조성을 신으로 재정의함으로써 의식적으로 신성을 재발명하겠다고 나서면, 틀림없이 많은 사람이 가지각색의 이유를 들어 완고하게 반대할 것이다. 그러나 조심스럽게 주장하건대 나는 다양한 문명들이 공유할 만한 하나의 지구적, 영적 공간이 반드시 필요하다고 믿는다. 그 공간에서는 신성이 모두에게 합당한 의미를 띨 것이고, 어떤 종교적 신념을 믿는 사람이든 꽤 공감할 수 있는 자연적 의미의 신이 가능할 것이다.

내 말은 아브라함적 신학 전통에서 그렇게 먼 이야기가 아니다. 예수회 사제들 중에는 우주론을 연구하는 사람들이 있다. 그들은 각각 1000억 개의 별들을 품은 은하들 4000억 개로 구성된 수십억 년 역사의 우리 우주의 어딘가에서, 지구 아닌 다른 곳에서도 생명이 솟아날 수 있다고 생각한다. 그러면서도 신이야말로 그런 방대함을 생성한 존재라는 신학을 고수한다. 예수회 학자들의 시각에 따르면, 언제 어디에서 생명이 솟아날지는 신도 모르는 일이다. 그들이 믿는 신은 전지전능하지 않다. 그것은 생성자로서의 신이다. 그 신은 시공간 바깥에 존재하며, 자신이 창조한 우주에서 앞으로 무슨 일이 벌어질지 미리 알지 못한다. 이 시각은 내가 이 책에서 주장한 견해와 놀랍도록 비슷하다. 신이든 인간이든 생물권, 경제, 문화의 진화를 미리 알 수 없다. 설령 그런 신이 정말로 존재하더라도, 이성이 행동의 길잡이로 완벽하지 않다는 점에는 변함이 없다. 그 신은 앞을 내다보지 못하므로, 우리의 기도에 답할 수 없다. 그 신을 우주의 생성자가 아니라 자연적 우주의 창조성 그 자체로 재명명하면, 두 견해의 핵심은 같아진다. 둘 다 신이 아니라 우리에게 책임이 있다는 견해이니까 말이다. 하지만 두 견해에는 근본적인 차이도 있다. 전자는 생성자로서의 초자연적 하느님이 우리 주변의 방대함을 만들었다고 가정하는 반면에, 내가 주장한 후자의 견해, 환원주의를 넘어선 견해, 부분적으로 자연 법칙을 넘어선 견해에서는 자연 그 자체가 우리 주변의 방대한 창조성을 만들었다고 본다. 확장된 과학에 기반한 이 새로운 신 개념이면 충분하지 않을까? 자연 자체의 창조성이면 충분하지 않을까? 최선의 상태에서도 제한적일 수밖에 없는 우리의 지혜에 대한 책임이 결국 우리에게 있다는 것을 인정한 바에야, 우리가 신에게서 무엇을 더 바란단 말인가?

내 이야기는 불교에서 하는 말과 여러모로 비슷하다. 불교는 신이 없는 지혜의 전통이고, 의식에 대한 수천 년의 탐구에 기초한 전통이다. 불교는 창조주를 가정하지 않는다. 불교는 인간의 감정적-이성적-직관적 자아들을 깊이 이해하게 해 주는 삶의 한 방식이다. 우리는 의식에 대한 불교의 오래된 탐구에서 배울 점이 많다. 우리가 인간성을 다시 이해하려면 가능한 모든 자원을 활용하는 게 현명하지 않겠는가.

신성 재발명을 이야기하면서 구체적으로 어떤 종교를 논하든, 우리가 가진 가장 강력한 상징은 신이다. 초자연적 창조주를 믿는 사람들로부터 극심한 분노를 살 위험이 있는데도 우리가 감히 **하느님 또는 신**이라는 단어를 써도 될까? 그러나 사실은 신도 진화해 왔다. 아브라함이나 모세와 입씨름했던 구약 성서의 신에서 신약 성서의 신으로, 서구 계몽주의의 자연신으로, 오늘날의 창조주나 기타 다른 의미의 신들로 변천했다. 우리가 우주의 자연적 창조성을 가리키는 단어로 꼭 **신**을 사용해야 할까? 꼭 그래야 하는 것은 아니다. 어쩌면 현명하지 않은 일일지도 모른다. 이 단어는 주로 아브라함적 유일신교의 창조주를 가리키는 말로 사용되어 왔기에, 우리가 이렇게 사용하면 성난 오해를 불러일으킬 수도 있다. 그런데도 감히 우주의 자연적 창조성을 뜻하는 말로 **신**이라는 단어를 써도 될까? 그렇다. 그래도 좋다. 아니, 그렇게 선택해야 한다. 물론 우리의 선택을 충분히 자각해야 하겠지만. 인간의 상징들 중에서 신만큼 강력한 것은 없다. 수천 년 동안 이토록 큰 경외감과 존경심을 받아온 상징은 또 없다. 우리가 역사적으로 고정된 특정 의미의 신에 충실할 필요는 없다. 그래야 한다면 오히려 그 단어를 써서는 안 된다. 신이라는 상징에 담긴 초자연적 의미 때문에라도 일부러 오해를 일으키는 꼴이 될 테니 말이다. 오해를 낳는 것은 내 의도가 아니다. 내 바람은 우리가 인간성 전체를 통합해서 현명해지는 것이다. 위험을 알면서도 **신**이라는 단어를 사용하는 것, 고대로부터 경외감의 대상이었던 이 상징을 선택하여 새롭게 자연적인 의미를 부여하는 것, 이것이 **현명한** 선택이라고 나는 생각한다. 신은 우리가 자연의 창조성을 부르는 이름이다. 강력한 잠재력이 있는 이 상징은 우리의 삶을 이끌어 줄 수 있다. **신**이라는 단어를 자연의 창조성을 뜻하는 표현으로 쓰면, 창조성이 마땅히 받아야 할 경외감과 존경을 쉽게 끌어들일 수 있다. 내가 여러분에게 이런 의미의 신성을 받아들이라고 **논리적으로 강요**할 수 있을까? 그럴 수 없다. 하지만 방대한 자연이, 생물권과 인류 역사의 풍부한 발명들이 여러분을 **초청**할 수는 있다. 우리 주변에 존재하는 모든 것이 자연적으로 생겨난 것이라면, 휘트먼이 노래했듯이, 풀잎 하나에서도 경이로움을 느낄 수 있을 것이다. 그 안에 모든 것이 담겨 있을 테니까.

내가 주장한 새로운 과학적 세계관은 세심하게 점검되어야 할 급진적 견해이지만, 어쨌든 그것이 옳다면, 우리는 부단히 창조성을 발휘하는 창발적 우주에 사는 셈이다. 우리는 모든 것을 자연 법칙으로 충분히 설명할 수 있다는 갈릴레오의 주문을 깨뜨린 셈이다. 우리는 그런 신을 곳곳에서 경험할 수 있다. 그런 신은 실재하기 때문이다. 그런 신은 우주가 펼쳐지는 방식 그 자체이다. 그런 신은 인간성 그 자체이다. 물론 우리가 꼭 **신**이라는 단어를 써야 할 필요는 없지만, 삶의 길잡이가 되는 개념에 대해 그 단어를 쓰는 것이 현명한 일일지도 모른다. 그런 신은 창조주를 믿지 않는 사람들에게도 확장된 서구 인본주의를 전달한다. 초자연적 창조주 하느님을 믿는 사람들에게는 기존의 신앙을 유지하면서도 우주의 창조성이 더 심오한 의미와 소속감의 근원이라는 사실을 인정하도록 돕는다. 그런 의미의 신과 신성은 모두가 기꺼이 공유할 만한 안전한 영적 공간일지도 모른다.

노트르담 대성당은 신성의 표현이다. 그 성당은 고대 드루이드교의 성지에 세워졌다. 스페인 사람들은 현재의 멕시코와 미국 뉴멕시코 주를 포함한 드넓은 아메리카 땅을 정복한 뒤, 원주민들의 성지 위에 자신들의 성당을 지었다. 아름다운 엘 산투아리오 데 치마요 성당도 그런 예이다. 고대 푸에블로 원주민들은 땅에 구멍을 파서 **시파푸**를 만들었는데, 태초에 그곳을 통해서 지하의 인간들이 지상으로 나왔다고 믿었다. 산투아리오 데 치마요 성당 안에는 지금도 시파푸가 있다. 그 얕은 구멍에는 신성한 흙이 들어 있다. 순례자들이 그것을 자꾸 떠가기 때문에, 사제는 매일 저녁 새로 흙을 채워 넣는다. 나도 그 모래를 조금 떠왔다. 사람들은 항상 과거에 살았던 사람들의 성지 위에 자신의 성당을 짓는다. 노트르담처럼. 그럼으로써 선조들이 느꼈던 경외감과 존경심이 자신들의 새로운 신이나 신들에게 옮겨지기를 바란다. 그러니 우리가 스스로에게 책임이 있음을 인정하되 우리를 포함한 세상의 모든 것을 만들어 낸 자연의 창조성을 **신**으로 지칭하는 것은, 어쩌면 전통에 따르는 현명한 일일지도 모른다.

우리가 우주, 생물권, 인류의 창조성을 신이라고 부를 때에는 그것들의 어떤 측면에서 **신성**을 느낀다는 말이다. 비생물학적 우주가 인간에게 냉담하다는 것, 착한 사람에게도 끔찍한 일이 벌어진다는 것, 사람들이 수시로 악을 저지른다는 것을 잘 알면서도 말이다. 우주, 생물권, 인류의 창조성을 신이라고 부르기로 하면, 우리는 앞으로 그 상징과 더불어 살아가면서 함께 진화할 것이다. 물론 그 과정을 미리 내다볼 수는 없다. 그런 신은 미처 예상하지 못했던 방식으로 우리에게 소중한 존재가 될지도 모른다. 미래를 부분적으로만 아는 상태에서 신념과 용기를 지렁으로 삼아서 앞을 향해 살아가는 우리에게, 언제나 수수께끼 속으로 발을 내딛는 우리에게, 그런 신이 말을 걸어 올지도 모른다. 우리는 생명의 긴 역사를 통해서 수수께끼에 직면한 채로도 이럭저럭 살아가게 해 주는 여러 도구들을 얻었다. 우리는 스스로가 그런 도구들을 손에 쥐고 있다는 사실조차 부분적으로만 알고 있다. 그런 도구들은 우리가 이제 신이라고 부르는 우주의 창조성이 우리에게 준 선물이다.

우리는 종교적 전통이든 문화적 전통이든 다양한 전통들을 가로지르는 공통의 기반을 찾을 수 있다. 다 함께 전 지구적 문명을 향해 나아갈 수 있다. 우주와 우리가 공유한 생물권의 창조성을, 우리가 창조했으며 영원히 함께 창조해 나갈 문명들의 창조성을 기뻐할 수 있다. 우리는 인간성을 새롭게 이해하고자 노력하는 과정에서도 공통의 기반을 닦을 수 있다. 그런 노력을 통해서 모두가 의미, 공동체, 위안, 존경, 영성, 관용, 아량을 얻을 수 있다. 이것은 인류의 문화적, 도덕적, 영적 진화에서 다음 단계라고 부를 만큼 방대한 작업이므로, 여러 세대에 걸쳐서 해야 할 일이다. 지금 우리에게는 역사상 최초로 소통과 선택의 도구들이 주어졌다. 우리가 함께 토론하고 추구한다면 결국 무엇이 창조될지 미리 알 수 있을까? 알 수 없다. 그러나 얼마나 멋진 일인가. 어쨌든 우리는 함께 발명해야 한다. 우리가 함께 신성의 재발명에 나서지 않으면, 온 세계가 원리주의로 후퇴하는 상황이 올 것이다. 우리가 원리주의자들까지 문화적 진화에 초청해야만, 그래서 그들이 기꺼이 참여해야만, 치명적인 상황을 피할 수 있다. 미래를 향한 인도적인 길은 하나뿐이다. 우리가 함께 공통의 신성을 재발명하고, 그것을 모두에게 안전한 공간으로 만드는 것이다.

우리가 신성을 재발명할 수 있을까? 인류가 매달려 온 숱한 신들을 떠올려 보자. 각각은 제 추종자들에게 무엇이 신성인지를 말해 왔다. 당신의 신앙이 무엇이든, 나머지 다른 신앙들을 어쩌면 좋겠는가? 실재적이고 초자연적인 하나의 신을 각자 다른 이름으로 부르면서 섬기는 방법, 아니면 그 신들을 우리가 스스로 발명한 상징들로 간주하는 방법, 둘 중 하나이다. 실재하는 창조주를 믿는 사람들과는 달리, 나는 신이라는 상징을 인간이 필요에 따라 창조했을 뿐이라고 믿는다. 우리가 먼저 신들에게 무엇이 신성인지 말해 주었고, 그러자 신들이 다시 우리에게 무엇이 신성인지 말해 주었다. 사실 우리가 우리 스스로에게 수천 년 동안 말을 걸었던 셈이다. 그렇다면 이제는 의식적으로 스스로에게 말을 걸자. 최선의 지혜를 동원하여 스스로 신성을 선택하자. 우리가 모든 것을 알 수는 없다는 사실을 항상 명심하면서.

**신성**은 보통 신과 떼려야 뗄 수 없는 관계로 여겨지지만, 때로 이 단어는 무한한 존경이나 경외심을 뜻하는 표현으로도 쓰인다. 나는 이 책의 제목을 퓰리처 상을 받은 카이오와 족 시인 스콧 모머데이(Scott Momaday, 1934년~)의 말에서 가져왔다. 모머데이가 "우리는 신성을 재발명해야 한다."라고 말하면서 내게 이야기 하나를 들려 주었다. 남북 전쟁 시대에 남부군 장교가 카이오와(Kiowa) 족 선조들의 방패를 손에 넣었다. 그 카이오와 족 전사의 방패는 장교의 집안에서 대대로 전해지다가, 한참 뒤에 재발견되어 카이오와 족에게로 돌려보내졌다. 시인은 자신의 부족이 방패를 얼마나 경건하게 받아들였는지, 방패가 그것에 수반된 고통들 때문에 얼마나 신성해졌는지 이야기했다. 때로 우리는 무언가가 신성하다는 것을 본능적으로 느낀다.

도덕성이 창조주의 작품이 아니라 인간 스스로 느끼는 감각이자 부분적으로 진화를 통해 구축된 감각이라면, 모든 도덕적 행동들을 다 규정해 주는 하나의 일관된 공리 집합은 없을 것이다. 서로 상충하고 서로 발산하는 도덕적 견해들이 있을 뿐이다. 우리는 생각하고 반성하는 성숙한 인간으로서, 각자의 인간성 전체를 동원하여 주어진 상황이나 법률이나 관습이나 생활 방식에 대한 도덕적 추론을 수행한다. 신성에 대해서도 마찬가지이다. 무엇을 신성으로 볼 것인가를 결정하는 장본인이 **우리**라면, 신성에 대해서도 성숙한 추론을 수행할 수 있다는 뜻이다. 현재 우리는 인류 문화의 진화에서 신성에 대한 선택을 기꺼이 받아들여야 하는 단계에 도달한 게 아닐까?

신이 인간의 발명품이고, 인간의 심오한 영적 본성을 투사하는 안식처라면 어떨까? 구약 성서가 인간의 발명품이고, 인간의 언어이고, 인간의 담론이라고 해서 그 신성함이 줄어들까? 『킹 제임스 성경』이 신의 말을 받아 적은 게 아니라 사람들의 작품이라고 해서 그 경이로움이 줄어들까? 교토의 신사들이 온전히 사람들의 발명품이라고 해서 그 신성함이 줄어들까? 노트르담 대성당 같은 유럽의 높다란 고딕 대성당들, 예루살렘의 바위의 돔, 예루살렘 제2성전의 일부인 통곡의 벽이 인간의 영성을 인간적으로 표현한 것이라고 해서, 우리가 우리 스스로에게 말을 건 것이라고 해서, 우리의 영성을 건축에 구현한 것이라고 해서, 그 신성함이 줄어들까? 아니다. 인간의 문화적 발명품들은 변함없이 신성하다.

다양한 전통들을 가로지르고 과학과 문화와 역사를 가로질러 다 함께 무엇을 만들 것인가는 우리에게 달린 문제이다. 신성을 재발명할 때, 신을 우주의 창조성을 뜻하는 상징으로 쓰기로 선택할 때, 인간에게 스스로의 종교를 발명하는 능력이 있다는 것을 인정할 때, 우리는 비로소 신성이라고 불리는 것을 온전히 책임질 수 있고 신성하게 대접할 수 있다.

우리가 이야기하는 신은 자연의 전개 그 자체로서의 신이다. 이 신은 스피노자의 신과 크게 다르지 않다. 하지만 스피노자와 달리, 우리는 자연 법칙이 모든 것을 다스린다는 갈릴레오 식 믿음을 부분적으로 넘어서야 한다. 자연의 창조성은 부분적으로 법칙을 벗어난다. 그러나 법칙을 따르는 것을 만들어 내는 것 또한 자연의 창조성이다. 그렇다면 우리가 신의 개념을 더 넓혀야 할지도 모르겠다. 자연의 창조성만이 아니라 법칙을 따르는 부분과 부분적으로 법칙을 넘어서는 부분을 모두 아우르는 자연 전체를 뜻하도록 정의해야 할지도 모르겠다. 그렇다면 자연에서 펼쳐지는 모든 것이 신인 셈이다. 전적으로 자연적인 이 신은 자연 **속에** 신이 내재해 있으며 자연의 전개에서 신을 읽어 낼 수 있다는 오래된 견해와 크게 다르지 않다. 그러나 자연의 멋진 전개와 변천에 신이 내재해 있다는 견해와 멋지게 전개되고 변천하는 자연 그 자체가 신이라는 견해 사이에는 결정적인 차이가 있다. 자연의 전개 그 자체로서의 신에는 우리가 신앙을 바칠 필요가 없다는 점이다. 이 신은 그저 실재할 뿐이다. 이성과 신념의 분열은 이렇게 치유된다. 우리가 만난 것은 우리로 하여금 영원히 수수께끼 속으로 살아가도록 도와주는 하나의 과학이고, 하나의 세계관이고, 하나의 신이다.

이런 신에는 헌신의 여지가 있다. 재발명된 신성과 지구 윤리를 따를 때, 우리에게는 지구와 모든 생명들에게 헌신할 의무가 있다. 또한 여기에는 영성의 여지가 있다. 우리는 그저 손을 내밀기만 하면 영성을 우리 것으로 되찾을 수 있다. 고대의 여러 종교 전통들은 심오한 지혜를 쌓아 왔고, 그 지혜를 구성원들에게 설교해 왔고, 공동체를 꾸려 왔고, 삶에 의미를 부여해 왔다. 우리의 목표가 다양한 전통들을 공진화시킴으로써 세속적 전통이든 종교적 전통이든 그 뿌리와 지혜를 잃지 않도록 보살피며 한편으로 공통의 영성을 구축하는 것이라면, 우리도 그런 설교와 공동체를 구축해야 할 것이다. 의례도 필요하다. 의례와 의식은 우리가 소속감을 느끼고 깨우치는 방편이다. 우리는 다양한 신념들을 지닌 전 지구적 군중에게 안전하게 설교하는 방법도 알아내야 할 것이다.

이런 일을 할 때 우리의 태도는 반드시 온화해야 한다. 남들에 대한 공감을 잃지 말아야 한다. 원리주의자들도 초청해야 한다. 공통의 전망을 고려해 보자고 설득해야 한다. 어쩌면 그들의 신념이 변하지 않을지도 모른다. 어쩌면 그들은 아주 느린 속도로만 자연적 신과 공진화할지도 모른다. 우리는 이 문화적 사업이 아주 긴 여정이 될 것임을 명심해야 한다. 하지만 무엇을 신성으로 받들지 함께 발견하고 선택하는 일에는 모두를 살찌울 전망이 담겨 있다. 우리는 완벽하게 합의할 수 없을지도 모른다. 완벽하게 합의해야 할 필요도 없다. 어쨌든 허심탄회한 대화와 서로에 대한 배려가 있다면, 우리는 이 가공할 만한 전 지구적, 문화적 여정을 시작할 수 있다.

드디어 우리에게는 다 함께 미래의 방향을 탐색할 수 있는 가능성이 열렸다. 우리가 다 함께 공통의 가치 체계를 창조할 가능성이 열렸다. 우리가 스스로 지구 윤리를 선택하고, 영성을 선택하고, 신성을 선택할 가능성이 열렸다. 그러니 주저 없이 나서자. 지구를 위해서, 모든 생명을 위해서, 우리 자신을 위해서, 지구 윤리를 찾아내고 신성을 재발명하자.

# 감사의 말

언제나 그렇지만 이번에는 더욱, 나는 정말로 많은 사람들에게 큰 빚을 지면서 이 책을 썼다. 1965년 이래 지금까지 많은 동료들, 학생들, 비평가들이 나를 도와주었다. 이 책은 어떤 의미에서는 내 지적 경력과 사적 인생에 침투했던 모든 주제들을 한데 모은 것이다. 언제나 그렇지만 이번에는 더욱, 내가 감사할 사람들은 내 실수에는 아무런 책임이 없다. 나는 모든 친구들, 비평가들, 동료들이 내 주장의 일부에 대해서는 분명 의견을 달리할 것이다. 다음 사람들에게 감사의 마음을 전한다. 별다른 순서는 없다. 필립 앤더슨, 브라이언 굿윈, 잭 코완, 케네스 애로, 페르 박, 크리스천 보크, 데이비드 포스터(David Foster), 에이미 브록(Amy Brock), 마리나 치쿠렐(Marina Chicurel), 브라이언 아서, 빌 매크레디(Bill Macready),

호세 로보(Jose Lobo), 칼 셸(Karl Shell), 필립 아우어스발트(Philip Auerswald), 존 켈리 로스(John Kelly Rose), 조슈아 소콜라(Joshua Socolar), 일리야 쉬물레비치, 로베르토 세라, 파울리 라모, 유하 케슬리(Juha Kessli), 올리 일리하르야(Olli Yli-Harja), 잉에마르 에른베리(Ingemar Ernberg), 맥스 올다나(Max Aldana), 필립 클레이턴, 테런스 데컨(Terrance Deacon), 마이클 실버스타인(Michael Silberstein), 루이스 월퍼트(Lewis Wolpert), 캐서린 필(Katherine Piel), 필립 스탬프(Philip Stamp), 빌 운루(Bill Unruh), 데니스 살라훕(Dennis Salahub), 네이선 밥코크(Nathan Babcock), 힐러리 카터렛(Hilary Carteret), 미르체아 안드레쿠트(Mircea Andrecut), 존 메이너드 스미스, 필립 키처(Philip Kitcher), 데이비드 앨버트, 마크 에레셰브스키(Marc Ereshevsky), 머리 겔만, 조지브 트라우브(Joseph Traub), 파멜라 매코덕(Pamela McCorduck), 코맥 매카시, 오언 플래너건, 대니얼 데닛(Daniel Dennet), 리 스몰린, 로버트 매큐(Robert McCue), 고든 카우프만, 폴라 고든(Paula Gordon), 빌 러셀(Bill Russell), 러셀 테일러(Russell Taylor), 랜디 괴벨(Randy Goebel), 배리 샌더스(Barry Sanders), 데이비드 호빌(David Hobill), 수이 황(Sui Huang), 빈스 달리(Vince Darley), 로버트 맥도널드(Robert Macdonald), 새러 맥도널드(Sarah Macdonald), 로버트 에스테(Robert Este), 크리스토퍼 랭턴(Christopher Langton), 세르게이 노스코프(Sergei Noskov), 고든 추아(Gordon Chua), 에르베 츠비른(Hervé Zwirn), 노먼 패커드(Norman Packard), 도인 파머(Doyne Farmer), 리언 글래스, 리처드 배즐리, 월터 폰태나(Walter Fontana), 피터 윌스(Peter Wills), 피터 그라스버거(Peter Grassberger). 이들은 물리학자, 화학자, 생물학자, 철학자, 경제학자, 사업 동료, 신학자, 언론인 등 배경이 갖가지인 사람들로, 나와 함께 진지한 토론을 해 온 이들이다. 그들과 사귀고 그들 모두로부터 영향을 받아 온 나는 참 운이 좋다.

나의 출판 저작권 대리인인 존 브록만(John Brockman)과 맥스 브록만

(Max Brockman)의 보살핌과 관심에도 감사한다. 베이직 북스 출판사의 담당 편집자인 윌리엄 프루트(William Frucht)와 어맨더 문(Amanda Moon)에게도 깊이 감사한다. 그들은 뛰어난 편집자답게 저자가 엉망진창으로 쪼아 둔 대리석에서 조각상을 끌어내 주었다.

마지막으로 아내 엘리자베스, 아들 이선(Ethan)에게 감사한다. 그리고 올해로 죽은 지 21년이 된 우리 딸 메릿(Merit)에게, 살아남은 가족들의 사랑은 변하지 않았다고 전하고 싶다.

캐나다 캘거리에서

스튜어트 카우프만

# 후주

## 1장 환원주의를 넘어

17쪽 **환원주의를 넘어** 이 책의 발상과 제목은 1992년에 뉴멕시코 주 샌타페이에서 조금 북쪽의 남베에서 열렸던 한 학회에서 왔다. 작지만 꽤 멋졌던 그 학회는 내게 인생의 전환점이 된 경험이었다. 마이클 네스미스(Michael Nesmith)가 관리하는 기혼 재단(the Gihon Foundation)은 2년마다 셋에서 다섯 명의 '사상가'를 모아서 '인류가 직면한 가장 중요한 문제는 무엇인가?'라는 문제를 토론하게 한다. 셋에서 다섯 명의 참가자들 가운데 한 명이라도 뭔가 유용한 것을 말할지도 모른다는 것이 이 모임의 재미이다. 우리는 네스미스의 아름다운 어도비 흙벽돌 농장에서 이틀 반 동안 모임을 가졌다. 참가자는 네 명이었다. 나, 훌륭한 저널리스트인 리 컬럼(Lee Cullum)과 월터 샤피로(Walter Shapiro), 그리고 위풍당당한 산 같은 인물이자 퓰리처 상을 받은 시인인 스콧 모머데이(Scott Momaday)였다. 모머데이는 카이오와 족 출신으로, 키가 약 2미터, 몸무게는 약 120킬로그램에 이르는 체구에 낮고 굵은 목소리를 지녔다. 그는 우리를 정면으로 응시하며 이렇게 말했다. "인류가 직면한 가장 중요한 임무는 신성을 재발명하는 것입니다." 나는 전율을 느꼈다. 철학을 공부한 적이 있기는 하지만 의사이자 과학자로 경력을 쌓아 온 내게, **신성**이라는 단어는 내 관할 밖의 말이었다. 그것은 내가 아우를 수 있는 지적 대화의 범위를 벗어난 주제였다. 그러나 어쩐지 나는 당장에 그의 말이 옳다는 것을 깨달았다. 사람들의 삶이 때로 형언할 수 없는 기이한 방식으로 뒤얽히듯이, 이 책은 그 모임에서 생겨났다. 재단이 우리에게 요구한 것은 인류가 직면한 가장 중요한 문제에 관해서 우리의 견해를 공동 선언서로 작성하라는 것이었다. 우리는 대강 이런 내용을 썼다. 지구적 문명이 도래하고 있다는 것, 우리가 막 진입하려는 이 '영웅적인' 시대에는 그 지구적 문명을 지탱하고 안내하기 위한 새로운 초국가적 신화 구조가 필요하다는 것, 기존 문명들이 도전을 받음에 따라 사람들이 두려움을 느끼고 원리주의적 반동 세력이 득세할 수 있다는 것, 신성의 재발명은 지구적 문명이 등장하는 길을 부드럽게 닦아 줄 한 방법이라는 것. 지금 생각하면 어떻게 그런 모임이 가능했을까 싶지만, 나는 우리의 생각이 옳았다고 믿는다. 이 책은 우리의 공동 선언을 내 나름대로 다시 풀어 본 것이다. 이 지면을 빌어서 마이클 네스미스, 기혼 재단, 리, 월터, 스콧에게 감사를 전하고 싶다.

22쪽 **진화는 두 가지 의미에서 창발적이다.** 이 책의 내용 중 일부는 내가 철학자 필립 클레이턴과 함께 쓴 논문으로 발표되었다. P. Clayton, and S. A. Kauffman, "On Emergence, Agency, and Organization," *Biology and Philosophy* 21 (2006년): 501~521. 하지만 그 논문보다는 내 세 번째 책과 내용이 더 많이 겹친다. S. A. Kauffman, *Investigation* (New York: Oxford University Press, 2000년).

25쪽 **자연 법칙이란 어떤 과정의 규칙성을 사전에 압축적으로 기술한 것이다.** 나는 10년 전에 겔만과 나눴던 대화를 떠올려서 이 말을 적었다. 어쩌면 그때 겔만이 '사전에'라는 표현은 쓰지 않았을지도 모른다. 그렇다면 그의 진술은 "자연 법칙이란 어떤 과정의 규칙성을 압축적으로 기술한 것"이 되므로, 보다 일반적인 표현이 된다. 그런데 그 일반적인 진술에도 역시, 특정 과정이 진행되는 중이나 후에만 압축된 기술이 가능한 게 아니라 **사전에도** 압축적 기술이 가능하다는 뜻이 담겨 있다. 나는 이 책에서 겔만이 그런 뜻으로 말했노라고 계속 인용했다. 다시 말해 설령 내가 겔만의 정확한 표현을 잘못 기억하고 있더라도, 더 일반적인 진술에도 이미 '사전에'라는 뜻이 담겨 있다. 만약에 자연 법칙으로 어떤 과정을 압축적으로 기술하는 것이 과정 중간과 사후에만 가능할 뿐 사전에는 가능하지 않다면, 우리는 **어떤 사건이나 과정이 발생하기 전에는 결코 알 수 없고 오직 발생한 후에만 알 수 있는 법칙**이라는 기묘한 상황에 처한다.

## 2장 환원주의

38쪽 **뉴턴 역학 법칙의 핵심은 그것이 결정론적이라는 점이다.** 철학자 데이비드 흄의 인과 개념이 뉴턴의 법칙, 아인슈타인의 일반 상대성 이론, 양자 역학에서 슈뢰딩거의 결정론적 파동 법칙과 어떤 긴장 관계에 있는지 잠깐 짚어보는 것도 좋겠다. 흄의 논증에 따르면, 우리는 사건들의 항시적 연접을 관찰하고서 그로부터 추론을 끌어낸다. 예를 들어, 두 당구공이 서로 부딪쳐 둘 다 움직임이 바뀌는 것을 보고서 그로부터 인과를 유추하고 그리하여 결정론을 끌어낸다. 그러나 흄이 볼 때 그런 유추 단계들은 정당화될 수 없다. 우리가 실제로 보는 것은 두 공이 여러 상황에서 항상 그런 식으로 움직였다는 **항시적 연접(constant conjunction)** 현상뿐이다. 미래에도 공들이 같은 방식으로 움직일 것이라는 보장이 어디 있는가? 그런 보장은 '귀납 원리'를 통해서만 가능하다. 우리는 귀납을 통해서 미래도 과거와 같을 것이라고 추론한다. 하지만 이 대목에서 흄은 유명한 질문을 던진다. 귀납의 원리 자체는 어떤 논리나 추론으로 정당화할 것인가? 우리에게는 오직 귀납의 원리가 과거에 잘 기능했다는 근거밖에 없다. 그러나 흄에 따르면 이것은 순환 논증이고, 따라서 귀납의 원리는 정당화될 수 없다. 흄 이후로 많은 사람이 이른바 '귀납의 문제'와 씨름했고, 철학자 카를 포퍼도 그중 하나였다. 널리 알려졌다시피, 포퍼는 과학자들이 귀납을 사용하지 않는다고 주장함으로써 흄의 질문을 에두르려고 했다. 포퍼는 대신에 과학자들은 반박을 추구한다는 대담한 가설을 내놓았다. 과학과 비과학을, 이를테면 점성술을 구분하는 기준으로 반증 가능성을 제안한 것이다. 그러나 가설에 대한 반증을 시도하는 것이야말로 과학이라고 했던 포퍼의 주장은 철학자 윌러드 밴 오먼 콰인(Willard van Orman Quine, 1908~2000년)에 의해 유효하지 못한 기준으로 밝혀졌다. 그렇지만 콰인의 탁월한 반론에도 불구하고, 과학자의 연구 지원금을 심사하는 사람들은 요즘도 연구자에게 반증 가능한 작업을 구축했는가 하고 묻는다. 과학자들은 수십 년이나 뒤떨어진 과학 철학을 여태 믿는 것이다. 그러면서도 한편으로는 과학 철학이란 쓸데없는 작업이라고 생각하는 경향이 있다. 아주 흥미로운 현상이다. 그것은 그렇고, 기본 물리 방정식들의 결정론에 대해서 내가 **아주 약간** 흄적인 생각을 갖고 있다는 점을 짚어 둬야 하겠다. 뉴턴이 우리에게 결정론적 방정식을 쓰는 방법과 그것을 멋지게 입증하는 방법을 알려 주었지만(양자 전기 역학은 소수점 11자리 수준까지 정확하게 입증되어 있다.), 우리는 그 배경에서 흄이 투덜거리는 소리를 들을 수 있다. 현재까지 알려진 가장 작은 길이 및 시간 단위는 이른바 플랑크 규모라고 불리는 것으로, $10^{-33}$미터와 $10^{-43}$초이다. 우리는 어떤 방정식이, 즉 겔만의 정의를 빌리면 어떤 과정의 규칙성에 대한 압축된 기술이, 플랑크 규모에서도 유효할 것이라는 확신을 가질 수 있을까? 없다. 플랑크 규모에서는 어떤 법칙이 유효한지, 유효한 법칙이 있기는 한지, 아무도 모른다. 이것은 양자 중력 이론이 다루는 주제인데, 양자 중력에 대해서는 나중에 본문에서 언급할 것이다. 나는 10장 「갈릴레오의 주문 깨뜨리기」에서 생물권, 인간 경제, 인간 역사의 진화에 대해서는 그런 법칙이 존재하지 않는다고 주장할 것이다. 내가 옳다면, 우주에서 펼쳐지는 사건들을 죄다 자연 법칙으로 기술할 수는 없는 셈이다.

## 5장 생명의 기원

97쪽 **뛰어난 유기 화학자 레슬리 오겔을** A. R. Hill, L. E. Orgel, T. Wu, "The Limits of Template-Directed Synthesis with Nucleoside-5'Phosophor(2-Methyl)Imidasziolides,"

*Orig. Life Evol. Biosphere* 23 (1993년): 285~290.

99쪽 **분자 생물학자 데이비드 바텔은** W. K. Johnston, P. J. Unrau, M. S. Lawrence, M. E. Glasner, D. P. Bartel, "RNA-catalyzed RNA Polymerization: Accurate and General RNA-Templated Primer Extension," *Science* 292 (2001년): 1319~1325.

103쪽 **이중 지질 막 주머니나** P. Walde, R. Wick, M. Fresta, Al Mangone, P. O. Luisi, "Autopoetic Self-Reproduction of Fatty-Acid Vesicles," *J. Am. Chem. Soc.* 116 (1994년): 11649~11654.

105쪽 **20여 년 전, 귄터 폰 키드로브스키는** S. Sievers and B. von Kiedrowski, "Self-Replication of Complementary Nucleotide-Based Oligomers," *Nature* 369 (1994년): 221~224.

107쪽 **화학자 레자 가디리는** D. H. Lee, K. Severin, Y. Yokobayashi, and M. R. Ghadiri, "Emergence of Symbiosis in Peptide Self-Replication through a Hypercyclic Network," *Nature 390* (1997년) 591~594.

110쪽 **지금부터 나는 집단적 자체 촉매 집합이 자연적으로 창발할 가능성이 아주 높다는 이론을 펼칠 것이다.** S. A. Kauffman, "Autocatalytic Sets of Proteins," *J. Theor. Biol.* 119 (1986년): 1~24; S. A. Kauffman, *Origins of Order: Self Organization and Selection in Evolution* (New York: Oxford University Press, 1993년).

119쪽 **월터 폰타나, 리처드 배즐리, J. 도인 파머는 여기에서 한 걸음 더 나아갔다.** R. J. Bagley and J. D. Farmer, "Evolution of a Metabolism," In *Artificial Life II: A Proceedings Volume of the Santa Fe Institute Studies in the Sciences of Complexity*, C. G. Langton, J. D. Farmer, S. Ramussen, and C. Taylor, eds. (Reading, Mass.: Addison-Wesley, 1992년). 물리학자 프리먼 존 다이슨(Freeman John Dyson, 1923년~)도 비슷한 생각을 독자적으로 제기했다. F. Dyson, *The Origins of Life* (New York: Cambridge University Press, 1999년).

124쪽 **대사 과정을 구성하는 화학 반응 주기 중에도 간간이 자체 촉매적인 것이 있다.** E. Smith and J. J. Morowitz, "Universality in Intermediary Metabolism," *Proc. Natl. Adad. Sci. USA* 101 (2004년): 13168~13173.

124쪽 **알베르트 에셴모저에 따르면** Albert Eschenmosser, "The Search for Potentially Primordial Genetic Materials," Keynote lecture presented at the COST D27 meeting Chembiogenesis 2006년, University of Barcelona, December 14~17, 2006년.

124쪽 **로버트 샤피로도** Shapiro, Robert, "A Simpler Origin for Life," *Sci. Am* 296, no. 6 (2007년): 46~53.

## 6장 행위 주체성, 가치, 그리고 의미

127쪽 **행위 주체성, 가치, 그리고 의미** 나는 전작에서 이런 주제를 다뤘다. S. A. Kauffman, *Investigations* (New York: Oxford University Press, 2000년).

## ✢ 7장 일 순환 ✢

139쪽 **일 순환** 이 주제는 다음 논문에서 다룬 바 있다. S. A. Kauffman, R. Logan, R. Este, R. Goebel, D. Hobill, and I. Shmulevich, "Propagating Organization: An Enquiry," *Biology and Philosophy*, vol. 23, No. 1 (2007년): 27~45.

## ✢ 8장 저절로 생기는 질서 ✢

175쪽 **자기 조직화** 이것은 내가 두 전작에서 중점적으로 다뤘던 주제이다. S. A. Kauffman, *Origins of Order: Self Organization and Selection in Evolution* (New York: Oxford University Press, 1993년); S. A. Kauffman, *At Home in the Universe: The Search for Laws of Complexity* (New York: Oxford University Press, 1995년).

194쪽 ***K*와 *P*의 변수 공간에서** 나는 다음 책에서 이 주제를 다뤘다. S. A. Kauffman, *Origins of Order: Self Organization and Selection in Evolution* (New York: Oxford University Press, 1993년).

196쪽 **A. 리비에로, B. 새뮤얼슨, J. 소콜라, 그리고 나는 최근에** A. Ribiero, J. Lloyd-Price, S. A. Kauffman, B. Samuelson, and J. E. S. Socolar, "Mutual Information in Random Boolean Models of Regulatory Networks," *Phys. Rev. E.* 77(1) (2008년).

198쪽 **라모의 연구진과 세라의 연구진은** R. Serra, M. Villani, A. Graudenzi, and S. A. Kauffman, "Why a Simple Model of Genetic Regulatory Networks Describes the Distribution of Avalanches in Gene Expression Data," *J. Theor. Biol.* 246 (2007년): 449~460. P. Ramo, J. Kesseli, and O. Yli-Harja, "Perturbation Avalanches and Criticality in Gene Regulatory Networks," *J. Theor. Biol.* 242 (2006년): 164~170.

198쪽 **두 번째 증거는** I. Shmulevich, S. A. Kauffman, and M. Aldana, "Eukaryotic Cells Are Dynamically Ordered or Critical but not Chaotic," *Proc. Natl. Acad. Sci. USA* 102 (2005년): 13439~13444.

199쪽 **세 번째 증거는** E. Balleza, M. Aldana, E. Alvarez-Buylla, A. Chaos, S. A. Kauffman, and I. Shmulevich, "Critical Dynamics in Genetic Regulatory Networks: Examples from Four Kingdoms," *PloS ONE*, vol. 3, no. 6, e2456 (2008년).

199쪽 **마지막 증거는** M. Nykter, N. D. Price, M. Aldana, S. Ramsey, S. A. Kauffman, L. Hood, O. Yli-Harja, and I. Shmulevich, "Gene Expression Dynamics in Macrophage Exhibit Criticality," *Proc. Natl. Acad. Sci. USA* 105 (2008년): 1897~1900.

## ✢ 9장 비에르고드적 우주 ✢

201쪽 **비에르고드적 우주** 나는 다음 책에서 이 주제를 다뤘다. S. A. Kauffman, *Investigations*

(New York: Oxford University Press, 2000년).

## ✢10장 갈릴레오의 주문 깨뜨리기✢

215쪽 **갈릴레오의 주문 깨뜨리기** 나는 다음 책에서 이 주제를 다뤘다. S. A. Kauffman, *Investigations* (New York: Oxford University Press, 2000년).

229쪽 **무한한 수의 생물권들에서 일어날 양자적 사건들을 모조리 따져 보기 위해서 무한한 수의 시뮬레이션을 해야 한다. 어쩌면 시뮬레이션의 수가 2차 무한일지도 모른다.** 양자 역학에는 다음과 같은 전문적인 논의가 있다. 만약에 전체 우주에 대한 단 하나의 양자 파동 함수가 존재한다면, 그리고 **그것을 측정하거나 그것에 고전적 행위를 유도하는 무언가가 존재하지 않는다면,** 이론적으로 우리는 전체 우주에 대한 그 선형적인 슈뢰딩거 방정식을 풀거나 시뮬레이션해 낼 수 있다. 그 방대한 계산 속에는 가능한 모든 전적응들과 가능한 모든 인류 역사들을 비롯하여 모든 가능성들이 다 담겨 있을 것이다. 그것은 하나의 힐베르트 공간일 것이다. 이 견해에 따르면, 가능한 모든 생물들, 전적응들, 지적인 종의 역사들의 확률을 우리가 계산할 수 있는 셈이다. 그러나 환원주의의 현대적 형태라고 할 수 있는 이 극단적인 견해에는 두 가지 심각한 문제가 있다. 첫째로 달, 탁자, 물리학자가 쓰는 고전적 측정 도구 같은 고전적 물질이 우주에는 실제 존재한다. 그런 고전적 물질과의 상호 작용을 통해서 양자적 과정을 '측정'하는 경우, 이를테면 운모 조각에 자취를 남기는 식으로 무언가를 잴 경우, 전체 우주에 대한 단 하나의 방대한 파동 함수 계산이란 더 이상 유효하지 않은 것이 되어 버린다. 양자 역학에 대한 코펜하겐 해석에 따르면, 측정이라는 사건이 일어나자마자 당장 파동 함수가 '붕괴하여' 고전적 행동을 낳고, 함수의 위상 정보가 영원히 소실되기 때문이다. 그러므로 슈뢰딩거 방정식의 이후 진화 과정은 측정 사건이 일어날 때마다 매번 처음부터 다시 시작해야 한다. 따라서 방대한 힐베르트 공간에서 **단 하나의** 방대한 양자적 계산을 수행한다는 것은 불가능하다. 현실 세계의 물리학자는 가능한 모든 양자적 측정 사건들에 대해 가능한 모든 결과들을 포함하기 위해서 **무한한 수의 시뮬레이션**을 해야 하는 난처한 처지에 처해 있다. 환원주의적 견해의 두 번째 문제는, 힐베르트 공간에서 모든 가능성들을 계산하기 위해서는 '선형적 양자 역학'이 필요하다는 점이다. 그러나 보스-아인슈타인 응집 같은 현상은 틀림없이 양자 역학적이지만 비선형적인 듯하다. 양자 계의 자체 되먹임 때문이다. 양자 세계의 그런 비선형성을 모든 물리학자들이 믿는다고는 할 수 없어도 많은 물리학자가 믿고 있다. 그리고 정말로 그렇다면, 하나의 힐베르트 공간에서 모든 상태들의 확률을 계산하려는 시도는 늘 실패할 수밖에 없다. 그러므로 우리는 가능한 모든 생물들, 전적응들, 대안적인 인류 역사들의 확률을 계산할 수 없다. 표본 공간을 미리 내다볼 수 없기 때문이다.

233쪽 **우리는 와인버그 식 환원주의로부터 먼 길을 왔다.** 여기에서 고전 물리학자가 할 법한 비판을 다시 짚어 보는 것도 좋겠다. 라플라스의 악마처럼, 우리가 대폭발 이후 우주 속 모든 입자들의 위치와 속도(또는 운동량)를 안다고 가정하자. 물론 질량도 안다. 논의의 편의

상, 양자 역학과 일반 상대성 이론의 영향은 무시하자. 라플라스가 말했듯이, 그렇다면 우리는 우주의 미래와 과거를 속속들이 계산할 수 있을 것이다. 환원주의를 따르는 고전 물리학자라면, 그 계산에 전체 생물권과 다윈주의적 전적응들이 모두 포함된다고 지적할 것이다. 내 답은 이렇다. 충분히 복잡한 계에 대해서, 이를테면 6*N*차원의 위치 및 운동량 상태 공간을 갖는 우주의 모든 입자들에 대해서 그런 계산을 하는 것은 우주에 존재하는 그 어떤 컴퓨터로도 불가능하다. 첫째로, 현실의 컴퓨터는 숫자를 한정적으로 표상하기 때문에 정확도가 제한된다. 쉽게 말해 반올림으로 인한 오류인데, 이 오류는 연쇄적인 파급 효과를 미친다. 그리하여 이를테면 변수가 셋 이상인 고전계가 혼돈 역학을 취하게 된다. 내가 아는 한 우리 태양계도 그처럼 혼돈 역학을 따르는 계이고, 물리학의 다체 문제도 혼돈 역학을 잘 드러내는 어려운 과제이다. 다체 문제란 쉽게 말해서 뉴턴의 법칙을 따르며 상호 중력을 발휘하는 여러 질량들로 구성된 계이다.

둘째로, 설령 반올림 오류를 극복할 수 있더라도, **우주에 속하는** 어떤 물리적 컴퓨터도 라플라스의 악마가 해야 할 계산을 수행할 수 없다. 적어도 우리가 상상하는 컴퓨터는 다 그렇다. 오히려 고전적인 우리 우주 그 자체가 하나의 완벽한 **아날로그 컴퓨터**이다. 이 아날로그 컴퓨터는 모든 입자들의 위치와 운동량을 완벽한 정확도로 고전적으로 '표상'한다. 여기에서 잠시, 디지털 컴퓨터를 생각해 보자. 잘 알려져 있듯이, 디지털 컴퓨터에는 미리 그 전개 과정을 서술할 수 없는 알고리듬이 많이 있다. 우리는 그런 알고리듬이 실제 진행되는 과정을 관찰할 수 있을 뿐이다. 그렇다면 **고전적 우주도 상황이 그것과 비슷할 것이라는 게 내 직관이다. 전체 우주의 상세한 미래 진화 과정을 우리가 예측할 수 없으리라는 것이다. 왜냐하면 고전적 우주 자체가 하나의 방대한 다체 문제이고, 따라서 거의 틀림없이 혼돈 역학을 따를 것이기 때문이다.** 그래도 물론 우리는 많은 것을 꽤 정확하게 예측할 수 있다. 이를테면 태양계 내 항성들의 움직임을 장기적으로 충분히 예측할 수 있다. 하지만 우리 생물권의 구체적인 진화 과정이나 특정 다윈주의적 전적응의 등장 같은 현상들을 사전에 아는 것은 거의 불가능하다. 그런 현상들이 실제로 벌어질 때에만 비로소 알 수 있을 것이다. 그렇다면 생물권과 다윈주의적 전적응들의 진화 과정에 대해서 그 규칙성을 사전에 압축적으로 묘사한 자연 법칙이란 우주에 존재하지 않는다.

그러므로 생물권은 부분적으로 무법적이고, 자기 일관적이고, 자기 구축적이다. 다세포 생물의 통합적인 생리 기능들이 진화하는 과정도 마찬가지이다. 생물의 기관은 전적응을 통해서 늘 새로운 기능을 진화시키는데, 그러면서도 역시 늘 기능을 다양화하는 (예를 들어 부레 같은) 다른 기관들과 기능적 일관성을 유지해야 한다. 물론 그 과정에서 성공적인 계통을 골라내는 것은 자연 선택의 힘이다. 그리고 이런 전적응들은 생물권 및 생리적 기능의 향후 진화에 인과력을 미친다. 이처럼 자기 일관적이고, 부분적으로 무법적이고, 자기 구축적인 과정을 설명하는 이론이 우리에게는 아직 없다. 우리는 데카르트적 과학을 넘어선 듯하다.

237쪽 **지적 설계** 이 주제는 다음 책에서 신중하게 논의되었다. *Intelligent Thought: Science Versus the Intelligent Design Movement*, edited by J. Brockman (New York: Vintage Press,

2006년).

## ✣ 11장 경제의 진화 ✣

247쪽 **경제의 진화** 이 장에 관련된 자료는 다음에서 더 찾아볼 수 있다. E. D. Beinhocker, *The Origins of Wealth, Evolution, Complexity and the Radical Remaking of Economics* (Boston, Mass.: Harvard Business School Press, 2006년). 다음도 참고하라. S. A. Kauffman, "The Evolution of Economic Webs," In *The Economy as a Complex Adaptive System*, vol. I, The Santa Fe Institute Series in the Sciences of Complexity, edited by P. W. Anderson and D. Pines (Reading, Mass.: Addison-Wesley, 1998년). 다음도 참고하라. S. A. Kauffman, *Origins of Order: Self Organization and Selection in Evolution* (New York: Oxford University Press, 1993년); *At Home in the Universe: The Search for Laws of Complexity* (New York: Oxford University Press, 1995년); *Investigations* (New York: Oxford University Press, 2000년).

250쪽 **'경제권' 역시 자기 일관적이고 자기 구축적인 전체로서** 인간 행위자들이 참여하여 꾸려가는 경제는 정말로 자기 구축적이고, 부분적으로 예측 불가능하며, 늘 진화하는 계이다. 어쩌면 비단 경제의 진화가 부분적으로 예측 불가능할 뿐만 아니라, 사람의 개입 활동 자체가 **부분적으로 무법적**일지도 모른다. 사람의 마음이 '법칙을 따라' 작동하든 그렇지 않든, 이 가설은 유효하다. 철학자 도널드 데이비드슨은 사람의 마음을 가리켜 "변칙적 인과를 따르는 계"라고 했다. 마음의 활동을 신경의 활동으로 곧장 대응시키는 법칙이 존재하지 않는다는 것이다. 13장에서 나는 마음이 부분적으로 양자 역학적일지도 모른다는 가설을 제기할 것이다. 이것은 과학적으로 아직 가능성이 낮을지라도, 충분히 있을 수 있는 이야기이다. 그때 말하겠지만, 양자적 마음은 양자적 결흩어짐 현상에 의존할지도 모른다. 그리고 충분히 복잡한 양자계와 양자적 환경에서는 양자적 결흩어짐 현상 자체가 자연 법칙으로 기술될 수 없는 것인지도 모른다. 그것이 사실이라면, 사람의 개입 활동은 정말로 부분적으로 무법적일지도 모른다. 이것은 데이비드슨의 견해와 일맥상통하는 결론이다. 그런 경우라면, 경제는 틀림없이 자기 일관적이고 자기 구축적인 계이다. 그런 자기 구축 과정에 포함되는 핵심적 발명들과 여타의 발전 단계들 자체가 부분적으로 자연 법칙을 넘어서는 현상이라도 말이다.

263쪽 **상호 지속적, 경제-기술 생태계** 생태계의 자체 촉매성을 주장한 생태학자 로버트 울라노위츠도 생태계이든 경제계이든 모든 자체 촉매적 계들은 자원을 징발하게 마련이라는 말을 2007년에 나와의 사적인 대화에서 했다.

271쪽 **그런 상전이가 일어난다는 것을 수학적으로 증명했다.** R. Hanel, S. A. Kauffman, and S. Thurner, "Phase Transition in Random Catalytic Networks," *Phys. Rev. E.* 72 (2005년): 036117; "Towards a Physics of Evolution: Critical Diversity Dynamics at the Edge of Collapse and Bursts of Diversification," *Phys. Rev. E.* 76 (2007년).

279쪽 **1988년에 물리학자 페르 박, 차오 탕, 쿠르트 비젠펠트가** P. Bak, C. Tang, and K. Wiesenfeld, "Self Organized Criticality," *Phys. Rev. A.* 38 (1988년): 364~372; S. A. Kauffman and S. Johnsen, "Coevolution to the Edge of Chaos: Coupled Fitness Landscapes, Poised States, and Coevolutionary Avalanches," *J. Theor. Biol.* 149 (1991년): 467~505.

## ✢ 12장 마음 ✢

291쪽 **사이먼의 관점은** H. A. Simon, "What Is an 'Explanation' of Behavior?" In *Mind Readings, Introductory Selections on Cognitive Science,* edited by Paul Thagard (Cambridge, Mass.: MIT Press, 2000년).

292쪽 **워런 매컬럭과 월터 피츠였다.** W. McCulloch and W. Pitts, "A Logical Calculus of Ideas Immanent in Nervous Activity," *Bulletin of Mathematical Biophysics* 5 (1943년): 115~133.

292쪽 **크게 두 가지 흐름으로 연구가 진행되었다.** 다음 책의 1장에 이 내용이 잘 요약되어 있다. 나도 이 글의 논리를 이 책에서 일부 가져왔다. E. F. Kelly and E. W. Kelly, *Irreducible Mind: Toward a Psychology for the Twenty-first Century* (Plymouth, U.K.: Rowman and Littlefield Publishers, 2007년).

292쪽 **예를 들어 사람의 언어 능력이나 문법 사용 능력** 이 주제에서 두드러진 인물은 촘스키이다. Chomsky, N. "Formal Properties of Grammars," In *Handbook of Mathematical Psychology*, vol. 2, edited by R. D. Luce, R. R. Bush, and E. Galanter (New York: Wiley, 1963년): 232~418.

293쪽 **요즘은 이런 발상을 보통 '결합주의'라고 부른다.** 결합주의는 마음의 계산 이론이라고도 불리는 방대한 주제의 일부이다. 이 장과 다음 장에서 내가 다루는 주제가 바로 마음의 계산 이론이다. 다음 책에 이 방향으로 중대한 진전을 이룬 연구들이 소개되어 있다. *Parallel Distributed Processing: Explorations in the Microstructure of Cognitions,* 2 vols., edited by D. E. Rummelhart and J. McClelland (Cambridge, Mass.: MIT Press, 1986년). 마음의 계산 이론에 대한 비판은 다음 자료에서 찾아볼 수 있다. (존 설의 책 *The Rediscovery of the Mind*에 대한 리뷰 기사이다.) T. Nagle, "The Mind Wins," *New York Review of Books*, March 4, 1993년.

296쪽 **뇌의 계산 이론에** 다음 장에서 마음의 계산 이론을 논할 때, 철학자 존 설의 중국 방 논증을 소개하고 참고 자료도 언급하겠다.

297쪽 **이론 신경 과학자인 잭 코완의** 코완은 나와 친한 동료이다. 1999년에 개인적으로 대화하면서 했던 이야기이다.

300쪽 **더글러스 메딘의 연구에 따르면** D. L. Medin, "Concepts and Conceptual Structure," In *Mind Readings: Introductory Selection on Cognitive Science*, edited by Paul Thagard

(Cambridge, Mass.: MIT Press, 2000년).

304쪽 **드라이버의 행위 유발성들을 죄다 나열한 유한한 목록은 없다.** 하지만 어떤 컴퓨터 과학자들은 언젠가 기계 학습이 이 문제를 극복할 것이라고 믿는다. 예를 들어 브리티시 컬럼비아 대학교 컴퓨터 과학 학부의 앨런 맥워스(Alan Macworth)도 2007년에 나와 나눈 대화에서 그런 견해를 피력했다. 어쩌면 맥워스가 옳을지도 모르지만, 나는 어떻게 그럴지 이해할 수가 없다. 좀 더 일반적으로, 레고 월드의 사례를 떠올려 보자. 내가 레고 블록을 가득 실은 레고 플랫폼을 레고 크레인으로 들어 올려서 장난감 강에 놓인 레고 다리 건너편 레고 건물 공사장으로 옮겼다. 이때 나는 레고 크레인을 통상적이지 않은 기능으로 사용했다. 마치 트랙터인 양 플랫폼을 운반하는 데 썼으니 말이다. 그런데 일군의 사물들이 서로서로 또는 나머지 우주와 어떤 관계를 맺을 수 있는지, 그리하여 경제적 가치가 있을지도 모르는 어떤 목표들을 수행할 수 있는지, 그 가능성을 모두 미리 서술할 방법은 없는 듯하다. 어쩌면 현실에서 실제 건축업자가 벽돌을 실은 플랫폼을 실제 크레인으로 들어 올려 강 건너 공사장으로 옮김으로써 정말로 돈을 벌 수 있을지도 모른다. 그러니까 이런 활동이 현실 우주에서 실제로 등장할 가능성은 얼마든지 있다. 그렇지만 어떻게 이 예측을 알고리듬적으로 할 수 있을까? 나는 통 모르겠다. 게다가 지금은 상상 속 이야기이지만 현실에서도 얼마든지 있을 수 있는 건축업자의 그런 활동은 앞으로 우주가 전개되는 과정의 일부가 된다. 나는 울라노위츠가 말한 '우세성(Ascendancy)' 개념과 비슷한 무언가를 일 또는 활동에 적용할 경우, 부분적으로 무법적인 생물권들, 초임계 상태의 경제권들, 인류 문명들에서 그 값이 극대화되지 않을까 하고 짐작한다. 이런 계들은 늘 진화하고, 다양화하고, 멸종 사건과 창조적 파괴의 광풍을 겪으며 스스로를 구축해 간다. 그러면서도 대체로 일관성을 유지한다. 어쩌면 부분적으로 무법적이고, 자기 일관적이고, 자기 구축적으로 진화하며, 평형 상태와는 거리가 먼 전체 계에 대해서 위의 내 짐작이 일종의 '법칙'으로 작용할지도 모른다.

309쪽 **계산은 구문론일 뿐이다.** 철학자 존 설도 마음을 순수한 계산 기계로만 보는 이론에는 의미론이 부재하다는 점을 지적했다. J. Searle, *The Rediscovery of the Mind* (MIT Press, Cambridge, Mass.: MIT Press, 1992년); J. Searle, *The Mystery of Consciousness* (New York: New York Review of Books, 1997년).

310쪽 **클로드 섀넌의 유명한 정보 이론을** C. E. Shannon and W. Weaver, *The Mathematical Theory of Communication* (Urbana, Ill.: University of Illinois Press, 1963년). (Original work published in 1949년).

312쪽 **리 스몰린의 『물리학의 어려움』에는** L. Smolin, *The Trouble with Physics: The Rise of String Theory, the Fall of a Science* (New York: Houghton Mifflin, 2006년).

## ✣ 13장 양자적 뇌? ✣

320쪽 **경고하는데 이것은 엄청난 논란이 될 만한 내용이다.** 이 장에서 확실히 말하겠지만, 나는 양자적 사건이 의식에서 중요한 역할을 맡을지도 모른다는 생각이 아주 현실적인 가설이라고 믿는다. 대부분의 사람들이 생각하는 것보다 훨씬 더 그럴싸한 가설이라고 믿는다. 나는 이 가능성에 대해서 설득력 있는 주장을 제기할 것이다. 나는 이 가능성을 조심스럽게 탐구해 볼 가치가 있다고 생각한다. 연구 방향에 대해서도 본문에서 제안할 것이다. 그렇지만 현재로서는 '양자적 마음 가설'이 과학적으로 가능성이 낮은 발상이라는 사실은 부인할 수 없다. 이 장은 꽤 길고, 책의 나머지 부분은 이 내용과는 무관하므로, 관심이 없는 독자는 이번 장을 건너 뛰어도 좋다. 이 발상에 대한 초기의 논의는 샌타페이 연구소에서 1996년 9월 3일에 출간할 내 글 "The Nature of Autonomous Agents and the Worlds They Mutually Create"의 에필로그에 적혀 있다.

320쪽 **첫째는 자유 의지의 문제이다.** 『놀라운 가설(*The Astonishing Hypothesis*)』을 쓴 프랜시스 크릭을 비롯하여 많은 신경 생물학자들은 자유 의지를 일종의 망상으로 여긴다. 그들은 뇌의 숱한 신경적 사건들 중 일부는 우리의 의식적 경험과 연관되지 않는다는 점을 지적한다. 그 사건들이 우리에게 영향을 미쳐서 우리가 스스로 어떤 결정과 행동을 행한다고 착각하게끔 만든다는 것이다. 그렇다면 이 장에서 내가 상세하게 설명한 마음-뇌 동일론에서의 마음은 결정론적인 것일 수 있고, 그러면서도 우리가 자유로운 선택과 행동이라는 의식적 경험을 할 수 있을 것이다. 반면에 이 장 끝에서 나는 양자적 마음의 관점에서 자유 의지 문제를 '정면으로' 다뤄 볼 것이다. 내가 이 장에서 중요하게 다룰 주제는 마음의 인과 작용, 즉 마음이 어떻게 물질에 '작용하는가' 하는 문제이다. 그것은 뇌 기질이 곧 의식이라는 '고전적' 견해를 취하든, 양자적 마음-뇌 동일성을 믿든, 공통적으로 적용되는 문제이다.

324쪽 **한편 패트리샤 처칠랜드 같은 철학자들은** P. S. Churchland, "Consciousness: The Transmutation of a Concept," *Pacific Philosophical Quarterly* 64 (1983년): 80~93. 다음도 참고하라. P. S. Churchland, *A Neurocomputational Perspective: The Nature of Mind and the Structure of Science* (Cambridge, Mass.: MIT Press, 1989년).

324쪽 **철학자 오언 플래너건에 따르면** Owen Flanagan, "A Unified Theory of Consciousness," In *Mind Readings: Introductory Selections on Cognitive Science*, edited by Paul Thagard (Cambridge, Mass.: MIT Press, 2000년).

326쪽 **설이 제안한 중국 방 사고 실험을 떠올려 보자.** J. Searle, "Minds, Brains, and Programs," *Behavioral and Brain Science* 3 (1980): 417~424.

328쪽 **'의식의 신경 상관물'** Christof Koch, *The Quest for Consciousness: A Neurobiological Approach* (Englewood, Colo.: Roberts and Company, 2004년). 코흐의 책은 신경 생물학이 의식의 문제에 얼마나 신중하게 접근하는가를 잘 보여 준다. 다른 생물학자들과 마찬가지로, 코흐는 경험이 '무엇인가' 하는 문제에 대해서는 아무런 통찰을 주지 않는다. 즉 '어려운 문제'는 다루지 않는다. 의식을 다룬 또 다른 중요한 책으로 다음을 참고하라. 논지는 코흐와 상통한다. G. Edelman and G. Tononi, *A Universe of Consciousness: How Matter Becomes Imagination* (New York: Basic Books, 2000년).

328쪽 **'묶기의 문제'** 다음을 참고하라. Christof Koch, *The Quest for Consciousness: A Neurobiological Approach* (Englewood, Colo.: Roberts and Company, 2004년).

331쪽 **'양자적 위상 결흩어짐'** 상당히 방대한 이 분야를 보기 좋게 요약한 글로 다음이 있다. P. C. E. Stamp, "The Decoherence Puzzle," *Studies in the History and Philosophy of Modern Physics* 37 (2006년): 467~497.

332쪽 **리처드 필립스 파인만의 유명한 사고 실험을 이야기하면서 양자 역학의 핵심 수수께끼를 느껴 보는 것도 괜찮겠다.** 다음을 보라. R. P. Feynman, *Lecture Notes in Physices*, vol. 3 (New York: Addison-Wesley, 1965년).

334쪽 **유력한 후보자로 '결흩어짐' 이론이 꼽힌다.** P. C. E. Stamp, "The Decoherence Puzzle," *Studies in the History and Philosophy of Modern Physics* 37 (2006년): 467~497.

334쪽 **양자 진동자들의 '수조'와 같은** 앞의 책.

336쪽 **결흩어짐 결과는 사실상 거의 완벽하게 고전성에 접근한다.** 앞의 책.

336쪽 **양자 스핀 수조에서는 꼭 고전적 행동이 등장한다는 확신이 없다.** 앞의 책.

339쪽 **엽록소 분자는 '안테나 단백질'이라는 단백질에 붙들려 있다.** H. Lee, Y. C. Cheng, G. R. Fleming, "Coherence Dynamics in Photosynthesis: Protein Protection of Excitonic Coherence," *Science* 316 (2007년): 1462~1465.

340쪽 **보이치에크 주렉이 지적했듯이** 주렉은 내 친한 동료이다. 1997년에 개인적으로 대화하면서 했던 이야기이다. 다음도 참고하라. P. C. E. Stamp, "The Decoherence Puzzle," *Studies in the History and Philosophy of Modern Physics* 37 (2006년): 467~497.

341쪽 **부분적으로 결흩어짐 상태가 된 자유도가 온전한 결맞음 상태로 돌아가는 일이** 다음을 보라. A. R. Calderbank, E. M. Rains, P. W. Shor, and N. J. A. Sloane, "Quantum Error Correction Via Codes over GF(4)," *IEEE Trans. Inform. Theory* 44 (1998년): 1369~1387.

342쪽 **'양자 제어'** 이 주제에 대해서는 방대한 문헌이 있다. 다음을 참고하라. A. Doherty, J. Doyle, H. Mabuchi, K. Jacobs, and S. Habib, "Robust Control in the Quantum Domain," Proceedings of the 39th IEEE Conference on Decision and Control (Sydney, December 2000년), quant-phy/0105018. 다음도 참고하라. S. Habib, K. Jacobs, and H. Mabuchi, "Quantum Feedback Control — How Can We Control Quantum Systems without Disturbing Them?" *Los Alamos Science* 27 (2002년): 126~132.

345쪽 **결흩어짐에 대한 언급이 한마디도 없다.** 현재의 양자 화학은 결흩어짐 현상을 대체로 무시한다. 최근 결흩어짐에 대한 이해가 증가함에 따라 그 내용을 양자 화학에 통합하는 게 바람직해 보이지만, 통합을 이루더라도 그 결과는 현재의 양자 화학에 사소한 '수정'만을 가한 것일 가능성이 높다. 대조적으로 세포 속 단백질들과 그 주변의 정렬된 물 분자들 같은 다입자 계에서의 결흩어짐 현상에 대한 내용을 반영한다면, 그것으로부터는 뭔가 새롭고 중요한 통찰이 생겨날 가능성이 있다.

346쪽 **우선 세포가 엄청나게 붐비고 조밀한 구조임을** B. Alberts, et. al., *The Molecular Biology of the Cell*, 3rd edition (New York: Garland Publishing, 1994년).

347쪽 **단백질 분자에서 양자적 결맞음 상태의 전자 전달이 벌어진다는 것은** A. de la Lande, S. Marti, O. Parisel, and V. Moliner, "Long Distance Electron-Transfer Mechanism in Peptidylglycine α-Hydroxylating Monooxygenase: A Perfect Fitting for a Water Bridge," *J. Am. Chem. Soc.* 129 (2007년): 11700~11707.

347쪽 **거리가 12~16옹스트롬일 때** D. Beratan, J. Lin, I. A. Balabin, and D. N. Beratan, "The Nature of Aqueous Tunneling Pathways Between Electron-Transfer Proteins," *Science* 310 (2005년): 1311~1313. (바로 위에 적은 de la Lande et. al.의 논문도 참고하라.)

347쪽 **침투 이론도 잘 정립된 사실이다.** D. Stauffer, *Introduction to Percolation Theory* (London: Tahlor and Francis, 1985년).

352쪽 **침투 이론으로 방대한 양자적 결맞음 네트워크를 해석하려는 내 시도를** 침투 이론을 동원한 접근법은 내가 샌타페이 연구소에서 곧 펴낼 글인 "The Nature of Autonomous Agents and the Worlds They Mutually Create"의 에필로그에 대한 한 가지 현실화 방안인 셈이다. 그 글에서 나는 봄의 양자 역학 해석과 그 관점에서 바라본 결흩어짐 현상을 이야기한 뒤, 양자적 결맞음의 그물망 루프라는 발상을 제안했다. 루프들은 봄의 '활동적 양자 정보 채널'을 통해서 스스로를 유지하면서, 한편으로는 역시 봄이 말한 '비활성 양자 정보 채널'을 통해서 끊임없이 결흩어짐을 수행한다. 내가 물리학자 동료들에게 문의한 바에 따르면, 봄의 양자 역학 해석은 현재까지 알려진 양자 역학적 현상들과 상충하지 않는다.

355쪽 **양자적 중간 상태의 마음 가설과 다시 살펴보는 철학 문제들** 이 주제에 대해 길고 유용한 대화를 나눠 준 메릴랜드 대학교의 철학자 마이클 실버스타인(Michael Silberstein)에게 감사한다. 그는 창발에 관해서 많은 글을 썼다. 다음도 참고하라. P. Clayton, *Mind and Emergence: From Quantum to Consciousness* (Oxford, U. K.: Oxford University Press, 2004년).

362쪽 **마음의 의도에 해당하는 계가** 스스로 주체이면서 또한 도덕적 책임감도 지니는 자유 의지의 문제를 양자적 의식과 마음이라는 맥락에서 논해 보자. 자유 의지를 말할 때, 흔히 우리는 오도가도 못하는 상황이라고 한다. 만약에 마음이 결정론적이라면, 자유 의지는 있을 수 없고 책임도 있을 수 없다. 한편 마음이 확률적이라면, 물론 여기에는 양자적 무작위성도 포함되는데, 마음은 비인과적인 것이 되므로 '자유'롭기는 하지만 책임은 역시 있을 수 없다. 하지만 사실 우리에게는 또 다른 길의 가능성이 있다. 충분히 복잡하고 다양한 양자계가 복잡한 양자적 환경이나 우주 속에서 결흩어짐을 겪는 과정, 또는 고전성과 양자성이 혼합된 계가 고전성과 양자성이 혼합된 환경에서 결흩어짐을 겪는 과정은 매번 시행될 때마다 항상 독특할지도 모른다. 매번 우주에서 유일무이한 과정일지도 모른다. 그렇다면 특정 결흩어짐 과정의 규칙성을 묘사하기란 불가능하고, 따라서 특정 결흩어짐 과정은 부분적으로 무법적일 수 있다. 달리 말해 우연적일 수 있다. 게다가 그 과정을 확률적으로 진술하기도 불가능하다. 확률을 빈도적으로 해석하든, 라플라스 식의 $N$개의 문으로 해석하든 마찬가지이다. 애초에 표본 공간을 알 수 없기 때문이다. 마음이 곧 부분적으로 결맞음 상태를 지속하는 양자계라고 본다면, 우리는 마음에 대해서도 같은 주장을 펼칠 수 있다. 그렇다면 마음의 행위는 결정론적인 것도, 확률적인 것도 아닌 것이 된다. 이 '틈'을 통해서 우리가 책임감 있는 자유 의지를 구출할 수 있을지도 모른다.

어떤 면에서 이 논의는 7장에서 언급했던 확산적 과정 조직화와 좀 비슷하다. 세포가 고전적 경계 조건을 구축하고, 그것이 에너지 방출에 제약이 되고, 그 제약에 따라 수행한 일이 에너지 방출에 대한 더 많은 제약을 구축하고, 다시 그에 따라 일을 수행하여 더 많은 제약을 만들어 내고, 이런 것이 바로 확산적 과정 조직화였다. 만약에 양자 세계의 결흩어짐이 고전 세계의 일부가 됨으로써 고전 세계를 바꿔 놓고, 그 고전 세계가 또 양자 과정의 경계 조건을 바꿔 놓는다면 어떨까? 뇌에서 정말로 그런 일이 벌어질지도 모른다. 그렇다면 적어도 양자-양자 결흩어짐-고전적 확산적 과정 조직화에 대해서 우리가 알아내야 할 것이 한참 더 있다는 사실만큼은 분명히 말할 수 있다. 경계 조건과 의도에 관한 논의는 다음 책을 참고하라. Alicia Juarrero, *Dynamics in Action* (Cambridge, Mass.: MIT Press, 1999년). 어쩌면 정말로 우리가 책임감 있는 자유 의지로 가는 길을 찾을지도 모른다.

## 15장 두 문화는 없다

393쪽 **어쩌면 이성과 나머지 감각들의 분열은** C. P. Snow, *The Two Cultures and the Scientific Revolution* (New York: Cambridge University Press, 1959년).

396쪽 **화려한 수상 경력을 가진 캐나다 시인 크리스천 보크는** 이것은 2006년과 2007년에 나와 크리스천 보크가 개인적으로 대화하면서 했던 이야기이다. 함께 식사를 하며 멋진 토론을 나눠준 보크에게 진심으로 고마운 마음을 전한다.

405쪽 **두 문화는 갈라져 있을 필요가 없다.** 나는 인간성 전체를 재통합하려면 어떤 것들이 필요할까 하는 문제에 점점 더 관심이 간다. 유별나다고 생각하는 사람이 있을지도 모르겠지만, 지난 40여 년 동안 과학자로 일해 온 나는 요즘 극작 수업을 듣는다. 그 수업에서 발견한 한 가지 멋진 점을 여러분에게 들려주고 싶다. 내 경험에 따르면, 과학적 발견의 창조성은 극작가가 자기 희곡 등장 인물들의 성격과 행동을 발견할 때의 창조성과 아주 비슷하다. 과학자이든 작가이든, 나아가 화가이든 작곡가이든, 자기가 무엇을 창조할 것인지를 미리 알 수는 없는 듯하다. 물론 이런 이야기를 내가 최초로 하는 것은 아니다. 하지만 3인칭의 관점에서 머리로 이해하는 것과, 스노의 두 문화를 가로지르려고 노력하는 과정에서 직접 몸으로 깨닫는 것은 전혀 다른 일이다.

## 16장 부러진 뼈가 없어지는 세계

413쪽 **폴 호큰의** Paul Hawken, *Blessed Unrest: How the Largest Movement in the World Came into Being and Why No One Saw It Coming* (New York: Penguin Group, 2007년).

## ✢ 17장 진화하는 윤리 ✢

419쪽 **프란스 드 발은 『선한 본능』에서** Frans de Waal, *Good Natured: The Origins of Right and Wrong in Humans and Other Animal* (Cambridge, Mass.: Harvard University Press, 1996년).

429쪽 **해리스가 지적했듯이** Harris, S. *Letter to a Christian Nation* (New York: Alfred A. Knopf, 2006년).

431쪽 **크롬웰이 왕 대신 영국을 다스리던 시기에** 로버트 매큐(Robert McCue)가 2006년에 나와 대화를 나누다가 이 역사적 일화를 알려 주었다. 그에게 감사한다.

## ✢ 18장 지구 윤리 ✢

440쪽 **최근에 나는 영광스럽게도 조지아 주 애틀랜타의 초교파 신학 센터(ITC)가 주최하는 작은 토론회에 초대받았다.** 이 행사에 나를 초대해 준 폴라 고든에게 감사한다. 다른 참가자들도 고마움을 전한다.

442쪽 **에릭 슐로서의 책 『패스트푸드의 제국』에는** Eric Schlosser, *Fast Food Nations: The Dark Side of the All-American Meal* (New York: Houghton Mifflin, 2001년).

445쪽 **제러드 다이아몬드가 『문명의 붕괴』에서 지적했듯이** Jared Diamond, *Collapse: How Societies Choose to Fail or Succeed* (New York: Viking Penguin, 2004년).

## ✢ 19장 신, 그리고 신성의 재발명 ✢

455쪽 **우리가 우주의 창조성을 신으로 재정의함으로써** 하버드의 신학자 고든 카우프만이 이 주제를 광범위하게 다뤘다. G. D. Kaufman, *The Face of Mystery: A Constructive Theology* (Cambridge, Mass.: Harvard University Press, 1995년).

# 참고 문헌

Anderson, Philip W. "More Is Different," *Science* 177 (1972년): 393.

Clayton, Philip. *Mind and Emergence: From Quantum to Consciousness.* Oxford, U.K.: Oxford University Press, 2004년.

Collins, Francis S. *The Language of God: A Scientist Presents Evidence for Belief.* New York: Free Press, 2006년. (프랜시스 콜린스, 이창신 옮김, 『신의 언어』, 김영사, 2009년.)

Crick, Francis. *The Astonishing Hypothesis: The Scientific Search for the Soul.* New York: Simon and Schuster, 1994년. (프랜시스 크릭, 과학세대 옮김, 『놀라운 가설』, 한뜻, 1996년.)

Davidson, Donald. *Essays on Actions and Events.* Oxford, U.K.: Clarendon Press, 2001년.

Dawkins, Richard. *The God Delusion.* New York: Houghton Mifflin Company, 2006년. (리처드 도킨스, 이한음 옮김, 『만들어진 신』, 김영사, 2007년.)

Dennett, Daniel C. *Breaking the Spell: Religion as a Natural Phenomenon.* New York: Viking, Penguin Group, 2006년. (대니얼 데닛, 김한영 옮김, 『주문을 깨다』, 동녘사이언스, 2010년.)

Flanagan, Owen. *The Really Hard Problem: Meaning in a Material World.* Cambridge, Mass.:

A Bradford Book, MIT Press, 2007년.

Goodenough, Ursula. *The Sacred Depths of Nature.* New York: Oxford University Press, 1998년. (어슐러 구디너프, 김현성 옮김, 『자연의 신성한 깊이』, 수수꽃다리, 2000년)

Harris, Sam. *Letter to a Christian Nation.* New York: Alfred A. Knopf, 2006년. (샘 해리스, 박상준 옮김, 『기독교 국가에 보내는 편지』, 동녘사이언스, 2008년.)

Hawken, Paul. *Blessed Unrest: How the Largest Movement in the World Came into Being and Why No One Saw It Coming.* New York: Penguin, 2007년. (폴 호큰, 유수아 옮김, 『축복받은 불안』, 에이지21, 2009년.)

Juarrero, Alicia. *Dynamic in Action: Intentional Behavior as a Complex System.* Cambridge, Mass.: A Bradford Book, MIT Press, 1999년.

Kauffman, Stuart. *Investigations.* New York: Oxford University Press, 2000년.

——————. *At Home in the Universe: The Search for Laws of Complexity.* New York: Oxford University Press, 1995년. (스튜어트 카우프만, 국형태 옮김, 『혼돈의 가장자리』, 사이언스북스, 2002년.)

——————. *Origins of Order: Self Organization and Selection in Evolution.* New York: Oxford University Press, 1993년.

Kaufman, Gordon. *In the Beginning, Creativity.* Minneapolis, Minn.: Augsberg Fortress, 2004년.

——————. *The Face of Mystery: A Constructive Theology.* Cambridge, Mass.: Harvard University Press, 1995년.

Koch, Christof. *The Quest for Consciousness: A Neurobiological Approach.* Englewood, Colo.: Roberts and Company, 2004년. (크리스토프 코흐, 김미선 옮김, 『의식의 탐구』, 시그마프레스, 2006년.)

Laughlin, Robert. *A Different Universe: The Universe from the Bottom Down.* New York: Basic Books, 2005년. (로버트 로플린, 이덕환 옮김, 『새로운 우주』, 까치글방, 2005년.)

Lewis, Bernard. *What Went Wrong: The Clash Between Islam and Modernity in the Middle East.* New York: Harper Collins Perennial, 2002년. (버나드 루이스, 서정민 옮김, 『무엇이 잘못되었나』, 나무와숲, 2002년.)

Rosen, Robert. *Life Itself: A Comprehensive Inquiry into the Nature, Origin and Fabrication of Life.* New York: Columbia University Press, 1991년.

Smolin, Lee. *The Trouble with Physics: The Rise of String Theory, the Fall of a Science, and What Comes Next.* New York: Houghton Mifflin Company, 2006년.

Steiglitz, Joseph. *Globalization and Its Discontents.* New York: W.W. Norton and Company, 2002년. (조지프 스티글리츠, 송철복 옮김, 『세계화와 그 불만』, 세종연구원, 2002년.)

Susskind, Leonard. *The Cosmic Landscape: String Theory and the Illusion of Intelligent Design.* New York: Little, Brown and Company, 2006년. (레너드 서스킨드, 김낙우 옮김, 『우주

의 풍경』, 사이언스북스, 2011년.)

Thagard, Paul, ed. *Mind Readings*. Cambridge, Mass.: A Bradford Book, MIT Press, 2000년.

Unger, Roberto Mangabeira. *Social Theory: Its Situation and Its Task*. New York: Verso, 2004년.

Weinberg, Stephen. *Dreams of a Final Theory: The Scientist's Search for the Ultimate Laws of Nature*. New York: Random House, 1994년. (스티븐 와인버그, 이종필 옮김, 『최종 이론의 꿈』, 사이언스북스, 2007년.)

———————. *The First Three Minutes: A Modern View of the Origin of the Universe*. New York: Basic Books, 1977년. (스티븐 와인버그, 신상진 옮김, 『최초의 3분』, 양문, 2005년.)

# 옮긴이의 말

복잡계 과학자 스튜어트 카우프만은 『혼돈의 가장자리』의 저자로 알려져 있다. 지금으로부터 10년 전에 번역 소개된 『혼돈의 가장자리』는 결코 수월하게 읽을 수 있는 내용이 아님에도 당시에 상당히 주목받았고, 요즘도 꾸준히 읽힌다.

카우프만은 『혼돈의 가장자리』에서 생명의 기원과 진화에 초점을 맞추어 자기 조직화라는 핵심 개념을 소개했다. 그에 따르면, 충분한 재료가 주어진 비평형 계에서는 집단적 자기 촉매라는 성질이 등장하여 스스로 새로운 산물을 만들어 낼 수 있다. 이것이 창발이다. 생명의 시작이 이런 식이었을지도 모른다. 그런데 이런 계가 갈수록 더 새롭게 진화하는 과정은 기존 다윈주의의 자연 선택 원리만으로는 다 설명할 수 없다. 그 계가 '혼돈의 가장자리'에 있어야만, 즉 지루한 질서와 무질서한 혼돈의 중간에 해당하는 보기 드문 상태에 놓여 있어야만, 흥미로운 자기 조직화 원리에 따라 저절로 질서를 만들어 내며 안정성과 유연성을 둘 다 유지할 수 있다. 이런 자기 조직화는 생명계, 기술계, 경제계 등 모든 복잡계에 두루 적용되는 보편 원리라는 것이 카우프만의 주장이었다. 그동안 복잡계 이론을 자연에는 물론이고 사회나 경제에 적용한 연구들이 더러 이야기되었기에, 이제는 독자들도 그의 논의에 등장했던 혼돈, 끌개, 자기 조직화, 창발성 등의 개념에 제법 익숙할 것이다.

『혼돈의 가장자리』로부터 10여 년이 흐른 지금, 선구적 복잡계 연구자의 생각은 어떻게 진화했을까? 놀랍게도 카우프만은 이 책에서 신(神)을 이야기한다. 우리에게 신성의 개념을 새로이 구축하자고 호소한다. 그가 말하는 신은 인격신이 아니다. 자연신에 가깝다. 그가 신성의 필요성을 역설하는 근거도 종교적이거나 개인적인 것은 아니다. 적어도 그가 볼 때에는, 자신이 평생 수행해 온 과학 자체가 그것보다 더 고차원적인 어떤 장(場)의 필요성을 암시한다. 그 장에서 우리가 신성과 윤리에 대해 대화해야 한다는 것이다.

카우프만은 우선 과학의 한계를 논하고, 다음으로 무엇이 더 필요할까를 묻는다. 과학의 한계를 논하는 전반부에서 그의 공격 대상은 환원주의이다. 그는 창발성을 지닌 생물계가 물리학으로 완전히 환원될 수 없다고 본다. 과학 법칙이란 어떤 사건의 발생 가능성을 사전에 압축적으로 묘사한 것이라고 정의할 때, 우리는 창발적인 계에 대해서 법칙적 진술을 할 수 없다. 창발적 계가 미래에 보여 줄 무수한 가능성의 "상태 공간"을 사전에 규정하기가 불가능하기 때문이다. 이런 의미에서 그는 자기 재생산적인 계가 "부분적으로 무법적"이라고 말한다. 특히 생명과 더불어 우주에 주체성, 의미, 가치 등이 등장했다는 점을 강조한다. 이런 것들은 미래에 인과적 영향력을 미친다는 점에서 명백한 실재이지만 결코 사전적 법칙으로 예측될 수 없다는 것이다. 한마디로 창발적 계는 과학만으로는 다 설명될 수 없는 '미스터리'의 요소를 늘 간직하고 있다. 그것이 진화하는 생물계이든, 언제나 더 창조적인 것을 상상하는 인간의 마음이든, 지속적으로 참신한 사업 기회를 창출하는 경제계이든. (전반부의 이런 이야기는 『혼돈의 가장자리』와 거의 겹친다. 다만 『혼돈의 가장자리』에서는 이 자체가 중심 주제였다면, 이 책에서는 더 큰 주제에 대한 근거로 이야기된다.)

그렇다면 언제나 미스터리를 향해서 더듬더듬 나아가야 하는 우리는 이 우주에서 어떻게 살아가야 할까? 과학만으로는 길잡이가 충분하지 않다면, 다른 무엇을 길잡이로 삼아야 할까? 카우프만의 첫 번째 제안은 우리의 총체적 인간성을 되살려 길잡이로 삼자는 것이다. 이성에만 의존하지 말자는 것이다. 그간 모호하고 부적절한 것으로 비난받아 온 우리의 감정들까지 아울러 인문학적, 종교적, 예술적 지혜를 구하자는 것이다. 여기에서 한 발 더 나아간 것이 두 번째 제안인 '신성의 재발명'이다. 카우프만은 그 길잡이가 전 지구적 윤리의 형태로 구축되어야 한다고 말한다. 그런데 우리가 다 함께 그런 윤리에 관해 토론하려면, 누구나 공감할 수 있는 공통의 세계관이 선행해야 한다. 그렇다면 자연의 신성함을 모두가 공통으로 존중하는 '신'으로 삼으면 어떻겠는가? 아무것도 없던 곳에서 창발적으로 새로운 것을 만들어 내는 자연, 아무런 통제도 없는 상황에서 자기 조직적으로 질서를 유지하는 우주. 이런 자연적 속성이야말로 지고의 신성함이 아닐까?

카우프만의 논증에서 전반부와 후반부가 인과적으로 이어지지 않는다고 생각할 독자가 있을지도 모르겠다. 사실이다. 평생 과학 활동에 종사한 과학자로서 카우프만 자신이 누구보다도 그 사실을 잘 안다. 우주의 창발성과 환원주의의 한계에 대한 자신의 논리가 옳더라도 그렇기 때문에 당연히 신성이 재발명되어야 한다고 말할 수는 없음을, 그도 인정한다. 다만 그는 자신이 독자들을 "초청"할 수는 있을 것이라고 말한다. 이 책은 그가 우리에게 내민 초대장이다.

신성을 재발명하자는 카우프만의 초대는 과학적 논증을 바탕에 깔았다는 것이 장점이다. 그러나 만약에 그 논증이 반증된다면 언제라도 초대가 무색해질 수 있다는 점에서 단점이기도 하다. 설령 그렇더라도, 평생 생명과 우주의 조직 원리를 연구해 온 과학자가 대체 어떤 사고 과정을 통해서 결국 자신이 아는 것 이상의 무언가를 간절히 바라게 되었는지, 그 과정을 따라가 보는 것은 흥미롭다. 짧은 글로는 요약이 불가능하리만치 복잡 다단하고 풍성한 논의가 담겨 있는 책이니, 아무쪼록 카우프만의 초청을 받아들인 독자 여러분이 저마다 그와 유익한 대화를 나누기 바란다.

# 찾아보기

옮긴이 김명남

카이스트 화학과를 졸업하고 서울 대학교 환경 대학원에서 환경 정책을 공부했다. 인터넷 서점 알라딘 편집팀장을 지냈고 전문 번역가로 활동하고 있다. 제55회 한국출판문화상 번역 부문을 수상했다. 옮긴 책으로 『지구의 속삭임』, 『우리 본성의 선한 천사』, 『정신병을 만드는 사람들』, 『갈릴레오』, 『세상을 바꾼 독약 한 방울』, 『인체 완전판』(공역), 『현실, 그 가슴 뛰는 마법』, 『여덟 마리 새끼 돼지』, 『시크릿 하우스』, 『이보디보』, 『특이점이 온다』, 『한 권으로 읽는 브리태니커』, 『버자이너 문화사』, 『남자들은 자꾸 나를 가르치려 든다』 등이 있다.

**사이언스 클래식 22**

# 다시 만들어진 신

1판 1쇄 펴냄 2012년 7월 31일
1판 3쇄 펴냄 2017년 11월 24일

지은이 스튜어트 카우프만
옮긴이 김명남
펴낸이 박상준
펴낸곳 (주)사이언스북스

출판등록 1997. 3. 24.(제16-1444호)
(06027) 서울시 강남구 도산대로1길 62
대표전화 515-2000, 팩시밀리 515-2007
편집부 517-4263, 팩시밀리 514-2329
www.sciencebooks.co.kr



ISBN 978-89-8371-434-3 03400